平动点轨道动力学与探月工程应用

刘 磊 刘 勇 著

科 学 出 版 社

北 京

内 容 简 介

本书面向平动点在学术研究领域日益受关注、在工程应用领域日趋受重视的发展趋势，介绍平动点轨道动力学、平动点轨道设计与控制相关理论与方法，尤其是平动点轨道在我国月球探测工程中的实际应用等内容。本书从国内外平动点任务、平动点轨道动力学研究与应用现状梳理提炼关键技术，聚焦平动点轨道动力学理论中的平动点轨道设计与控制方法，介绍平动点轨道理论与方法的实际工程任务应用，从而将学术研究成果与我国月球、深空探测任务实践紧密结合，为平动点在我国后续空间探测任务中的应用提供思路和参考。

本书可供月球和深空探测领域的研究人员、任务设计人员与实施人员参考，也可作为空间任务设计和轨道力学等相关专业的教学用书。

图书在版编目（CIP）数据

平动点轨道动力学与探月工程应用 / 刘磊, 刘勇著. --北京 : 科学出版社, 2025. 1. -- ISBN 978-7-03-080171-5

Ⅰ. V1

中国国家版本馆 CIP 数据核字第 2024J4H516 号

责任编辑：吴卓晶　吴超莉 / 责任校对：马英莉
责任印制：吕春珉 / 封面设计：东方人华平面设计部

科学出版社 出版
北京东黄城根北街 16 号
邮政编码：100717
http://www.sciencep.com

北京中科印刷有限公司印刷
科学出版社发行　各地新华书店经销
*
2025 年 1 月第 一 版　开本：B5（720×1000）
2025 年 1 月第一次印刷　印张：16　插页：2
字数：328 000

定价：169.00 元

（如有印装质量问题，我社负责调换）
销售部电话 010-62136230　编辑部电话 010-62135763-1028

前　言

1767 年，数学家欧拉发现了旋转二体引力场中的 3 个共线平动点，5 年后拉格朗日则发现了相同引力场中的 2 个三角平动点，此时距牛顿数学证明开普勒的行星运动三定律仅 85 年。1957 年，世界上第一颗人造地球卫星上天，此后从地球到月球再到遥远无比的太阳系各大行星，空间二体轨道成为人类冲出大气层进行宇宙旅行的唯一手段。1978 年，国际日地探测器-3（International Sun-Earth Explorer-3，ISEE-3）进入日地 L_1 点 halo 轨道探测太阳风、地磁和宇宙射线，首次呈现了空间三体引力轨道的魅力，自此，平动点和平动点轨道成为人类探索宇宙空间的新手段。20 世纪 90 年代，弱稳定边界理论成功挽救 Hiten 任务，尤其是 21 世纪初 Genesis 任务流形轨道大幅节省空间飞行能量，引发了人们对低能量宇宙旅行的遐想，平动点和平动点轨道逐渐成为空间研究和应用关注的焦点。从相差 85 年的诞生到相差 21 年的应用，再到 21 世纪前后在空间任务中的精彩表现，平动点和平动点轨道的发展势必如空间二体轨道，将在人类未来空间探测尤其是深空探测事业中大放异彩。

我国在平动点动力学和平动点轨道相关领域的研究起步较晚，不过近年来，国内院校紧随国际研究进展，开展了平动点轨道动力学、平动点轨道及其转移轨道设计、平动点轨道控制、平动点编队、平动点导航等相关研究，取得了丰硕的学术成果。同时，在我国月球探测工程中，于 2011～2021 年先后实施了嫦娥二号日地平动点飞行、嫦娥 5T1 地月平动点飞行、嫦娥四号中继星任务和嫦娥五号日地平动点飞行，实现了日地平动点和地月平动点任务零的突破，其中嫦娥四号中继星更是拉开了地月平动点实际工程应用的帷幕，实现了具有国际先进水平且特色鲜明的工程任务。

作者十余年来有幸参与我国历次月球探测工程任务，结合任务对平动点和平动点轨道的应用需求，着重研究了平动点轨道动力学和轨道设计与控制的相关理论和方法，探索了平动点轨道设计与控制方法在工程任务中的应用，结合任务提出了一些应用构想，总结了我国探月工程中的平动点相关任务设计与实施情况。

欣慰我国平动点应用在探月工程中取得突破的同时，作者深感平动点研究和应用尤其是原创性思想和方法与国际领先团队的差距。为此，作者将以往工作整理出来，抛砖引玉，以供感兴趣的读者参考，共同推进我国空间事业的发展。

本书的研究内容部分来源于作者承担的国家自然科学基金项目（项目批准号：11303001、11773004）、国家高技术研究发展计划（863 计划）项目（项目编号：2011AA7034057G）、中国博士后科学基金项目（项目批准号：2016M592947）、部委试验技术研究项目和人才工程项目等；应用内容部分主要为我国嫦娥工程任务。在任务规划与实施期间，作者与中国空间技术研究院周文艳研究员、孟占峰研究员、汪中生研究员和中国科学院李明涛研究员等进行了有益探讨交流，在科研项目攻关和本书撰写期间，北京航天飞行控制中心的李剑、谢剑锋、陈明、李革非、刘成军、曹建峰、唐文林、陈略、张宇、盛庆轩、马传令、韩意、段建锋等给予了帮助和支持，在此深表谢意。本书部分内容在国家留学基金资助下于巴塞罗那大学完成，感谢 Gerard Gómez（赫拉德·戈麦斯）教授和 Josep Masdemont（何塞普·马斯德蒙特）教授在此期间的指导和帮助。

在本书成稿前后，探月航天工程中心吴伟仁院士和张哲研究员、中国航天科技集团张履谦院士和周志成院士、清华大学李俊峰教授和宝音贺西教授、中国科学院空间应用工程与技术中心高扬研究员等给予了指导和帮助，并提出了宝贵的修改意见，特此感谢！

最后，特别感谢家人的鼓励和支持！

由于作者水平有限，书中难免有不足之处，衷心希望读者不吝指正。

目　录

第 1 章　绪论 …… 1

1.1　平动点 …… 1

1.2　平动点任务 …… 2

1.2.1　平动点任务概况 …… 2

1.2.2　国外平动点任务 …… 3

1.2.3　我国平动点任务 …… 17

1.3　本书内容与结构 …… 19

参考文献 …… 20

第 2 章　平动点轨道动力学 …… 22

2.1　N 体问题 …… 22

2.2　限制性三体问题 …… 23

2.3　圆型限制性三体问题 …… 25

2.3.1　Jacobi 积分 …… 26

2.3.2　平动点 …… 26

2.3.3　Hill 曲面 …… 29

2.4　平动点运动方程解 …… 33

2.4.1　线性运动方程 …… 33

2.4.2　线性运动的解析解 …… 36

2.4.3　共线平动点周期轨道三阶解析解 …… 39

2.4.4　三阶解析解讨论 …… 49

2.4.5　三角平动点轨道一阶解析解 …… 53

参考文献 …… 60

第 3 章　平动点轨道数值设计 …… 61

3.1　平动点轨道力模型 …… 61

3.1.1　简化力模型 …… 61

3.1.2　高精度力模型 …… 63

3.2　平动点坐标转换 …… 65

3.2.1　系统内会合坐标系转换 …… 66

3.2.2 会合坐标系与惯性坐标系转换 …… 67
3.2.3 不同系统的会合坐标系转换示例一 …… 69
3.2.4 不同系统的会合坐标系转换示例二 …… 70
3.3 共线平动点周期轨道设计 …… 72
3.3.1 微分修正法 …… 72
3.3.2 数值延拓法 …… 74
3.3.3 Lyapunov 轨道数值设计 …… 75
3.3.4 halo 轨道数值设计 …… 77
3.4 Lissajous 轨道数值设计 …… 81
3.4.1 两层微分修正 …… 82
3.4.2 Lissajous 轨道 …… 84
3.5 三角平动点周期轨道 …… 86
参考文献 …… 88

第 4 章 平动点转移轨道设计 …… 90

4.1 不变流形理论 …… 90
4.1.1 单值矩阵 …… 90
4.1.2 Poincaré 映射 …… 91
4.1.3 不变流形 …… 92
4.2 流形转移轨道设计 …… 97
4.2.1 流形转移轨道拼接 …… 97
4.2.2 流形转移轨道修正 …… 98
4.3 前向导引设计 …… 100
4.4 平动点转移轨道 …… 103
4.4.1 短程不变流形 …… 104
4.4.2 两机动转移轨道 …… 105
4.4.3 长程不变流形 …… 107
4.4.4 单机动转移轨道 …… 108
4.5 平动点间转移轨道 …… 109
4.5.1 直接转移轨道 …… 110
4.5.2 流形转移轨道 …… 111
参考文献 …… 114

第 5 章 平动点轨道维持控制 …… 116

5.1 平动点轨道稳定性 …… 116

5.2 平动点轨道偏差分析 …… 117
5.2.1 摄动力影响 …… 118
5.2.2 初始状态误差影响 …… 119
5.3 平动点轨道维持控制方法 …… 121
5.3.1 目标点控制法 …… 122
5.3.2 弗洛凯控制法 …… 123
5.3.3 连续环绕控制法 …… 125
5.3.4 其他控制方法 …… 128
5.4 halo 轨道维持实例 …… 129
5.4.1 halo 方式 …… 130
5.4.2 Lissajous 方式 …… 131
5.5 拟周期轨道维持实例 …… 133
参考文献 …… 135

第 6 章 嫦娥二号日地平动点飞行 …… 138

6.1 CE-2 任务概况 …… 138
6.2 任务轨道设计 …… 139
6.2.1 任务分析 …… 139
6.2.2 设计结果 …… 140
6.3 月球逃逸控制分析 …… 142
6.3.1 控制误差分析 …… 143
6.3.2 调相控制 …… 144
6.3.3 最终逃逸控制 …… 146
6.3.4 控制方案 …… 146
6.4 月球逃逸控制实施 …… 148
6.4.1 调相控制 …… 148
6.4.2 最终逃逸控制 …… 150
参考文献 …… 153

第 7 章 嫦娥二号飞越探测小行星 …… 155

7.1 交会目标分析 …… 155
7.1.1 小行星分布 …… 155
7.1.2 目标分析 …… 157
7.2 转移轨道设计 …… 158
7.2.1 数学模型 …… 158

7.2.2 数值仿真 ······ 161
7.3 任务实施 ······ 163
7.4 后续小行星探测任务设计 ······ 165
7.4.1 探测目标与转移轨道 ······ 165
7.4.2 中途修正 ······ 167
7.4.3 测控条件 ······ 168
参考文献 ······ 170

第 8 章 嫦娥三号应急返回轨道设计 ······ 172

8.1 CE-3 任务概况 ······ 172
8.2 月球未捕获应急轨道技术 ······ 173
8.3 月球未捕获应急返回方式 ······ 176
8.3.1 直接返回方式 ······ 176
8.3.2 低能量返回方式 ······ 177
8.4 CE-3 应急返回轨道设计 ······ 177
8.4.1 直接应急返回轨道 ······ 177
8.4.2 低能量应急返回轨道 ······ 179
8.4.3 应急返回方式对比 ······ 182
参考文献 ······ 182

第 9 章 嫦娥 5T1 地月平动点飞行 ······ 185

9.1 CE-5T1 任务概况 ······ 185
9.2 拓展任务轨道方案 ······ 186
9.2.1 飞行目标选择 ······ 186
9.2.2 直接月球返回轨道 ······ 187
9.2.3 多平动点飞行轨道一 ······ 188
9.2.4 多平动点飞行轨道二 ······ 192
9.2.5 地月 L_2 点飞行轨道一 ······ 195
9.2.6 地月 L_2 点飞行轨道二 ······ 196
9.2.7 轨道方案对比 ······ 198
9.3 CE-5T1 地月 L_2 点转移 ······ 199
9.4 CE-5T1 地月 L_2 点飞行 ······ 201
9.4.1 轨道维持分析 ······ 201
9.4.2 轨道维持实施 ······ 205
参考文献 ······ 206

第 10 章　嫦娥四号地月平动点中继轨道 ……208

10.1　中继星任务概况 ……208

10.1.1　CE-4 任务 ……208

10.1.2　中继轨道设计约束 ……209

10.2　halo 使命轨道 ……210

10.2.1　轨道设计 ……210

10.2.2　L_2 点转移轨道控制 ……211

10.2.3　L_2 点使命轨道维持 ……213

10.2.4　轨道调整影响 ……216

10.3　Lissajous 使命轨道 ……223

10.3.1　轨道设计 ……223

10.3.2　轨道方案分析 ……223

10.4　中继星任务实施 ……225

10.4.1　标称飞行过程 ……225

10.4.2　转移飞行过程 ……225

10.4.3　使命轨道维持 ……226

参考文献 ……227

第 11 章　地月平动点任务处置轨道设计 ……229

11.1　返回地球处置轨道 ……229

11.1.1　返回再入区域选择 ……229

11.1.2　返回轨道设计 ……230

11.2　返回月球处置轨道 ……231

11.2.1　返回环月轨道 ……232

11.2.2　返回撞击月球 ……232

11.3　星际空间处置轨道 ……234

11.3.1　日心坟墓轨道 ……234

11.3.2　小行星探测 ……235

11.4　处置轨道比较 ……237

参考文献 ……238

第 12 章　平动点轨道应用展望 ……240

参考文献 ……244

彩图

第1章 绪　　论

月球和深空探测作为人类在21世纪的一项主要航天活动，受到各航天大国的普遍重视。美国、欧洲航天局、俄罗斯、日本和印度等开展了多项月球和深空探测任务，我国自2004年启动月球探测工程（也称嫦娥工程），目前已成功完成月球采样返回任务。在这些深空探测活动中，除了月球、大行星及其卫星、彗星和小行星等任务对象外，平动点借助独特的空间位置和动力学特性，正逐渐承担起重要的任务角色，发挥出越来越重要的作用，从而成为航天领域日益关注的热点。

1.1 平　动　点

在一个旋转的二体引力场中存在5个受力平衡点（也称平动点、动平衡点或拉格朗日点，本书统一称为平动点），其中包括3个共线平动点 L_1、L_2 和 L_3，以及2个三角平动点 L_4 和 L_5，二者分别首次出现于1767年瑞士数学家欧拉的著作和1772年法国数学家拉格朗日的著作中。日地系平动点如图1.1所示。

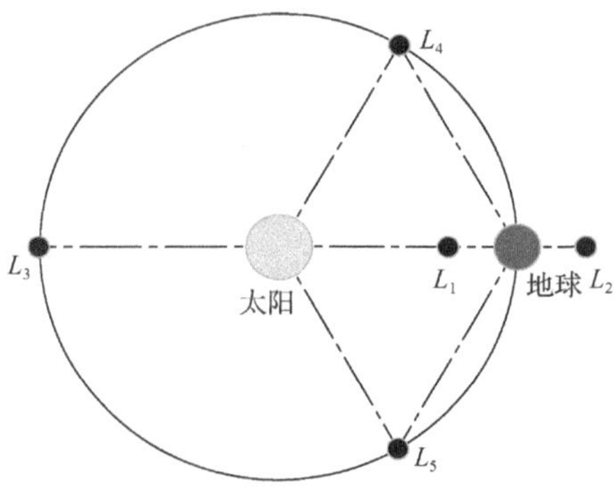

图1.1　日地系平动点

平动点独特的空间位置和动力学特性使其在深空探测活动中展现出广阔的应用前景。例如，日地 L_1 点可以始终观测到太阳，获取不受地磁环境影响的太阳风等高能粒子，是进行太阳观测与研究的理想位置，可用于太阳观测、太阳风的成分组成与监测、日地空间环境监测、地球及其环境全时观测、类地行星探测、宇宙射线和等离子等高能粒子探测等空间任务。

日地 L_2 点附近受太阳辐射和地球红外辐射等因素的干扰较小，也不存在残余大气和空间碎片，而且轨道保持所需能量少，轨道幅值可从几十万千米扩展到上百万千米，是进行宇宙科学观测的理想位置，可用于宇宙微波背景辐射、远红外探测、银河系构成、天体测定、紫外天文观测、银河系和恒星及行星的起源和进化等空间任务。同时，日地 L_1 和 L_2 点可以作为月球和深空探测任务的低能量转移中枢。

地月平动点同样具备诸多优点。例如，地月 L_1 和 L_2 点可用于未来月球探测，尤其是月球背面和两极等对地不可见区域探测的中继通信、月面巡视定位和自主导航等，在弥补地面测控不足、减轻地面测控压力和提高探测器自主能力等方面具有重要的应用价值；同时，可用于月球探测和取样返回任务，以及作为未来月球和深空探测任务的转移中枢，实现探测任务的低能量转移、应急轨道重构、交会对接和地球与深空的转移中枢等。

地月 L_4 和 L_5 点与地球和月球始终保持相同距离，且到达地球和月球非常便利，20 世纪 70 年代就有 L_5 Society 组织提出建立太空城市概念[1]。同时，地月 L_4 和 L_5 点还可以和地球、月球及其他平动点组成深空测控网，为地月空间和太阳系探测任务提供中继通信、自主导航、空间测量等任务支持。另外，对目前有争议的科蒂莱斯基云（Kordylewski clouds）问题[2]，可在地月 L_4 和 L_5 点开展实际就位探测任务。

1.2　平动点任务

1.2.1　平动点任务概况

截至 2022 年 1 月，国际上已经实施了 18 项日地系和地月系平动点任务，如表 1.1 所示，其中多数为日地系平动点任务，任务目标主要为观测太阳活动、地球环境和宇宙空间环境。地月系平动点除美国和中国的两项验证性飞行外，中国在 2018 年实施了嫦娥四号（以下简称 CE-4）月球背面探测，包括国际首个地月平动点中继通信应用卫星——鹊桥，实现了对地月平动点的真正利用。此外，SMART-1①和日地关系天文台（Solar TErrestrial RElations Observatory，STEREO）等任务在飞行过程中经过地月 L_1 点和日地 L_4 与 L_5 点，但是鉴于任务轨道并非位于平动点区域，因而未列入上述平动点任务。目前，国际上还规划了多项日地平动点任务。可以预见，随着人类对宇宙空间认识的深入和进一步开发利用，平动点将会发挥越来越重要的作用。

① SMART（small missions for advanced research in technology）是用于先进技术研究的小型任务。

表 1.1　已实施的平动点任务（截至 2022 年 1 月）

序号	任务名称	平动点	发射时间	国家/组织	任务目标
1	ISEE-3	日地 L_1 点	1978 年 8 月 12 日	NASA、ESA	太阳风、宇宙射线、地磁
2	Wind	日地 L_1 点	1994 年 11 月 1 日	NASA	太阳风监测
3	SOHO	日地 L_1 点	1995 年 12 月 2 日	ESA/NASA	太阳观测
4	ACE	日地 L_1 点	1997 年 8 月 25 日	NASA	太阳风、高能粒子
5	WMAP	日地 L_2 点	2001 年 6 月 30 日	NASA	宇宙微波背景辐射
6	Planck	日地 L_2 点	2001 年 5 月 14 日	ESA	宇宙微波背景辐射
7	Herschel	日地 L_2 点	2001 年 5 月 14 日	ESA	远红外探测
8	Genesis	日地 L_1 点	2001 年 8 月 8 日	NASA	太阳风的成分组成
9	ARTEMIS	地月 L_1/L_2 点	2007 年 2 月 17 日	NASA	地月平动点飞行验证与月球探测
10	CHANG'E-2	日地 L_2 点	2010 年 10 月 1 日	中国	日地平动点飞行验证
11	Gaia	日地 L_2 点	2013 年 12 月 19 日	ESA	银河系构成、天体测定
12	CHANG'E-5T1	地月 L_2 点	2014 年 10 月 24 日	中国	地月平动点飞行验证与月球探测
13	DSCOVR	日地 L_1 点	2015 年 2 月 11 日	NASA	全时观测地球、空间天气监测
14	LISA Pathfinder	日地 L_1 点	2015 年 12 月 3 日	ESA/NASA	引力波探测任务技术验证
15	Queqiao	地月 L_2 点	2018 年 5 月 21 日	中国	月球背面中继通信
16	Spektr-RG	日地 L_2 点	2019 年 7 月 13 日	俄、德	X 射线天文观测
17	CHANG'E-5	日地 L_1 点	2020 年 11 月 24 日	中国	日地平动点飞行验证
18	JWST	日地 L_2 点	2021 年 12 月 25 日	NASA/ESA/CSA	天文观测

注：NASA（National Aeronautics and Space Administration，美国国家航空航天局）、ESA（European Space Agency，欧洲航天局）、CSA（Canadian Space Agency，加拿大航天局）。

1.2.2 小节和 1.2.3 小节将简要介绍表 1.1 中的 18 项平动点任务，为深空平动点任务的规划、设计和实施提供参考。

1.2.2　国外平动点任务

1．ISEE-3

1970 年，Farquhar 发表了利用平动点进行深空探测的研究结果，建议 NASA 向日地 L_1 点发射长期监测太阳活动的 ISEE-3 探测器。作为 NASA 和 ESA 合作的 ISEE 项目的一部分，ISEE-3 于 1978 年 8 月 12 日发射，其质量为 479kg，采用自旋稳定方式进行姿态控制，该任务拉开了利用平动点及其轨道进行深空探测的序幕。ISEE 任务的主要目标是研究太阳风、宇宙射线及地磁，包括 3 个探测器，即 ISEE-1、ISEE-2 及以太阳为中心的 ISEE-3。ISEE-3 在 1978 年 11 月 20 日进入日地 L_1 点晕（halo）轨道，首先开展为期 3.5 年的太阳探测任务，然后利用月球引力及双绕飞技术探测地球磁尾，之后再一次飞向太阳，其飞行轨道如图 1.2 所示。

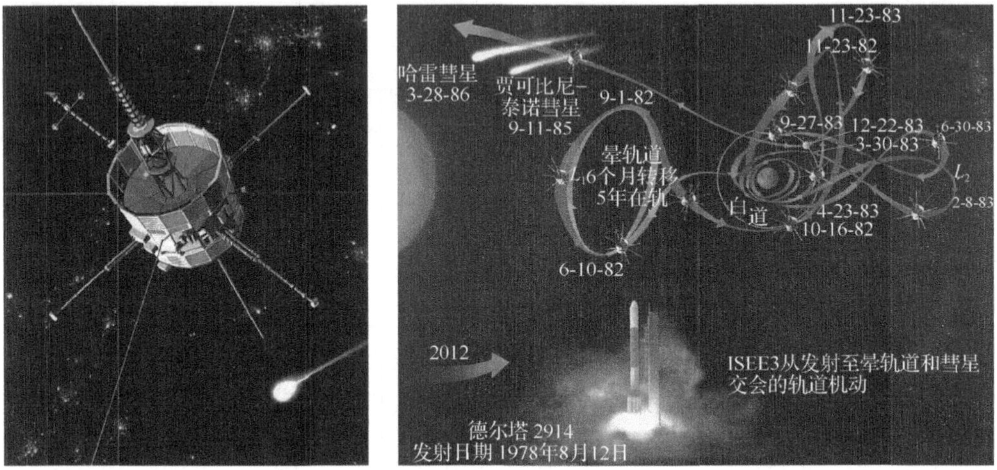

图 1.2 ISEE-3 及其轨道

注：图片来自 NASA 官网。

1982 年 6 月 10 日完成预定任务目标后，NASA 重新规划 ISEE-3 开展彗星探测，并将其更名为 ICE（International Cometary Explorer，国际彗星探测器），科学目标为研究太阳风与彗星大气的关系。1982 年 9 月 1 日，ICE 离开日地 halo 轨道前往地月空间，此后共经历 15 次轨道机动和 5 次月球近旁转向，1983 年 12 月 22 日最后也是最近一次接近月球，距离月球表面为 119.4km，1984 年离开地月系统后进入交会彗星贾可比尼-泰诺（Giacobini-Zinner）的日心轨道，1985 年 9 月 11 日经过该彗星的电离层尾部，距离彗核约 7800km，利用携带的高能粒子、电磁波和电离层探测设备探测了彗星尾部。1986 年 3 月 28 日，ICE 距离哈雷彗星 2800 万 km，成为首个与彗星相遇并采集数据的探测器。1991 年 NASA 重新规划 ICE 任务，制定了联合地面观测、持续宇宙射线研究和 Ulysses 任务的日冕抛射物质研究任务。1997 年 5 月 5 日，NASA 结束了 ICE 任务，至此探测器共工作了 19 年。2014 年 8 月 10 日，ICE 以最近距离约 15600km 飞越月球，期间人们一度尝试重新控制探测器，最终并未成功。预计 2031 年 ICE 将再次返回地球附近。作为首个平动点探测器，ISEE-3 为人类认识宇宙积累了重要的科学资料。

2. Wind

Wind 于 1994 年 11 月 1 日在佛罗里达州卡纳维拉尔发射，主要科学目标是测量太阳风抵达地球前的属性，为地球磁层和电离层研究提供等离子体、高能粒子和地磁场信息，确定上游区域星际空间的磁层输出，研究近地太阳风中基本等离子体的产生过程，为 Ulysses 任务提供基准黄道面观测。Wind 探测器由新泽西州宇航分部设计和制造，直径 2.4m，高度 1.8m，发射质量 1250kg，呈自旋稳定的柱状结构，任务轨道如图 1.3 所示。

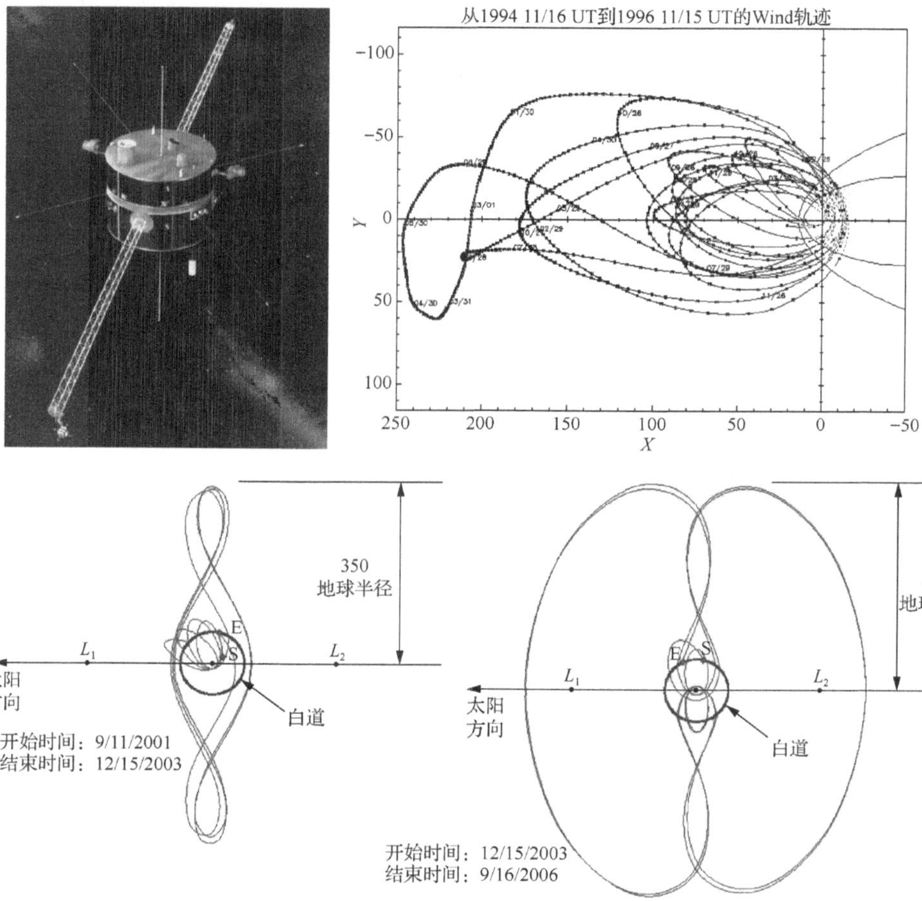

图 1.3 Wind 及其轨道

注：图片来自 NASA 官网。

Wind 探测器最初计划直接进入日地 L_1 点，但是由于 SOHO 和 ACE 探测器也被送入同一位置，因此延迟至 2004 年进入日地 L_1 点 halo 轨道并运行至今，剩余推进剂可以支持其运行至少 55 年。Wind 探测任务取得了丰硕的科学成果，迄今为止直接或间接利用 Wind 数据的学术成果超过 6000 项。

3. SOHO

1995 年 12 月 2 日，NASA 和 ESA 合作的 SOHO（Solar and Heliopheric Observatory，太阳和日球天文台）探测器成功发射，任务轨道为日地 L_1 点 halo 轨道，如图 1.4 所示。SOHO 由服务舱和载荷舱组成，发射质量为 1850kg，其中载荷 610kg，太阳翼展开后最大尺寸 9.5m。SOHO 探测器由欧洲 Matra（马特拉）公司负责制造，12 个载荷由美国和欧洲航天局共同提供，美国负责任务发射和运营，主要任务是监测太阳活动，研究包括色球、过渡区和日冕的太阳外层，探测太阳内部结构，以及观测太阳风和日地 L_1 附近相关物理现象。

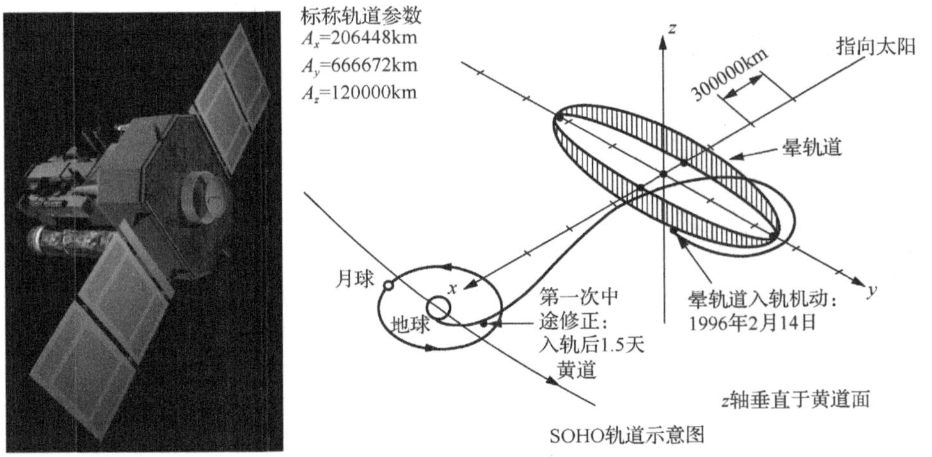

图 1.4　SOHO 及其轨道

注：图片来自 NASA 官网。

SOHO 于 1996 年 5 月开始试验任务，原计划运行至 1998 年，但是历经多次任务拓展后已经工作了 25 年，成为迄今为止对太阳观测时间最长的卫星。2015 年 9 月 13 日，SOHO 观测到其发现的第 3000 颗彗星，而此前卫星观测到的彗星仅有十几颗，地面观测发现的彗星也不过 900 颗左右。除了科学观测任务外，SOHO 还为预测空间天气变化提供近实时数据，SOHO 是首个将反作用轮作为虚拟陀螺仪的三轴稳定航天器。

4. ACE

作为 NASA 空间探测任务和 Explorer（探索者）计划的一部分，ACE（Advanced Composition Explorer，先进成分探测器）的主要科学目标包括物质的元素和同位素组成、元素的起源及其演化过程、日冕的形成和太阳风的加速、粒子在自然界中的加速和输运。ACE 携带 6 个高分辨率传感器和 3 个监测仪，用于采样低能太阳系粒子和高能银河系粒子，如图 1.5 所示。

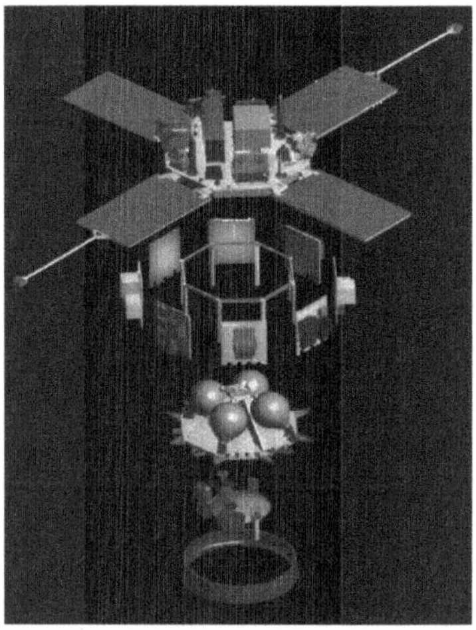

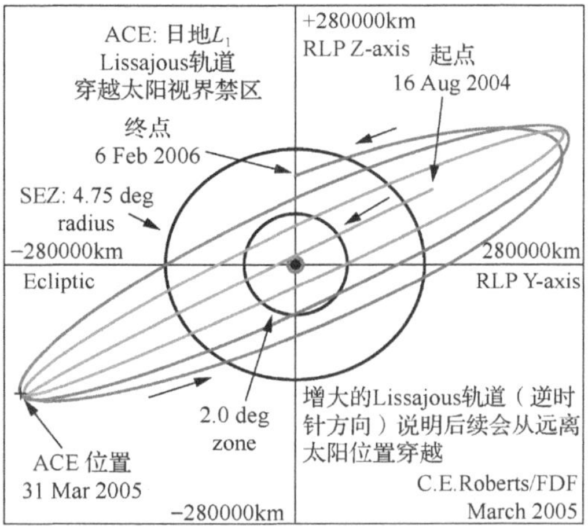

图 1.5 ACE 及其轨道

注：图片来自 NASA 官网。

ACE 于 1997 年 8 月 25 日发射，发射质量 757kg，包括 195kg 用于入轨控制和轨道维持的推进剂。ACE 运行于日地 L_1 点李萨如（Lissajous）轨道，自转速度为 5r/min，自转轴指向太阳，目前探测器状态良好，处于正常运行状态。

5. WMAP

WMAP（Wilkinson Microwave Anisotropy Probe，威尔金森微波各向异性探测器）设计寿命为 27 个月，预定任务主要包括利用 3 个月到达日地 L_2 点和执行 2 年观测任务，是 Explorer 计划里继 COBE（Cosmic Back ground Explorer，宇宙背景探测器）之后第二个中级探测器，主要科学目标是测量大爆炸残余辐射和宇宙微波背景辐射在整个空间的温度差异，利用其各向异性研究宇宙的几何构成、组成及进化过程，研究大爆炸模型及宇宙膨胀理论。WMAP 总质量为 835kg，于 2001 年 4 月 20 日运抵肯尼迪航天中心，经过两个月的测试后，于 6 月 30 日在佛罗里达州搭载 Delta2 型火箭升空，7 月 30 日到达月球附近，在月球引力辅助下飞向日地 L_2 点，2001 年 10 月 1 日到达 L_2 点 Lissajous 轨道，成为首个在日地 L_2 点观测宇宙微波背景辐射的探测器，如图 1.6 所示。2003 年，为纪念任务科学团队中的宇宙背景辐射学家 David Todd Wilkinson（大卫 • 托德 • 威尔金森），该探测器重新命名为 WMAP。

WMAP 探测器在日地 L_2 点受到的日地月辐射大大降低，半年完成一次全天域观测，2002 年 4 月完成第 1 次全天域观测，数据测量精度较之前的 COBE 提高了 45 倍，角度测量精度提高了 33 倍，超过了以往的宇宙微波背景辐射测量精度。

经过多次任务规划后，2010 年 8 月 19 日终止观测任务，10 月离开日地 L_2 点进入日心轨道。

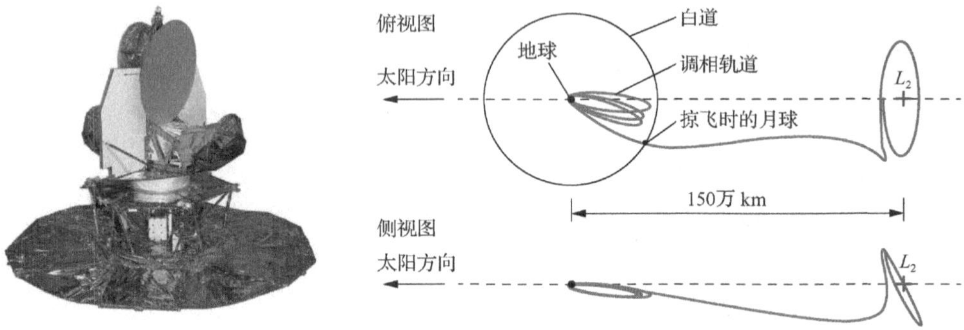

图 1.6　WMAP 及其轨道

注：图片来自 NASA 官网。

6. Planck 和 Herschel

ESA 的 Planck 探测器和 Herschel 空间天文台于 2009 年 5 月 14 日一起发射升空，发射质量 5.7t，经过转移轨道后进入近地点为 270km、远地点大于 112 万 km 的地心大椭圆轨道，经过一系列轨道控制，7 月 3 日 Planck 成功进入幅值为 40 万 km 的日地 L_2 点 Lissajous 轨道，如图 1.7 所示。Planck 预定任务为 15 个月内完成 2 次全宇宙空间扫描，科学目标包括：精确探测早期宇宙微波背景各向异性强度及其极化特性；通过苏尼亚耶夫-泽尔多维奇（Sunyaev-Zel'dovich）效应编目银河系星团；观测宇宙微波背景的引力透镜和完整的萨克斯-沃尔夫（Sachs-Wolfe）效应；观测来自银河系外宇宙射电源和红外辐射源；观测包括星际物质、分布的同步辐射银河系及测量银河系磁场；研究太阳系，包括行星、小行星、彗星和黄道光。与此前的 COBE 和 WMAP 相比，Planck 极大地提高了宇宙背景辐射的测量精度，逼近宇宙背景辐射温度的测量极限，增进了人们对大爆炸之后的宇宙的认识。

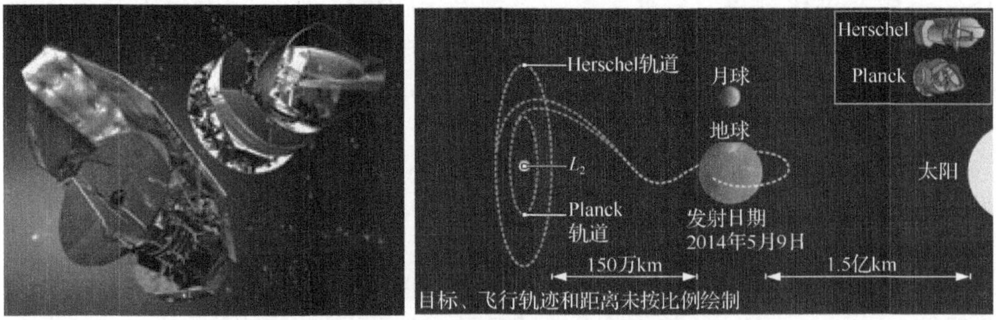

图 1.7　Planck 和 Herschel 及其轨道

注：图片来自 ESA 官网。

Planck 任务终止于 2013 年 10 月 3 日，10 月 9 日实施轨道机动后进入日心轨道，19 日科学载荷关闭，21 日剩余推进剂耗尽，23 日探测器信号发射机关闭。

Herschel 是 ESA 用于观测远红外波和亚毫米波的空间天文台，主镜口径 3.5m，是哈勃望远镜的 1.5 倍。2009 年 7 月中旬，即发射约 60 天后，Herschel 进入幅值约 80 万 km 的日地 L_2 点 Lissajous 轨道。2009 年 6 月 14 日，ESA 发送指令打开防护罩，使得图片存档及通信系统可以正常工作，为避免空间污染，镜头盖依然保持关闭。5 天后，ESA 公布了第一批测试照片数据，同年 7 月 21 日 ESA 宣布 Herschel 试运转成功，开始正常观测工作。Herschel 专门用于收集太阳系、银河系甚至银河系外数亿光年远的新生星系发出的光，以此开展以下基础研究：早期宇宙星系形成和进化，行星形成及与星际间物质的相互影响，包括行星、彗星、月球等太阳系天体表面和大气的化学成分，宇宙中的分子化学。2013 年 4 月 29 日，Herschel 用于冷却科学载荷的液氦用尽；6 月 17 日，地面发送最后的任务指令，探测器最终进入日心轨道。

7. Genesis

Genesis 是 NASA 的太阳风粒子采样返回任务，也是美国继阿波罗任务后的首次采样返回任务和国际首次在月球轨道外的采样任务，主要科学目标是收集太阳风粒子以获得精确的太阳风离子同位素数量，将已有文献中的太阳元素丰度的精度提高 3～10 倍，该任务类似于阿波罗月球采样任务，为 21 世纪科学研究提供了宝贵的太阳物质样品。

Genesis 探测器发射于 2001 年 8 月 8 日，转移轨道设计基于 Martin Lo 等提出的星际公路理论[3]。探测器发射后首先飞向日地 L_1 点，11 月 16 日实施入轨控制后进入 L_1 点 halo 轨道，12 月 3 日启动设备收集太阳风粒子。2004 年 4 月 1 日，探测器绕 L_1 点飞行约 5 圈（约 850 天）后收集过程结束，4 月 22 日开始返回地球，如图 1.8 所示。

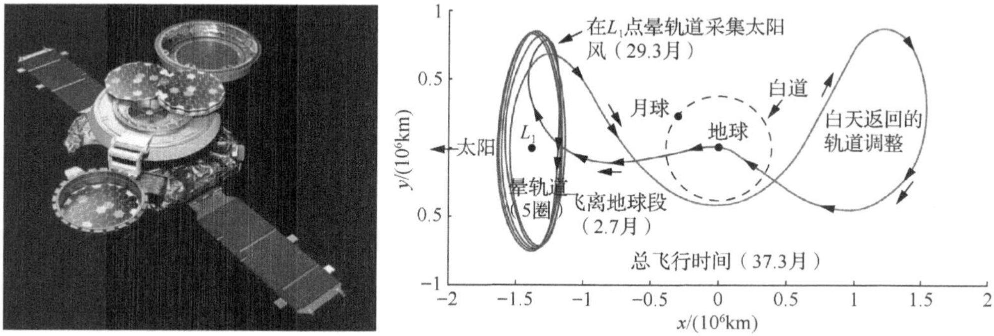

图 1.8 Genesis 及其轨道

注：图片来自 NASA 官网。

为了在白天返回以便采样回收，探测器绕日地 L_2 点飞行一圈后，于 2004 年 9 月 8 日 16:55 在俄勒冈州北部以约 11.04km/s 的速度进入地球大气层。由于减速传感器设计缺陷，降落伞未能正常打开，仅依靠空气阻力减速，因此原计划的空中回收失败，最后返回舱以 86m/s 的速度坠落到犹他州沙漠。同时，探测器平台重新回到日地 L_1 点，11 月 6 日通过轨道控制后逐渐离开日地 L_1 点，12 月 2 日平台进入休眠状态但仍继续发送下行信号，并自动将太阳帆板对准太阳。2005 年 2 月 1 日平台离开日地 L_1 点，进入日心轨道。

8. ARTEMIS

ARTEMIS（Acceleration, Reconnection, Turbulence and Electrodynamics of the Moon's Interaction with the Sun，月球与太阳相互作用的加速、重联、湍流和电动力学）任务的探测器 ARTEMIS-P1 和 ARTEMIS-P2 是 2 颗 THEMIS 任务卫星，THEMIS 任务共有 5 颗地球轨道卫星，发射于 2007 年 2 月 17 日，是 NASA 用于研究空间大气极光形成机理的空间任务。THEMIS 任务结束后，2008 年 5 月 NASA 重新规划将 2 颗 THEMIS 卫星经地月平动点转移到环月轨道，用于研究月球成分，并命名为 ARTEMIS 任务[4-5]，如图 1.9 所示。

2010 年 2 月 13 日，ARTEMIS-P1 结束了最后一次月球引力辅助飞行，进入深空转移轨道，经过 1 次深空机动和 4 次轨道修正，速度增量分别约 7.3m/s 和 3.3m/s，借助日地 L_1 点于 8 月 25 日返回地月空间，9 月 1 日进入地月 L_2 点 Lissajous 轨道，2011 年 1 月转移进入地月 L_1 点轨道，6 月 22 日离开地月 L_1 点轨道，7 月 2 日进入环月轨道，环月轨道为近月点高度 100km、远月点高度 19000km、倾角约 10° 的大椭圆逆行轨道。在地月平动点轨道的 10 个月飞行中，ARTEMIS-P1 卫星共执行 36 次轨道维持控制，总速度增量约 8.7m/s。

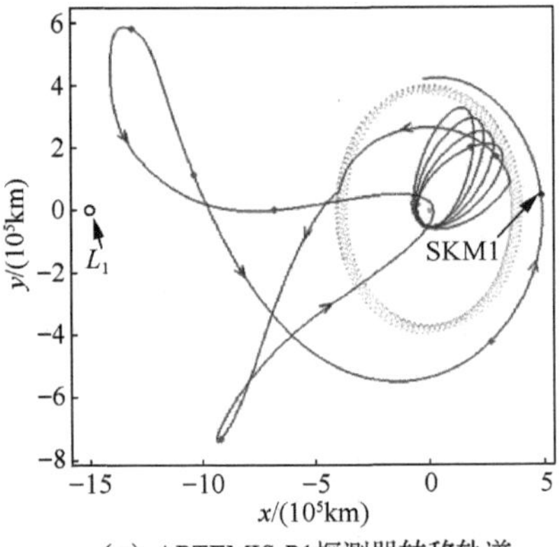

（a）ARTEMIS-P1探测器转移轨道

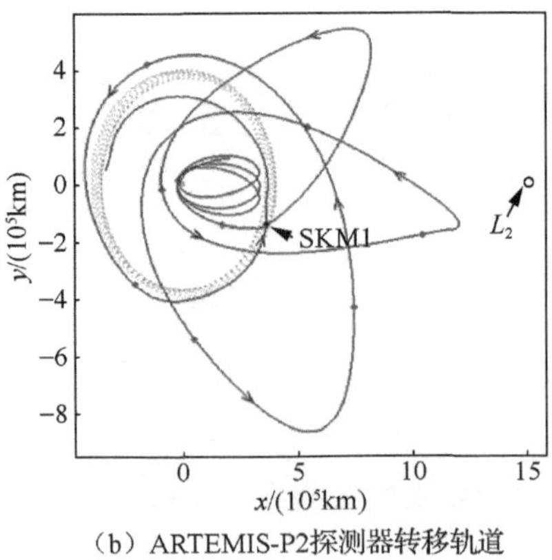

（b）ARTEMIS-P2探测器转移轨道

图 1.9　ARTEMIS 及其轨道[4-5]

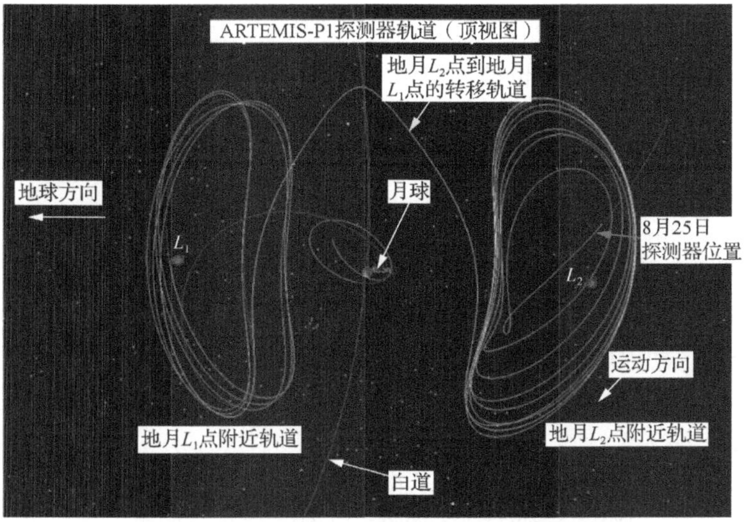

（c）ARTEMIS-P1探测器地月平动点轨道

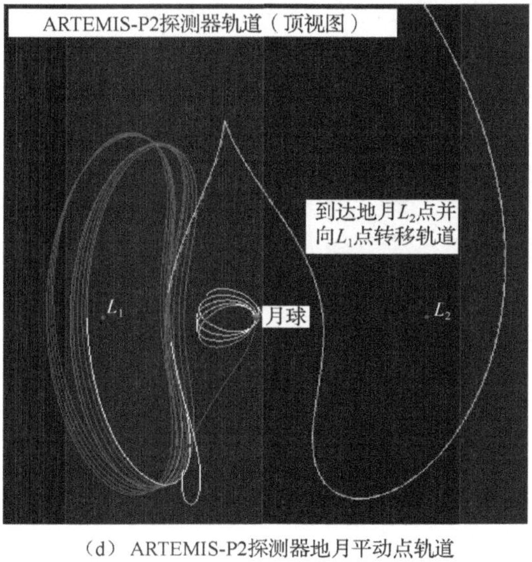

（d）ARTEMIS-P2探测器地月平动点轨道

图 1.9（续）

ARTEMIS-P2 借助 3 次深空机动和 4 次轨道修正，速度增量分别约 30.2m/s 和 3.4m/s，3 次经过日地 L_2 点附近，最后经由地月 L_2 点于 2010 年 10 月 19 日进入地月 L_1 点 Lissajous 轨道，飞行约 8 个月，共执行了 31 次轨道维持控制，总速度增量约 4.5m/s。2011 年 7 月 17 日，ARTEMIS-P2 进入环月轨道，经过一系列轨道控制，最终进入与 ARTEMIS-P1 类似的环月轨道。目前，两颗卫星均处于正常在轨运行状态。

作为国际首个地月平动点任务，ARTEMIS 成功验证了地月平动点轨道设计与测控等关键技术，尤其是相关的低能量转移与平动点轨道维持技术，对于后续地月平动点应用具有重要参考价值，也是空间探测任务再规划和重复利用的典范。

目前，为了避免与 NASA 正在实施的 ARTEMIS 任务重名，此次 ARTEMIS 任务已经被重命名为 THEMIS-ARTEMIS 任务。

9. Gaia

Gaia 是 ESA 的天文观测卫星，科学目标是对约 10 亿颗天体进行三维空间编目，在首个 5 年任务期内对目标天体监测约 70 次，精确记录天体位置、距离、运动和亮度变化，期望可以发现数十万颗如太阳系外行星和褐矮星等新天体，以及太阳系内数十万颗小行星；还用于研究 50 万颗类星体，并对爱因斯坦的广义相对论进行新的严格检验。

该卫星于 2013 年 12 月 19 日从南美洲的库鲁航天中心发射升空，发射质量 2029kg，在转移轨道段进行观测任务的准备工作，包括全面测试和校准微推进及科学载荷等设备功能，这些工作进行至 2014 年 7 月末。2014 年 1 月 8 日，Gaia 卫星进入日地 L_2 点 Lissajous 轨道开始观测工作，如图 1.10 所示。2014 年 9 月 12 日，Gaia 首次在其他星系发现了超新星，目前 Gaia 剩余推进剂可支持任务至 2024 年 11 月。

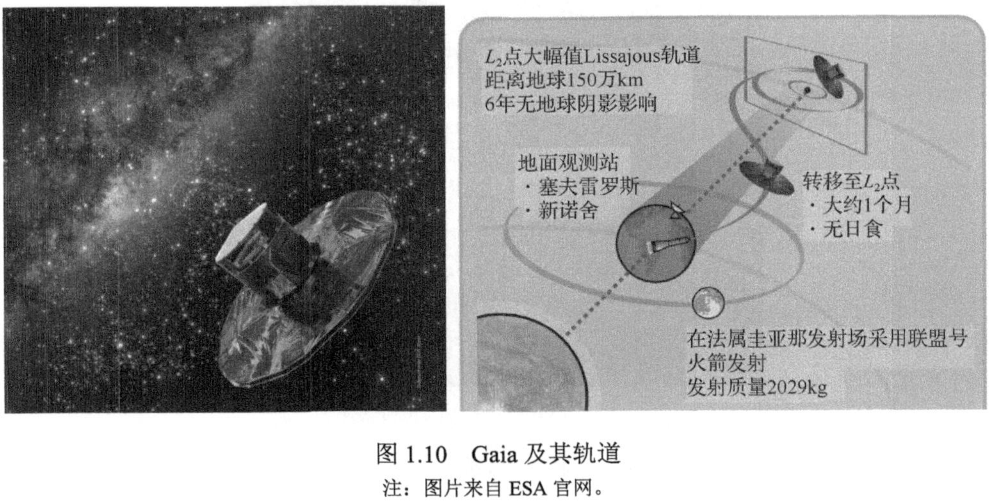

图 1.10　Gaia 及其轨道

注：图片来自 ESA 官网。

10. DSCOVR

DSCOVR（Deep Space Climate Observatory，深空气候天文台）是美国国家海洋和气象局用于地球观测和空间天气研究的任务，科学目标包括：日地 L_1 点太阳风测量、提供地磁暴的 1～3 天提前预警、替代在轨的 ACE 探测器、经过国际实时太阳风网络下载数据。该任务最初于 1998 年由美国时任副总统戈尔提出，称为

Triana，当时科学目标为从日地 L_1 点连续观测地球受太阳照射一侧，并通过网络实时发布图像。此后，在美国新航天政策下，Triana 任务被暂停，自 2001 年 11 月 Triana 卫星一直存贮于戈达德飞行中心，2003 年重新命名为 DSCOVR，2008 年进行卫星测试。2011 年，美国海洋和气象局、NASA 和美国空军联合启动 DSCOVR 任务，重新规划用于监测空间天气和太阳观测，以代替服役多年的 ACE 探测器。

在经历两次发射取消后，2015 年 2 月 11 日 SpaceX 公司在卡纳维拉尔角用猎鹰火箭成功发射 DSCOVR，发射质量 570kg，标称任务 5 年，如图 1.11 所示。2015 年 6 月 8 日，DSCOVR 进入日地 L_1 点 Lissajous 轨道，每隔 2h 获取一次地球图像，用于监测太阳风条件变化，提供日冕物质抛射早期预警，以及观察地球臭氧、气溶胶、尘埃、火山灰、云高、植被和气候等现象的变化。2015 年 7 月 6 日，DSCOVR 发回第一张地球受太阳照射一侧的图像，后续每天都会提供相应的地球图像。目前，探测器状态良好，处于正常运行状态。

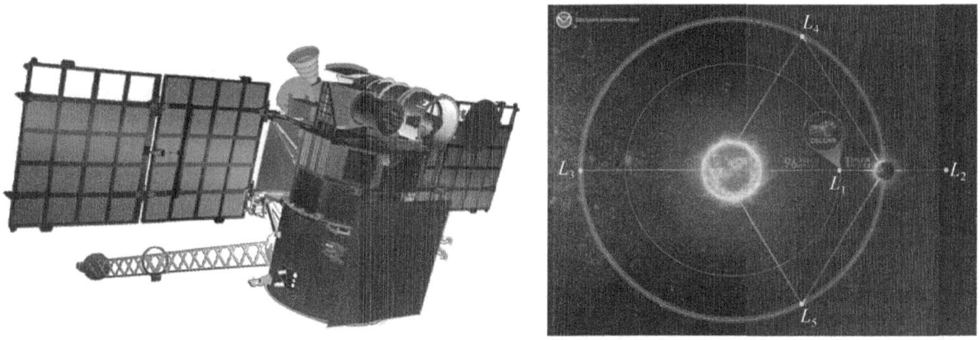

图 1.11　DSCOVR 及其轨道

注：图片来自 NOAA 官网。

11. LISA Pathfinder

LISA Pathfinder（Laser Interferometer Space Antenna Pathfinder，激光干涉空间天线探路者）之前称为 SMART-2（Small Missions for Advanced Research in Technology-2，用于先进技术研究的小型任务-2），是 ESA 主导、NASA 参与的技术验证探测器，主要用于验证将于 2034 年发射的引力波天文台 eLISA（evolved Laser Interferometer Space Antenna，演化激光干涉空间天线）所需的关键技术。LISA Pathfinder 在几乎全引力作用下释放两个质量块，然后以前所未有的精度控制和测量二者相对运动。激光干涉仪测量这两个相距约 40cm 的质量块的相对位置和方位，测量精度优于 0.01nm，该精度可以满足 eLISA 任务检测引力波的测量需求。LISA Pathfinder 重点验证内容包括：带两个验证质量块的航天器无拖曳姿态控制，采用期望频率（地面无法实现）的激光干涉测量的可行性，电容传感器、微推进设备、激光仪和光学器件等元器件的可靠性和寿命。

2015 年 12 月 3 日，LISA Pathfinder 成功发射，发射质量 1910kg。探测器首先进入近地点高度 200km、远地点高度 1540km、倾角 6.5° 的地球椭圆停泊轨道，然后在每次经过近地点时加速，在发射后 2 周内共加速 6 次，逐渐抬升远地点高度。2016 年 1 月 22 日，进入日地 L_1 点 Lissajous 轨道（图 1.12），3 月 1 日开始载荷测试，4 月 ESA 宣布 eLISA 任务经 LISA Pathfinder 验证可行。2017 年 6 月 30 日，LISA Pathfinder 任务结束。

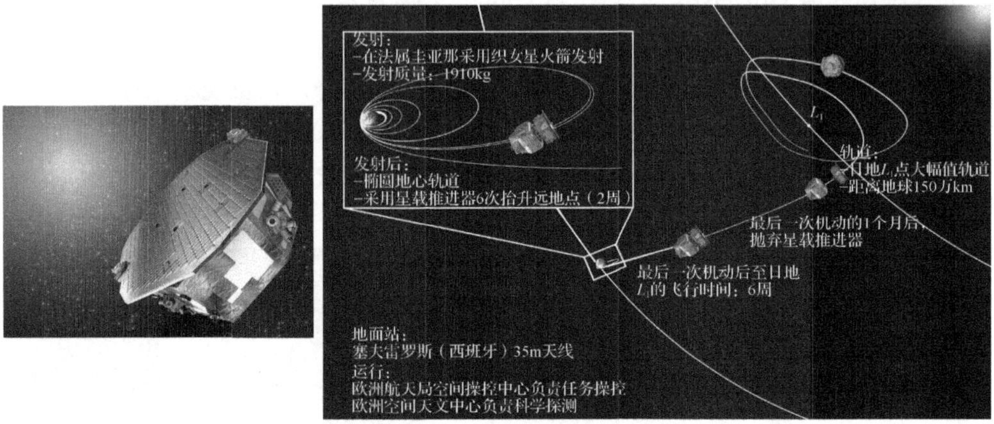

图 1.12　LISA Pathfinder 及其轨道

注：图片来自 ESA 官网。

12. Spektr-RG

Spektr-RG 为俄罗斯和德国合作研发，用于 X 射线天文观测，发射于 2019 年 7 月 13 日 12:31，任务轨道为日地 L_2 点 halo 轨道，距离黄道面最远约 40 万 km。该任务源于 20 世纪 80 年代提出的地球轨道 X 射线观测卫星，当时设计了包含 5 个望远镜的天文观测平台，后来随着苏联解体和资金削减而取消，直至 2003 年重启该任务并缩小了任务规模。

作为首个探测小于 10keV 能量的中 X 射线波段、首个绘制约 10 万个星系团的任务，Spektr-RG 计划进行 7 年 X 射线观测，主要载荷是德国马克斯·普朗克地外物理研究所建造的 eROSITA 天文望远镜，可以探测到新的星系团和活跃的星系核；另一个载荷 ART-XC 是俄罗斯空间研究所研制的高能 X 射线望远镜，能够探测超大质量黑洞。

Spektr-RG 任务发布于 2005 年，2016 年完成建设，2018 年中开展集成和测试。Spektr-RG 原定于 2019 年 6 月发射，后来推迟到 7 月 13 日，在拜科努尔基地由质子号火箭发射。在星箭分离后，探测器进入远地点高度 200km 的弹道。此后，探测器的上面级 Block DM-03 推进器工作两次，第 1 次工作 3 分 11 秒，提供速度增量 695.93m/s，进入近地点高度 170km、远地点高度 1927.7km、倾角 51.49° 的椭圆停泊轨道；第 2 次工作 9 分 27 秒，提供速度增量 3957.32m/s，进入近地点高度 500km、远地点高度 1293041km、倾角 51.6° 的大椭圆轨道，并飞向日地 L_2 点。Spektr-RG 探测器及其发射转移过程如图 1.13 所示。

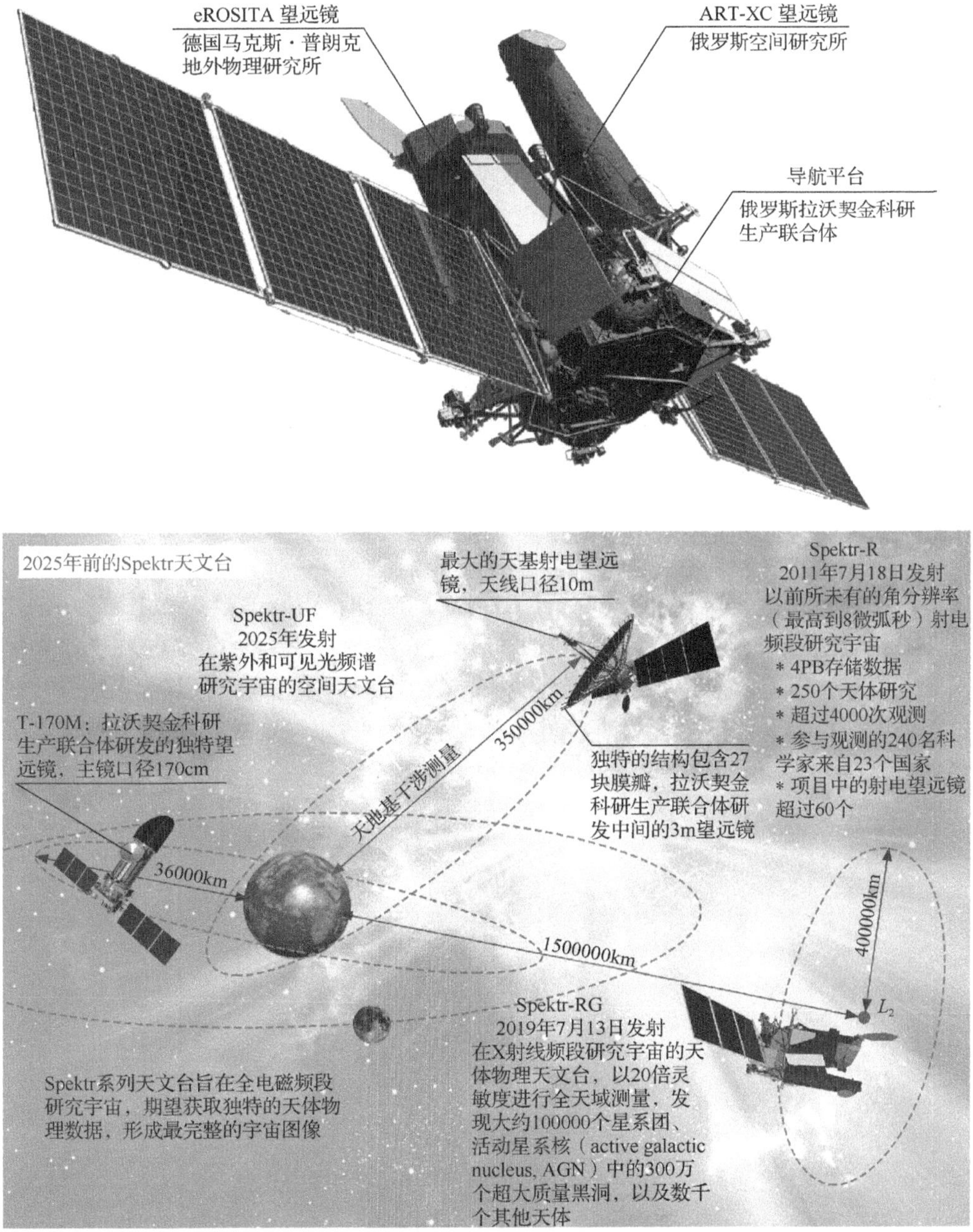

图 1.13 Spektr-RG 探测器及其发射转移过程

注：图片来自俄罗斯联邦航天局官网。

在飞往日地 L_2 点的 3 个月旅程中，任务团队检测和校准了 2 个天文望远镜，计划在接下来的 4 年进行 8 次全天域观测，之后 3 年计划观测选定的星系团和活跃的星系核。2019 年 10 月 21 日，Spektr-RG 历经 100 天飞行抵达 L_2 点 halo 轨道。

13. JWST

JWST（James Weber Space Telescope，詹姆斯·韦伯空间望远镜）项目启动于 1996 年，计划 2007 年发射。该项目由 NASA、ESA 和 CSA 共同研制，用于接替哈勃天文望远镜，科学目标为：寻找大爆炸后宇宙中形成的第一批恒星和星系的光、研究星系的形成和演化、了解恒星和行星形成、研究行星系统和生命起源。JWST 的主镜由 18 片镀金铍的六角形镜片组成，镜面直径为 6.5m，面积约为哈勃望远镜的 6.25 倍，观测光谱范围从长波可见光到中红外（波长 0.6～28.3μm）光，对暗弱目标的观测能力约为哈勃望远镜的 100 倍，可以观测到更远的天体。同时，JWST 还可用于观测太阳系中角速率低于 0.03 弧秒/秒的各种天体。

2021 年 12 月 25 日 12 时，JWST 由法属圭亚那库鲁发射场发射升空，发射质量 6161.4kg，目标轨道为日地 L_2 点 halo 轨道。发射后 27 分 7 秒，JWST 与上面级分离，进入前往日地 L_2 点的转移轨道，于 2022 年 1 月 24 日到达 L_2 点附近。转移过程中规划了 3 次中途修正，发射后 12h 主星载发动机工作 65min，实施了第 1 次中途修正；发射后 60h 发动机工作 9 分 27 秒，实施了第 2 次中途修正；1 月 24 日实施了第 3 次中途修正，JWST 成功进入日地 L_2 点 halo 轨道，如图 1.14 所示。在目标轨道上，JWST 每年轨道维持能量约 2.5m/s，总能量预算为 93m/s，不过精确入轨和中途修正节省的推进剂有望将原定的 5.5 年任务寿命和 10 年目标寿命提升至 20 年。

图 1.14　JWST 及其轨道

注：图片来自 NASA 官网。

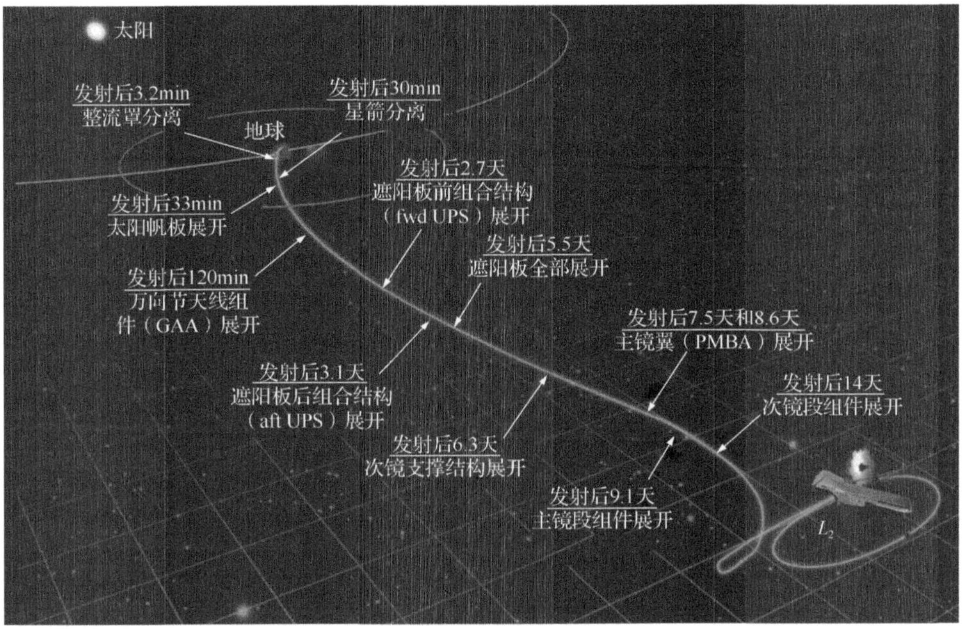

图 1.14（续）

1.2.3 我国平动点任务

我国于 2003 年提出了用于空间科学探测的平动点任务计划，即借助日地平动点开展空间天气研究的“夸父计划”[6]，2011 年开始在月球探测工程中创新性地利用嫦娥系列卫星剩余推进剂开展日地和地月平动点拓展飞行任务，取得了巨大成功，实现了平动点探测飞行的零的突破[7-20]，尤其是 CE-4 中继星作为国际首个地月平动点中继通信卫星，开启了地月平动点实际工程利用的先河。

1. CHANG'E-2（嫦娥二号）日地 L_2 点飞行

嫦娥二号（以下简称 CE-2）于 2010 年 10 月 1 日发射，最终进入 100km 高的极月圆轨道，2011 年 4 月 1 日圆满完成了各项工程任务和科学探测预定目标，实现了运载火箭直接地月转移入轨、X 频段深空测控和目标区域高分辨率成像等主要技术创新。为了充分利用任务资源，深化深空探测成果，我国决定实施 CE-2 飞往日地 L_2 点拓展任务。

为了克服剩余能量约束的问题，国内多家科研院所联合设计了由环月轨道前往日地 L_2 点的低能量转移轨道。基于 CE-1/2 的地月转移轨道控制经验，CE-2 采用多次加速的月球逃逸控制方案，于北京时间 2011 年 6 月 8 日和 9 日分两次实施月球逃逸控制，20 日实施了中途修正，8 月 25 日实施了目标轨道入轨控制，经低能量转移轨道顺利进入日地 L_2 点 Lissajous 轨道。此后，于 11 月 30 日实施了目标轨道维持控制，直到 2012 年 4 月开始实施图塔蒂斯小行星飞越探测拓展任务，详见本书第 6 章。

CE-2 是我国首颗到达日地平动点的卫星，也是国际上首颗由环月轨道飞向日地平动点的卫星，突破了深空探测任务设计与测控等多项关键技术，对于我国后续平动点相关任务具有重要价值。

2. CHANG'E-5T1（嫦娥 5T1）地月 L_2 点飞行

2014 年，我国在成功实现月球探测活动“绕”和“落”工程目标的基础上，积极开展探月工程三期任务准备，开展了月球探测再入返回试验任务，即嫦娥 5T1 任务，为后续嫦娥五号（以下简称 CE-5）验证所需关键技术。2014 年 10 月 24 日，嫦娥 5T1 在西昌卫星发射中心发射升空，经过地月转移、月旁转向、月地转移和返回再入飞行过程后，于 11 月 1 日成功完成返回器的着陆回收。再入返回试验任务结束时，嫦娥 5T1 服务舱仍有较多推进剂剩余，为了实现对任务资源的最大利用，我国决定实施嫦娥 5T1 拓展飞行任务。

嫦娥 5T1 拓展飞行任务包括地月 L_2 点飞行和返回月球，为 CE-5 月球采样返回任务验证月面交会对接等关键技术，以及为后续月球背面探测的地月平动点中继通信验证相应测控技术。2014 年 11 月 1 日，再入返回试验任务结束后，嫦娥 5T1 服务舱进入地心大椭圆轨道，经过 4 次轨道控制和修正，于 11 月 23 日 15 时左右到达近月点，高度约 200km，近月减速控制后飞向地月 L_2 点并进入 Lissajous 轨道，飞行约 1.5 个月，即环绕 L_2 点约 2.5 圈后，返回月球进入高度 200km、倾角 45° 的环月圆轨道，详见本书第 9 章。

嫦娥 5T1 地月 L_2 点飞行在国际上首次利用近月减速控制方式进入地月平动点，是继 ARTEMIS 后的再次地月平动点飞行，为后续 CE-4 的鹊桥平动点中继星任务的实施奠定了坚实的技术基础。

3. Queqiao（鹊桥）中继星

2018 年，我国计划利用 CE-4 软着陆探测月球背面的南极艾特肯盆地。受地月相对运动和月球自转的影响，月球背面无法直接与地面测控网通信，为此，在地月 L_2 点附近布设中继通信卫星即鹊桥中继星，构建月球背面着陆探测器与地面的通信链路。

基于嫦娥 5T1 拓展飞行任务经验，鹊桥中继星采用类似转移轨道进入地月 L_2 点 halo 轨道，整个飞行过程包括发射段、地月转移段、月球到 L_2 转移段、L_2 捕获段和 L_2 使命轨道段。2018 年 5 月 21 日 5 时，鹊桥中继星在我国西昌卫星发射中心用长征四号丙运载火箭发射，进入近地点高度约 200km、远地点约 40 万 km 的地月转移轨道，地月转移期间进行 1 次轨道修正，25 日 22 时左右达到月球附近并实施近月减速控制，此后经过 3 次捕获控制，进入地月 L_2 点 halo 使命轨道，为 CE-4 的月球背面着陆探测任务提供了可靠的中继通信服务，详见本书第 10 章。

CE-4 是国际上首个月球背面软着陆巡视探测任务，鹊桥中继星则是国际上首个平动点中继通信卫星，由此拉开了平动点中继通信应用的序幕，对于后续月球和平动点的进一步开发利用具有深远意义。

4. CHANG'E-5（CE-5）日地 L_1 点飞行

2020 年 11 月 24 日我国成功发射 CE-5 探测器，并于 12 月 17 日成功回收返回器，实现了自 1976 年苏联月球采样任务后人类再次获取月壤样品，同时标志着我国“绕落回”月球探测工程任务圆满结束。与嫦娥 5T1 类似，CE-5 探测器采样返回时由返回器和轨道器组成，在探测器到达地球附近预定高度后，返回器和轨道器分离，返回器返回着陆场，轨道器则经过控制后进入地心大椭圆轨道。为了实现对任务资源的最大利用，尤其为后续月球和深空探测任务探索关键技术和积累任务经验，我国实施了 CE-5 日地 L_1 点拓展飞行试验，参见 9.2.3 小节。

1.3　本书内容与结构

本书主要介绍平动点轨道动力学、平动点轨道设计与控制，以及相关理论与技术在我国航天工程任务中的应用研究。全书共 12 章，内容和结构安排如下：

第 1 章　绪论，介绍平动点概念、潜在应用、国内外平动点任务现状，以及本书内容和结构。

第 2 章　平动点轨道动力学，介绍平动点轨道动力学的基础理论，包括平动点轨道动力学简化模型的推导与相应动力学特征，以及平动点附近运动的低阶解析解的讨论，为后续平动点轨道设计与控制等内容提供基础理论知识。

第 3 章　平动点轨道数值设计，介绍平动点轨道设计所需力模型和坐标系统，以及坐标系转换关系，重点介绍常见的共线平动点 halo 轨道和 Lissajous 轨道设计方法，以及三角平动点周期轨道设计方法。

第 4 章　平动点转移轨道设计，介绍目前应用广泛的不变流形轨道设计方法，包括不变流形理论简介及其在平动点转移轨道设计上的应用，作为对比介绍了平动点转移轨道的前向导引设计方法，最后给出相应设计实例。

第 5 章　平动点轨道维持控制，首先介绍平动点轨道维持控制的前提，即平动点轨道稳定性和对平动点轨道偏差因素的数值分析；继而重点介绍常见的平动点轨道维持控制相关理论与方法；最后给出相应应用实例。

第 6～10 章，介绍我国平动点相关任务和平动点轨道应用，包括 CE-2 日地平动点飞行任务、CE-2 小行星飞越探测任务、嫦娥三号（以下简称 CE-3）应急返回轨道设计、嫦娥 5T1 地月平动点飞行任务、CE-4 地月平动点中继任务，重点介绍前述章节内容在任务中的应用，以及相应的任务轨道设计与任务实施情况。

第 11 章　地月平动点任务处置轨道设计，以 CE-4 中继星任务为背景，介绍平动点任务末期处置轨道方案，包括返回地球处置轨道、返回月球处置轨道、日心坟墓处置轨道和小行星探测等行星际空间方案，给出平动点任务末期处置轨道的初步设计结果，为后续处置任务设计与实施提供思路。

第 12 章　平动点轨道应用展望，简要总结当前平动点研究和应用现状，概略分析未来平动点轨道应用方向。

参考文献

[1] MICHAUD M. Reaching for the high frontier: The American Pro-Space movement[M]. New York: Greenwood Publishing Group, 1986.

[2] LAUFER R, TOST W, ZEILE O, et al. The Kordylewsky clouds-an example for a cruise phase observation during the lunar mission BW1[C]//11th ISU Annual International Symposium. February 21-23, 2007, Strasbourg, 2007.

[3] LO M W. The interplanetary superhighway and the origins program[C]//Proceedings, IEEE Aerospace Conference 2002, Big Sky, MT, USA, 9-16 March, 2002.

[4] COSGROVE D, OWENS B, MARCHESE J, et al. ARTEMIS operations from Earth-Moon libration orbits to stable lunar orbits[C]//SpaceOps 2012 Conference, Stockholm, Sweden, June 11-15, 2012.

[5] FOLTA D C, WOODARD M A, COSGROVE D. Stationkeeping of the first Earth-Moon libration orbiters: the ARTEMIS mission[C]//AAS/AIAA Astrodynamics Specialist Conference. Girdwood, Alaska, July 31-August 4, 2012.

[6] TU C Y, SCHWENN R, DONOVAN E, et al. Space weather explorer-The KuaFu mission[J]. Advances in Space Research, 2008, 41(1): 190-209.

[7] 刘勇，刘磊，李明涛，等. 嫦娥二号飞往日地系 L2 点轨道设计与控制[Z]. 2011.

[8] WU W R, LIU Y, LIU L, et al. Pre-LOI trajectory maneuvers of the CHANG'E-2 libration point mission[J]. Science China, 2012, 55(6):1249-1258.

[9] 吴伟仁，崔平远，乔栋，等. 嫦娥二号日地拉格朗日 L2 点探测轨道设计与实施[J]. 科学通报，2012, 57（21）：1987-1991.

[10] 周文艳，黄昊，刘德成，等. 嫦娥二号卫星日地 L2 点扩展任务轨道设计[J]. 中国科学（技术科学），2013，43（6）：609-613.

[11] 曹建峰，胡松杰，黄勇，等. 嫦娥二号卫星日地拉格朗日 L_2 点探测轨道定轨分析[J]. 武汉大学学报（信息科学版），2013，38（9）：1029-1033.

[12] LIU L, LIU Y, CAO J F, et al. CHANG'E-2 lunar escape maneuvers to the Sun-Earth L2 libration point mission[J]. Acta Astronautica. 2014, 93:390-399.

[13] 刘磊，唐歌实，胡松杰，等. 月球探测再入返回试验后续飞行方案研究[J]. 宇航学报，2015，36（1）：9-17.

[14] LIU L, LI J S. CHANG'E-5T1 extended mission: The first lunar libration point flight via a lunar swing-by[J]. Advanced in Space Research, 2016, 58(4):609-618.

[15] PENG H, BAI X L, MASDEMONT J J, et al. Libration transfer design using patched elliptic three-body models and graphics processing units[J]. Journal of Guidance, Control, and Dynamics, 2017, 40(12): 3155-3166.

[16] 吴伟仁，王琼，唐玉华，等. “嫦娥 4 号”月球背面软着陆任务设计[J]. 深空探测学报，2017，4（2）：111-117.

[17] MENG Z F, GAO S, WANG Z S, et al. Trajectory design for extended mission of circumlunar return and reentry test[C]//4th IAA Conference on Dynamics and Control of Space Systems (Dycoss2018), Changsha, China, May 21-23, 2018.

[18] LIU L, HU C Y. Scheme design of the CHANG'E-5T1 extended mission[J]. Chinese Journal of Aeronautics, 2018, 31(7): 1559-1567.

[19] MASDEMONT J J, GÓMEZ G, LIU L, et al. Global analysis of direct transfers from lunar orbits to Sun-Earth libration point regimes[J]. Celestial Mechanics and Dynamical Astronomy, 2021, 133(4):15.

[20] 刘磊，刘勇，陈明，等. 嫦娥五号平动点拓展任务轨道方案研究[J]. 宇航学报，2022，43（3）：293-300.

第 2 章　平动点轨道动力学

平动点轨道动力学属于天体力学范畴，是空间三体问题的研究对象之一，也是平动点轨道设计与控制等应用的理论基础。本章由 N 体问题导出圆形限制性三体问题（circular restricted three-body problem，CRTBP），介绍平动点轨道动力学模型和特征，重点讨论平动点附近运动方程与相应解析解。

2.1　N 体 问 题

N 体问题是经典力学最基本的研究内容，主要研究空间 N 个天体在相互引力作用下的运动，是 CRTBP 的理论基础。

设空间中 N 个天体质量为 $M_k\left(k=1,2,\cdots,N\right)$，在任意惯性坐标系 $OXYZ$ 下的位置矢量为 $\boldsymbol{R}_k$，各个天体在其他天体引力作用下自由运动，如图 2.1 所示。

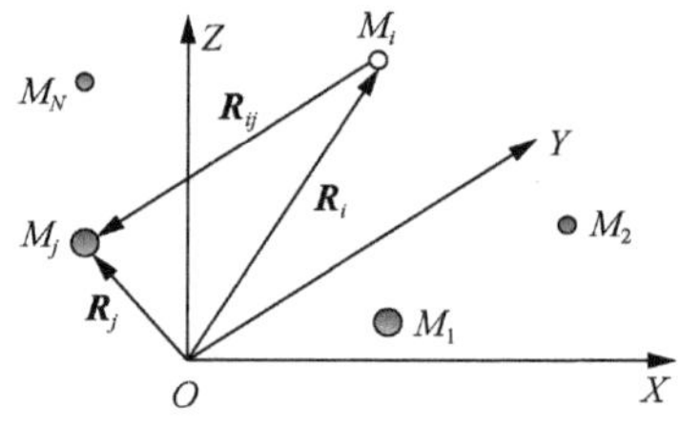

图 2.1　N 体问题

设 G 为万有引力常数，天体 M_i 受到其他 $N-1$ 个天体的万有引力之和为

$$\boldsymbol{F}_i=\sum_{\substack{j=1\\j\neq i}}^{N}\left[G\frac{M_iM_j}{\left|\boldsymbol{R}_j-\boldsymbol{R}_i\right|^3}\left(\boldsymbol{R}_j-\boldsymbol{R}_i\right)\right]=\sum_{\substack{j=1\\j\neq i}}^{N}\left(G\frac{M_iM_j}{R_{ij}^3}\boldsymbol{R}_{ij}\right) \tag{2.1}$$

根据牛顿第二运动定律，可以得到天体 M_i 的运动方程为

$$\ddot{\boldsymbol{R}}_i=\frac{\boldsymbol{F}_i}{M_i}=\sum_{\substack{j=1\\j\neq i}}^{N}\left(\frac{GM_j}{R_{ij}^3}\boldsymbol{R}_{ij}\right) \tag{2.2}$$

若定义其他 $N-1$ 个天体的引力势之和为 U，即

$$U=\sum_{\substack{j=1\\j\neq i}}^{N}\left(\frac{GM_j}{R_{ij}}\right) \tag{2.3}$$

则式（2.2）可写为

$$\ddot{\boldsymbol{R}}_i = \frac{\partial U}{\partial \boldsymbol{R}_i} \tag{2.4}$$

2.2　限制性三体问题

当N取 3 时，N体问题即三体问题，进一步假设第三体的质量远小于其他两个天体，不考虑第三体对其他两个大天体的引力作用，其他两个大天体在相互引力作用下作开普勒运动，由此构成限制性三体问题。限制性三体问题研究第三体在两大天体引力作用下的运动，故至多是三自由度系统，尽管该系统不可积，但由于其存在 1 个积分和 5 个平凡解，因此是轨道动力学中除二体运动外研究最多的对象。若两个大天体作椭圆运动，则称为椭圆形限制性三体问题（elliptic restricted three-body problem，ERTBP）；若作圆运动，则称为圆形限制性三体问题。因此，CRTBP 可视为偏心率为零的 ERTBP。由于太阳系中行星和多数小天体均围绕太阳作近圆运动，多数大天体的卫星也绕其作近圆运动，因此 CRTBP 是太阳系内多数三体运动的较好近似模型。此外，还有抛物线和双曲线型限制性三体问题，本书不作讨论。

设第三体的质量为m，两个大天体的质量分别为m_1和m_2，根据限制性三体假设，有$m \ll m_2 < m_1$。为简洁起见，下文直接以质量指代天体。以m_1和m_2的共同质心为原点O，m_2绕m_1的椭圆运动平面为惯性坐标系的$\xi\eta$平面，m_2相对于m_1运动椭圆的近拱点方向为ξ轴指向，建立坐标系$O-\xi\eta\zeta$，如图 2.2 所示。

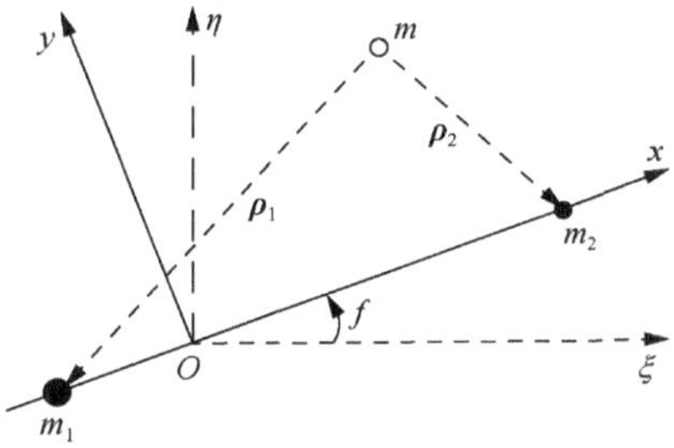

图 2.2　限制性三体问题

设m_1、m_2和m在惯性坐标系$O-\xi\eta\zeta$中的位置矢量依次为

$$\boldsymbol{r}_1' = [\xi_1, \eta_1, 0]^{\mathrm{T}}, \quad \boldsymbol{r}_2' = [\xi_2, \eta_2, 0]^{\mathrm{T}}, \quad \boldsymbol{r}' = [\xi, \eta, \zeta]^{\mathrm{T}} \tag{2.5}$$

式中，上标 T 表示将矢量写为矩阵形式并转置。

对于 ERTBP，设m_1和m_2连线相对于ξ轴的旋转角，也即m_2运动的真近点角为f，半通径为P，偏心率为e，则有[1-2]

$$\begin{cases} \xi_i = (-1)^i \left(1 - \dfrac{m_i}{m_1 + m_2}\right) \dfrac{P}{1 + e\cos f} \cos f \\ \eta_i = (-1)^i \left(1 - \dfrac{m_i}{m_1 + m_2}\right) \dfrac{P}{1 + e\cos f} \sin f \end{cases}, i = 1,2 \tag{2.6}$$

于是，根据式（2.3）和式（2.4），可以得到小天体 m 的运动方程为

$$\ddot{\boldsymbol{r}}' = \frac{\partial U_m}{\partial \boldsymbol{r}'} = \frac{\partial}{\partial \boldsymbol{r}'}\left(\frac{Gm_1}{|\boldsymbol{r}_1' - \boldsymbol{r}'|} + \frac{Gm_2}{|\boldsymbol{r}_2' - \boldsymbol{r}'|}\right) \tag{2.7}$$

由式（2.6）可见，式（2.7）右端含有与时间直接相关的参数 f，为非自治非线性系统。为便于分析该系统的动力学特性，通常建立会合坐标系或称旋转坐标系，通过坐标旋转消去右端的时间相关参数，将式（2.7）转化为自治非线性系统。

会合坐标系 $O-xyz$ 的原点仍选择 m_1 和 m_2 的共同质心 O， x 轴由 m_1 指向 m_2，如图 2.2 所示。各天体在 $O-xyz$ 中的位置矢量分别为

$$\begin{cases} \boldsymbol{r}_1 = R_z(f)\boldsymbol{r}_1' \\ \boldsymbol{r}_2 = R_z(f)\boldsymbol{r}_2' \\ \boldsymbol{r} = [x, y, z]^{\mathrm{T}} = \boldsymbol{M}_3(f)\boldsymbol{r}' \\ \boldsymbol{M}_3(f) = \begin{bmatrix} \cos f & \sin f & 0 \\ -\sin f & \cos f & 0 \\ 0 & 0 & 1 \end{bmatrix} \end{cases} \tag{2.8}$$

将式（2.8）代入式（2.7），令展开式中 $\sin f$ 和 $\cos f$ 的系数项为 0，可得 m 在 $O-xyz$ 中的运动方程为

$$\begin{cases} \ddot{x} - 2\dot{f}\dot{y} - \dot{f}^2 x - \ddot{f}y = \dfrac{\partial W}{\partial x} \\ \ddot{y} + 2\dot{f}\dot{x} - \dot{f}^2 y + \ddot{f}x = \dfrac{\partial W}{\partial y} \\ \ddot{z} = \dfrac{\partial W}{\partial z} \end{cases} \tag{2.9}$$

其中：

$$\begin{cases} W = \left(\dfrac{Gm_1}{\rho_1} + \dfrac{Gm_2}{\rho_2}\right) \\ \rho_1 = \sqrt{\left(x + \dfrac{m_2}{m_1 + m_2} r_0\right)^2 + y^2 + z^2} \\ \rho_2 = \sqrt{\left(x - \dfrac{m_1}{m_1 + m_2} r_0\right)^2 + y^2 + z^2} \end{cases} \tag{2.10}$$

式中，W 为 m 的势能；ρ_1 和 ρ_2 分别为 m 与 m_1 和 m_2 之间的距离，其数值与坐标系选择无关；r_0 为 m_1 和 m_2 之间的相对距离。

由 m_1 和 m_2 的相对运动关系有

$$\begin{cases} \dot{f} = \left[G\left(m_1 + m_2\right) \right]^{\frac{1}{2}} P^{-\frac{3}{2}} \left(1 + e\cos f\right)^2 \\ \ddot{f} = -2G\left(m_1 + m_2\right) eP^{-3} \left(1 + e\cos f\right)^3 \sin f \end{cases} \tag{2.11}$$

式（2.9）即 ERTBP 的动力学方程。为了研究方便和简洁，对其中的物理量单位归一化，即选择质量单位为 $m_1 + m_2$，长度单位为 m_2 绕 m_1 运动的椭圆半长轴 a，时间单位为椭圆运动角速度 n 的倒数 n^{-1}。在归一化单位下，m_2 绕 m_1 的椭圆运动的周期为 2π，根据椭圆运动方程可知万有引力常数 $G = 1$。记 $\mu = m_2 \leqslant 1/2$，则 $m_1 = 1 - \mu$。

在归一化单位下，式（2.9）的形式不变，不过由于其中全部参数均为归一化后的无量纲物理量，因此偏导数也应是对归一化时间变量的偏导数。此处为了避免重复书写，仍使用式（2.9）作为归一化后的 ERTBP 的动力学方程。式（2.10）和式（2.11）变为

$$\begin{cases} W = \left(\dfrac{1-\mu}{\rho_1} + \dfrac{\mu}{\rho_2} \right) \\ \rho_1 = \sqrt{\left(x + \mu r_0\right)^2 + y^2 + z^2} \\ \rho_2 = \sqrt{\left[x - \left(1-\mu\right) r_0\right]^2 + y^2 + z^2} \end{cases} \tag{2.12}$$

$$\begin{cases} \dot{f} = \left(1 - e^2\right)^{-\frac{3}{2}} \left(1 + e\cos f\right)^2 \\ \ddot{f} = -2e\left(1 - e^2\right)^{-3} \left(1 + e\cos f\right)^3 \sin f \end{cases} \tag{2.13}$$

式（2.12）中的 r_0 为式（2.10）中的 r_0 归一化后的结果，即 r_0/a，此处为了避免重新定义新变量且与式（2.10）保持形式一致，仍然沿用 r_0。

2.3　圆型限制性三体问题

当 m_1 和 m_2 作相对圆运动时，$e = 0$，此时 $\dot{f} = n = 1$，$\ddot{f} = 0$，$r_0 = a$，于是式（2.9）简化为

$$\begin{cases} \ddot{x} - 2\dot{y} = \dfrac{\partial \Omega}{\partial x} \\ \ddot{y} + 2\dot{x} = \dfrac{\partial \Omega}{\partial y} \\ \ddot{z} = \dfrac{\partial \Omega}{\partial z} \end{cases} \tag{2.14}$$

其中：

$$\begin{cases}\Omega=\dfrac{1}{2}\left(x^2+y^2\right)+\dfrac{1-\mu}{\rho_1}+\dfrac{\mu}{\rho_2}\\ \rho_1=\sqrt{\left(x+\mu\right)^2+y^2+z^2}\\ \rho_2=\sqrt{\left(x-1+\mu\right)^2+y^2+z^2}\end{cases} \tag{2.15}$$

式中，Ω 为式（2.9）中 W 的变形，即 m 的势能。

式（2.14）中若将时间变量和 y 全部取相反符号，则方程形式不变，这表明式（2.14）描述的 xy 面内运动关于 x 轴对称，该性质对于平动点轨道计算至关重要。

目前对 CRTBP 的研究较为充分，其主要运动特征包括雅可比（Jacobi）积分、平动点和运动可达区域等。

2.3.1 Jacobi 积分

对式（2.14）中的 3 个公式分别乘以 $\dot{x}$、$\dot{y}$ 和 $\dot{z}$，然后相加并积分，得

$$\frac{1}{2}\left(\dot{x}^2+\dot{y}^2+\dot{z}^2\right)-\frac{1}{2}\left(x^2+y^2\right)-\frac{1-\mu}{\rho_1}-\frac{\mu}{\rho_2}=-\frac{1}{2}C \tag{2.16}$$

式（2.16）即 Jacobi 积分，是 CRTBP 特有的积分（ERTBP 无该积分），其中右端为小天体的能量，左端第二项是由坐标系旋转引起的惯性离心势。利用 Jacobi 积分可以得到一些有用性质，如反映 CRTBP 运动可达区域的 Hill 曲面，将在 2.3.3 小节介绍。

结合式（2.16）和式（2.8），可以得到 Jacobi 积分在惯性坐标系下的形式，即

$$\frac{1}{2}\left(\dot{\xi}^2+\dot{\eta}^2+\dot{\zeta}^2\right)-\left(\xi\dot{\eta}-\dot{\xi}\eta\right)-\frac{1-\mu}{\rho_1}-\frac{\mu}{\rho_2}=-\frac{1}{2}C \tag{2.17}$$

由于式（2.17）左端的第二项是绕 ζ 轴的角动量 h_ζ，其余项之和为 m 的运动能量 E，因此可将式（2.17）简写为

$$E-h_\zeta=-\frac{1}{2}C \tag{2.18}$$

CRTBP 中，同一颗小天体每次穿越太阳系大行星区时其 C 基本不变，故由式(2.18)可以得到 Tisserand 判据，用于判定两次穿越的小天体是否为同一天体[1-2]。

2.3.2 平动点

一般的常微分方程可能存在一类非常简单的特解，即不动点解，满足下列条件：

$$\begin{cases} x(t) \equiv x_0 \\ y(t) \equiv y_0 \\ z(t) \equiv z_0 \end{cases} \tag{2.19}$$

式中，x_0、y_0 和 z_0 由初始条件给定，由该不动点解定义的空间位置即 CRTBP 的平动点。

由式（2.19）可得

$$\dot{x} = \dot{y} = \dot{z} = \ddot{x} = \ddot{y} = \ddot{z} = 0 \tag{2.20}$$

将式（2.14）改写成如下一阶形式：

$$\begin{cases} \dot{x} = v_x \\ \dot{y} = v_y \\ \dot{z} = v_z \\ \dot{v}_x = 2v_y + \dfrac{\partial \Omega}{\partial x} \\ \dot{v}_y = -2v_x + \dfrac{\partial \Omega}{\partial y} \\ \dot{v}_z = \dfrac{\partial \Omega}{\partial z} \end{cases} \tag{2.21}$$

由式（2.20）和式（2.21）并结合 Ω 的定义式（2.15）可知，对于平动点有

$$\begin{cases} \dfrac{\partial \Omega}{\partial x} = x - \dfrac{1-\mu}{\rho_1^3}(x+\mu) - \dfrac{\mu}{\rho_2^3}(x+\mu-1) = 0 \\ \dfrac{\partial \Omega}{\partial y} = y\left(1 - \dfrac{1-\mu}{\rho_1^3} - \dfrac{\mu}{\rho_2^3}\right) = 0 \\ \dfrac{\partial \Omega}{\partial z} = -z\left(\dfrac{1-\mu}{\rho_1^3} + \dfrac{\mu}{\rho_2^3}\right) = 0 \end{cases} \tag{2.22}$$

式（2.22）即 CRTBP 平动点位置坐标满足的关系式，由其中的第三式可见 $z \equiv 0$，即平动点位于会合坐标系的 xy 平面内。

对于式（2.22）的第二式，有下面两种情况。

1. $y = 0$

该情况即平动点位于会合坐标系的 x 轴上，此时式（2.22）的第一式为

$$x - \frac{1-\mu}{|x+\mu|^3}(x+\mu) - \frac{\mu}{|x+\mu-1|^3}(x+\mu-1) = 0 \tag{2.23}$$

式（2.23）为 x 的五次方程，可按照区间 $(-\infty,-\mu)$、$(-\mu,1-\mu)$ 和 $(1-\mu,+\infty)$ 分别构造 3 个解的幂级数形式，从而得到 3 个共线平动点的坐标近似值，如下[1-2]：

$$\begin{cases} x_1 = 1-\mu-d_1 = 1-\mu-\nu\left(1-\dfrac{1}{3}\nu-\dfrac{1}{9}\nu^2-\dfrac{23}{81}\nu^3+\dfrac{151}{243}\nu^4-\dfrac{1}{9}\nu^5\right)+o\left(\nu^7\right) \\ x_2 = 1-\mu+d_2 = 1-\mu+\nu\left(1+\dfrac{1}{3}\nu-\dfrac{1}{9}\nu^2-\dfrac{31}{81}\nu^3-\dfrac{119}{243}\nu^4-\dfrac{1}{9}\nu^5\right)+o\left(\nu^7\right) \\ \nu = \mu^{\frac{1}{3}}\left[3\left(1-\mu\right)\right]^{-\frac{1}{3}} \end{cases} \tag{2.24}$$

$$\begin{cases} x_3 = -\mu-d_3 = -1-\mu+\nu\left(1+\dfrac{23}{84}\nu^2+\dfrac{23}{84}\nu^3+\dfrac{761}{2352}\nu^4+\dfrac{3163}{7056}\nu^5+\dfrac{30703}{49392}\nu^6\right)+o\left(\nu^8\right) \\ \nu = \dfrac{7\mu}{12} \end{cases} \tag{2.25}$$

式（2.24）和式（2.25）中的 x_1、x_2 和 x_3 分别是 CRTBP 共线平动点 L_1、L_2 和 L_3 的 x 轴坐标，d_1、d_2 和 d_3 分别为 L_1、L_2 和 L_3 与相邻大天体的距离，如图 2.3 所示。

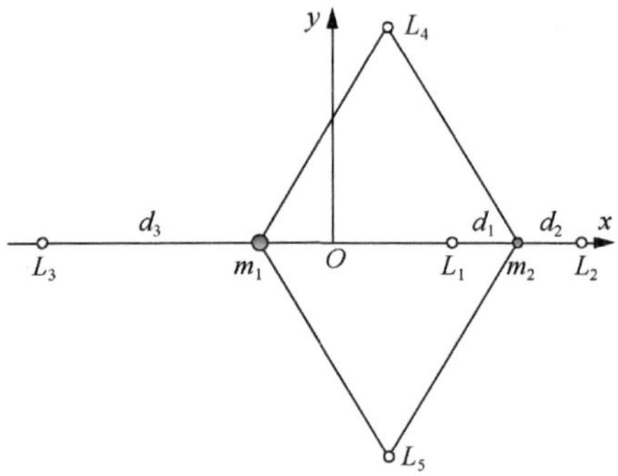

图 2.3　CRTBP 的平动点

当 $0<\mu\leqslant 1/2$ 时，分析共线平动点相对于会合坐标系原点的距离，即 x_1、x_2 和 $|x_3|$，以及与相邻大天体的距离 d_1、d_2 和 d_3，如图 2.4 所示。图 2.4 中的 NU 为归一化长度单位，下文不再单独说明。

由图 2.4 可见，在 μ 非常小时，L_1、L_2 和 L_3 相距坐标原点近似为 1，即 L_1 和 L_2 非常接近 m_2，L_3 与 m_2 关于 m_1 对称，太阳系内大行星与太阳组成的三体系统均满足这一条件。当 μ 增大时，$x_2>|x_3|>x_1$。同时可见，在 μ 非常小时，L_1 和 L_2 与相邻大天体的距离近似为 0，L_3 与相邻大天体的距离近似为 1。当 μ 增大时，$d_2>d_1$。

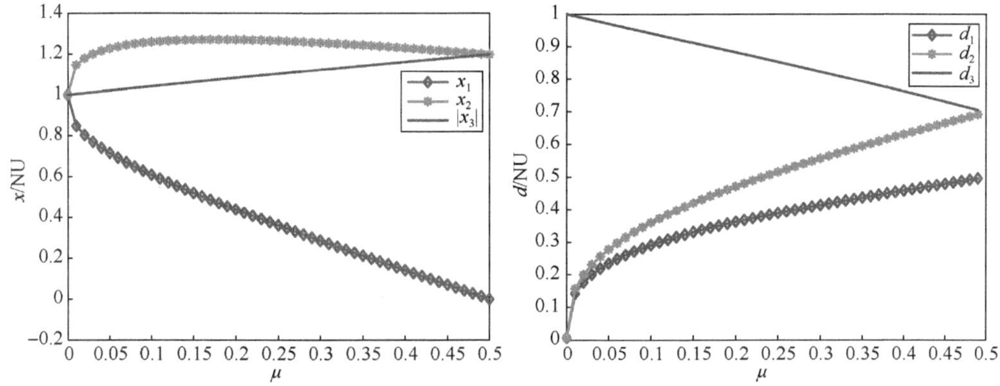

（a）共线平动点与会合坐标系原点的距离　（b）共线平动点与相邻大天体的距离

图 2.4　共线平动点与会合坐标系原点和相邻大天体的距离

2. $y \neq 0$

由式（2.22）可知，此时有

$$1-\frac{1-\mu}{\rho_1^3}-\frac{\mu}{\rho_2^3}=0 \tag{2.26}$$

结合式（2.26）和式（2.22）第一式，可得

$$\rho_1=\rho_2=1 \tag{2.27}$$

由式（2.27）可见，当 $y \neq 0$ 时，平动点与 m_1 和 m_2 构成等边三角形，因而称为三角平动点。同时，易知 x 轴上方和下方各存在一个三角平动点，分别称为 L_4 和 L_5，二者在会合坐标系中的位置矢量为

$$\begin{cases} L_4: \boldsymbol{r}_4=\left[\dfrac{1}{2}-\mu, \dfrac{\sqrt{3}}{2}, 0\right]^{\mathrm{T}} \\ L_5: \boldsymbol{r}_5=\left[\dfrac{1}{2}-\mu, -\dfrac{\sqrt{3}}{2}, 0\right]^{\mathrm{T}} \end{cases} \tag{2.28}$$

L_4 和 L_5 在会合坐标系中的位置如图 2.3 所示。一般称共线平动点为欧拉（Euler）特解，三角平动点为拉格朗日（Lagrange）特解。

2.3.3　Hill 曲面

由 Jacobi 积分［式（2.16）］得到小天体的动能 K 为

$$K=\frac{1}{2}\left(\dot{x}^2+\dot{y}^2+\dot{z}^2\right)=\Omega-\frac{1}{2}C \tag{2.29}$$

对于平动点有 $K \equiv 0$，于是 $C=2\Omega$，借助式（2.24）、式（2.25）和式（2.28），可得到 5 个平动点对应的 C 值，如下：

$$\begin{cases} C_i = x_i^2 + 2\left(\dfrac{1-\mu}{|x_i+\mu|} + \dfrac{\mu}{|x_i+\mu-1|}\right), & i=1,2,3 \\ C_i = 3-\mu+\mu^2, & i=4,5 \end{cases} \tag{2.30}$$

可以利用式（2.24）和式（2.25）中的幂级数得到C_i的解析形式，从而判断5个平动点对应的C值大小；也可以通过数值手段进行分析。

当$0<\mu<1/2$时，C_i随μ的变化关系如图2.5所示。

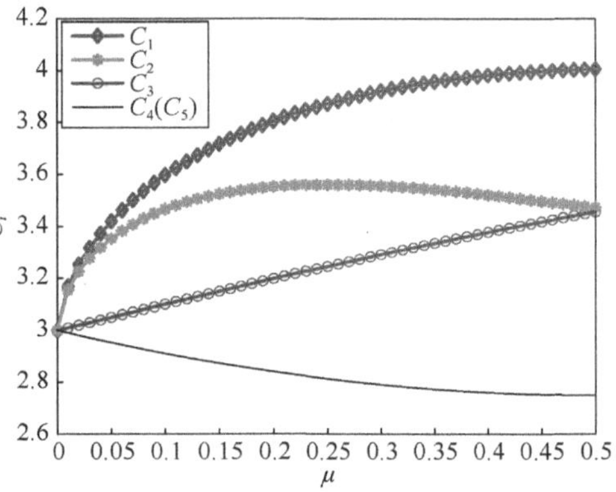

图2.5　C_i随μ的变化关系（$0<\mu<1/2$）

由图2.5及其数值分析结果可知

$$2.75 < C_5 = C_4 < C_3 < C_2 < C_1 < 4.0053 \tag{2.31}$$

m的运动可达区域即Hill区域，必须有$K\geqslant 0$，也即$2\Omega\geqslant C$。边界曲面$2\Omega = C$称为零速度面或Hill曲面[1-2]。Hill曲面的法线方向为$\partial\Omega/\partial\boldsymbol{r}$，当$\partial\Omega/\partial\boldsymbol{r}=0$时法线方向不确定，即曲面上的奇点，也即2.3.2小节中的不动点解。

结合式（2.15）可得Hill曲面的表达式，即

$$x^2+y^2+\frac{2(1-\mu)}{\sqrt{(x+\mu)^2+y^2+z^2}}+\frac{2\mu}{\sqrt{(x-1+\mu)^2+y^2+z^2}}=C \tag{2.32}$$

在会合坐标系xy平面内$z=0$，Hill曲面实为曲线。在C确定的前提下，等效势能$-\Omega$与动能K的变化完全相反，因而可由其分析Hill区域分布情况。取μ为0.12，约为10倍地月系统质量比，相应三体系统的等效势能如彩图1所示。

由彩图1可见，平动点均位于等效势能平衡处，其中三角平动点位于等效势能曲面的最高点，Hill区域即不同C值对应的等效势能曲面的横截面。下面根据m的C值与平动点$C_i(i=1,2,3,4,5)$值的关系逐一进行分析。

若$C>C_1$，则由式（2.32）可见，必须(x^2+y^2)充分大，或者ρ_1或者ρ_2充分

小，显然对应为 m 在远离三体系统的区域运动，或者在 m_1 或 m_2 附近运动，Hill 区域为图 2.6（a）中所示的白色区域和阴影外部区域。进一步，若 m 在 m_1 或 m_2 附近运动，则无法在 m_1 和 m_2 之间自由转移。若在 m_2 附近，m 运动区域的最大半径为 L_1 或 L_2 与 m_2 的距离，即式（2.24）中的 d_1 或 d_2，近似约为 ν，称为 m_2 的 Hill 半径（也称 Roche 半径），该区域称为 m_2 的 Hill 稳定性范围。

若 C 值减小，由式（2.32）可见，$\left(x^2+y^2\right)$ 减小或 ρ_1 和 ρ_2 增大，对应为图 2.6（a）中的阴影区域减小，白色 Hill 区域增大。在 $C=C_1$ 时，m_1 和 m_2 附近的 Hill 区域在 L_1 点相交，如图 2.6（b）所示。

若 C 值进一步减小，即能量进一步增大，图 2.6（b）中的阴影区域也会随之减小，白色 Hill 区域随之增大，m 可实现在 m_1 和 m_2 之间自由转移，如图 2.6（c）所示。

当 C 值减小到 C_2 时，阴影内外 Hill 区域在 L_2 点处相交，此时 m 可由 m_2 附近经 L_2 点逃逸三体系统，如图 2.6（d）所示。同样，当 C 值减小到 C_3 时，m 还可以从 L_3 点逃逸，如图 2.6（e）所示。

若 C 值进一步减小，则运动不可达区域会进一步缩小至 L_4 和 L_5 附近，如图 2.6(f)所示。此时，m 不能到达区域只有三角平动点附近。若 C 值减小至 $C<C_4$，则 m 可在整个空间内自由运动。

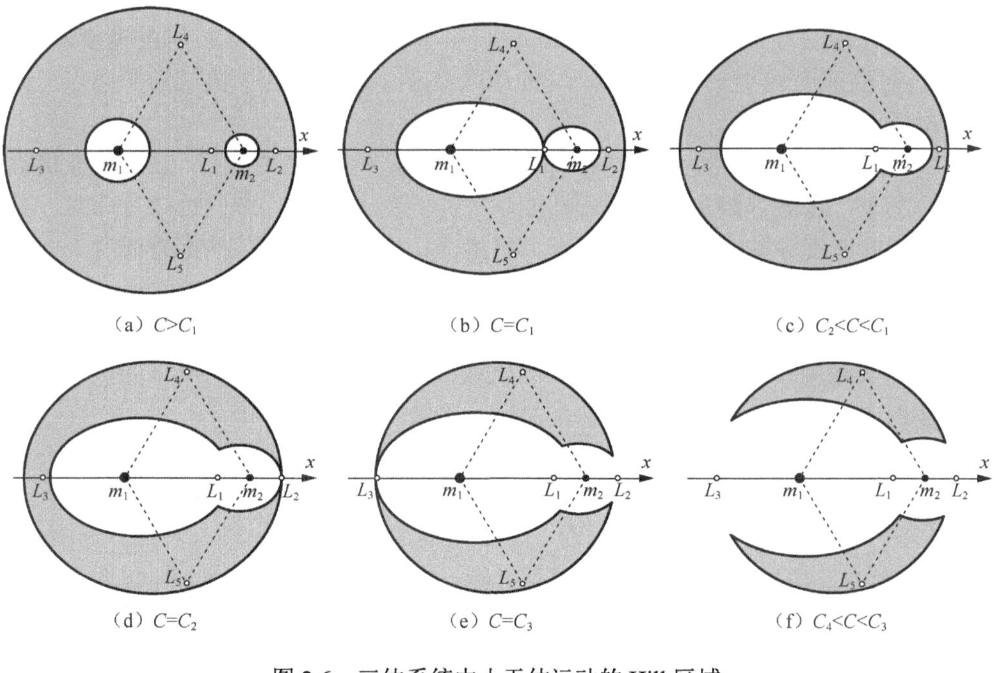

（a）$C>C_1$　（b）$C=C_1$　（c）$C_2<C<C_1$

（d）$C=C_2$　（e）$C=C_3$　（f）$C_4<C<C_3$

图 2.6　三体系统中小天体运动的 Hill 区域

此外，由式（2.29）可见，在C值确定的情况下，势能Ω和动能K成正比，Ω和K的极大值出现在m距m_1或m_2非常近或者非常远的区域。后者由于其他天体摄动作用明显，CRTBP 或不再适用，这里不考虑该情况。前者即图 2.6（a）的情况，考虑到Ω和K的连续性，在距m_1和m_2较远处必定存在Ω和K的极小值区域。为了避免这些区域的K值小于 0，需要C值足够小，这意味着m在m_1或m_2附近的动能足够大，从而使得m在m_1和m_2之间转移并穿过这些区域时$K \geqslant 0$。

以地月系统为例，地月转移轨道先通过轨道控制增大探测器动能K（降低C值）离开地球，经K的极小值区域到达月球附近再减速，减小K值（提高C值）使之被月球捕获。因此，转移能量消耗在通过K的极小值区域，若能选择避免C值大幅变化的转移路径，则可以节省能量消耗，基于平动点的低能量转移轨道即利用了这一原理。

地月系统$L_1 \sim L_4$的C值分别为 3.1883、3.1722、3.0121 和 2.9880，因此探测器的C值必须小于 2.9880 方可自由到达地月空间任意位置。取$C = 2.7$，探测器在地月会合坐标系xy平面内的K值及其等高线如彩图 2 所示，图中略去地球附近$K > 5$的值。

由彩图 2 可见，探测器在地球和月球附近动能较大，其余区域的动能较小。为了实现地月转移可以通过这些区域，必须先提高探测器能量，然后到达月球时降低能量实现捕获。同时可见，平动点均位于动能较低区域，K值依次为 0.2442、0.2361、0.1561、0.1440，说明在同样能量下，探测器到达L_1和L_2时的速度最大，到达L_3时的速度较小，到达L_4和L_5的速度最小，反之说明探测三角平动点需要的能量最大。

L_1、L_2和月球附近的K值等高线如图 2.7 所示。由图 2.7 可见，在初始能量确定的情况下，探测器距离月球越近动能越大。当沿L_1或L_2方向远离月球时，到达平动点前速度先减小，离开平动点后再增大；当从L_1和L_2的上方或者下方远离月球时，速度逐渐减小。此外，L_1和L_2上下和左右两侧的K值均相等，表明L_1和L_2点是K的局部极值点，只要探测器可以由地球到达L_1或者L_2点，则理论上无须耗费能量即可到达月球附近，因此低能量转移轨道将这两个平动点作为地月连接枢纽。

另外，在三维空间内，由式（2.15）中Ω的定义可见，Hill 曲面关于会合坐标系的xy面和xz面对称。彩图 3 给出了地月系统$C = 3.15$时的零速度面。

彩图 3 中的单位为地月距离。为了显示其构造，只绘出$+y$轴方向的零速度面，$-y$轴方向的零速度面与之关于xz平面对称。由于$C = 3.15$介于C_2和C_3之间，因此 Hill 曲面在xy平面上的投影类似于图 2.6（e），内外 Hill 区域经由L_2点相连通，且内部 Hill 区域不能到达L_3点位置。

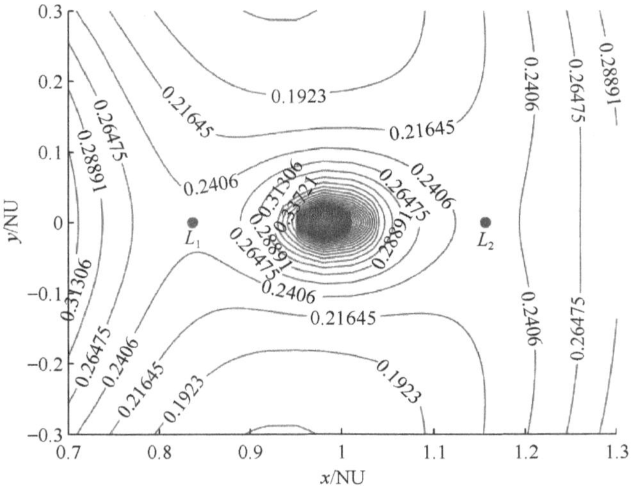

图 2.7　地月会合坐标系 xy 平面上 L_1、L_2 和月球附近的 K 值等高线（$C=2.7$）

2.4　平动点运动方程解

平动点动力学方程的一阶项即线性项反映了平动点附近的主要运动特性，也是构建高阶解析解的前提和基础。本节建立平动点附近线性运动方程，分析平动点及其附近线性运动的稳定性，通过对线性运动初始条件的分析和限定，构造共线平动点周期轨道的三阶解析解，同时讨论三角平动点附近的线性运动。

2.4.1　线性运动方程

设平动点在会合坐标系中的位置为 (x_0, y_0, z_0)，平动点附近任意点的位置为 (x_p, y_p, z_p)，则该点相对于该平动点的位置偏移量 $(\Delta x, \Delta y, \Delta z)$ 为

$$\begin{cases} \Delta x = x_p - x_0 \\ \Delta y = y_p - y_0 \\ \Delta z = z_p - z_0 \end{cases} \tag{2.33}$$

在 $(\Delta x, \Delta y, \Delta z)$ 为小量的条件下，将式（2.14）在平动点附近做一阶展开，得到

$$\begin{cases} \Delta\ddot{x} - 2\Delta\dot{y} = \Omega_{xx}^0 \Delta x + \Omega_{xy}^0 \Delta y + \Omega_{xz}^0 \Delta z \\ \Delta\ddot{y} + 2\Delta\dot{x} = \Omega_{xy}^0 \Delta x + \Omega_{yy}^0 \Delta y + \Omega_{yz}^0 \Delta z \\ \Delta\ddot{z} = \Omega_{xz}^0 \Delta x + \Omega_{yz}^0 \Delta y + \Omega_{zz}^0 \Delta z \end{cases} \tag{2.34}$$

式中，Ω_{xx}^0 为 Ω 在平动点处对 x 的二阶偏导数；Ω_{xy}^0 为 Ω 在平动点处对 x 的偏导数

再对 y 的偏导数；其余符号的意义与此类似。

由式（2.24）和式（2.25）给出的共线平动点位置，易知对于共线平动点有

$$\begin{cases} \Omega_{xy}^0 = \Omega_{xz}^0 = \Omega_{yz}^0 = 0 \\ \Omega_{xx}^0 = 1 - 2K_\Omega \\ \Omega_{yy}^0 = 1 + K_\Omega \\ \Omega_{zz}^0 = K_\Omega = -\left(\dfrac{1-\mu}{\left| x_0 + \mu \right|^3} + \dfrac{\mu}{\left| x_0 + \mu - 1 \right|^3} \right) \end{cases} \tag{2.35}$$

其中，K_Ω 对于平动点稳定性分析和平动点附近运动解析解的构造至关重要，利用数值方法分析其取值范围。对于 L_1、L_2 和 L_3，K_Ω 随 μ 的变化如图 2.8 所示。

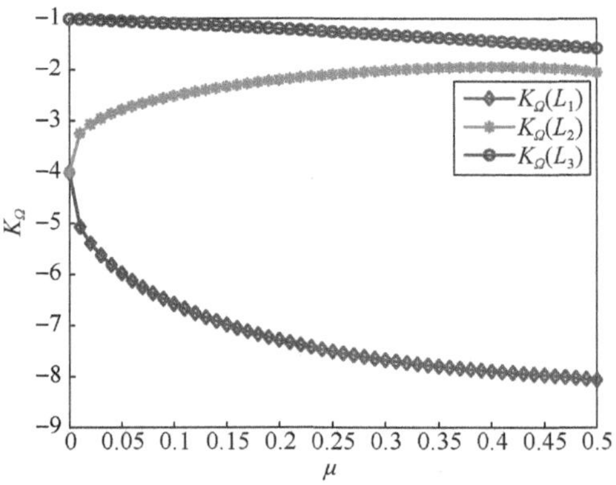

图 2.8　共线平动点的 K_Ω 随 μ 的变化

由图 2.8 可见，对于共线平动点，K_Ω 的取值范围为

$$K_\Omega \in \begin{cases} (-8.06,\ \ -4) & L_1 \\ (-4,\ \ -1.94) & L_2 \\ (-1.57,\ \ -1) & L_3 \end{cases} \tag{2.36}$$

由式（2.28）给出的三角平动点位置，易知对于三角平动点有

$$\begin{cases} \Omega_{xz}^0 = \Omega_{yz}^0 = 0 \\ \Omega_{xx}^0 = \dfrac{3}{4} \\ \Omega_{xy}^0 = \pm \dfrac{3\sqrt{3}}{2} \left(\mu - \dfrac{1}{2} \right) \\ \Omega_{yy}^0 = \dfrac{9}{4} \\ \Omega_{zz}^0 = -1 \end{cases} \tag{2.37}$$

式中，Ω_{xy}^0 中的 + 和 − 号分别为 L_4 和 L_5 点对应值。

由式（2.35）和式（2.37）可见，平动点附近 Ω_{xz}^0 和 Ω_{yz}^0 均为 0，式（2.34）中的第三式与前两式相互独立，因而小天体在平动点附近 z 方向的运动独立于 xy 平面内的运动。

进一步，将式（2.34）写成如下矩阵形式：

$$\begin{bmatrix} \Delta\dot{x} \\ \Delta\dot{y} \\ \Delta\ddot{x} \\ \Delta\ddot{y} \end{bmatrix} = \begin{bmatrix} 0 & 0 & 1 & 0 \\ 0 & 0 & 0 & 1 \\ \Omega_{xx}^0 & \Omega_{xy}^0 & 0 & 2 \\ \Omega_{xy}^0 & \Omega_{yy}^0 & -2 & 0 \end{bmatrix} \begin{bmatrix} \Delta x \\ \Delta y \\ \Delta\dot{x} \\ \Delta\dot{y} \end{bmatrix} \tag{2.38}$$

$$\begin{bmatrix} \Delta\dot{z} \\ \Delta\ddot{z} \end{bmatrix} = \begin{bmatrix} 0 & 1 \\ \Omega_{zz}^0 & 0 \end{bmatrix} \begin{bmatrix} \Delta z \\ \Delta\dot{z} \end{bmatrix} \tag{2.39}$$

通过式（2.38）和式（2.39）的系数矩阵分析平动点线性运动的稳定性，对于 z 方向运动，式（2.39）的特征方程为

$$\lambda^2 - \Omega_{zz}^0 = 0 \tag{2.40}$$

由式（2.35）和式（2.37）可知，5 个平动点的 Ω_{zz}^0 均小于 0，因此式（2.40）的解为

$$\lambda_{5,6} = \pm\sqrt{\left|\Omega_{zz}^0\right|}\ \mathrm{j} \tag{2.41}$$

所以，z 方向运动为无阻尼振荡，即平动点附近 z 方向的线性运动临界稳定。

对于 xy 平面内的线性运动，若为共线平动点，则式（2.38）的特征方程为

$$\lambda^4 + \left(2 + K_\Omega\right)\lambda^2 + \left(1 - 2K_\Omega\right)\left(1 + K_\Omega\right) = 0 \tag{2.42}$$

由式（2.35）易知，对于共线平动点有 $\left(1-2K_\Omega\right)\left(1+K_\Omega\right)<0$，因此式（2.42）有一对符号相反的实数根和一对共轭虚数根。根据李雅普诺夫（Lyapunov）定理可知，共线平动点附近 xy 平面内的线性运动不稳定。

若为三角平动点，则式（2.38）的特征方程为

$$\lambda^4 + \lambda^2 + \frac{27}{4}\mu\left(1-\mu\right) = 0 \tag{2.43}$$

令 $\mu_0 = \left(1-\sqrt{23/27}\right)/2 \approx 0.038521$，则当 $0<\mu\leqslant\mu_0$ 时，方程（2.43）的 4 个根为纯虚数，且为两对共轭虚根，即

$$\begin{cases} \lambda_{1,2} = \pm\sqrt{\dfrac{1-\sqrt{1-27\mu\left(1-\mu\right)}}{2}}\ \mathrm{j} \\ \lambda_{3,4} = \pm\sqrt{\dfrac{1+\sqrt{1-27\mu\left(1-\mu\right)}}{2}}\ \mathrm{j} \end{cases} \tag{2.44}$$

太阳和其他大行星组成的三体系统，以及地月系统均满足$0<\mu\leqslant\mu_0$，因此这些三体系统的三角平动点附近xy平面内线性运动均为临界稳定，实际运动的稳定性需要利用卡姆定理（KAM theorem）研究，此处不做阐述。

当$\mu_0<\mu\leqslant 1/2$时，方程（2.43）的4个根为

$$\lambda_i=\pm\frac{1}{2}\left(\sqrt{\sqrt{27\mu(1-\mu)}-1}\pm\sqrt{\sqrt{27\mu(1-\mu)}+1}\,\mathrm{j}\right),\quad i=1,2,3,4 \tag{2.45}$$

此时，xy平面内线性运动不稳定，由稳定性理论可知实际运动不稳定。

综上，共线平动点附近的线性运动不稳定；三角平动点附近的线性运动当$0<\mu\leqslant\mu_0$时临界稳定，当$\mu_0<\mu\leqslant 1/2$时不稳定。

2.4.2 线性运动的解析解

由2.4.1小节可知，CRTBP下平动点附近z方向线性运动独立于xy平面内运动。由式（2.39）和运动特征方程解（2.41），易知z方向线性运动的解析解可写为

$$\Delta z=\alpha_5\mathrm{e}^{\lambda_5\tau}+\alpha_6\mathrm{e}^{-\lambda_5\tau} \tag{2.46}$$

式中，α_5和α_6为由初始运动状态确定的常数。

对于xy平面内的线性运动，若为共线平动点，则特征方程（2.42）的解为

$$\begin{cases}\lambda_{1,2}^2=\dfrac{-2-K_\Omega+\sqrt{9K_\Omega^2+8K_\Omega}}{2}\\[2ex]\lambda_{3,4}^2=\dfrac{-2-K_\Omega-\sqrt{9K_\Omega^2+8K_\Omega}}{2}\end{cases} \tag{2.47}$$

根据式（2.36）给出的K_Ω的取值范围分析可知，$\lambda_{1,2}^2>0$，$\lambda_{3,4}^2<0$，数值分析$\lambda_{1,2}^2$和$\lambda_{3,4}^2$随μ的变化如图2.9所示。

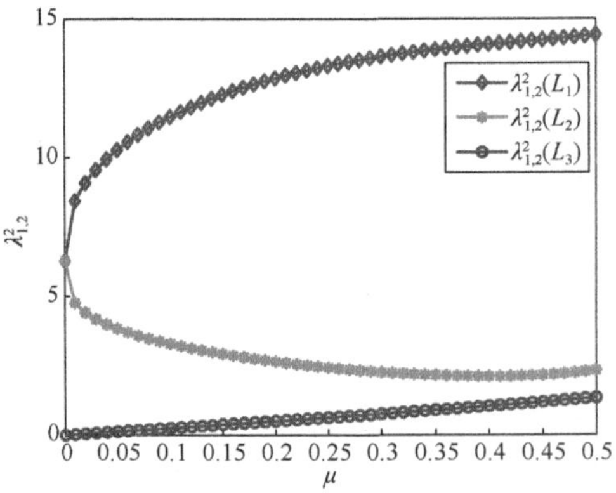

（a）$\lambda_{1,2}^2$随μ的变化

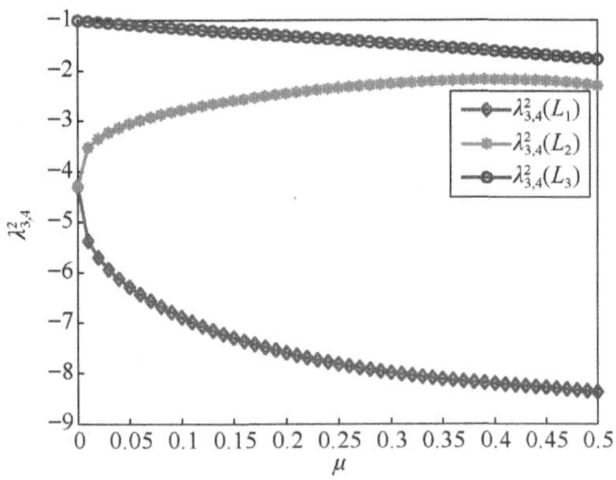

（b）$\lambda_{3,4}^2$随μ的变化

图2.9 $\lambda_{1,2}^2$和$\lambda_{3,4}^2$随μ的变化

因此，特征方程（2.42）的解为

$$\begin{cases}\lambda_{1,2}=\pm\sqrt{\dfrac{\sqrt{9K_{\Omega}^{2}+8K_{\Omega}}-2-K_{\Omega}}{2}}\,\mathrm{j}\\ \lambda_{3,4}=\pm\sqrt{\dfrac{\sqrt{9K_{\Omega}^{2}+8K_{\Omega}}+2+K_{\Omega}}{2}}\,\mathrm{j}\end{cases} \tag{2.48}$$

于是，共线平动点附近 xy 平面内线性运动的解析解可写为

$$\begin{cases}\Delta x=\alpha_1\mathrm{e}^{\lambda_1\tau}+\alpha_2\mathrm{e}^{-\lambda_1\tau}+\alpha_3\mathrm{e}^{\lambda_3\tau}+\alpha_4\mathrm{e}^{-\lambda_3\tau}\\ \Delta y=\beta_1\mathrm{e}^{\lambda_1\tau}+\beta_2\mathrm{e}^{-\lambda_1\tau}+\beta_3\mathrm{e}^{\lambda_3\tau}+\beta_4\mathrm{e}^{-\lambda_3\tau}\end{cases} \tag{2.49}$$

式中，α_i 和 $\beta_i\left(i=1,2,3,4\right)$ 为由初始运动状态确定的常数。

由于平面运动的初始条件只有 4 个，因此这 8 个常数中只有 4 个是独立的。将式（2.49）代入式（2.34），可得 α_i 和 $\beta_i\left(i=1,2,3,4\right)$ 之间的约束关系如下：

$$\alpha_i=\frac{2\lambda_i+\Omega_{xy}}{\lambda_i^2-\Omega_{xx}}\beta_i \qquad i=1,2,3,4 \tag{2.50}$$

对于三角平动点，xy 平面内线性运动的特征方程解即式（2.44）和式（2.45），其解析解的形式与式（2.49）完全相同，因而由初始运动状态确定的常数也满足式（2.50）。

由式（2.46）和式（2.49）可见，如果初始运动满足一定条件，则平动点附近的线性运动完全可以形成周期解。三角平动点仅考虑 $0<\mu\leqslant\mu_0$。为了书写方便，将 xy 平面内线性运动的特征方程解［式（2.48）和式（2.44）］分别简记为

$$\begin{cases}\lambda_{1,2}=\pm\varepsilon & \varepsilon>0\\ \lambda_{3,4}=\pm\eta\,\mathrm{j} & \eta>0\end{cases} \qquad \left(L_1,L_2,L_3\right) \tag{2.51}$$

$$\begin{cases}\lambda_{1,2}=\pm\xi_1\,\mathrm{j} & \xi_1>0\\ \lambda_{3,4}=\pm\xi_2\,\mathrm{j} & \xi_2>0\end{cases} \qquad \left(L_4,L_5\right) \tag{2.52}$$

于是，对于共线平动点附近 xy 平面内运动，式（2.49）可写为

$$\begin{cases}\Delta x=\alpha_1\mathrm{e}^{\varepsilon\tau}+\alpha_2\mathrm{e}^{-\varepsilon\tau}+\alpha_3\mathrm{e}^{\eta\tau\mathrm{j}}+\alpha_4\mathrm{e}^{-\eta\tau\mathrm{j}}\\ \Delta y=\beta_1\mathrm{e}^{\varepsilon\tau}+\beta_2\mathrm{e}^{-\varepsilon\tau}+\beta_3\mathrm{e}^{\eta\tau\mathrm{j}}+\beta_4\mathrm{e}^{-\eta\tau\mathrm{j}}\end{cases} \tag{2.53}$$

对于三角平动点附近 xy 平面内的运动，式（2.49）可写为

$$\begin{cases}\Delta x=\alpha_1\mathrm{e}^{\xi_1\tau\mathrm{j}}+\alpha_2\mathrm{e}^{-\xi_1\tau\mathrm{j}}+\alpha_3\mathrm{e}^{\xi_2\tau\mathrm{j}}+\alpha_4\mathrm{e}^{-\xi_2\tau\mathrm{j}}\\ \Delta y=\beta_1\mathrm{e}^{\xi_1\tau\mathrm{j}}+\beta_2\mathrm{e}^{-\xi_1\tau\mathrm{j}}+\beta_3\mathrm{e}^{\xi_2\tau\mathrm{j}}+\beta_4\mathrm{e}^{-\xi_2\tau\mathrm{j}}\end{cases} \tag{2.54}$$

由式（2.53）可见，$\mathrm{e}^{\varepsilon\tau}$ 和 $\mathrm{e}^{-\varepsilon\tau}$ 项为非周期项，在 $\tau\to+\infty$ 时分别趋近于 $+\infty$ 和 0，在 $\tau\to-\infty$ 时分别趋近于 0 和 $+\infty$。因此，这两项分别对应平动点轨道的不稳定流形和稳定流形，若选取不同初始运动条件使得前者系数为 0 而后者系数非 0

或反之，即可控制小天体飞向或者远离共线平动点。

同理，为了使共线平动点附近 xy 平面内的线性运动具备周期性，应选择初始运动条件使得式(2.53)的非周期项均为 0，即 $\alpha_1 = \alpha_2 = \beta_1 = \beta_2 = 0$，以及令 $\alpha_3 = \bar{\alpha}_4$，即

$$\begin{cases} \alpha_3 = X_1 + X_2 \mathrm{j} \\ \alpha_4 = X_1 - X_2 \mathrm{j} \end{cases} \tag{2.55}$$

将式（2.55）和式（2.50）代入式（2.53），经过整理可得

$$\begin{cases} \Delta x = -A_x \cos(\eta\tau + \phi) \\ \Delta y = kA_x \sin(\eta\tau + \phi) \end{cases} \tag{2.56}$$

其中：

$$\tan\phi = \frac{-X_2}{-X_1},\quad A_x = 2\sqrt{X_1^2 + X_2^2},\quad k = \frac{\eta^2 - 2K_{\Omega} + 1}{2\eta}$$

上面 $\tan\phi$ 中分子和分母均保留负号，以表明 ϕ 所在的象限。

由式（2.56）可见，共线平动点附近 xy 平面内线性运动的周期解为椭圆轨道，也即共线平动点 Lyapunov 轨道的一阶解。

对于平动点附近 z 方向的线性运动，按照类似方法构造周期解，令

$$\begin{cases} \lambda_{5,6} = \pm\zeta \mathrm{j},\quad \zeta > 0 \\ \alpha_5 = Z_1 + Z_2 \mathrm{j} \\ \alpha_6 = Z_1 - Z_2 \mathrm{j} \end{cases} \tag{2.57}$$

于是，可将 z 方向线性运动解式（2.46）式写为

$$\Delta z = A_z \sin(\zeta\tau + \psi) \tag{2.58}$$

其中：

$$\tan\psi = \frac{Z_1}{-Z_2},\quad A_z = 2\sqrt{Z_1^2 + Z_2^2}$$

结合式（2.56）可得到共线平动点附近线性运动的周期解为

$$\begin{cases} \Delta x = -A_x \cos(\eta\tau + \phi) \\ \Delta y = kA_x \sin(\eta\tau + \phi) \\ \Delta z = A_z \sin(\zeta\tau + \psi) \end{cases} \tag{2.59}$$

式中，ϕ 为 xy 平面内运动的相位；ψ 为 z 方向运动的相位。

由于共线平动点附近线性运动在 xy 平面内频率 η 与 z 方向频率 ζ 一般不通约，因此虽然 xy 平面内和 z 方向上均为周期运动，但是式（2.59）描述的三维空间运动却是 Lissajous 轨道特征。三角平动点附近线性运动特性将在 2.4.5 小节进行讨论。

进一步分析可知，若 xy 平面内的运动幅值 A_x 与 z 方向的运动幅值 A_z 足够大，使得非线性运动下 $\eta=\zeta$，就会形成三维空间内的周期轨道，Farquhar 在其博士论文中将之称为 halo 轨道。此时，A_x 与 A_z 需满足一定非线性约束，相位 ϕ 和 ψ 也需满足一定线性关系，2.4.3 小节对此进行详细讨论。

2.4.3　共线平动点周期轨道三阶解析解

Szebehely、Farquhar、Richardson 等学者围绕共线平动点周期轨道开展了大量理论研究，其中 Richardson 利用林兹泰德–庞加莱（Lindstedt-Poincaré）摄动分析方法（简称 Lindstedt 摄动法）得到的三阶解析解[3-5]在平动点周期轨道设计中广泛应用。本小节介绍该解析解的详细推导过程。

1. Lindstedt 摄动法[6]

由分析力学理论可知，除极个别特殊情况外，动力系统的微分方程一般不存在封闭形式的解析解，因而往往围绕已知形式的运动展开动力系统以研究其运动特性。在一定条件下，如果动力系统微分方程近似线性或自治，即其中的非线性项或非自治项（即摄动项）非常小，那么可以获得小参数幂级数形式的近似解析解，一般用小参数与摄动项的乘积表示其影响。这种近似线性动力系统的处理方法即摄动法，Poincaré 建立了相应的现代摄动理论。由于动力系统中会出现随时间增长的项（即长期项），解的收敛性会被破坏，因此阻碍了早期摄动法在天文学上的应用。为此，出现了很多抑制长期项影响的摄动法，如 Lindstedt 摄动法。

Lindstedt 摄动法寻求如下形式的动力系统微分方程周期解：

$$x=x_0+\varepsilon x_1+\varepsilon^2 x_2+\cdots=\sum_{n=0}^{\infty}\varepsilon^n x_n \tag{2.60}$$

式中，ε 为小参数；$x_n\left(n=0,1,2,\cdots\right)$ 为周期项。

Lindstedt 摄动法考虑非线性项对周期解运动频率的影响，可用式（2.60）的周期性确定动力系统周期解的运动频率。

考虑如下二阶动力系统微分方程：

$$\ddot{x}+\omega^2 x=\varepsilon f\left(x,\dot{x}\right) \tag{2.61}$$

式中，$f\left(x,\dot{x}\right)$ 为 x 和 $\dot{x}$ 的非线性函数。

当 ε=0 时，运动周期为 $2\pi/\omega$。设非线性项对运动周期的影响量级为 ε，因此若系统式（2.61）存在周期解，则其周期应为 $T=2\pi/\omega+O\left(\varepsilon\right)$，即运动周期和频率取决于 ε。于是，可假定实际运动频率 $\varPi$ 如下：

$$\varPi=\omega+\varepsilon\omega_1+\varepsilon^2\omega_2+\cdots \tag{2.62}$$

可见，在非线性项作用下，运动周期取决于 ε 且不确定。然而，若将独立变

量时间 t 改为 τ 且有 $\tau=\Pi t$，则运动周期变为 2π，此时系统式（2.61）对应变为

$$\Pi^2 x''+\omega^2 x=\varepsilon f\left(x,\Pi x'\right) \tag{2.63}$$

式中，上标是对变量 τ 的微分。

结合式（2.60）和式（2.62），将式（2.63）的右端在 $\left(x_0,x_0',\omega\right)$ 附近展开：

$$f\left(x,\Pi x'\right)=f\left(x_0,\omega x_0'\right)+\varepsilon\left[x_1\frac{\partial f\left(x_0,\omega x_0'\right)}{\partial x}+x_1'\frac{\partial f\left(x_0,\omega x_0'\right)}{\partial x'}+\omega_1\frac{\partial f\left(x_0,\omega x_0'\right)}{\partial \Pi}\right]+\varepsilon^2\left(\cdots\right)+\cdots \tag{2.64}$$

将式（2.60）、式（2.62）和式（2.64）代入式（2.63），由方程左右两端的 ε 同次幂项相等，可得

$$\begin{cases}\omega^2 x_0''+\omega^2 x_0=0\\ \omega^2 x_1''+\omega^2 x_1=f\left(x_0,\omega x_0'\right)-2\omega\omega_1 x_0''\\ \omega^2 x_2''+\omega^2 x_2=x_1\dfrac{\partial f\left(x_0,\omega x_0'\right)}{\partial x}+x_1'\dfrac{\partial f\left(x_0,\omega x_0'\right)}{\partial x'}+\omega_1\dfrac{\partial f\left(x_0,\omega x_0'\right)}{\partial \Pi}\\ \qquad -\left(2\omega\omega_2+\omega_1^2\right)x_0''-2\omega\omega_1 x_1''\\ \cdots\end{cases} \tag{2.65}$$

依次求解式（2.65）中的各式，就可得到周期项 $x_n\left(n=0,1,2,\cdots\right)$，其中 ω_{n+1} 的取值需要使得求解过程中可能出现的长期项为零，即确保 x_n 的周期性。

2. 三阶解析解

Richardson 推导共线平动点周期轨道的三阶解析解时，首先给出三体运动的拉格朗日函数，即

$$L=\frac{1}{2}\dot{\boldsymbol{r}}\cdot\dot{\boldsymbol{r}}+\frac{G\left(M_1+M_3\right)}{r}+GM_2\left[\frac{1}{\left|\boldsymbol{r}_{12}-\boldsymbol{r}\right|}-\frac{\boldsymbol{r}_{12}\cdot\boldsymbol{r}}{\boldsymbol{r}_{12}^3}\right] \tag{2.66}$$

然后在 CRTBP 下通过坐标转换和单位无量纲化，得到以勒让德多项式表示的小天体运动方程，进而采用 Lindstedt 摄动法求解得到共线平动点周期轨道的三阶解析解。

这里采用略有别于 Richardson 的方法，即直接由式（2.14）开始推导，将会合坐标系由两个大天体的质心平移至所研究的平动点处，同时为了便于推导，进一步缩放无量纲化的坐标尺度，最终建立共线平动点会合坐标系。

（1）运动方程推导

设 m 的位置矢量 $\boldsymbol{\rho}$ 在共线平动点 L_i 会合坐标系内的分量为 x、y 和 z，在质心会合坐标系内的分量分别为 X、Y 和 Z，于是有

$$\begin{cases} X=\gamma_i x+X_{L_i} \\ Y=\gamma_i y \\ Z=\gamma_i z \end{cases} \tag{2.67}$$

式（2.67）中，X_{L_i} 为 L_i 在质心会合坐标系内的位置，对于 3 个共线平动点，分别为式（2.24）和式（2.25）中的 x_1、x_2 和 x_3。缩放因子 γ_i 取共线平动点与相邻大天体的距离，对于 3 个共线平动点，分别为式（2.24）和式（2.25）中的 d_1、d_2 和 d_3。注意，此处 x、y 和 z 为平动点 L_i 会合坐标系中的坐标，避免与式（2.14）中的符号相混淆。

式（2.67）中的 X、Y 和 Z 满足式（2.14），将之代入式（2.14）整理可得

$$\begin{cases} \ddot{x}-2\dot{y}-\left(x+\dfrac{X_{L_i}}{\gamma_i}\right)=\dfrac{\partial u}{\partial x} \\ \ddot{y}+2\dot{x}-y=\dfrac{\partial u}{\partial y} \\ \ddot{z}=\dfrac{\partial u}{\partial z} \end{cases} \tag{2.68}$$

其中：

$$\begin{cases} u=\dfrac{1}{\gamma_i^3}\left(\dfrac{1-\mu}{\rho_1}+\dfrac{\mu}{\rho_2}\right) \\ \rho_1=\sqrt{\left(x+\dfrac{X_{L_i}+\mu}{\gamma_i}\right)^2+y^2+z^2} \\ \rho_2=\sqrt{\left(x+\dfrac{X_{L_i}-1+\mu}{\gamma_i}\right)^2+y^2+z^2} \end{cases} \tag{2.69}$$

为了将式（2.69）中的势函数 u 展开为勒让德多项式，给出勒让德多项式的生成函数：

$$\left(1-2\gamma r+r^2\right)^{-\frac{1}{2}}=\sum_{n=0}^{\infty} r^n P_n(\gamma) \tag{2.70}$$

式中，$P_n(\gamma)$ 为以 γ 为变量的 n 阶第一类勒让德多项式。

可将式（2.70）改写为

$$\left[(x-a)^2+(y-b)^2+(z-c)^2\right]^{-\frac{1}{2}}=\sum_{n=0}^{\infty}\frac{1}{d^{n+1}}\rho^n P_n\left(\frac{ax+by+cz}{\rho d}\right) \tag{2.71}$$

式中，$\rho=\left(x^2+y^2+z^2\right)^{\frac{1}{2}}$；$d=\left(a^2+b^2+c^2\right)^{\frac{1}{2}}$。

利用式（2.71）可将式（2.69）中的势函数 u 展开为勒让德多项式：

$$u=\frac{1}{\gamma_i^3}\left(\frac{1-\mu}{\rho_1}+\frac{\mu}{\rho_2}\right)=\sum_{n=0}^{\infty}c_n\rho^n P_n\left(\frac{x}{\rho}\right) \tag{2.72}$$

其中：

$$c_n=\begin{cases}\dfrac{1}{\gamma_i^3}\left[(\pm 1)^n\mu+(-1)^n\dfrac{(1-\mu)\gamma_i^{n+1}}{(1\mp\gamma_i)^{n+1}}\right], & (L_1,L_2)\\ \dfrac{1}{\gamma_i^3}\left[1-\mu+\dfrac{\mu\gamma_i^{n+1}}{(1+\gamma_i)^{n+1}}\right], & L_3\end{cases} \tag{2.73}$$

式（2.73）中第一式内两个符号叠加处，上面和下面的符号分别为 L_1 和 L_2 点情况。

将式（2.72）和式（2.73）代入式（2.68），经过整理可以得到小天体的运动方程，如下：

$$\begin{cases}\ddot{x}-2\dot{y}-(2c_2+1)x=\dfrac{\partial}{\partial x}\displaystyle\sum_{n=3}^{\infty}c_n\rho^n P_n\left(\frac{x}{\rho}\right)\\ \ddot{y}+2\dot{x}+(c_2-1)y=\dfrac{\partial}{\partial y}\displaystyle\sum_{n=3}^{\infty}c_n\rho^n P_n\left(\frac{x}{\rho}\right)\\ \ddot{z}+c_2z=\dfrac{\partial}{\partial z}\displaystyle\sum_{n=3}^{\infty}c_n\rho^n P_n\left(\frac{x}{\rho}\right)\end{cases} \tag{2.74}$$

需要说明，在推导式（2.74）的过程中，由式（2.23）～式（2.25）可知，利用式（2.73）得到的 c_1 项与式（2.68）中 x 微分方程左端的 $-X_{L_i}/\gamma_i$ 项恰好相等，因此式（2.74）中不再出现相关项。

进一步，若考虑勒让德多项式如下性质：

$$(1-x^2)P_n'(x)=nP_{n-1}(x)-nxP_n(x) \tag{2.75}$$

可以展开式（2.74）右端，将之写为如下形式：

$$\begin{cases}\ddot{x}-2\dot{y}-(2c_2+1)x=\displaystyle\sum_{n=3}^{\infty}nc_n\rho^{n-1}P_{n-1}\left(\frac{x}{\rho}\right)\\ \ddot{y}+2\dot{x}+(c_2-1)y=\displaystyle\sum_{n=3}^{\infty}c_n y\rho^{n-2}\tilde{P}_n\left(\frac{x}{\rho}\right)\\ \ddot{z}+c_2z=\displaystyle\sum_{n=3}^{\infty}c_n z\rho^{n-2}\tilde{P}_n\left(\frac{x}{\rho}\right)\end{cases} \tag{2.76}$$

其中：

$$\tilde{P}_n\left(\frac{x}{\rho}\right)=\sum_{k=0}^{\left\lfloor\frac{n-2}{2}\right\rfloor}(3+4k-2n)P_{n-2k-2}\left(\frac{x}{\rho}\right)$$

式中，$\lfloor\ \rfloor$为其内数值的整数部分。

式（2.76）即 Richardson 给出的 CRTBP 共线平动点附近的小天体运动方程，将之与式（2.34）比较并经简单推导可知，$c_2=-K_\Omega$。

（2）近似解析解构造

利用方程（2.76）和 Lindstedt 摄动法推导平动点周期轨道的近似解析解。由于共线平动点附近线性运动在 xy 平面内的频率 η 与 z 方向的频率 ζ 一般不通约，因此为了使周期解构造过程中得到的线性运动是周期的，Richardson 简单改写式（2.76），令 z 方向和 xy 平面内的运动频率相等，统一记为 λ，同时展开式（2.76）至第三阶，即

$$\begin{cases}\ddot{x}-2\dot{y}-\left(2c_2+1\right)x=\dfrac{3}{2}c_3\left(2x^2-y^2-z^2\right)+2c_4x\left(2x^2-3y^2-3z^2\right)+O(4)\\ \ddot{y}+2\dot{x}+\left(c_2-1\right)y=-3c_3xy-\dfrac{3}{2}c_4y\left(4x^2-y^2-z^2\right)+O(4)\\ \ddot{z}+\lambda^2z=-3c_3xz-\dfrac{3}{2}c_4z\left(4x^2-y^2-z^2\right)+\Delta z+O(4)\end{cases}\tag{2.77}$$

式中，Δ 为对 z 方向线性运动频率的修正项，且假定 Δ 为与式（2.59）中 A_z^2 同阶的二阶量，即 $\Delta=\lambda^2-c_2=O(2)$。

令周期轨道的运动频率为 ω，基于原归一化时间单位 τ，引入新的独立变量 τ'：

$$\tau'=\omega\tau\tag{2.78}$$

为了抑制右函数的非线性项对周期解的影响，消去求解过程中可能会出现的长期项，设 ω 可展开为小参数 ε 的幂级数形式，同时将三阶解析解记为相同形式：

$$\begin{cases}\omega=1+\omega_1\varepsilon+\omega_2\varepsilon^2+\omega_3\varepsilon^3+O(4)\\ x=x_1\varepsilon+x_2\varepsilon^2+x_3\varepsilon^3+O(4)\\ y=y_1\varepsilon+y_2\varepsilon^2+y_3\varepsilon^3+O(4)\\ z=z_1\varepsilon+z_2\varepsilon^2+z_3\varepsilon^3+O(4)\end{cases}\tag{2.79}$$

将式（2.78）和式（2.79）代入式（2.77），令方程两端 ε 的同次幂系数相等，得

$$\varepsilon^1:\ \begin{cases}x_1''-2y_1'-\left(2c_2+1\right)x_1=0\\ y_1''+2x_1'+\left(c_2-1\right)y_1=0\\ z_1''+\lambda^2z_1=0\end{cases}\tag{2.80}$$

$$\varepsilon^2:\ \begin{cases} x_2''-2y_2'-(2c_2+1)x_2=-2\omega_1x_1''+2\omega_1y_1'+\dfrac{3}{2}c_3\left(2x_1^2-y_1^2-z_1^2\right) \\ y_2''+2x_2'+(c_2-1)y_2=-2\omega_1y_1''-2\omega_1x_1'-3c_3x_1y_1 \\ z_2''+\lambda^2z_2=-2\omega_1z_1''-3c_3x_1z_1 \end{cases} \tag{2.81}$$

$$\varepsilon^3:\ \begin{cases} x_3''-2y_3'-(2c_2+1)x_3=-2\omega_1x_2''+2\omega_1y_2'-\left(2\omega_2+\omega_1^2\right)x_1''+2\omega_2y_1' \\ \qquad +3c_3\left(2x_1x_2-y_1y_2-z_1z_2\right)+2c_4x_1\left(2x_1^2-3y_1^2-3z_1^2\right) \\ y_3''+2x_3'+(c_2-1)y_3=-2\omega_1y_2''-2\omega_1x_2'-2\omega_2x_1'-\left(2\omega_2+\omega_1^2\right)y_1'' \\ \qquad -3c_3\left(x_1y_2+x_2y_1\right)-\dfrac{3}{2}c_4y_1\left(4x_1^2-y_1^2-z_1^2\right) \\ z_3''+\lambda^2z_3=-2\omega_1z_2''+\Delta z_1-\left(2\omega_2+\omega_1^2\right)z_1'' \\ \qquad -3c_3\left(x_1z_2+x_2z_1\right)-\dfrac{3}{2}c_4z_1\left(4x_1^2-y_1^2-z_1^2\right) \end{cases} \tag{2.82}$$

式中，上标均为对变量τ'的偏导数。

依次求解式（2.80）～式（2.82），即可得到三阶解析解的各个周期项。首先，由 2.4.2 小节可知式（2.80）解的形式与式（2.59）完全相同，不同在于各方向运动频率均为λ，即

$$\begin{cases} x_1=-A_x\cos\left(\lambda\tau'+\phi\right) \\ y_1=kA_x\sin\left(\lambda\tau'+\phi\right) \\ z_1=A_z\sin\left(\lambda\tau'+\psi\right) \end{cases} \tag{2.83}$$

式中，k与式（2.56）中相同，结合式（2.42）和$c_2=-K_\Omega$，有

$$k=\frac{\lambda^2+2c_2+1}{2\lambda}=\frac{2\lambda}{\lambda^2-c_2+1} \tag{2.84}$$

注意，由于此处λ实际上为式（2.42）虚数解的模，因此式（2.42）变为以下形式：

$$\lambda^4+(c_2-2)\lambda^2-(2c_2+1)(c_2-1)=0 \tag{2.85}$$

将式（2.83）代入周期轨道的二阶项相关方程（2.81），整理后令频率修正项ω_1=0，以消除与$\cos\left(\lambda\tau'+\phi\right)$、$\sin\left(\lambda\tau'+\phi\right)$和$\sin\left(\lambda\tau'+\psi\right)$相关的项，避免出现会造成运动无界的长期项。然后逐项求解，可得周期轨道的二阶项为

$$\begin{cases} x_2=a_{21}A_x^2+a_{22}A_z^2+a_{23}A_x^2\cos2\left(\lambda\tau'+\phi\right)+a_{24}A_z^2\cos2\left(\lambda\tau'+\psi\right) \\ y_2=b_{21}A_x^2\sin2\left(\lambda\tau'+\phi\right)+b_{22}A_z^2\sin2\left(\lambda\tau'+\psi\right) \\ z_2=-3d_{21}A_xA_z\sin\left(\psi-\phi\right)+d_{21}A_xA_z\sin\left(2\lambda\tau'+\phi+\psi\right) \end{cases} \tag{2.86}$$

式（2.86）中的系数均采用 Richardson 文献中的形式[3-4]，以便读者比较，具体如下：

$$
\begin{cases}
a_{21} = \dfrac{3c_3\left(k^2-2\right)}{4\left(1+2c_2\right)} \\
a_{22} = \dfrac{3c_3}{4\left(1+2c_2\right)} \\
a_{23} = -\dfrac{3c_3\lambda}{4kd_1}\left[3k^3\lambda - 6k\left(k-\lambda\right)+4\right] \\
a_{24} = -\dfrac{3c_3\lambda}{4kd_1}\left(2+3k\lambda\right)
\end{cases},\quad
\begin{cases}
b_{21} = -\dfrac{3c_3\lambda}{2d_1}\left(3k\lambda-4\right) \\
b_{22} = \dfrac{3c_3\lambda}{d_1} \\
d_{21} = -\dfrac{c_3}{2\lambda^2} \\
d_1 = \dfrac{3\lambda^2}{k}\left[k\left(6\lambda^2-1\right)-2\lambda\right]
\end{cases}
$$

将式（2.86）代入周期轨道的三阶项相关方程（2.82），得

$$
\begin{cases}
x_3'' - 2y_3' - \left(2c_2+1\right)x_3 = X_1\cos\left(\lambda\tau'+\phi\right) + X_2\cos\left(\lambda\tau'-\phi+2\psi\right) \\
\qquad + X_3\cos 3\left(\lambda\tau'+\phi\right) + X_4\cos\left(3\lambda\tau'+\phi+2\psi\right) \\
y_3'' + 2x_3' + \left(c_2-1\right)y_3 = Y_1\sin\left(\lambda\tau'+\phi\right) + Y_2\sin\left(\lambda\tau'-\phi+2\psi\right) \\
\qquad + Y_3\sin 3\left(\lambda\tau'+\phi\right) + Y_4\sin\left(3\lambda\tau'+\phi+2\psi\right) \\
z_3'' + \lambda^2 z_3 = Z_1\sin\left(\lambda\tau'+\psi\right) + Z_2\sin\left(\lambda\tau'+2\phi-\psi\right) \\
\qquad + Z_3\sin 3\left(\lambda\tau'+\psi\right) + Z_4\sin\left(3\lambda\tau'+2\phi+\psi\right)
\end{cases} \tag{2.87}
$$

其中：

$$
\begin{cases}
X_1 = 2\lambda\left(\lambda-k\right)A_x\omega_2 - \dfrac{3}{2}\left[\left(4a_{21}+2a_{23}+b_{21}k\right)c_3 + \left(2-k^2\right)c_4\right]A_x^3 \\
\qquad - \left[\left(6a_{22}-3d_{21}\right)c_3 - 3c_4\right]A_xA_z^2 \\
X_2 = -\dfrac{3}{2}\left[\left(2a_{24}+b_{22}k+3d_{21}\right)c_3 + c_4\right]A_xA_z^2 \\
X_3 = -\dfrac{1}{2}\left[3\left(2a_{23}-b_{21}k\right)c_3 + \left(2+3k^2\right)c_4\right]A_x^3 \\
X_4 = -\dfrac{3}{2}\left[\left(2a_{24}-b_{22}k-d_{21}\right)c_3 + c_4\right]A_xA_z^2
\end{cases}
$$

$$
\begin{cases}
Y_1 = 2\lambda\left(k\lambda-1\right)A_x\omega_2 - \dfrac{3}{8}\left[4\left(2a_{21}k-a_{23}k-b_{21}\right)c_3 - \left(3k^3-4k\right)c_4\right]A_x^3 \\
\qquad - \dfrac{3}{4}\left(4a_{22}kc_3 - kc_4\right)A_xA_z^2 \\
Y_2 = \dfrac{3}{8}\left[4\left(a_{24}k+b_{22}\right)c_3 + kc_4\right]A_xA_z^2 \\
Y_3 = -\dfrac{3}{8}\left[4\left(a_{23}k-b_{21}\right)c_3 + \left(k^3+4k\right)c_4\right]A_x^3 \\
Y_4 = -\dfrac{3}{8}\left[4\left(a_{24}k-b_{22}\right)c_3 + kc_4\right]A_xA_z^2
\end{cases}
$$

$$\begin{cases} Z_1 = \left(\Delta + 2\lambda^2\omega_2\right)A_z - \dfrac{3}{8}\left[4\left(2a_{22} - a_{24}\right)c_3 - 3c_4\right]A_z^3 - \dfrac{3}{4}\left[4\left(a_{21} + d_{21}\right)c_3 - \left(k^2 - 4\right)c_4\right]A_z A_x^2 \\ Z_2 = \dfrac{3}{8}\left[4\left(a_{23} + 3d_{21}\right)c_3 + \left(k^2 + 4\right)c_4\right]A_z A_x^2 \\ Z_3 = -\dfrac{3}{8}\left(4a_{24}c_3 + c_4\right)A_z^3 \\ Z_4 = -\dfrac{3}{8}\left[4\left(a_{23} - d_{21}\right)c_3 + \left(k^2 + 4\right)c_4\right]A_z A_x^2 \end{cases}$$

式（2.87）中，x_3 和 y_3 的微分方程右端均包含运动频率为 λ 的项，这些项可能会产生长期项。首先将之变换为如下形式：

$$\begin{cases} X_1\cos\left(\lambda\tau' + \phi\right) + X_2\cos\left(\lambda\tau' - \phi + 2\psi\right) = \Gamma_1\cos\left(\lambda\tau' + \phi\right) + \Gamma_2\sin\left(\lambda\tau' + \phi\right) \\ Y_1\sin\left(\lambda\tau' + \phi\right) + Y_2\sin\left(\lambda\tau' - \phi + 2\psi\right) = \Gamma_3\cos\left(\lambda\tau' + \phi\right) + \Gamma_4\sin\left(\lambda\tau' + \phi\right) \end{cases} \tag{2.88}$$

其中：

$$\begin{cases} \Gamma_1 = X_1 + X_2\cos 2(\phi - \psi) \\ \Gamma_2 = X_2\sin 2(\phi - \psi) \end{cases}, \quad \begin{cases} \Gamma_3 = -Y_2\sin 2(\phi - \psi) \\ \Gamma_4 = Y_1 + Y_2\cos 2(\phi - \psi) \end{cases}$$

容易证明，在式（2.87）左端运动频率条件下，若式（2.88）的 x 和 y 方向存在形如 $A\cos\left(\lambda\tau' + \phi\right) + B\sin\left(\lambda\tau' + \phi\right)$ 的周期解，则必须满足

$$\begin{cases} \Gamma_1 = k\Gamma_4 \\ \Gamma_2 = -k\Gamma_3 \end{cases} \tag{2.89}$$

由 $\Gamma_i\left(i = 1,2,3,4\right)$ 的定义和式（2.89）中的 $\Gamma_2 = -k\Gamma_3$，可解得

$$\psi = \phi + \frac{n}{2}\pi, \qquad n = 0,1,2,3 \tag{2.90}$$

这里需要指出，在 Richardson 和大多数文献中仅给出了 $n = 1,3$ 的情况，舍弃了 $n = 0,2$ 的情况，这里同时给出 n 的 4 种取值结果。

由 $\Gamma_i\left(i = 1,2,3,4\right)$ 的定义、式（2.89）中的 $\Gamma_1 = k\Gamma_4$ 和式（2.90），可解得

$$\omega_2 = s_1 A_x^2 + s_2 A_z^2 \tag{2.91}$$

其中：

$$s_1 = \frac{1}{2\lambda\left[\lambda\left(k^2 + 1\right) - 2k\right]}\left\{\frac{3}{2}\left[2a_{21}\left(k^2 - 2\right) - a_{23}\left(k^2 + 2\right) - 2b_{21}k\right]c_3 - \frac{3}{8}\left(3k^4 - 8k^2 + 8\right)c_4\right\}$$

$$s_2 = \begin{cases} \dfrac{1}{2\lambda\left[\lambda\left(k^2 + 1\right) - 2k\right]}\left\{\dfrac{3}{2}\left[2a_{22}\left(k^2 - 2\right) - a_{24}\left(k^2 + 2\right) - 2b_{22}k - d_{21}\right]c_3 + \dfrac{3}{8}\left(4 - 3k^2\right)c_4\right\}, n = 0,2 \\ \dfrac{1}{2\lambda\left[\lambda\left(k^2 + 1\right) - 2k\right]}\left\{\dfrac{3}{2}\left[2a_{22}\left(k^2 - 2\right) + a_{24}\left(k^2 + 2\right) + 2b_{22}k + 5d_{21}\right]c_3 + \dfrac{3}{8}\left(12 - k^2\right)c_4\right\}, n = 1,3 \end{cases}$$

将 ω_2 代入式（2.87）中 x_3 和 y_3 的微分方程，逐项求解可得周期轨道在 x 和 y

方向的三阶项为

$$\begin{cases} x_3 = \left(a_{31}A_x^3 - a_{32}A_xA_z^2\right)\cos 3\left(\lambda\tau' + \phi\right) \\ y_3 = \left(b_{33}A_x^3 + b_{34}A_xA_z^2\right)\sin\left(\lambda\tau' + \phi\right) + \left(b_{31}A_x^3 - b_{32}A_xA_z^2\right)\sin 3\left(\lambda\tau' + \phi\right) \end{cases} \tag{2.92}$$

式中,

$$a_{31} = -\frac{9\lambda}{4d_2}\left[4\left(a_{23}k - b_{21}\right)c_3 + k\left(k^2+4\right)c_4\right] + \frac{9\lambda^2 - c_2 + 1}{2d_2}\left[3\left(2a_{23} - b_{21}k\right)c_3 + \left(3k^2+2\right)c_4\right]$$

$$a_{32} = \pm\frac{9\lambda}{4d_2}\left[4\left(a_{24}k - b_{22}\right)c_3 + kc_4\right] \pm \frac{3\left(9\lambda^2 - c_2 + 1\right)}{2d_2}\left[\left(b_{22}k + d_{21} - 2a_{24}\right)c_3 - c_4\right]$$

$$b_{31} = \frac{3\lambda}{d_2}\left[3\left(b_{21}k - 2a_{23}\right)c_3 - \left(3k^2+2\right)c_4\right] + \frac{3\left(9\lambda^2 + 2c_2 + 1\right)}{8d_2}\left[4\left(a_{23}k - b_{21}\right)c_3 + k\left(k^2+4\right)c_4\right]$$

$$b_{32} = \mp\frac{9\lambda}{d_2}\left[\left(b_{22}k + d_{21} - 2a_{24}\right)c_3 - c_4\right] \mp \frac{3\left(9\lambda^2 + 2c_2 + 1\right)}{8d_2}\left[4\left(a_{24}k - b_{22}\right)c_3 + kc_4\right]$$

$$d_2 = \frac{8\lambda^2}{k}\left[k\left(11\lambda^2 - 1\right) - 2\lambda\right]$$

$$b_{33} = -\frac{3k}{16\lambda\left(\lambda k^2 - 2k + \lambda\right)}\left\{4\left[2a_{21}\left(k^2 - 3k\lambda + 2\right) - a_{23}\left(k^2 + k\lambda - 2\right) - b_{21}\lambda\left(k^2 - 1\right)\right]c_3 \right.$$
$$\left. -\left(3k^4 - 7\lambda k^3 + 12\lambda k - 8\right)c_4\right\}$$

$$b_{34} = \begin{cases} -\dfrac{3k}{16\lambda\left(\lambda k^2 - 2k + \lambda\right)}\left\{4\left[2a_{22}\left(k^2 - 3k\lambda + 2\right) - a_{24}\left(k^2 + k\lambda - 2\right) - b_{22}\lambda\left(k^2 - 1\right)\right.\right. \\ \left.\left. -d_{21}\left(\lambda k - 1\right)\right]c_3 - \left(3k^2 - 7\lambda k + 4\right)c_4\right\}, \qquad n = 0, 2 \\ -\dfrac{3k}{16\lambda\left(\lambda k^2 - 2k + \lambda\right)}\left\{4\left[2a_{22}\left(k^2 - 3k\lambda + 2\right) + a_{24}\left(k^2 + k\lambda - 2\right) + b_{22}\lambda\left(k^2 - 1\right)\right.\right. \\ \left.\left. +5d_{21}\left(\lambda k - 1\right)\right]c_3 - \left(k^2 - 13\lambda k + 12\right)c_4\right\}, \qquad n = 1, 3 \end{cases}$$

a_{32} 和 b_{32} 中两个符号重叠之处，$n=0,2$ 取上面的符号，$n=1,3$ 取下面的符号。

关于式（2.92）需要说明两点：首先，Richardson 给出的 y 方向的三阶项中并无 $\sin\left(\lambda\tau'+\phi\right)$ 相关项，而该项确实存在且对周期轨道存在影响；其次，在式（2.89）约束下，x_3 和 y_3 中 $\sin\left(\lambda\tau'+\phi\right)$ 和 $\cos\left(\lambda\tau'+\phi\right)$ 项的系数方程组为超定方程组，因而可以限定 x_3 的相关项系数为 0 再进行求解，所以 x_3 中未出现 $\sin\left(\lambda\tau'+\phi\right)$ 和 $\cos\left(\lambda\tau'+\phi\right)$ 项。

最后，求解周期轨道在 z 方向的三阶项。将式（2.90）和式（2.91）代入式（2.87）中的第 3 个方程，并令其中会导致长期项的 $\sin\left(\lambda\tau'+\psi\right)$ 的系数为 0，得

$$l_1A_x^2 + l_2A_z^2 + \Delta = 0 \tag{2.93}$$

其中：

$$l_i = a_i + 2\lambda^2 s_i,\quad i = 1,2$$

$$a_1 = \begin{cases} -\dfrac{3}{2}\left(2a_{21} - a_{23} - d_{21}\right)c_3 - \dfrac{3}{8}\left(4 - 3k^2\right)c_4, & n = 0,2 \\ -\dfrac{3}{2}\left(2a_{21} + a_{23} + 5d_{21}\right)c_3 - \dfrac{3}{8}\left(12 - k^2\right)c_4, & n = 1,3 \end{cases}$$

$$a_2 = \frac{3}{2}\left(a_{24} - 2a_{22}\right)c_3 + \frac{9}{8}c_4$$

式（2.93）给出了周期轨道在会合坐标系 xy 平面和 z 方向幅值间的约束关系。在该约束下，由式（2.87）中的第 3 个方程可以求解得到周期轨道在 z 方向的三阶项如下：

$$z_3 = \begin{cases} (1-n)\left(d_{32}A_zA_x^2 - d_{31}A_z^3\right)\sin 3(\lambda\tau' + \phi), & n = 0,2 \\ (2-n)\left(d_{32}A_zA_x^2 - d_{31}A_z^3\right)\cos 3(\lambda\tau' + \phi), & n = 1,3 \end{cases} \tag{2.94}$$

其中：

$$d_{31} = \mp\frac{3}{64\lambda^2}\left(4a_{24}c_3 + c_4\right)$$

$$d_{32} = \frac{3}{64\lambda^2}\left[4\left(a_{23} - d_{21}\right)c_3 + \left(k^2 + 4\right)c_4\right]$$

d_{31} 中两个符号重叠之处，$n = 0,2$ 取上面的符号，$n = 1,3$ 取下面的符号。

综合式（2.83）、式（2.86）、式（2.90）、式（2.92）和式（2.94），最终得到周期轨道的三阶解析解。为了形式简洁，令 $\lambda\tau' + \phi = \tau_1$。同时，以 A_z 作为小参数 ε，消除式（2.79）中 x、y 和 z 幂级数中的 $\varepsilon^i\,(i = 1,2,\cdots)$，最终可得

$$\begin{cases} x = a_{21}A_x^2 + a_{22}A_z^2 - A_x\cos\tau_1 + \left(a_{23}A_x^2 \pm a_{24}A_z^2\right)\cos 2\tau_1 + \left(a_{31}A_x^3 - a_{32}A_xA_z^2\right)\cos 3\tau_1 \\ y = \left(kA_x + b_{33}A_x^3 + b_{34}A_xA_z^2\right)\sin\tau_1 + \left(b_{21}A_x^2 \pm b_{22}A_z^2\right)\sin 2\tau_1 + \left(b_{31}A_x^3 - b_{32}A_xA_z^2\right)\sin 3\tau_1 \end{cases} \tag{2.95}$$

$$z = \begin{cases} \delta_nA_z\sin\tau_1 + \delta_nd_{21}A_xA_z\sin 2\tau_1 + \delta_n\left(d_{32}A_zA_x^2 - d_{31}A_z^3\right)\sin 3\tau_1, & n = 0,2 \\ \delta_nA_z\cos\tau_1 + \delta_nd_{21}A_xA_z\left(\cos 2\tau_1 - 3\right) + \delta_n\left(d_{32}A_zA_x^2 - d_{31}A_z^3\right)\cos 3\tau_1, & n = 1,3 \end{cases} \tag{2.96}$$

其中：

$$\delta_n = \begin{cases} 1 - n, & n = 0,2 \\ 2 - n, & n = 1,3 \end{cases}$$

$n = 0,2$ 和 $n = 1,3$ 分别对应各自类型的南北族周期轨道，且 x 和 y 解中重叠符号处，在 $n = 0,2$ 时取上面的符号，$n = 1,3$ 时取下面的符号。

在真实环境中，由于各种摄动力影响，平动点周期轨道演变为拟周期轨道。Farquhar 等给出了地月系 L_2 点附近小幅值轨道的三阶解析解，其中包括对太阳引力和月球偏心率的修正[7]；Richardson 等给出了受月球摄动的日地系平动点轨道解，其中包括地月质心相对于太阳运动的偏心率和地月质量比的修正[8]。

2.4.4　三阶解析解讨论

2.4.3 小节的思路与 Richardson 完全相同，在解的构造过程中，采用 Δ 修正 z 方向线性运动频率且要求"Δ 为与 A_z^2 同阶的二阶量"。此外，推导结果中增加了 $n=0,2$ 对应的周期轨道解，本小节对此作简要讨论。

1．频率修正量 Δ

在 2.4.3 小节中，假定 Δ 为与 A_z^2 同阶的二阶量，即 $\Delta=\lambda^2-c_2=O(2)$。在此假定条件下，$\Delta$ 出现在 ε^3 的系数项方程（2.82）中，最后为了消除 z 方向三阶方程中可能出现的长期项，得到条件关系式 $l_1A_x^2+l_2A_z^2+\Delta=0$，即式（2.93）。

首先，从推导过程来看，Δ 为二阶量可以消除 z 方向三阶方程长期项，同时，若 $-\left(l_1A_x^2+l_2A_z^2\right)$ 与 A_z^2 的量级相近，则式（2.93）与初始假设相一致。反之，若假定 Δ 为一阶量，则 Δz_1 会出现在 ε^2 的系数方程式（2.81）的第三式中，为了避免产生长期项，Δ 必须为 0，由此与假设相矛盾。同理，若假定 Δ 为三阶或更高阶量，则 ε^3 的系数方程（2.82）的第三式中不会出现 Δz_1，即无法消除其中的长期项。

其次，数值分析 Δ 量级。由 λ 和 c_2 的定义［式（2.48）和式（2.73）］可以分析得到 Δ 随 μ 的变化，如图 2.10 所示，其中 Δ_1、Δ_2 和 Δ_3 依次为 L_1、L_2 和 L_3 处的 Δ。由图 2.10 可见，对于 L_1 和 L_2 点，Δ 的取值范围为[0.20,0.31]；对于 L_3 点，由于太阳系内常见的三体系统中地月系 μ 值最大，约为 0.012，因此对应的 Δ 为 0.01。

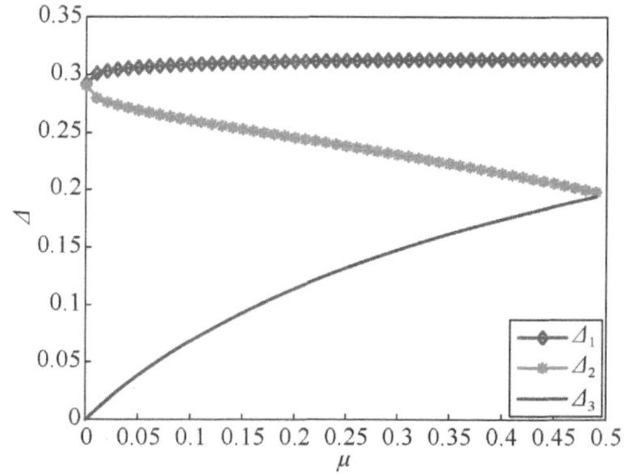

图 2.10　频率修正项 Δ 随 μ 的变化

此外，共线平动点周期轨道的 x 方向幅值 A_x 与 z 方向幅值 A_z 满足约束关系 $l_1A_x^2+l_2A_z^2+\Delta=0$，以 $n=1,3$ 对应的周期轨道为例，日地系和地月系共线平动点的情况分别如图 2.11 和图 2.12 所示，图中标注◊和*的曲线部分满足关系 $A_z^3\leqslant\Delta\leqslant A_z$。

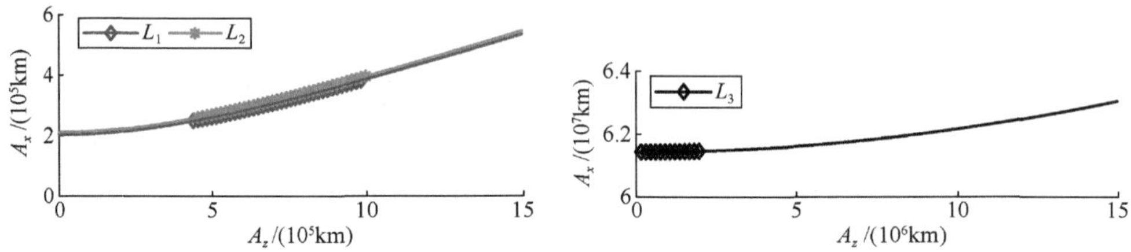

图 2.11　日地系共线平动点周期轨道幅值关系（$n=1,3$）

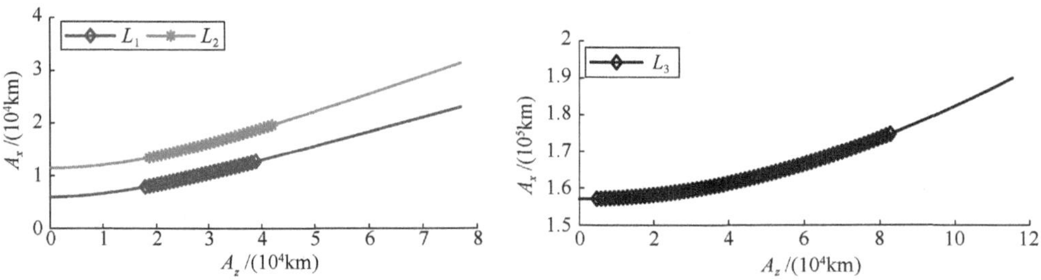

图 2.12　地月系共线平动点周期轨道幅值关系（$n=1,3$）

由图 2.11 可见，对于日地 L_1 和 L_2 点周期轨道，满足 $A_z^3\leqslant\Delta\leqslant A_z$ 的 A_z 范围分别为 4.4×10^5～9.8×10^5km 和 4.5×10^5～1.0×10^6km，对应的 A_x 范围分别为 2.5×10^5～3.8×10^5km 和 2.6×10^5～4.0×10^5km。关于共线平动点周期轨道幅值问题，Richardson[4]根据约束关系 $l_1A_x^2+l_2A_z^2+\Delta=0$，认为 A_z=0 时 A_x 取最小值 $\sqrt{|\Delta/l_1|}$，约为 2×10^5km。

对于日地 L_3 点，满足 $A_z^3\leqslant\Delta\leqslant A_z$ 的幅值 A_z 范围为 1.5×10^5～2.0×10^6km，与之对应的幅值 A_x 约为 6.1×10^7 km。

由图 2.12 可见，对于地月 L_1 和 L_2 点周期轨道，满足 $A_z^3\leqslant\Delta\leqslant A_z$ 的幅值 A_z 范围分别为 1.8×10^4～3.9×10^4km 和 1.9×10^4～4.2×10^4km，与之对应的幅值 A_x 的范围分别为 7.9×10^3～1.3×10^4km 和 1.3×10^4～2.0×10^4 km；对于地月 L_3 点周期轨道，满足 $A_z^3\leqslant\Delta\leqslant A_z$ 的幅值 A_z 范围为 4.7×10^3～8.3×10^4km，与之对应的幅值 A_x 约为 1.6×10^5～1.7×10^5 km。

综上可见，虽然同为共线平动点，但是 L_3 点周期轨道的幅值远远大于 L_1 和 L_2 点，而且其 A_x 约为两个大天体的距离量级。

2. 周期轨道类型

2.4.3 小节的共线平动点周期轨道的三阶解析解中，式（2.96）反映了解的分岔现象，即由 δ_n 的不同取值可以分别得到 $n=0,2$ 和 $n=1,3$ 解的两个分支，这等同于改变 A_z 的符号，两个分岔解可视为关于 xy 平面的镜像。以日地 L_1 和 L_2 点为例，A_z 取 5×10^5km，$n=0,2$ 和 $n=1,3$ 对应的周期轨道如图 2.13 和图 2.14 所示。

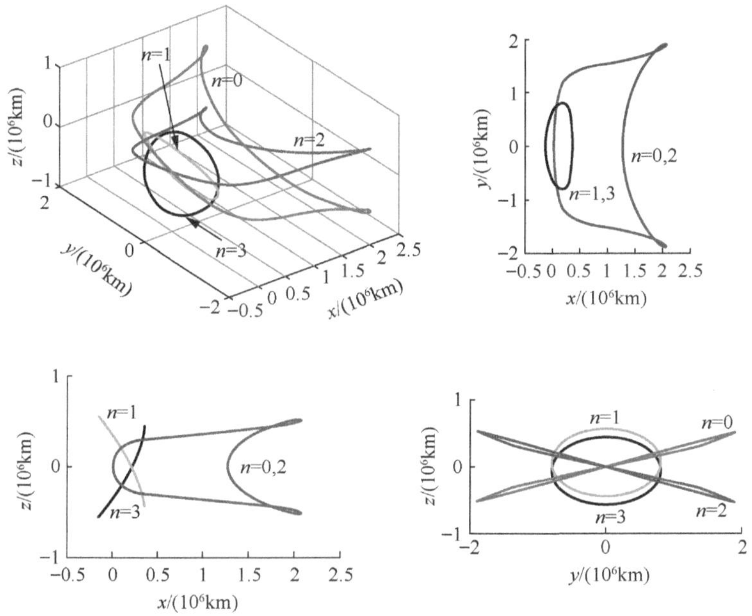

图 2.13　日地 L_1 点周期轨道

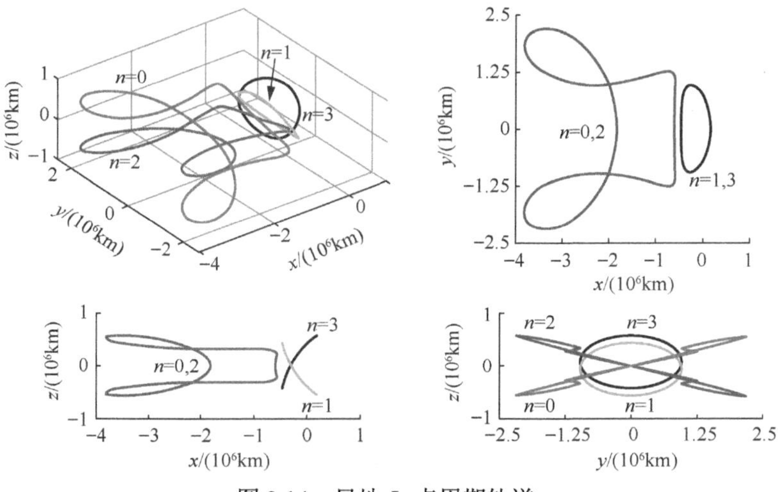

图 2.14　日地 L_2 点周期轨道

由图 2.13 和图 2.14 可见，$n=1,3$ 对应的周期轨道面垂直于 xz 平面，且二者关于 xy 平面对称，各自则关于 xz 平面对称，也即式（2.14）反映的性质。

关于 $n=0,2$ 对应的周期轨道解，虽然图 2.13 和图 2.14 给出了相应的曲线，但是若利用该解作为初始值进行数值积分，轨道会很快偏离图中曲线。在大多数文献中一般直接舍去该解，并无相关说明，文献[5]、[9]中简单讨论了这两组解，后者将之称为“超大幅值轨道”，二者均未得到相应的周期轨道。

最后，分析周期轨道解析解的偏差，令解析解与数值积分轨道的相对偏差为 Δr：

$$\Delta r=\frac{\left|\boldsymbol{r}_A-\boldsymbol{r}_N\right|}{\left|\boldsymbol{r}_A\right|}\times 100\% \tag{2.97}$$

式中，$\boldsymbol{r}_A$ 为周期轨道三阶解析解；$\boldsymbol{r}_N$ 为由三阶解初始状态数值积分得到的轨道。

以上述日地 L_1 点周期轨道为例，$n=0,2$ 和 $n=1,3$ 对应的周期轨道在 0.5π（1/4 圈）时间内的相对偏差如图 2.15 所示。

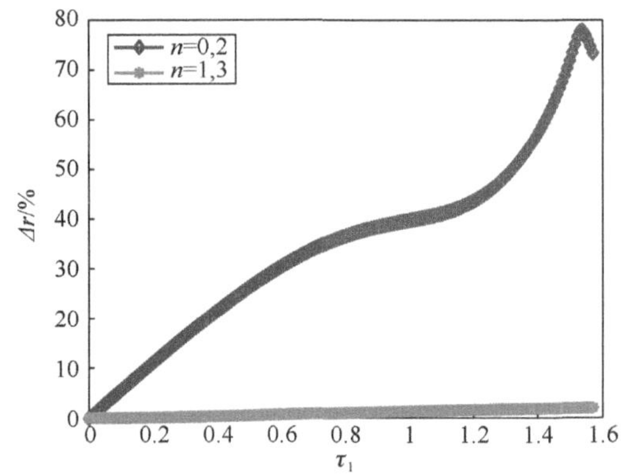

图 2.15 日地 L_1 点周期轨道的三阶解析解相对偏差（在 0.5π 时间内）

由图 2.15 可见，$n=1,3$ 对应的周期轨道相对偏差最大仅为 2%，而 $n=0,2$ 对应的轨道相对偏差最大接近 80%，说明后者已经远远偏离了真实轨道。

当 $n=0,2$ 时，共线平动点周期轨道的 A_x 与 A_z 的关系如图 2.16 所示。对于 3 个日地系共线平动点，满足 $A_z^3\leqslant\Delta\leqslant A_z$ 的 A_z 范围与 $n=1,3$ 大致相同；但是，$n=0,2$ 时对应的 A_x 范围分别变为 8.5×10^5～8.9×10^5km、1.2×10^6km 和 1.5×10^9km。

将图 2.16 与图 2.11 对比可见，在 A_z 相同条件下，$n=0,2$ 对应的 A_x 较大，是 $n=1,3$ 对应 A_x 的 2～4 倍，甚至高出 1 个量级，相应运动远远偏离平动点，三阶解析解的各项系数相对于 $n=1,3$ 高出 1～2 个量级，从而造成三阶解析解误差过大。关于 $n=0,2$ 的轨道分支，这里仅作简要讨论，感兴趣的读者可进一步研究。

周期轨道三阶解随着时间增长会逐渐偏离数值积分轨道，若采用更高阶数的解析解，不仅解的形式烦琐，所能考虑的摄动力也较为有限，而且最终仍然与数值积分轨道存在差异。因此，从应用角度而言，可将三阶解作为轨道初始状态，采用数值方法计算高精度轨道。

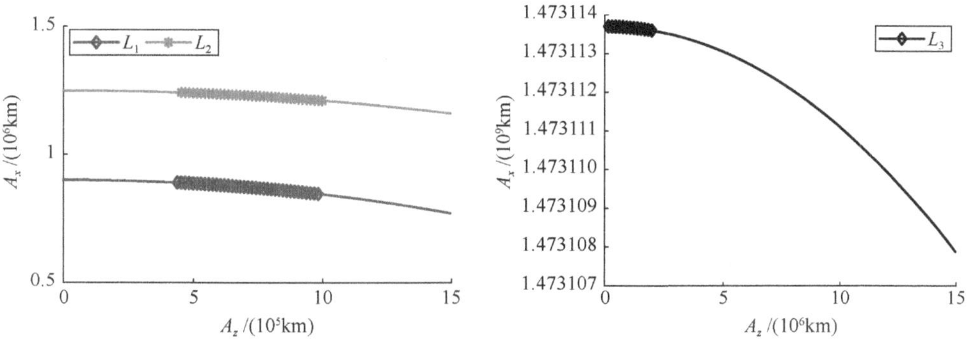

图 2.16　日地系共线平动点周期轨道幅值关系（$n=0,2$）

2.4.5　三角平动点轨道一阶解析解

本小节讨论三角平动点轨道的一阶解析解，分析运动特性和计算偏差。

1. 一阶解析解

首先证明以下方程描述的运动为椭圆，并经过适当坐标旋转后可以化成标准的椭圆运动方程：

$$\begin{cases} x = A\cos(t+\varphi_1) \\ y = B\sin(t+\varphi_2) \end{cases} \tag{2.98}$$

将式（2.98）绕 z 轴旋转 θ 角，可得如下方程式：

$$\begin{cases} x' = C\cos(t+\psi_1) \\ y' = D\sin(t+\psi_2) \end{cases} \tag{2.99}$$

其中：

$$\begin{cases} C=\sqrt{X_1^2+Y_1^2} \\ D=\sqrt{X_2^2+Y_2^2} \end{cases},\quad \begin{cases} \tan\psi_1=\dfrac{X_1}{Y_1} \\ \tan\psi_2=\dfrac{X_2}{Y_2} \end{cases},\quad \begin{cases} X_1 = A\cos\theta\sin\varphi_1 - B\sin\theta\cos\varphi_2 \\ Y_1 = A\cos\theta\cos\varphi_1 + B\sin\theta\sin\varphi_2 \\ X_2 = -A\sin\theta\cos\varphi_1 + B\cos\theta\sin\varphi_2 \\ Y_2 = A\sin\theta\sin\varphi_1 + B\cos\theta\cos\varphi_2 \end{cases}$$

若式（2.99）为椭圆运动标准形式，则必须有 $\psi_1=\psi_2$，因此有 $X_1Y_2-X_2Y_1=0$，即

$$\left(A^2-B^2\right)\sin 2\theta + 2AB\sin\left(\varphi_1-\varphi_2\right)\cos 2\theta = 0 \tag{2.100}$$

下面根据 A 和 B 的关系讨论式（2.100）成立的条件。

（1） $A=B$

此时，式（2.100）成立的必要条件为

$$\sin\left(\varphi_1-\varphi_2\right)=0 \tag{2.101}$$

或

$$\cos 2\theta=0 \tag{2.102}$$

对于必要条件［式（2.101）］，有

$$\varphi_1-\varphi_2=k\pi \qquad k\in\mathbb{Z} \tag{2.103}$$

式中，$\mathbb{Z}$ 为整数集合。

此时，式（2.98）描述的运动实质上是半径为 A 的圆。

对于必要条件［式（2.102）］，有

$$\theta=k\pi\pm\frac{\pi}{4} \qquad k\in\mathbb{Z} \tag{2.104}$$

式（2.104）表明，式（2.98）描述的运动经坐标旋转 θ 角后可以化为标准椭圆方程［式（2.99）］，坐标旋转前的椭圆长轴沿一、三或者二、四象限的平分线。

（2）$A\neq B$

此时，由式（2.100）可得

$$\theta=\frac{1}{2}\tan^{-1}\frac{2AB\sin\left(\varphi_2-\varphi_1\right)}{A^2-B^2} \tag{2.105}$$

式（2.105）表明，式（2.98）描述的运动经坐标旋转 θ 角后可以化为标准椭圆方程［式（2.99）］，坐标旋转前的椭圆长轴沿与 x 轴夹角 θ 的直线。

现在推导 $0<\mu\leqslant\mu_0$ 条件下，三角平动点在会合坐标系 xy 平面内的周期轨道一阶解。式（2.46）已经给出 z 方向运动的解析解，即频率为 1 的无阻尼振荡。对于 xy 平面的运动，由式（2.54）可见 x 和 y 方向的运动为两个频率分别为 ξ_1 和 ξ_2 的运动的叠加。

首先，令 $\alpha_3=\alpha_4=0$，研究频率为 ξ_1 的运动：

$$\begin{cases}\Delta x=\alpha_1\mathrm{e}^{\xi_1\tau\mathrm{j}}+\alpha_2\mathrm{e}^{-\xi_1\tau\mathrm{j}}\\ \Delta y=\beta_1\mathrm{e}^{\xi_1\tau\mathrm{j}}+\beta_2\mathrm{e}^{-\xi_1\tau\mathrm{j}}\end{cases} \tag{2.106}$$

按照共线平动点附近一阶解的类似方式，令 $\alpha_1=\bar{\alpha}_2$，即

$$\alpha_1=\bar{\alpha}_2=X_1+X_2\mathrm{j} \tag{2.107}$$

于是

$$\beta_1=\bar{\beta}_2=\frac{-\xi_1^2-\Omega_{xx}}{4\xi_1^2+\Omega_{xy}^2}\left[\Omega_{xy}X_1+2\xi_1X_2+\left(\Omega_{xy}X_2-2\xi_1X_1\right)\mathrm{j}\right] \tag{2.108}$$

将式（2.107）、式（2.108）和式（2.50）一起代入式（2.106），经过整理可得

$$\begin{cases}\Delta x=A_x\cos\left(\xi_1\tau+\phi\right)\\ \Delta y=kA_x\sin\left(\xi_1\tau+\phi+\psi\right)\end{cases} \tag{2.109}$$

式中，$\tan\phi=\dfrac{X_2}{X_1}$，$A_x=2\sqrt{X_1^2+X_2^2}$，$\tan\psi=\dfrac{\Omega_{xy}}{2\xi_1}$，$k=-\dfrac{\xi_1^2+\Omega_{xx}}{\sqrt{4\xi_1^2+\Omega_{xy}^2}}$。

对于 L_4 和 L_5 点，有

$$\begin{cases}\tan\psi=\dfrac{\Omega_{xy}}{2\xi_1}=\pm\dfrac{3\sqrt{3}(1-2\mu)}{4\sqrt{2-2\sqrt{27\mu(\mu-1)+1}}}, & (L_4:+;\quad L_5:-)\\ k=-\dfrac{\xi_1^2+\Omega_{xx}}{\sqrt{4\xi_1^2+\Omega_{xy}^2}}=\dfrac{2\sqrt{27\mu(\mu-1)+1}-5}{\sqrt{27(2\mu-1)^2-32\sqrt{27\mu(\mu-1)+1}+32}}\end{cases}\tag{2.110}$$

由本小节前述证明可知，式（2.109）描述的运动为椭圆，通过坐标旋转 θ 角可以将之化为标准的椭圆运动方程。由式（2.105）可得 θ 为

$$\tan 2\theta=\frac{2k\sin\psi}{1-k^2}=\pm\sqrt{3}(2\mu-1),\quad (L_4:+;\quad L_5:-)\tag{2.111}$$

旋转以后，椭圆的长轴和短轴将位于坐标轴上，其长半轴和短半轴大小可由式（2.99）中的 C 和 D 求解。

其次，令 $\alpha_1=\alpha_2=0$，即得到频率为 ξ_2 的运动：

$$\begin{cases}\Delta x=\alpha_3\mathrm{e}^{\xi_2\tau\mathrm{j}}+\alpha_4\mathrm{e}^{-\xi_2\tau\mathrm{j}}\\ \Delta y=\beta_3\mathrm{e}^{\xi_2\tau\mathrm{j}}+\beta_4\mathrm{e}^{-\xi_2\tau\mathrm{j}}\end{cases}\tag{2.112}$$

与上述频率为 ξ_1 的运动的推导求解过程类似，最后可以得到与式（2.109）形式完全相同的椭圆运动方程，不同之处在于要将其中的 ξ_1 改为 ξ_2，其余参数为

$$\begin{cases}\tan\psi=\dfrac{\Omega_{xy}}{2\xi_2}=\pm\dfrac{3\sqrt{3}(1-2\mu)}{4\sqrt{2+2\sqrt{27\mu(\mu-1)+1}}}, & (L_4:+;\quad L_5:-)\\ k=-\dfrac{\xi_2^2+\Omega_{xx}}{\sqrt{4\xi_2^2+\Omega_{xy}^2}}=\dfrac{-2\sqrt{27\mu(\mu-1)+1}-5}{\sqrt{32\sqrt{27\mu^2-27\mu+1}-108\mu+108\mu^2+59}}\end{cases}\tag{2.113}$$

可见，在合适的初始运动状态下，三角平动点附近可形成频率为 ξ_1 和 ξ_2 的椭圆一阶运动，由于 $\xi_1<\xi_2$，因此分别称之为长周期运动和短周期运动。

2. 一阶解运动特性

本书在 $0<\mu\leqslant\mu_0$ 范围内，研究三角平动点附近一阶长周期运动和短周期运动的特性。

（1）长周期运动

由式（2.109）中 k 的表达式可知 $k<0$，为此将 y 方向运动相位角增加 π，使得 $k>0$。k 随 μ 的变化如图 2.17（a）所示，k 的范围为 0.577～0.674，其中 EM

表示地月平动点附近运动的 k 值，约为 0.6。在长周期运动中，y 方向相位角相对于 x 方向相位角超前 ψ，ψ 随 μ 的变化如图 2.17（b）所示，其中 L_4、L_5、EML4 和 EML5 分别表示平动点 L_4 和 L_5 附近运动的 ψ，以及地月系三角平动点附近对应的 ψ。

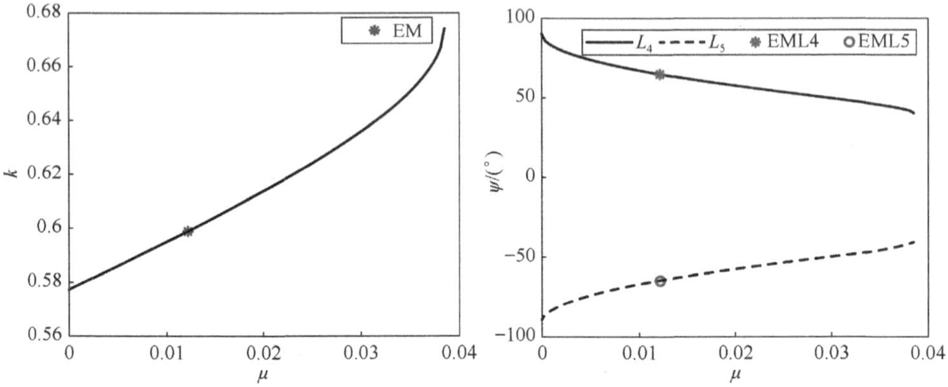

（a）k 随 μ 的变化　　（b）ψ 随 μ 的变化

图 2.17　三角平动点长周期运动的 k 和 ψ 随 μ 的变化

可见，L_4 和 L_5 附近的 ψ 大小相等，符号相反，地月系 L_4 和 L_5 附近的 ψ 分别为 64.8° 和−64.8°。若考虑上述增加的相位角 π，则 L_5 附近的 ψ 则为 115.2°。

θ 随 μ 的变化如图 2.18 所示，可见 L_4 附近的 θ 为负，L_5 附近的 θ 为正。地月系 L_4 和 L_5 附近的 θ 分别为−29.7° 和 29.7°。事实上，由于椭圆的长半轴和短半轴相互垂直，θ 变为 $\theta \pm 90°$ 仍可以将原来的运动方程转化为标准椭圆方程，只是坐标轴的长短轴会互换。

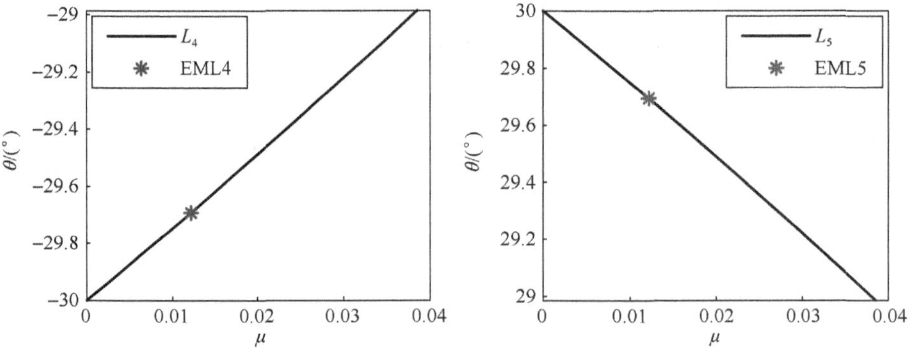

图 2.18　三角平动点长周期运动的 θ 随 μ 的变化

长周期运动的周期 T 为 $2\pi/\xi_1$，T 随 μ 的变化如图 2.19 所示，其中 T 为归一化单位。由此可见，地月系长周期椭圆运动的周期为 21.07，约 91.50 个地球日或

3.35 个恒星月。

最后，给出三角平动点附近的长周期运动轨迹。不妨设 $A_x=10^{-3}$，$\phi=0$，则一个周期内地月系 L_4 和 L_5 附近的长周期运动轨迹如图 2.20 所示。由此可见，如果按照上述旋转角 θ 将 x 轴分别旋转−29.7° 和 29.7°，则椭圆的长轴将会位于 x 轴上。

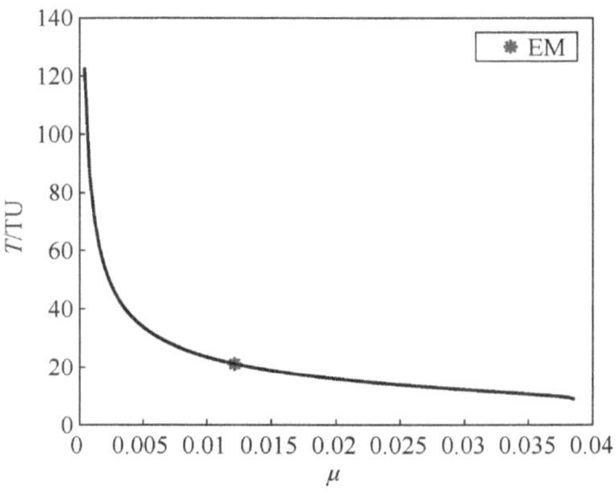

图 2.19　三角平动点长周期运动的 T 随 μ 的变化

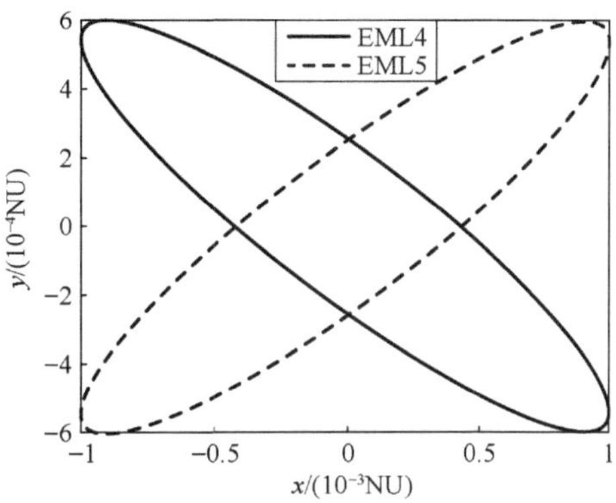

图 2.20　地月系三角平动点附近的长周期运动轨迹

（2）短周期运动

将 y 方向短周期运动相位角增加 π，使得 $k>0$，k 随 μ 的变化如图 2.21（a）所示，范围为 0.674～0.734，其中 EM 表示地月平动点附近运动的 k 值，约为 0.725。短周期运动的 ψ 随 μ 的变化如图 2.21（b）所示，其中 L_4、L_5、EML4 和 EML5 分别表示平动点 L_4 和 L_5 附近运动的 ψ，以及地月系平动点附近对应的 ψ。由此可见，L_4 和 L_5 附近的 ψ 大小相等，符号相反，地月系 L_4 和 L_5 附近的 ψ 分别为 33.6° 和−33.6°。若考虑上述增加的相位角 π，则 L_5 附近的 ψ 则为 146.4°。

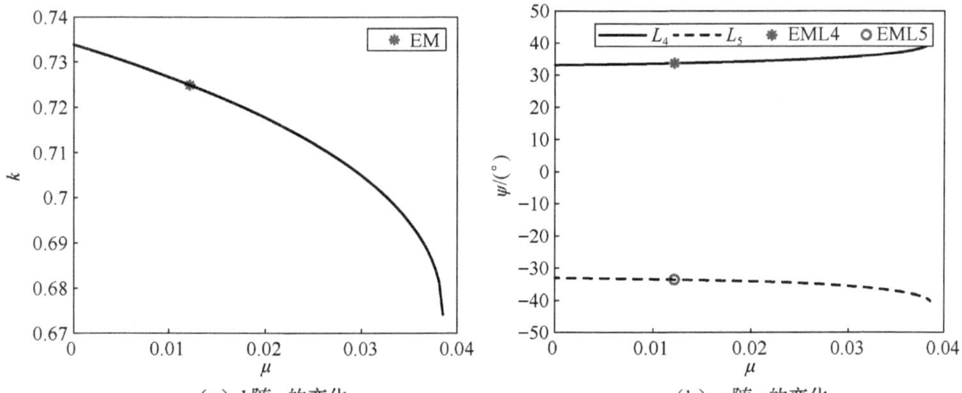

（a）k 随 μ 的变化　（b）ψ 随 μ 的变化

图 2.21　三角平动点短周期运动的 k 和 ψ 随 μ 的变化

短周期运动的旋转角θ随μ的变化与长周期运动相同。短周期运动的周期T为$2\pi/\xi_2$，T随μ的变化如图 2.22 所示。由此可见，地月系短周期椭圆运动的周期为 6.58，约为 28.59 个地球日或 1 个恒星月。

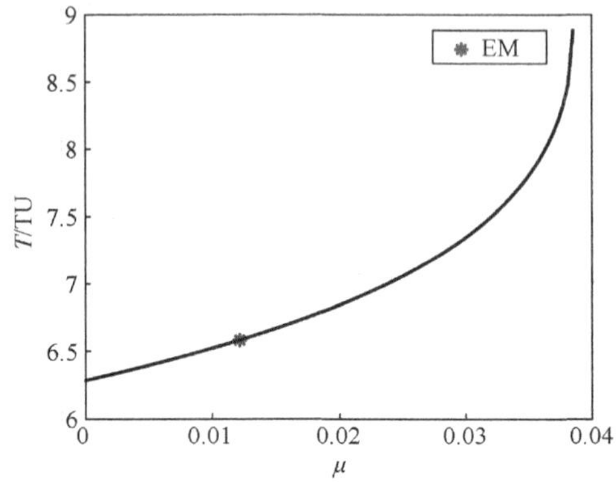

图 2.22　三角平动点短周期运动的T随μ的变化

最后，给出三角平动点附近的短周期运动轨迹。不妨设$A_x=10^{-3}$，$\phi=0$，则一个周期内地月系L_4和L_5附近的短周期运动轨迹如图 2.23 所示。由此可见，若按照上述旋转角θ将x轴分别旋转-29.7°和29.7°，则椭圆的长轴将会位于x轴上。

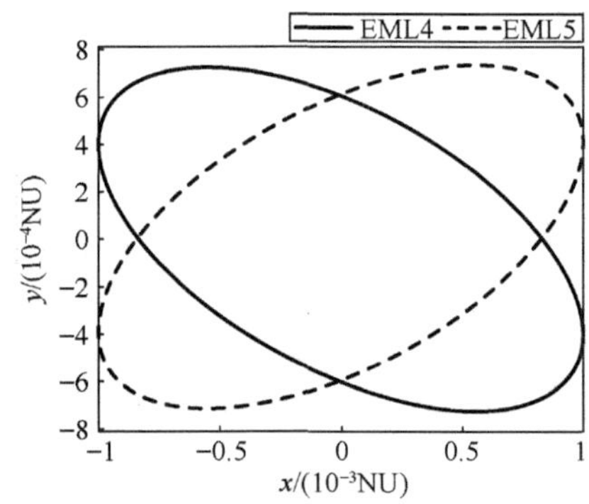

图 2.23　地月系三角平动点附近的短周期运动轨迹

3. 一阶解偏差

分析三角平动点附近运动的一阶解偏差，即在 CRTBP 力模型下数值积分一阶解，将得到的数值解与一阶解析解对比，此处仅分析xy平面运动。

以地月系三角平动点为对象，对比分析x方向运动幅值A_x在 100～10000km 范围内 CRTBP 数值解和一阶解析解。其中，长短周期轨道的分析结果分别如

图 2.24 和图 2.25 所示，其中 N 表示 CRTBP 数值解，A 表示一阶解析解。

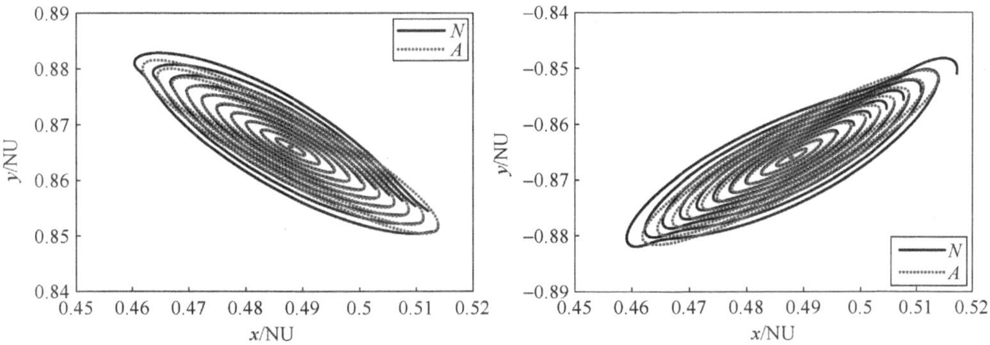

（a）地月系L_4附近的长周期轨道解　（b）地月系L_5附近的长周期轨道解

图 2.24　地月系 L_4 和 L_5 附近的长周期轨道解

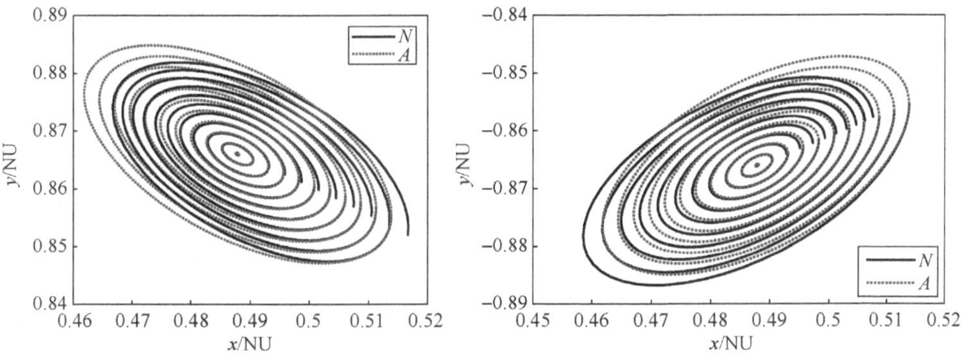

（a）地月系L_4附近的短周期轨道解　（b）地月系L_5附近的短周期轨道解

图 2.25　地月系 L_4 和 L_5 附近的短周期轨道解

由图 2.24 和图 2.25 可见，A_x 较小时 CRTBP 数值解和一阶解析解吻合较好，随着 A_x 增大，二者偏差越来越大。长周期轨道与短周期轨道的不同之处在于，前者 CRTBP 数值解对应的曲线逐渐变形扭曲，不再呈现严格的椭圆形状；后者曲线形状没有发生明显变形扭曲，而是呈现为位置随时间变化的椭圆。

国外自 18 世纪围绕平动点轨道动力学及其周期轨道开展了大量理论研究。例如，在高阶解析解方面，Pedersen 和 Deprit 等研究了三角平动点周期轨道解，分别采用傅里叶级数和达朗贝尔级数构造了解析解[10-13]，Farquhar 和 Breakwell 等研究了地月平动点周期和拟周期轨道的高阶解析解[7,14]。20 世纪末，Gómez 等率先将动力系统理论用于平动点轨道计算，研究了基于不变流形的平动点转移轨道[15-18]。此后，Masdemont 等采用 Lindstedt 摄动方法构造了平动点轨道及其不变流形的高阶解析解[19-20]，有兴趣的读者可参考借鉴。

参考文献

[1] SZEBEHELY V, SINGER S F. Theory of orbits: the restricted problem of three bodies[J]. Physics Today, 1968, 21(11): 89-91.

[2] 孙义燧，周济林. 现代天体力学导论[M]. 北京：高等教育出版社，2013.

[3] RICHARDSON D L. A note on a Lagrangian formulation for motion about the collinear points[J]. Celestial Mechanics, 1980, 22(3): 231-236.

[4] RICHARDSON D L. Analytic construction of periodic orbits about the collinear points[J]. Celestial Mechanics, 1980, 22(3): 241-253.

[5] RICHARDSON D L. Periodic and quasi periodic halo orbits in the circular-restricted Earth-Sun/Earth-Moon systems[R]. Contract #NNG10CP02C Task Order 31, Subtask 1: Advanced Mission Design, 2011.

[6] MEIROVITCH L. Methods of analytical dynamics[M]. New York: McGraw-Hill Book Company, 1970.

[7] FARQUHAR R W, KAMEL A A. Quasi-periodic orbits about the translunar libration point[J]. Celestial Mechanics, 2005, 7(4): 458-473.

[8] RICHARDSON D L, CARY N D. A uniformly valid solution for motion about the interior libration point of the perturbed elliptic-restricted problem[C]//Astrodynamics Specialist Conference, Ambassador Hotel, Nassan, Bahamas, July 28-30, 1975.

[9] THURMAN R, WORFOLK P A. The geometry of halo orbits in the circular-restricted three-body problem[R]. The Geometry Center, University of Minnesota, 1996.

[10] PEDERSEN P. On the periodic orbits in the neighbourhood of the triangular equilibrium points in the restricted problem of three bodies[J]. Monthly Notices of the Royal Astronomical Society, 1993, 94: 167-184.

[11] PEDERSEN P, Strömgren E. Fourier series for the periodic orbits around the triangular libration points[J]. Monthly Notices of the Royal Astronomical Society, 1935(5): 5.

[12] DEPRIT A. Routh's critical mass-ratio at the triangular libration centers[C]//Thermophysics Specialist Conference, Monterey, CA, USA, 1965.

[13] DEPRIT A. Limiting orbits at the equilateral centers of libration[J]. The Astronomical Journal, 1966(71): 77-87.

[14] BREAKWELL J V, BROWN J V. The ‘Halo’ family of 3-dimensional periodic orbits in the Earth–Moon restricted 3-body problem[J]. Celestial Mechanics, 1979, 20(4): 389-404.

[15] GÓMEZ G, LLIBRE J, MARTÍNEZ R, et al. Dynamics and mission design near libration points: vol. 1, fundamentals: The case of collinear libration points[M]. Singapore: World Scientific, 2001.

[16] MASDEMONT J J. Estudi i Utilització de Varietals Invariants en Problemes de Mecànica Celeste[D]. PhD thesis Polytechnic University of Catalonia, 1991.

[17] GÓMEZ G, JORBA A, MASDEMONT J J, et al. Study of the transfer from the Earth to a halo orbit around the equilibrium point L_1[J]. Celestial Mechanics and Dynamical Astronomy, 1993, 56: 239-259.

[18] GÓMEZ G, JORBA A, MASDEMONT J J, et al. Dynamics and mission design near libration points: vol. 3, advanced methods for collinear points[M]. Singapore: World Scientific, 2001.

[19] JORBA A, MASDEMONT J J. Dynamics in the center manifold of the collinear points in the restricted three body problem[J]. Physica D, 1999(132): 189-213.

[20] MASDEMONT J J. High-order expansions of invariant manifolds of libration point orbits with applications to mission design[J]. Dynamical Systems, 2005, 20(1): 59-113.

第 3 章　平动点轨道数值设计

本章主要讨论平动点轨道（包括周期轨道和 Lissajous 轨道）的数值设计，介绍平动点轨道设计的前提（轨道力模型和坐标转换），以及基于微分修正法的平动点周期轨道设计方法和基于两层微分修正方法的 Lissajous 轨道设计方法，同时给出设计实例。

3.1　平动点轨道力模型

力模型是轨道设计的重要前提，直接影响设计过程的运算量和效率，决定设计结果的精度和适用性。平动点轨道设计采用的力模型分为简化力模型和高精度力模型。

3.1.1　简化力模型

平动点轨道简化力模型即第 2 章给出的 CRTBP 模型，本小节讨论基于 CRTBP 模型的轨道设计。

给定初始运动状态 $\boldsymbol{X}_0$ 时，对 CRTBP 轨道动力学方程［式（2.14）］数值积分即可得到 CRTBP 轨道。考虑到 $\boldsymbol{X}_0$ 与理想初始状态的偏差，积分所得轨道自然不满足设计需求，需要进行多次迭代修正。常用的迭代修正方法为基于牛顿迭代的梯度型算法，需要状态转移矩阵求解 $\boldsymbol{X}_0$ 的修正量 $\Delta\boldsymbol{X}_0$，因而状态转移矩阵是轨道设计与控制的关键。

对于 n 维自治非线性系统：

$$\dot{\boldsymbol{X}}(t)=f\left[\boldsymbol{X}(t)\right] \tag{3.1}$$

式中，$\boldsymbol{X}(t)\in\mathbf{R}^n$，函数 x 连续且二次可微。

将非线性系统［式（3.1）］在 $\boldsymbol{X}_0$ 处线性展开，同时令 $\boldsymbol{x}(t)=\boldsymbol{X}(t)-\boldsymbol{X}_0(t)$，可得

$$\dot{\boldsymbol{x}}(t)=\frac{\partial f}{\partial \boldsymbol{X}_0}\boldsymbol{x}(t)=\boldsymbol{A}(t)\boldsymbol{x}(t) \tag{3.2}$$

式中，$\boldsymbol{A}(t)$ 为非线性系统［式（3.1）］的 Jacobi 矩阵。

参照式（2.38）和式（2.39）给出的平动点附近线性运动形式，将式（2.14）在平动点轨道上任意点处线性展开，记该点状态量为 $\boldsymbol{X}$，一阶状态偏移量为 $\boldsymbol{x}$，由式（3.2）得

$$\dot{\boldsymbol{x}}(\tau)=\begin{bmatrix}\Delta\dot{x}\\ \Delta\dot{y}\\ \Delta\dot{z}\\ \Delta\ddot{x}\\ \Delta\ddot{y}\\ \Delta\ddot{z}\end{bmatrix}=\begin{bmatrix}0&0&0&1&0&0\\0&0&0&0&1&0\\0&0&0&0&0&1\\ \Omega_{xx}&\Omega_{xy}&\Omega_{xz}&0&2&0\\ \Omega_{yx}&\Omega_{yy}&\Omega_{yz}&-2&0&0\\ \Omega_{zx}&\Omega_{zy}&\Omega_{zz}&0&0&0\end{bmatrix}\begin{bmatrix}\Delta x\\ \Delta y\\ \Delta z\\ \Delta\dot{x}\\ \Delta\dot{y}\\ \Delta\dot{z}\end{bmatrix}=\boldsymbol{A}(\boldsymbol{X},\ \tau)\cdot\boldsymbol{x}(\tau) \tag{3.3}$$

式中，$\boldsymbol{A}(\boldsymbol{X},\ \tau)$为与$\boldsymbol{X}$和时间$\tau$直接相关的时变 Jacobi 矩阵，各元素为

$$\Omega_{xx}=1-\frac{1-\mu}{\rho_1^3}-\frac{\mu}{\rho_2^3}+\frac{3(1-\mu)(x+\mu)^2}{\rho_1^5}+\frac{3\mu(x-1+\mu)^2}{\rho_2^5}$$

$$\Omega_{yy}=1-\frac{1-\mu}{\rho_1^3}-\frac{\mu}{\rho_2^3}+\frac{3(1-\mu)y^2}{\rho_1^5}+\frac{3\mu y^2}{\rho_2^5}$$

$$\Omega_{zz}=-\frac{1-\mu}{\rho_1^3}-\frac{\mu}{\rho_2^3}+\frac{3(1-\mu)z^2}{\rho_1^5}+\frac{3\mu z^2}{\rho_2^5}$$

$$\Omega_{xy}=\Omega_{yx}=\frac{3(1-\mu)(x+\mu)y}{\rho_1^5}+\frac{3\mu(x-1+\mu)y}{\rho_2^5}$$

$$\Omega_{xz}=\Omega_{zx}=\frac{3(1-\mu)(x+\mu)z}{\rho_1^5}+\frac{3\mu(x-1+\mu)z}{\rho_2^5}$$

$$\Omega_{yz}=\Omega_{zy}=\frac{3(1-\mu)yz}{\rho_1^5}+\frac{3\mu yz}{\rho_2^5}$$

上述各元素中的ρ_1和ρ_2见式（2.15）。

将式（3.3）由初始时刻τ_0积分至时刻τ，得

$$\boldsymbol{x}(\tau)=\boldsymbol{\Phi}(\tau,\ \tau_0)\cdot\boldsymbol{x}(\tau_0) \tag{3.4}$$

式中，$\boldsymbol{\Phi}(\tau,\ \tau_0)$为非线性系统线性化方程的状态转移矩阵，反映了$\boldsymbol{X}$的初始状态误差$\boldsymbol{x}(\tau_0)$随时间$\tau-\tau_0$传播引起的末状态误差。

将式（3.4）代入式（3.3），易得

$$\dot{\boldsymbol{\Phi}}(\tau,\ \tau_0)=\boldsymbol{A}(\boldsymbol{X},\ \tau)\cdot\boldsymbol{\Phi}(\tau,\ \tau_0) \tag{3.5}$$

同时，由式（3.4）易知$\boldsymbol{\Phi}(\tau,\ \tau_0)$的初值$\boldsymbol{\Phi}(\tau_0,\ \tau_0)=\boldsymbol{I}$。因此，可由式（3.5）积分得到状态转移矩阵$\boldsymbol{\Phi}(\tau,\ \tau_0)$。

基于状态转移矩阵，可用微分修正等数值计算方法设计平动点周期或拟周期轨道，3.3 节将对此进行详细介绍。利用简化力模型设计平动点轨道的计算量小，且设计结果可以满足一定时间内的精度需求，可为任务分析与精确设计提供初始轨道。

3.1.2　高精度力模型

对于实际平动点任务，需要在轨道力模型中考虑摄动因素，相应的轨道力模型称为高精度力模型。

传统近地航天器的高精度力模型需要考虑多种摄动因素，如 N 体引力、地球形状、潮汐、相对论、大气阻力、太阳辐射压、地球反照辐射压、经验力等[1-2]。平动点轨道相距大天体较远，相应的高精度力模型仅考虑 N 体引力和太阳辐射压等主要摄动因素即可满足多数任务的精度需求。

1. N 体引力

航天器受到的中心天体以外的天体引力称为 N 体引力。对于平动点航天器，选择引力影响较大的天体作为中心天体，建立相应的惯性坐标系和动力学方程。例如，在太阳系内选择太阳作为中心天体，太阳或太阳系质心作为惯性坐标系原点；在地月系内选择地球作为中心天体，地心作为惯性坐标系原点。

2.1 节给出了 N 体问题的运动方程［式（2.2）］。这里令图 2.1 中的 M_i 为中心天体，M_j 为平动点航天器，忽略 M_j 对 M_i 的引力，则由式（2.2）得 M_j 相对于 M_i 的加速度为

$$\ddot{\boldsymbol{R}}_{ij}=\ddot{\boldsymbol{R}}_j-\ddot{\boldsymbol{R}}_i=-\frac{GM_i}{R_{ij}^3}\boldsymbol{R}_{ij}-\sum_{\substack{k=1\\k\neq i,j}}^{N}GM_k\left(\frac{\boldsymbol{R}_{kj}}{R_{kj}^3}+\frac{\boldsymbol{R}_{ik}}{R_{ik}^3}\right)\tag{3.6}$$

式（3.6）中，$-\dfrac{GM_i}{R_{ij}^3}\boldsymbol{R}_{ij}$ 为 M_i 引力产生的加速度，$-\sum\limits_{\substack{k=1\\k\neq i,j}}^{N}GM_k\left(\dfrac{\boldsymbol{R}_{kj}}{R_{kj}^3}+\dfrac{\boldsymbol{R}_{ik}}{R_{ik}^3}\right)$ 为其余天体引力产生的摄动加速度 $\boldsymbol{a}_{\mathrm{NB}}$。

惯性坐标系下 M_j、M_i 和摄动天体 M_k 的位置关系有

$$\boldsymbol{R}_{kj}=\boldsymbol{R}_j-\boldsymbol{R}_k=\boldsymbol{R}_{ij}-\boldsymbol{R}_{ik}\tag{3.7}$$

于是将式（3.6）表示为位函数形式，即

$$\ddot{\boldsymbol{R}}_{ij}=\frac{\partial}{\partial\boldsymbol{R}_{ij}}\left[\frac{GM_i}{R_{ij}}+\sum_{\substack{k=1\\k\neq i,j}}^{N}GM_k\left(\frac{1}{R_{kj}}-\frac{\boldsymbol{R}_{ij}\boldsymbol{R}_{ik}}{R_{ik}^3}\right)\right]\tag{3.8}$$

式（3.8）中右端求和符号内的部分即 M_k 的摄动函数 V_k 对 $\boldsymbol{R}_{ij}$ 求偏导数后得到的摄动加速度 $\boldsymbol{a}_k$，也即 $\partial V_k/\partial\boldsymbol{R}_{ij}$。

利用式（2.70）给出的勒让德多项式生成函数，容易将 V_k 展开成以下级数形式：

$$V_k = \frac{GM_k}{R_{ik}} \sum_{n=2}^{\infty} \left(\frac{R_{ij}}{R_{ik}} \right)^n P_n\left(\cos\theta_k\right) \tag{3.9}$$

式中，θ_k 为 $\boldsymbol{R}_{ij}$ 和 $\boldsymbol{R}_{ik}$ 之间的夹角，同时略去了与 $\boldsymbol{R}_{ij}$ 无关的项 GM_k/R_{ik}。

利用式（3.8）和式（3.9），可以将 N 体引力加速度展开为级数，从而求解出相应的解析解。不过，在当今计算条件下，可以直接利用式（3.6）进行数值积分，计算简便，易于实现，而且精度非常高。

由 3.1.1 小节可知，采用数值法设计轨道时，求解 $\boldsymbol{\Phi}\left(\tau, \tau_0\right)$ 需要先得到 Jacobi 矩阵 $\boldsymbol{A}\left(\boldsymbol{X}, \tau\right)$，其中最为复杂的变量即各种摄动加速度对状态量 $\boldsymbol{X}$ 的偏导数。由式（3.6）可知，N 体摄动加速度 $\boldsymbol{a}_{\mathrm{NB}}$ 不包括航天器相对于中心天体的速度 $\dot{\boldsymbol{R}}_{ij}$，于是有

$$\frac{\partial \boldsymbol{a}_{\mathrm{NB}}}{\partial \dot{\boldsymbol{R}}_{ij}} = \boldsymbol{0}_{3\times3} \tag{3.10}$$

同时，可求得 $\boldsymbol{a}_{\mathrm{NB}}$ 对航天器相对于中心天体的位置 $\boldsymbol{R}_{ij}$ 的偏导数为[2]

$$\frac{\partial \boldsymbol{a}_{\mathrm{NB}}}{\partial \boldsymbol{R}_{ij}} = \sum_{\substack{k=1 \\ k\neq i,j}}^{N} \frac{GM_k}{R_{kj}^3} \begin{bmatrix} 3\left(\bar{R}_{kj}\right)_x^2 - 1 & 3\left(\bar{R}_{kj}\right)_x\left(\bar{R}_{kj}\right)_y & 3\left(\bar{R}_{kj}\right)_x\left(\bar{R}_{kj}\right)_z \\ 3\left(\bar{R}_{kj}\right)_x\left(\bar{R}_{kj}\right)_y & 3\left(\bar{R}_{kj}\right)_y^2 - 1 & 3\left(\bar{R}_{kj}\right)_y\left(\bar{R}_{kj}\right)_z \\ 3\left(\bar{R}_{kj}\right)_x\left(\bar{R}_{kj}\right)_z & 3\left(\bar{R}_{kj}\right)_y\left(\bar{R}_{kj}\right)_z & 3\left(\bar{R}_{kj}\right)_z^2 - 1 \end{bmatrix} \tag{3.11}$$

式中，$\left(\bar{R}_{kj}\right)_x$、$\left(\bar{R}_{kj}\right)_y$ 和 $\left(\bar{R}_{kj}\right)_z$ 为 $\boldsymbol{R}_{kj}$ 单位向量的 3 个分量。

可见，计算太阳系内 N 体引力的关键在于确定各个天体在不同时刻的精确位置，即天体的星历。美国喷气推进实验室（Jet Propulsion Laboratory，JPL）使用最新确定的天文常数和天体运动理论计算太阳系主要大行星和地球、月球的位置，以及地球黄经章动和黄赤交角章动，然后使用切比雪夫多项式拟合处理，将得到的切比雪夫多项式系数存入星历文件以供星历计算使用。当前 JPL 已经发布了 DE440 星历文件。

2. 太阳辐射压

对于太阳系内的平动点轨道，太阳辐射压是除 N 体引力外最大的摄动力，也是导致平动点轨道自然漂移的最大摄动因素；同时由于航天器形状复杂、太阳辐射受太阳活动和空间环境影响而变化、太阳与航天器表面材质的作用机理有待深入等因素，往往难以建立精确模型，因此一般通过轨道确定估算其实际影响。

对于形状简单的航天器，太阳辐射压产生的加速度 $\boldsymbol{a}_r$ 可以采用如下模型[2]：

$$\boldsymbol{a}_r = C_r \frac{A}{m} \frac{K\varphi}{c} \left(\frac{\mathrm{AU}}{r_s} \right)^2 \frac{\boldsymbol{r}_s}{r_s} \tag{3.12}$$

式中，C_r 为由航天器表面材质决定的反射系数；A 为航天器垂直于辐射方向的截面积；m 为航天器质量；K 为阴影系数；φ 为 1 天文单位（AU）处的光压通量；c 为光速；$\boldsymbol{r}_s$ 为从太阳到航天器的位置矢量。

平动点航天器距离大天体较远，多数情况下可以忽略阴影影响，在轨道设计时 K 取 1 即可。此外，实际任务中 C_r 和 A/m 等参数一般由经验值或航天器初始状态给定初值，然后利用精确跟踪测量数据作进一步精确估计。

若平动点航天器的形状较为复杂，可将其分为若干个受晒面分别计算。总的太阳辐射压摄动加速度 $\boldsymbol{a}_r$ 为

$$\boldsymbol{a}_r=-\frac{K}{m}\frac{\Phi}{c}\left(\frac{\mathrm{AU}}{r_s}\right)^2\sum_i\alpha_i A_i\cos\theta_i\left[2\left(\frac{\vartheta_i}{3}+\kappa_i\cos\theta_i\right)\bar{\boldsymbol{n}}_i+\frac{\kappa_i-1}{r_s}\boldsymbol{r}_s\right] \tag{3.13}$$

式中，A_i 和 $\bar{\boldsymbol{n}}_i$ 分别为第 i 个受晒面的面积和单位法向矢量；θ_i 为 $\bar{\boldsymbol{n}}_i$ 和 $-\boldsymbol{r}_s$ 的夹角；因子 α_i 在 $\theta_i<90^\circ$ 时取 1，否则取 0；κ_i 和 ϑ_i 分别为第 i 个受晒面的反射系数和散射系数。

由式（3.12）和式（3.13）可见，$\boldsymbol{a}_r$ 中不包括航天器相对于中心天体的速度 $\dot{\boldsymbol{r}}$，于是有

$$\frac{\partial\boldsymbol{a}_r}{\partial\dot{\boldsymbol{r}}}=\boldsymbol{0}_{3\times3} \tag{3.14}$$

当采用式（3.12）计算 $\boldsymbol{a}_r$ 时，若不考虑航天器位置矢量 $\boldsymbol{r}$ 对 A 的影响，只有 $\boldsymbol{r}_s$ 与 $\boldsymbol{r}$ 相关，设中心天体到太阳的位置矢量为 $\boldsymbol{R}$，则 $\boldsymbol{r}_s=\boldsymbol{r}-\boldsymbol{R}$，有

$$\frac{\partial\boldsymbol{a}_r}{\partial\boldsymbol{r}}=-C_r\frac{A}{m}\frac{K\Phi}{c}\left(\frac{\mathrm{AU}}{r_s}\right)^2\frac{1}{r_s}\begin{bmatrix}3\bar{r}_{sx}^2-1 & 3\bar{r}_{sx}\bar{r}_{sy} & 3\bar{r}_{sx}\bar{r}_{sz}\\ 3\bar{r}_{sx}\bar{r}_{sy} & 3\bar{r}_{sy}^2-1 & 3\bar{r}_{sy}\bar{r}_{sz}\\ 3\bar{r}_{sx}\bar{r}_{sz} & 3\bar{r}_{sy}\bar{r}_{sz} & 3\bar{r}_{sz}^2-1\end{bmatrix} \tag{3.15}$$

式中，$\bar{r}_{sx}$、$\bar{r}_{sy}$ 和 $\bar{r}_{sz}$ 为 $\boldsymbol{r}_s$ 单位向量的 3 个分量。

当采用式（3.13）计算 $\boldsymbol{a}_r$ 时，由于总的太阳辐射压摄动加速度与受晒面分解方式有关，因此可以通过惯性系和航天器本体系之间的坐标转换建立 $\boldsymbol{r}$ 与 $\bar{\boldsymbol{n}}_i$ 和 θ_i 之间的关系，进而求解 $\boldsymbol{a}_r$ 相对于 $\boldsymbol{r}$ 的偏导数，这就需要根据航天器结构、姿态保持方式等具体情况进行分析，这里不做详细讨论。

最后，对比式（3.12）和式（3.13）可见，后者将航天器表面分解处理，同时考虑了不同表面的反射系数和散射系数，理论上可以得到更加精确的太阳辐射压力，但是也增加了计算的复杂程度和计算量。除了这两种太阳辐射压力模型外，还有一些其他模型研究，综合多种影响因素，对于平动点轨道设计与控制应用而言，采用式（3.12）即可以满足一般设计需求。

3.2　平动点坐标转换

由 3.1 节可见，设计简化力模型下的平动点轨道，仅利用会合坐标系即可。

在同一个三体系统下，坐标系原点选择不同的大天体质心和平动点，可以形成不同的会合坐标系，其中涉及坐标的平移和缩放。在不同的三体系统下，如日地系和地月系，还需要考虑天体之间的运动关系。若设计高精度力模型下的平动点轨道，摄动力计算需要利用惯性坐标系，由此涉及会合坐标系和惯性坐标系之间的转换。

3.2.1 系统内会合坐标系转换

在同一个三体系统内，不同会合坐标系的区别在于坐标原点不同，或者尺度不同，2.4.3 小节推导共线平动点周期轨道的三阶解析解时给出了相应例子。

三体系统内的会合坐标系坐标轴指向如第 2 章定义，坐标原点分别选择大天体 m_1、m_2 和二者质心 O，以及平动点 L_i，可以形成天体质心会合坐标系和平动点会合坐标系，如图 3.1 所示。

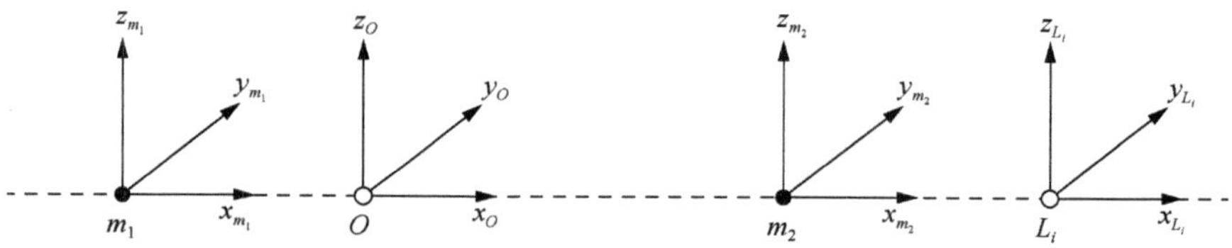

图 3.1 三体系统内的会合坐标系

定义会合坐标系中的位置矢量为 $\boldsymbol{r}$，以及如下常矢量：

$$\begin{cases}\boldsymbol{\mu}_1 = [\mu \quad 0 \quad 0]^{\mathrm{T}} \\ \boldsymbol{\mu}_2 = [1-\mu \quad 0 \quad 0]^{\mathrm{T}}\end{cases} \tag{3.16}$$

天体质心会合坐标系之间仅为坐标平移，由图 3.1 易知转换关系为

$$\boldsymbol{r}^O = \boldsymbol{r}^{m_1} - \boldsymbol{\mu}_1 = \boldsymbol{r}^{m_2} + \boldsymbol{\mu}_2 \tag{3.17}$$

式中，上标 O、m_1 和 m_2 代表在相应原点的会合坐标系中的坐标。

下文中矢量上标与此含义相同，速度为位置对归一化时间单位 τ 的导数，各会合坐标系内的速度相同。

对于平动点会合坐标系，为了和第 2 章保持一致，除了坐标平移外，还引入了坐标尺度缩放，即式（2.67），这里写为

$$\boldsymbol{r}^O = \gamma_i \boldsymbol{r}^{L_i} + \boldsymbol{r}_{L_i} \tag{3.18}$$

$$\dot{\boldsymbol{r}}^O = \gamma_i \dot{\boldsymbol{r}}^{L_i} \tag{3.19}$$

式（3.18）即式（2.67），其中 $\boldsymbol{r}_{L_i} = \begin{bmatrix} X_{L_i} & 0 & 0 \end{bmatrix}^{\mathrm{T}}$，$X_{L_i}$ 为 L_i 在质心会合坐标系内的位置。此外，求解 $\dot{\boldsymbol{r}}$ 时若采用 2.4.3 小节中的三阶解析解，需注意时间单位 τ 与 τ' 的关系。

3.2.2　会合坐标系与惯性坐标系转换

设计高精度力模型下的平动点轨道时，需要使用 JPL 星历中惯性坐标系下的天体位置和速度，而平动点轨道的近似解析解和运动特性一般在会合坐标系中表示，因此需要二者之间进行转换。

将三体系统中大天体 m_1 的质心作为原点，如日地系选择太阳质心、地月系选择地球质心，建立惯性坐标系 XYZ，如图 3.2 所示。

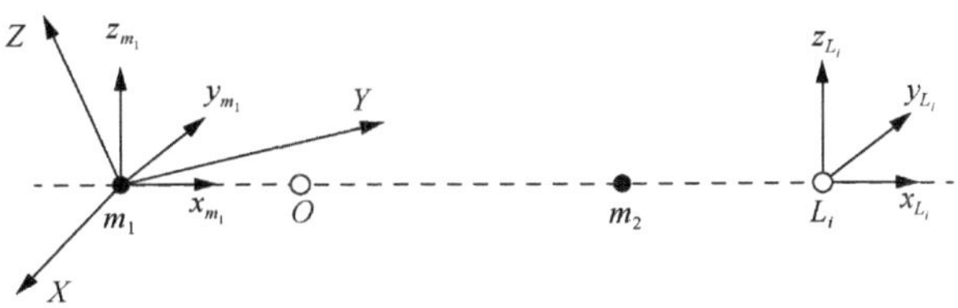

图 3.2　三体系统的惯性坐标系

大天体 m_2 相对于 m_1 作二体运动，可以用星历表中的瞬时位置速度计算相应轨道数。设 m_2 相对于 m_1 的轨道倾角、升交点赤经和纬度幅角依次为 i、Ω 和 u，由星历表得到 m_2 在 m_1 惯性坐标系中的位置和速度矢量，归一化后记为 $\boldsymbol{R}_2$ 和 $\dot{\boldsymbol{R}}_2$，由二体轨道理论[1]可得

$$\begin{cases}\boldsymbol{h}=\boldsymbol{R}_2\times\dot{\boldsymbol{R}}_2\\ \cos i=\dfrac{h_Z}{h}\\ \tan\Omega=\dfrac{h_X}{-h_Y}\\ \tan u=\dfrac{R_{2z}}{\left(R_{2y}\sin\Omega+R_{2x}\cos\Omega\right)\sin i}\end{cases}\tag{3.20}$$

式中，R_{2x}、R_{2y} 和 R_{2z} 为 $\boldsymbol{R}_2$ 的坐标分量。

定义惯性坐标系中的位置矢量为 $\boldsymbol{R}$，由会合坐标系定义可得，m_1 惯性坐标系与 m_1 会合坐标系之间的位置转换关系为

$$\boldsymbol{r}^{m_1}=\boldsymbol{M}_3(u)\boldsymbol{M}_1(i)\boldsymbol{M}_3(\Omega)\boldsymbol{R}^{m_1}\tag{3.21}$$

$$\boldsymbol{R}^{m_1}=\boldsymbol{M}_3(-\Omega)\boldsymbol{M}_1(-i)\boldsymbol{M}_3(-u)\boldsymbol{r}^{m_1}\tag{3.22}$$

式中，$\boldsymbol{M}_1$ 和 $\boldsymbol{M}_3$ 分别表示绕 X 轴和 Z 轴的旋转矩阵：

$$\boldsymbol{M}_1(\theta)=\begin{bmatrix}1&0&0\\0&\cos\theta&\sin\theta\\0&-\sin\theta&\cos\theta\end{bmatrix},\quad \boldsymbol{M}_3(\theta)=\begin{bmatrix}\cos\theta&\sin\theta&0\\-\sin\theta&\cos\theta&0\\0&0&1\end{bmatrix}$$

由式（3.17）与式（3.21）易得，m_1 惯性坐标系与 O 和 m_2 会合坐标系间的位置转换关系。

由式（3.21）和式（3.22）可得，m_1 惯性坐标系与 m_1 会合坐标系之间的速度转换关系为

$$\dot{\boldsymbol{r}}^{m_1}=\boldsymbol{M}_3(u)\boldsymbol{M}_1(i)\boldsymbol{M}_3(\varOmega)\dot{\boldsymbol{R}}^{m_1}+\dot{\boldsymbol{M}}_3(u)\boldsymbol{M}_1(i)\boldsymbol{M}_3(\varOmega)\dot{u}\boldsymbol{R}^{m_1} \tag{3.23}$$

$$\dot{\boldsymbol{R}}^{m_1}=\boldsymbol{M}_3(-\varOmega)\boldsymbol{M}_1(-i)\boldsymbol{M}_3(-u)\dot{\boldsymbol{r}}^{m_1}+\boldsymbol{M}_3(-\varOmega)\boldsymbol{M}_1(-i)\dot{\boldsymbol{M}}_3(-u)\dot{u}\boldsymbol{r}^{m_1} \tag{3.24}$$

式中，$\dot{\boldsymbol{M}}$ 为矩阵对其中的变量求导数，即

$$\dot{\boldsymbol{M}}_3(\theta)=\begin{bmatrix}-\sin\theta & \cos\theta & 0\\ -\cos\theta & -\sin\theta & 0\\ 0 & 0 & 0\end{bmatrix}$$

其他上标为点号的变量均表示对归一化时间 τ 的导数。

由式（3.20）可得 u 对 τ 的导数为

$$\dot{u}=\frac{\sin u}{Z}\left[\dot{Z}\cos u-\left(\dot{Y}\sin\varOmega+\dot{X}\cos\varOmega\right)\sin i\sin u\right] \tag{3.25}$$

此处，考虑到 u 随时间的变化远大于 i 和 $\varOmega$，因此仅对 u 求导数，并未对 i 和 $\varOmega$ 求导。

由式（3.17）～式（3.19）可以得到平动点会合坐标系与 m_1 会合坐标系之间的转换关系，再进一步结合式（3.21）～式（3.24），即可得到 m_1 惯性坐标系与平动点会合坐标系之间的位置和速度转换关系。

由 m_1 惯性坐标系向平动点会合坐标系的位置速度转换为

$$\boldsymbol{r}^{L_i}=\frac{1}{\gamma_i}\left[\boldsymbol{M}_3(u)\boldsymbol{M}_1(i)\boldsymbol{M}_3(\varOmega)\boldsymbol{R}^{m_1}-\boldsymbol{\mu}_1-\boldsymbol{r}_{L_i}\right] \tag{3.26}$$

$$\dot{\boldsymbol{r}}^{L_i}=\frac{1}{\gamma_i}\left[\boldsymbol{M}_3(u)\boldsymbol{M}_1(i)\mathrm{M}_3(\varOmega)\dot{\boldsymbol{R}}^{m_1}+\dot{\boldsymbol{M}}_3(u)\boldsymbol{M}_1(i)\boldsymbol{M}_3(\varOmega)\dot{u}\boldsymbol{R}^{m_1}-\dot{\boldsymbol{r}}_{L_i}\right] \tag{3.27}$$

由平动点会合坐标系向 m_1 惯性坐标系的位置速度转换为

$$\boldsymbol{R}^{m_1}=\boldsymbol{M}_3(-\varOmega)\boldsymbol{M}_1(-i)\boldsymbol{M}_3(-u)\left(\gamma_i\boldsymbol{r}^{L_i}+\boldsymbol{\mu}_1+\boldsymbol{r}_{L_i}\right) \tag{3.28}$$

$$\begin{aligned}\dot{\boldsymbol{R}}^{m_1}=&\boldsymbol{M}_3(-\varOmega)\boldsymbol{M}_1(-i)\boldsymbol{M}_3(-u)\left(\gamma_i\dot{\boldsymbol{r}}^{L_i}+\dot{\boldsymbol{r}}_{L_i}\right)\\&-\boldsymbol{M}_3(-\varOmega)\boldsymbol{M}_1(-i)\dot{\boldsymbol{M}}_3(-u)\dot{u}\left(\gamma_i\boldsymbol{r}^{L_i}+\boldsymbol{\mu}_1+\boldsymbol{r}_{L_i}\right)\end{aligned} \tag{3.29}$$

式(3.27)和式(3.29)中包含平动点位置对时间 τ 的导数 $\dot{\boldsymbol{r}}_{L_i}$，也即 $\dot{X}_{L_i}$，CRTBP 下该值为 0，真实情况下 m_2 相对于 m_1 的距离随时间变化，$\dot{X}_{L_i}$ 并不为 0。

对于 3 个共线平动点，有

$$\dot{X}_{L_i}=\frac{\boldsymbol{R}_2\cdot\dot{\boldsymbol{R}}_2}{|\boldsymbol{R}_2|}\cdot\begin{cases}1-\mu-d_1 & L_1\text{点}\\1-\mu+d_2 & L_2\text{点}\\-\mu-d_3 & L_3\text{点}\end{cases}\tag{3.30}$$

3.2.3　不同系统的会合坐标系转换示例一

目前，平动点应用均为日地平动点任务和地月平动点任务，经常需要利用日地会合坐标系与地月会合坐标系间的坐标转换，如利用不变流形设计两个三体系统间的低能量转移轨道。

为了简化问题，假设日地会合坐标系与地月会合坐标系的 xy 平面重合，即白道面和黄道面重合。在 CRTBP 下，日地会合坐标系与地月会合坐标系的坐标转换可以借助共同的大天体——地球来实现，即将二者之一通过坐标平移至地球质心，如图 3.3 所示。其中，$x_{\mathrm{SE}}O_{\mathrm{SE}}y_{\mathrm{SE}}$ 和 $x_{\mathrm{EM}}O_{\mathrm{EM}}y_{\mathrm{EM}}$ 分别为日地会合坐标系和地月会合坐标系，原点为各自系统的质心，后者相对于前者的旋转角度为 α 。

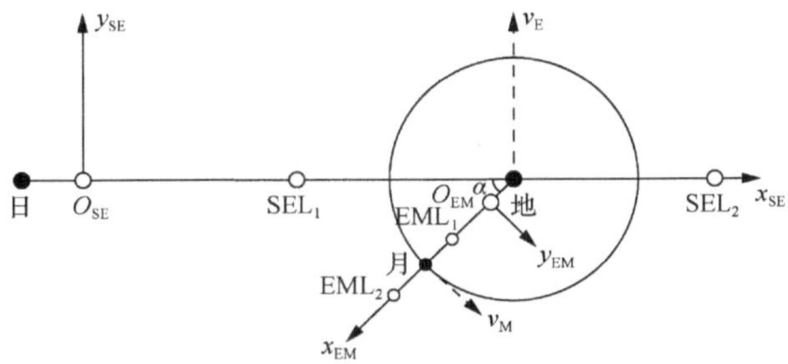

图 3.3　日地会合坐标系和地月会合坐标系的转换示例一

在两个坐标系中，无量纲单位为日地平均距离 R_{SE} 和地球平均公转速度 V_{SE} ，以及地月平均距离 R_{EM} 和月球平均公转速度 V_{EM} 。

1. 由地月系统转换至日地系统

在无量纲单位下，有

$$\boldsymbol{r}^{\mathrm{SE}}=\frac{R_{\mathrm{EM}}}{R_{\mathrm{SE}}}\boldsymbol{M}_3(\pi-\alpha)\left(\boldsymbol{r}^{\mathrm{EM}}+\boldsymbol{\mu}_1^{\mathrm{EM}}\right)+\boldsymbol{\mu}_2^{\mathrm{SE}}\tag{3.31}$$

$$\dot{\boldsymbol{r}}^{\mathrm{SE}}=\frac{V_{\mathrm{EM}}}{V_{\mathrm{SE}}}\left[\boldsymbol{M}_3(\pi-\alpha)\dot{\boldsymbol{r}}^{\mathrm{EM}}-\dot{\boldsymbol{M}}_3(\pi-\alpha)\left(\boldsymbol{r}^{\mathrm{EM}}+\boldsymbol{\mu}_1^{\mathrm{EM}}\right)\right]\tag{3.32}$$

若使用国际制单位，则有

$$\boldsymbol{r}^{\mathrm{SE}}=\boldsymbol{M}_3(\pi-\alpha)\left(\boldsymbol{r}^{\mathrm{EM}}+R_{\mathrm{EM}}\boldsymbol{\mu}_1^{\mathrm{EM}}\right)+R_{\mathrm{SE}}\boldsymbol{\mu}_2^{\mathrm{SE}}\tag{3.33}$$

$$\dot{\boldsymbol{r}}^{\mathrm{SE}}=\boldsymbol{M}_3(\pi-\alpha)\left(\dot{\boldsymbol{r}}^{\mathrm{EM}}+\dot{R}_{\mathrm{EM}}\boldsymbol{\mu}_1^{\mathrm{EM}}\right)-\dot{\boldsymbol{M}}_3(\pi-\alpha)\dot{\alpha}\left(\boldsymbol{r}^{\mathrm{EM}}+R_{\mathrm{EM}}\boldsymbol{\mu}_1^{\mathrm{EM}}\right)+\dot{R}_{\mathrm{SE}}\boldsymbol{\mu}_2^{\mathrm{SE}}\tag{3.34}$$

2. 由日地系统转换至地月系统

若使用国际制单位，则直接由式（3.33）和式（3.34）可得

$$\boldsymbol{r}^{\mathrm{EM}}=\boldsymbol{M}_3(\pi+\alpha)\left(\boldsymbol{r}^{\mathrm{SE}}-R_{\mathrm{SE}}\boldsymbol{\mu}_2^{\mathrm{SE}}\right)-R_{\mathrm{EM}}\boldsymbol{\mu}_1^{\mathrm{EM}} \tag{3.35}$$

$$\dot{\boldsymbol{r}}^{\mathrm{EM}}=\dot{\boldsymbol{M}}_3(\pi+\alpha)\dot{\alpha}\left(\boldsymbol{r}^{\mathrm{SE}}-R_{\mathrm{SE}}\boldsymbol{\mu}_2^{\mathrm{SE}}\right)+\boldsymbol{M}_3(\pi+\alpha)\left(\dot{\boldsymbol{r}}^{\mathrm{SE}}-\dot{R}_{\mathrm{SE}}\boldsymbol{\mu}_2^{\mathrm{SE}}\right)-\dot{R}_{\mathrm{EM}}\boldsymbol{\mu}_1^{\mathrm{EM}} \tag{3.36}$$

进而得到无量纲下：

$$\boldsymbol{r}^{\mathrm{EM}}=\frac{R_{\mathrm{SE}}}{R_{\mathrm{EM}}}\boldsymbol{M}_3(\pi+\alpha)\left(\boldsymbol{r}^{\mathrm{SE}}-\boldsymbol{\mu}_2^{\mathrm{SE}}\right)-\boldsymbol{\mu}_1^{\mathrm{EM}} \tag{3.37}$$

$$\dot{\boldsymbol{r}}^{\mathrm{EM}}=\frac{V_{\mathrm{SE}}}{V_{\mathrm{EM}}}\boldsymbol{M}_3(\pi+\alpha)\dot{\boldsymbol{r}}^{\mathrm{SE}}+\frac{R_{\mathrm{SE}}}{R_{\mathrm{EM}}}\dot{\boldsymbol{M}}_3(\pi+\alpha)\left(\boldsymbol{r}^{\mathrm{SE}}-\boldsymbol{\mu}_2^{\mathrm{SE}}\right) \tag{3.38}$$

式（3.38）的右端第一项中，速度矢量为日地会合坐标系下的速度，即日地会合坐标系下的位置矢量相对于时间变量 τ_{SE} 的导数，为无量纲速度。无量纲时间单位 $\tau_{\mathrm{SE}}=n_{\mathrm{SE}}t$，$\tau_{\mathrm{EM}}=n_{\mathrm{EM}}t$。

3.2.4　不同系统的会合坐标系转换示例二

3.2.3 小节中，白道面和黄道面重合的假设使得坐标转换简便的同时，也引入了坐标转换偏差，因此更为精确的计算应当考虑黄道面与白道面的夹角。

双圆模型将圆型限制性四体问题分解为两个 CRTBP[3-7]，假定地月质心在黄道面内与太阳绕日地月共同质心作圆周运动，地球和月球绕二者共同质心在白道面内作圆周运动，将太阳和地月质心组成的三体系统仍然称为日地会合坐标系。设白道面与黄道面的夹角为 i，地月会合坐标系 x 轴与黄道面和白道面交线的夹角为 α，黄道面和白道面的交线与日地月会合坐标系 x 轴的夹角为 β，如图 3.4 所示，其中 $x_{\mathrm{SEM}}O_{\mathrm{SEM}}y_{\mathrm{SEM}}$ 和 $x_{\mathrm{EM}}O_{\mathrm{EM}}y_{\mathrm{EM}}$ 分别为日地会合坐标系和地月会合坐标系，原点为各自系统的质心，将二者之一通过坐标系平移至地月系质心或者地心以实现转换。

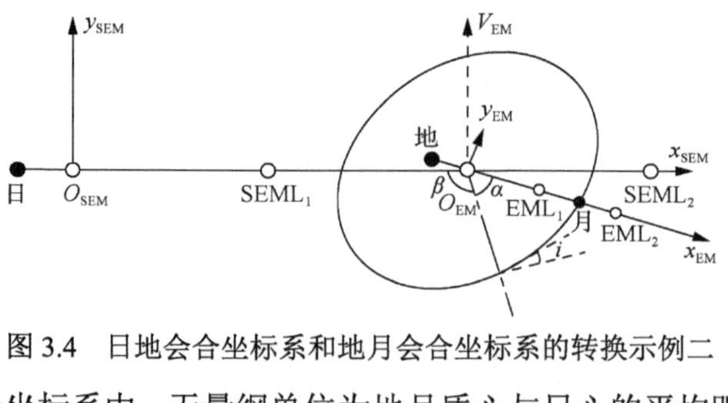

图 3.4　日地会合坐标系和地月会合坐标系的转换示例二

在两个会合坐标系中，无量纲单位为地月质心与日心的平均距离 R_{SEM} 和地月质心平均公转速度 V_{SEM}，以及地月平均距离 R_{EM} 和月球平均公转速度 V_{EM}。

1. 由地月系统转换至日地月系统

在无量纲单位下，有

$$\boldsymbol{r}^{\mathrm{SEM}}=\frac{R_{\mathrm{EM}}}{R_{\mathrm{SEM}}}\boldsymbol{M}_3(\pi-\beta)\boldsymbol{M}_1(-i)\boldsymbol{M}_3(-\alpha)\boldsymbol{r}^{\mathrm{EM}}+\boldsymbol{\mu}_2^{\mathrm{SEM}} \tag{3.39}$$

$$\begin{aligned}\dot{\boldsymbol{r}}^{\mathrm{SEM}}=&\frac{V_{\mathrm{EM}}}{V_{\mathrm{SEM}}}\left[\boldsymbol{M}_3(\pi-\beta)\boldsymbol{M}_1(-i)\boldsymbol{M}_3(-\alpha)\dot{\boldsymbol{r}}^{\mathrm{EM}}-\boldsymbol{M}_3(\pi-\beta)\boldsymbol{M}_1(-i)\dot{\boldsymbol{M}}_3(-\alpha)\boldsymbol{r}^{\mathrm{EM}}\right]\\&-\frac{R_{\mathrm{EM}}}{V_{\mathrm{SEM}}}\left[\dot{\boldsymbol{M}}_3(\pi-\beta)\boldsymbol{M}_1(-i)\boldsymbol{M}_3(-\alpha)\dot{\beta}+\boldsymbol{M}_3(\pi-\beta)\dot{\boldsymbol{M}}_1(-i)\boldsymbol{M}_3(-\alpha)\dot{i}\right]\boldsymbol{r}^{\mathrm{EM}}\end{aligned} \tag{3.40}$$

式中，$\dot{i}$ 和 $\dot{\beta}$ 分别为 i 和 β 随时间 t 的变化率。

若使用国际制单位，则有

$$\boldsymbol{r}^{\mathrm{SEM}}=\boldsymbol{M}_3(\pi-\beta)\boldsymbol{M}_1(-i)\boldsymbol{M}_3(-\alpha)\boldsymbol{r}^{\mathrm{EM}}+R_{\mathrm{SEM}}\boldsymbol{\mu}_2^{\mathrm{SEM}} \tag{3.41}$$

$$\begin{aligned}\dot{\boldsymbol{r}}^{\mathrm{SEM}}=&\boldsymbol{M}_3(\pi-\beta)\boldsymbol{M}_1(-i)\boldsymbol{M}_3(-\alpha)\dot{\boldsymbol{r}}^{\mathrm{EM}}\\&-\left[\boldsymbol{M}_3(\pi-\beta)\boldsymbol{M}_1(-i)\dot{\boldsymbol{M}}_3(-\alpha)\dot{\alpha}+\boldsymbol{M}_3(\pi-\beta)\dot{\boldsymbol{M}}_1(-i)\boldsymbol{M}_3(-\alpha)\dot{i}\right.\\&\left.+\dot{\boldsymbol{M}}_3(\pi-\beta)\boldsymbol{M}_1(-i)\boldsymbol{M}_3(-\alpha)\dot{\beta}\right]\boldsymbol{r}^{\mathrm{EM}}+\dot{R}_{\mathrm{SEM}}\boldsymbol{\mu}_2^{\mathrm{SEM}}\end{aligned} \tag{3.42}$$

对于速度量计算，由于 i 的变化范围为 5°～5.3°，因此在有限时间范围内可近似认为 i 恒为 5.15°。α 和 β 均在 0～360° 变化，前者随时间增大，后者随时间减小，周期分别约为 27.32166 天（一个恒星月）和 345 天。

2. 由日地月系统转换至地月系统

在无量纲单位下，有

$$\boldsymbol{r}^{\mathrm{EM}}=\frac{R_{\mathrm{SEM}}}{R_{\mathrm{EM}}}\boldsymbol{M}_3(\alpha)\boldsymbol{M}_1(i)\boldsymbol{M}_3(\beta-\pi)\left(\boldsymbol{r}^{\mathrm{SEM}}-\boldsymbol{\mu}_2^{\mathrm{SEM}}\right) \tag{3.43}$$

$$\begin{aligned}\dot{\boldsymbol{r}}^{\mathrm{EM}}=&\frac{V_{\mathrm{SEM}}}{V_{\mathrm{EM}}}\boldsymbol{M}_3(\alpha)\boldsymbol{M}_1(i)\boldsymbol{M}_3(\beta-\pi)\dot{\boldsymbol{r}}^{\mathrm{SEM}}+\frac{R_{\mathrm{SEM}}}{R_{\mathrm{EM}}}\dot{\boldsymbol{M}}_3(\alpha)\boldsymbol{M}_1(i)\boldsymbol{M}_3(\beta-\pi)\left(\boldsymbol{r}^{\mathrm{SEM}}-\boldsymbol{\mu}_2^{\mathrm{SEM}}\right)\\&+\frac{R_{\mathrm{SEM}}}{V_{\mathrm{EM}}}\left[\boldsymbol{M}_3(\alpha)\dot{\boldsymbol{M}}_1(i)\boldsymbol{M}_3(\beta-\pi)\dot{i}+\boldsymbol{M}_3(\alpha)\boldsymbol{M}_1(i)\dot{\boldsymbol{M}}_3(\beta-\pi)\dot{\beta}\right]\left(\boldsymbol{r}^{\mathrm{SEM}}-\boldsymbol{\mu}_2^{\mathrm{SEM}}\right)\end{aligned} \tag{3.44}$$

式（3.44）右端第一项中，速度矢量 $\dot{\boldsymbol{r}}^{\mathrm{SEM}}$ 为日地月会合坐标系下的位置矢量相对于时间变量 τ_{SEM} 的导数，为无量纲速度。无量纲时间单位 $\tau_{\mathrm{SEM}}=n_{\mathrm{SEM}}t$。

若使用国际制单位，则有

$$\boldsymbol{r}^{\mathrm{EM}}=\boldsymbol{M}_3(\alpha)\boldsymbol{M}_1(i)\boldsymbol{M}_3(\beta-\pi)\left(\boldsymbol{r}^{\mathrm{SEM}}-R_{\mathrm{SEM}}\boldsymbol{\mu}_2^{\mathrm{SEM}}\right) \tag{3.45}$$

$$\begin{aligned}\dot{\boldsymbol{r}}^{\mathrm{EM}} &= \boldsymbol{M}_3(\alpha)\boldsymbol{M}_1(i)\boldsymbol{M}_3(\beta-\pi)\dot{\boldsymbol{r}}^{\mathrm{SEM}} \\ &+\left[\dot{\boldsymbol{M}}_3(\alpha)\boldsymbol{M}_1(i)\boldsymbol{M}_3(\beta-\pi)\dot{\alpha}+\boldsymbol{M}_3(\alpha)\dot{\boldsymbol{M}}_1(i)\boldsymbol{M}_3(\beta-\pi)\dot{i}\right. \\ &\left.+\boldsymbol{M}_3(\alpha)\boldsymbol{M}_1(i)\dot{\boldsymbol{M}}_3(\beta-\pi)\dot{\beta}\right]\left(\boldsymbol{r}^{\mathrm{SEM}}-R_{\mathrm{SEM}}\boldsymbol{\mu}_2^{\mathrm{SEM}}\right)\end{aligned} \tag{3.46}$$

3.3 共线平动点周期轨道设计

常见的共线平动点周期轨道包括平面 Lyapunov 轨道和三维 halo 轨道，二者均为 Lissajous 轨道的特殊形式。CRTBP 模型下可以直接利用解析解设计平动点周期轨道[8]，高精度力模型下的平动点周期轨道则需借助数值方法设计[9-12]。本节主要讨论基于周期轨道运动特性和微分修正法的 Lyapunov 和 halo 轨道设计。

3.3.1 微分修正法

微分修正法是一种数值迭代算法，其计算过程为修正初始状态，使得终端状态达到期望值。在平动点周期轨道设计中，可将初始位置速度矢量作为初始状态，借助轨道动力学方程数值积分到特定时刻，然后比较积分所得终端状态与期望状态，利用二者偏差修正初始状态，最终使得终端状态达到期望状态[13]。

由一阶解析式（2.59）或者三阶解析式（2.95）和式（2.96）给出初始t_0时刻的轨道状态为

$$\boldsymbol{x}_0=\left[x_0,\quad y_0,\quad z_0,\quad \dot{x}_0,\quad \dot{y}_0,\quad \dot{z}_0\right]^{\mathrm{T}} \tag{3.47}$$

利用 3.1 节平动点轨道力模型从$\boldsymbol{x}_0$数值积分，当积分至会合坐标系xz平面时，穿越点位置速度即终端时刻t_1的实际状态，即

$$\boldsymbol{x}_1=\left[x_1,\quad y_1,\quad z_1,\quad \dot{x}_1,\quad \dot{y}_1,\quad \dot{z}_1\right]^{\mathrm{T}} \tag{3.48}$$

由式（2.14）可知，CRTBP 下平动点周期轨道关于xz平面对称，且在穿越点垂直于xz平面，所以t_1时刻y、$\dot{x}$和$\dot{z}$均为 0，因此t_1时刻的期望状态为

$$\boldsymbol{x}_{\mathrm{d}}=\left[x_{\mathrm{d}},\quad 0,\quad z_{\mathrm{d}},\quad 0,\quad \dot{y}_{\mathrm{d}},\quad 0\right]^{\mathrm{T}} \tag{3.49}$$

通常由$\boldsymbol{x}_0$积分所得轨迹会偏离周期轨道，因此$\boldsymbol{x}_1$与$\boldsymbol{x}_{\mathrm{d}}$存在偏差，需要修正$\boldsymbol{x}_0$以消除偏差。设修正后的初始点为$\boldsymbol{x}_0+\delta\boldsymbol{x}_0$，$\delta\boldsymbol{x}_0$为修正量，积分后得到新的末状态$\boldsymbol{x}_1+\delta\boldsymbol{x}_1$，过程如图 3.5 所示，其中$\phi(t;\boldsymbol{x}_0)$和$\phi(t;\boldsymbol{x}_0+\delta\boldsymbol{x}_0)$分别为由$\boldsymbol{x}_0$和$\boldsymbol{x}_0+\delta\boldsymbol{x}_0$得到的积分轨迹。

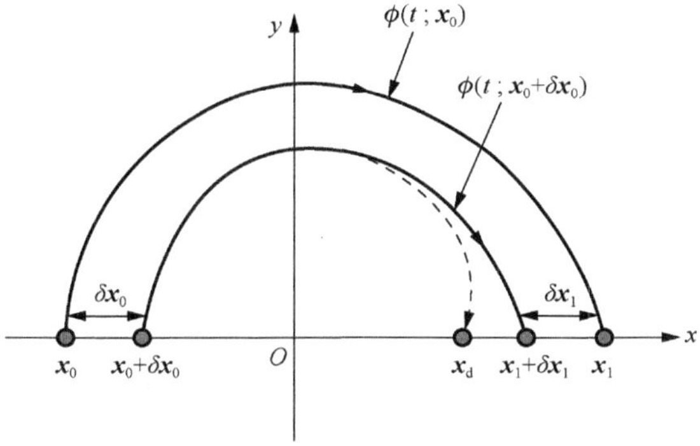

图 3.5　平动点周期轨道的微分修正过程[13]

将 t_1 时刻的积分状态偏差 $\delta\boldsymbol{x}_1$ 在 $\boldsymbol{x}_0$ 处作一阶展开得

$$\delta\boldsymbol{x}_1=\frac{\partial\phi\left(t_1;\boldsymbol{x}_0\right)}{\partial\boldsymbol{x}_0}\delta\boldsymbol{x}_0=\boldsymbol{\Phi}\left(t_1,t_0\right)\delta\boldsymbol{x}_0 \tag{3.50}$$

式中，$\boldsymbol{\Phi}\left(t_1,t_0\right)$ 即状态转移矩阵，其计算方法见 3.1 节。

由式（3.50）可得初始状态改正量 $\delta\boldsymbol{x}_0$ 为

$$\delta\boldsymbol{x}_0=\boldsymbol{\Phi}^{-1}\left(t_1,t_0\right)\left(\boldsymbol{x}_{\mathrm{d}}-\boldsymbol{x}_1\right) \tag{3.51}$$

由于 $\delta\boldsymbol{x}_0$ 为一阶改正量，因此需要重复迭代直至 $\delta\boldsymbol{x}_0$ 或 $\delta\boldsymbol{x}_1$ 达到容许误差。

式（3.51）仅迭代计算修正初始状态 $\boldsymbol{x}_0$，为了加速迭代计算过程，还可以在迭代中增加对时间 t_1 的修正。对于 Lyapunov 轨道和 halo 轨道，设定初始状态和末状态位于会合坐标系 xz 平面，记为

$$\boldsymbol{x}=\begin{cases}\left[x,\ 0,\ 0,\ \dot{y}\right]^{\mathrm{T}}, & \text{Lyapunov}\\ \left[x,\ 0,\ z,\ 0,\ \dot{y},\ 0\right]^{\mathrm{T}}, & \text{halo}\end{cases} \tag{3.52}$$

加入对时间 t_1 的修正，式（3.50）变为

$$\delta\boldsymbol{x}_1=\frac{\partial\phi\left(t_1;\boldsymbol{x}_0\right)}{\partial\boldsymbol{x}_0}\delta\boldsymbol{x}_0+\frac{\partial\phi\left(t_1;\boldsymbol{x}_0\right)}{\partial t_1}\delta t_1=\boldsymbol{\Phi}\left(t_1,t_0\right)\delta\boldsymbol{x}_0+\dot{\boldsymbol{x}}_1\delta t_1 \tag{3.53}$$

对于 Lyapunov 轨道，式（3.53）即

$$\begin{bmatrix}\delta x_1\\0\\\delta\dot{x}_1\\\delta\dot{y}_1\end{bmatrix}=\boldsymbol{\Phi}\left(t_1,t_0\right)\begin{bmatrix}\delta x_0\\0\\0\\\delta\dot{y}_0\end{bmatrix}+\begin{bmatrix}\dot{x}_1\\\dot{y}_1\\\ddot{x}_1\\\ddot{y}_1\end{bmatrix}\delta t_1 \tag{3.54}$$

式（3.54）中，由于初末状态均选择在 xz 平面，因此 $\delta y_0=\delta y_1=0$。同时，Lyapunov 轨道特性决定了 $\dot{x}_0=\delta\dot{x}_0=0$。迭代计算时，积分终止条件为交会 xz 平面，由此确定 t_1。

利用式（3.54）迭代求解合适的δx_0和$\delta \dot{y}_0$，使得$\delta \dot{x}_1 = 0$，既可同时改变x_0和$\dot{y}_0$，利用最小二乘法求解，也可限定其中一个不变进行求解。例如，令$\delta x_0 = 0$，由式（3.54）第 2 行方程求解δt_1，然后代入第 3 行方程，最终得

$$\delta \dot{y}_0 = \frac{\delta \dot{x}_1 \cdot \dot{y}_1}{\varPhi_{34} \cdot \dot{y}_1 - \varPhi_{24} \cdot \ddot{x}_1} \tag{3.55}$$

式中，$\varPhi_{34}$为$\boldsymbol{\varPhi}\left(t_1, t_0\right)$中第 3 行、第 4 列元素，其余类似符号与此意义相同。

对于 halo 轨道，式（3.53）即

$$\begin{bmatrix} \delta x_1 \\ 0 \\ \delta z_1 \\ \delta \dot{x}_1 \\ \delta \dot{y}_1 \\ \delta \dot{z}_1 \end{bmatrix} = \boldsymbol{\varPhi}\left(t_1, t_0\right) \begin{bmatrix} \delta x_0 \\ 0 \\ \delta z_0 \\ 0 \\ \delta \dot{y}_0 \\ 0 \end{bmatrix} + \begin{bmatrix} \dot{x}_1 \\ \dot{y}_1 \\ \dot{z}_1 \\ \ddot{x}_1 \\ \ddot{y}_1 \\ \ddot{z}_1 \end{bmatrix} \delta t_1 \tag{3.56}$$

类似于 Lyapunov 轨道，利用式（3.56）迭代求解合适的δx_0、δz_0和$\delta \dot{y}_0$，使得$\delta \dot{x}_1 = \delta \dot{z}_1 = 0$。利用最小二乘法求解，或者限定$x_0$、$z_0$和$\dot{y}_0$其中之一不变。例如，令$\delta z_0 = 0$，先由式（3.56）第 2 行方程求解$\delta t_1$，然后代入第 4、6 行方程，可得

$$\begin{bmatrix} \delta x_0 \\ \delta \dot{y}_0 \end{bmatrix} = \begin{bmatrix} \varPhi_{41} - \dfrac{\ddot{x}_1}{\dot{y}_1} \varPhi_{21} & \varPhi_{45} - \dfrac{\ddot{x}_1}{\dot{y}_1} \varPhi_{25} \\ \varPhi_{61} - \dfrac{\ddot{z}_1}{\dot{y}_1} \varPhi_{21} & \varPhi_{65} - \dfrac{\ddot{z}_1}{\dot{y}_1} \varPhi_{25} \end{bmatrix}^{-1} \begin{bmatrix} \delta \dot{x}_1 \\ \delta \dot{z}_1 \end{bmatrix} \tag{3.57}$$

利用上述方法可以得到 Lyapunov 轨道和 halo 轨道的初始状态和半个周期轨迹，根据二者关于xz平面的对称性即可得到 CRTBP 下另一半的周期轨迹。若为高精度力模型，则按相同方法再次修正整圈轨道即可。

3.3.2　数值延拓法

采用式（3.54）和式（3.56）数值计算大幅值平动点周期轨道时，直接近似解析公式给出的初值偏差较大，可能会造成迭代不收敛或发散等问题，为此采用数值延拓法计算较为精确的迭代初值[14]。

首先，对于欠定方程式（3.54）和式（3.56），固定某个待求参数后使之成为适定方程进行求解，且将固定参数定义为周期轨道族的族参数，x_0、z_0、$\dot{y}_0$或轨道周期T均可作为族参数。当然，式（3.54）和式（3.56）也可以采用最小二乘法求解，不过由于缺乏反映周期轨道族特征的族参数，因此不利于计算得到整个周期轨道族，而且族参数的选择也是周期轨道族计算的关键问题。其次，选定族参数后，对于小幅值周期轨道，可以直接采用解析公式计算迭代初值；对于大幅值

周期轨道，则采用延拓法进行计算。

延拓法是一种求解非线性方程组的大范围收敛算法[15]，对迭代初值的要求较低。对于如下非线性方程组：

$$F(\boldsymbol{X})=0,\qquad F:D\subset\mathbf{R}^n\to\mathbf{R}^n \tag{3.58}$$

延拓法构造一族映象 $H:D\times[0,1]\subset\mathbf{R}^{n+1}\to\mathbf{R}^n$，且有

$$\begin{cases}H(\boldsymbol{X},0)=F_0(\boldsymbol{X})\\ H(\boldsymbol{X},1)=F(\boldsymbol{X})\end{cases},\qquad \forall\boldsymbol{X}\in D \tag{3.59}$$

其中，$F_0(\boldsymbol{X})=0$ 的解 $\boldsymbol{X}_0$ 已知，$H(\boldsymbol{X},1)=0$ 的解即式（3.58）的解，于是式（3.58）的求解转化为求如下同伦方程组的解 $\boldsymbol{X}(v)$：

$$H(\boldsymbol{X},v)=0,\qquad v\in[0,1] \tag{3.60}$$

式（3.56）对应于延拓法中的待求问题 $F(\boldsymbol{X})$，除族参数以外的变量即待求参数 $\boldsymbol{X}$，族参数即同伦方程组变量 v。利用延拓法计算 halo 轨道族，首先，在平动点附近利用 halo 轨道高阶解和微分修正法计算初始标称轨道，即式（3.59）中 $F_0(\boldsymbol{X})=0$ 的解 $\boldsymbol{X}_0$；其次，选择同伦方程组变量 v，选取步长 Δv，利用式（3.56）计算族参数增加步长 Δv 后其余状态参数的改变量，从而得到新的 $\boldsymbol{X}_0$；最后，利用微分修正法求解族参数增加步长 Δv 后的 halo 轨道。

为了分析 halo 轨道族的运动区域，定义 halo 轨道在 x 和 z 方向的运动幅值为

$$\begin{cases}S_x=\dfrac{1}{2}\left\{\max\left[x(t)\right]-\min\left[x(t)\right]\right\}\\ S_z=\dfrac{1}{2}\left\{\max\left[z(t)\right]-\min\left[z(t)\right]\right\}\end{cases},\quad t\in[0,T] \tag{3.61}$$

3.3.3　Lyapunov 轨道数值设计

基于 3.3.1 和 3.3.2 小节介绍的方法，采用数值法设计 CRTBP 下地月系和日地系共线平动点 Lyapunov 轨道族。

1. 地月系 Lyapunov 轨道族

地月系 L_1 点和 L_2 点附近的 Lyapunov 轨道族分别如图 3.6（a）和（b）所示。

由图 3.6 可见，随着轨道幅值增大，Lyapunov 轨道由最初的近似椭圆逐渐扭曲，其中 L_1 点的 Lyapunov 轨道族主要分布在地月之间，各条轨道与 x 轴存在两个交点，随着轨道幅值增大，左侧和右侧交点分别逼近地球和月球，且交点速度逐渐增大。当左侧交点达到 0.1722 时，若进一步增大幅值，则右侧交点跳至月球外侧 1.83 处，成为远距离逆行轨道（distant retrograde orbit，DRO）。L_2 点的 Lyapunov 轨道族均位于 L_1 点右侧，且初始环绕 L_2 点。随着幅值增大，轨道与 x 轴

的左侧交点逼近月球，右侧交点逐渐远离 L_2 点，且交点速度增加。当左侧交点达到 1.0170 时，若进一步增大幅值，则右侧交点跳出 L_2 点附近，到达月球左侧，成为围绕月球呈现 8 字形的大幅值顺行轨道（distant prograde orbit，DPO）。

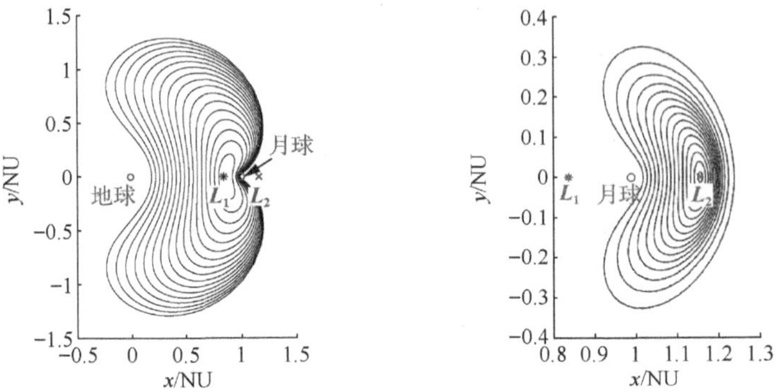

（a）地月系 L_1 点附近的Lyapunov轨道族　　（b）地月系 L_2 点附近的Lyapunov轨道族

图 3.6 地月系 L_1 点和 L_2 点附近的 Lyapunov 轨道族

2. 日地系 Lyapunov 轨道族

日地系 L_1 点和 L_2 点附近的 Lyapunov 轨道族分别如图 3.7（a）和（b）所示。

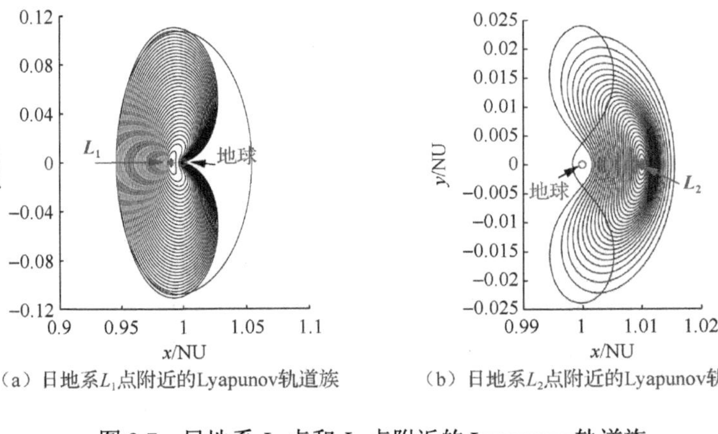

（a）日地系 L_1 点附近的Lyapunov轨道族　　（b）日地系 L_2 点附近的Lyapunov轨道族

图 3.7 日地系 L_1 点和 L_2 点附近的 Lyapunov 轨道族

由图 3.7 可见，日地系 L_1 点和 L_2 点附近的 Lyapunov 轨道族与地月系形状差别不大，随轨道幅值的变化也类似，L_1 点和 L_2 点轨道族与 x 轴左侧交点的跳变值分别为 0.945689 和 1.001939。与地月系情况相同，当轨道幅值进一步增大时，L_1 点和 L_2 点 Lyapunov 轨道分别成为心形 DRO 轨道和 8 字形 DPO 轨道。

3.3.4　halo 轨道数值设计

由 2.4 节可知，halo 轨道存在关于 xy 平面对称的南北族轨道。沿 $-x$ 轴方向观察，北族轨道按顺时针方向运动，南族轨道则按逆时针方向运动；沿 $-z$ 轴方向观察，二者均为顺时针方向。本小节基于 3.3.1 和 3.3.2 小节介绍的方法，采用数值法设计 CRTBP 下日地系和地月系共线平动点的南北 halo 轨道族，给出轨道族的周期和运动幅值变化，通过计算确定最大的固定延拓步长，同时分析族参数选择对 halo 轨道族计算的影响。

1. 日地系 L_1 点和 L_2 点 halo 轨道族

选择 x_0 作为族参数计算日地系 L_1 点北族 halo 轨道，如图 3.8 所示，其中○表示各 halo 轨道的初始位置状态，●和■分别表示 L_1 点和地月系质心。

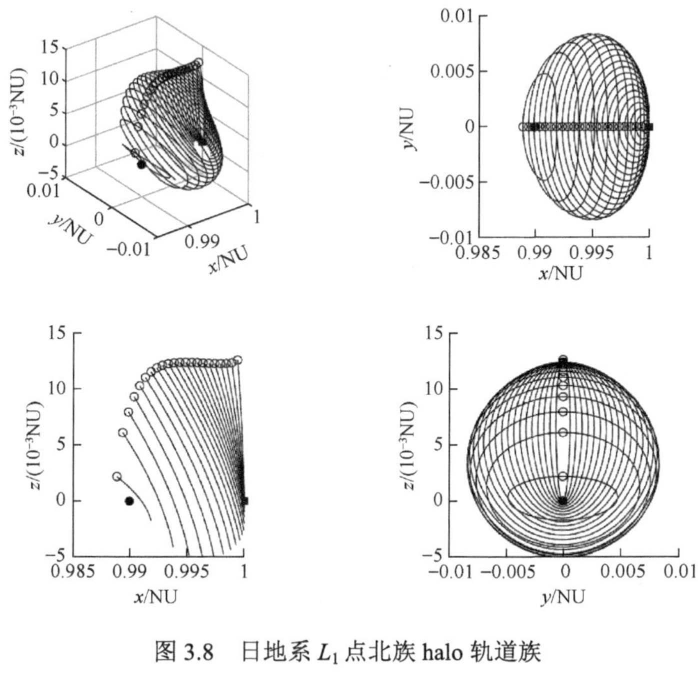

图 3.8　日地系 L_1 点北族 halo 轨道族

由图 3.8 可见，halo 轨道族在 x 方向由 L_1 点拓展至地月系质心，但在 y 和 z 方向上运动范围有限。L_1 点附近的 halo 轨道相对于 xy 面倾角最小，在地月系质心附近倾角最大。数值仿真中延拓步长最大可达 10^{-5}，如果进一步增大步长，则对初始轨道要求苛刻，迭代一般收敛于平面 Lyapunov 轨道。

L_1 点北族 halo 轨道族的轨道周期 T_1 和运动幅值 S_{x_1} 与 S_{z_1} 随族参数 x_0 的变化如图 3.9 所示。为直观起见，图 3.9 中将 x_0 转换为相对于地月系质心的位置 Δx 。以 x_0

作为族参数计算 L_1 点南族 halo 轨道族，其周期和运动幅值的变化与北族轨道完全相同，充分反映了南北 halo 轨道族的对称性。此外，以 x_0 作为族参数计算日地系 L_2 点南北族 halo 轨道族，其周期 T 为 110～180d，运动幅值 S_x 和 S_z 与 L_1 点 halo 轨道族基本相同。

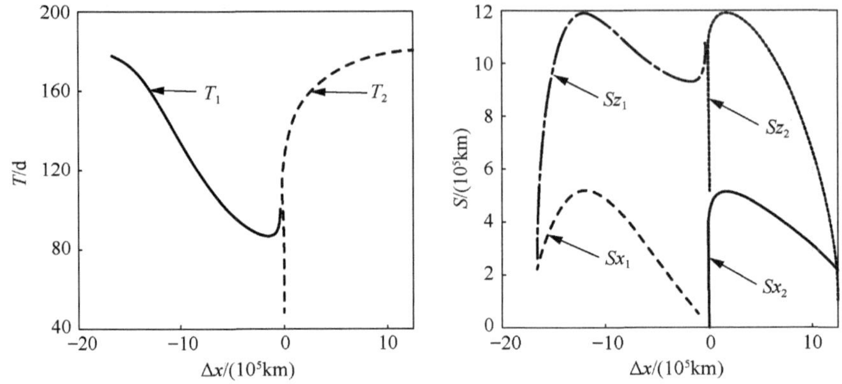

图 3.9　日地系 L_1 点和 L_2 点 halo 轨道族的周期与幅值

选择 $\dot{y}_0$ 作为族参数难以得到 L_1 点南北族全部 halo 轨道，不过可以获得 L_2 点南北族全部 halo 轨道，尤其是可以将轨道族延拓到地月系质心附近很小范围内，轨道周期 T_2 和幅值 S_{x_2} 与 S_{z_2} 的变化如图 3.9 所示。

由图 3.9 可见，周期 T_2 的变化范围大于 T_1，二者的最大值较为接近，但是 T_2 最小可达约 48 天。halo 轨道族的运动幅值 S_z 大于 S_x，S_z 最大可达 1.2×10^6km，S_x 最大仅为 5×10^5km。另外，虽然 L_1 点和 L_2 点 halo 轨道族在 x 和 z 方向的运动幅值变化不同，但是它们的范围大致相同，且均在平动点与地月系质心之间的某个位置出现最大值。

如果选择 z_0 作为族参数，则难以得到 L_1 点和 L_2 点的整个南北 halo 轨道族。分析可知，halo 轨道族在 xz 平面上沿 z 轴并非单调变化，固定步长延拓失效，需要采用延拓步长自适应调整策略。如果选择 T 作为族参数，可以得到 L_1 点附近绝大部分南北 halo 轨道族。至于 L_2 点附近，选择 T 作为族参数的结果优于选择 x_0，原因在于固定延拓步长下 x_0 失效时仍然可以用 T 延拓。

用 4 个族参数分别计算日地系 L_1 点和 L_2 点的南北 halo 轨道族，共计 16 种情况。由于南北轨道族关于 xy 平面对称，因此这里仅给出北族 halo 轨道族特性，如表 3.1 所示。其中，L_i 表示平动点，H_p 表示族参数，S_{px} 和 S_{pz} 分别为 halo 轨道族在 x 和 z 方向上距地月系质心的变化范围，P 为轨道周期范围，τ 为最大延拓步长。

表 3.1　日地系北族 halo 轨道族特性

L_i	H_p	S_{px} /(10^5km)	S_{pz} /(10^5km)	S_x /(10^5km)	S_z /(10^5km)	P/d	τ
L_1	x_0	−16.648～0.147	−7.570～21.484	0.200～5.189	2.612～11.902	86.82～177.72	10^{-5}
	z_0	−16.704～0.156	−7.570～18.520	2.053～5.189	0.000～11.902	107.66～177.89	10^{-4}
	$\dot{y}_0$	−16.711～−3.663	−7.570～15.654	2.088～4.906	0.066～11.530	164.25～177.85	10^{-4}
	T	−17.121～0.147	−7.570～18.521	0.768～5.189	0.497～11.902	86.50～177.89	10^{-5}
L_2	x_0	−0.135～16.872	−18.542～7.517	2.139～5.130	0.051～11.928	109.67～180.36	10^{-5}
	z_0	5.406～16.872	−14.011～7.510	2.133～4.486	0.000～10.760	171.13～180.36	10^{-5}
	$\dot{y}_0$	−0.136～16.857	−18.542～7.517	0.007～5.130	1.042～11.928	47.66～180.33	10^{-2}
	T	−0.136～16.868	−18.541～7.517	1.733～5.130	0.511～11.928	89.88～180.35	10^{-5}

由表 3.1 可见，S_x 以 $\dot{y}_0$ 为族参数时最小约 700km，选择其余族参数时最大不超过 2.2×10^5km。文献[8]中由三阶解析解得到的最小值约为 2×10^5km，因此数值计算得到的 halo 轨道族运动范围大于三阶解析解。同时，日地系 L_1 点 halo 轨道族应选择 T 或 x 作为族参数，L_2 点轨道族应选择 $\dot{y}$ 或 T 作为族参数。

2. 地月系 L_1 点和 L_2 点 halo 轨道族

地月系 L_1 点北族轨道族以 z_0 作为族参数计算结果较好，如图 3.10 所示，其中 NU 为地月距，■表示月球。由图 3.10 可见，轨道族从 L_1 点向月球拓展，到达月球后仍可进一步拓展，z_0 最大可以达到 1 个地月距左右。将之与图 3.9 对比可见，不同三体系统的周期轨道运动范围不完全相同。在计算过程中，轨道周期 T 由 13.5d 降低到最低约 8d 后，又快速增加到约 12d；S_x 和 S_z 的变化也较为复杂，且南族 halo 轨道族的变化与北族类似。

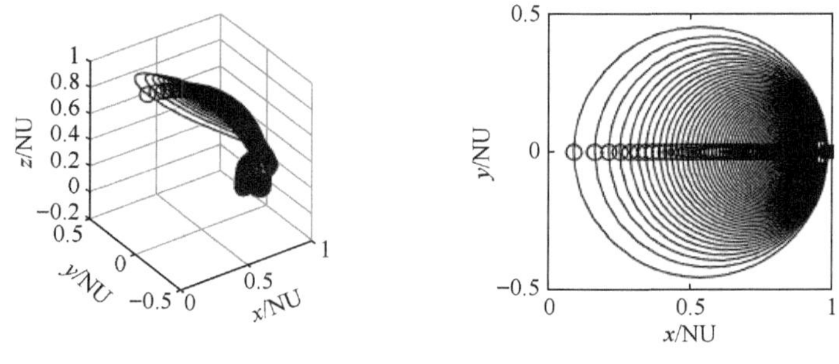

图 3.10　地月系 L_1 点北族 halo 轨道族

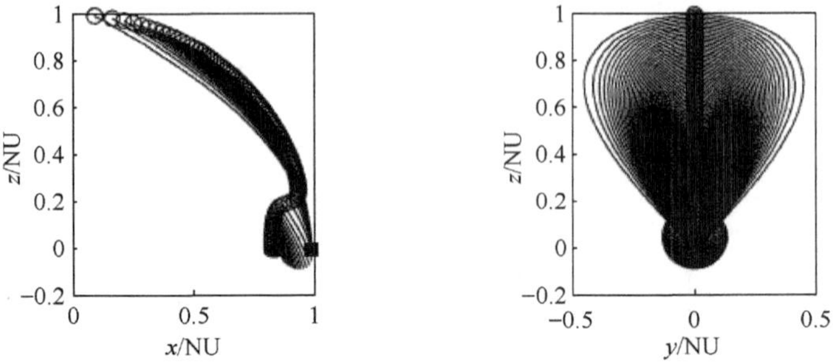

图 3.10（续）

以其余族参数得到的地月系 L_1 点轨道族中，以 x_0 为族参数的结果与以 z_0 为族参数的结果接近，以 $\dot{y}_0$ 和 T 为族参数的结果较差。对于地月系 L_2 点南北轨道族，以 $\dot{y}_0$ 为族参数的结果较好，其周期和幅值的变化趋势与以 $\dot{y}_0$ 为族参数的日地系 L_2 点情况相似；以 x_0 和 T 为族参数的结果略差于以 $\dot{y}_0$ 为族参数的结果，以 z_0 为族参数的结果最差。因此，地月系 L_1 点 halo 轨道族应选择 z 或 x 作为族参数，L_2 点轨道族应选择 $\dot{y}$ 或 T 作为族参数。

地月系 L_2 点 halo 轨道族如图 3.11 所示，其中实线表示北族 halo 轨道，虚线表示南族 halo 轨道。图 3.11 中的 halo 轨道族的幅值变化如图 3.12 所示，可见随着 halo 轨道远离平动点，幅值 A_z 随着 A_x 增大先增大再减小。

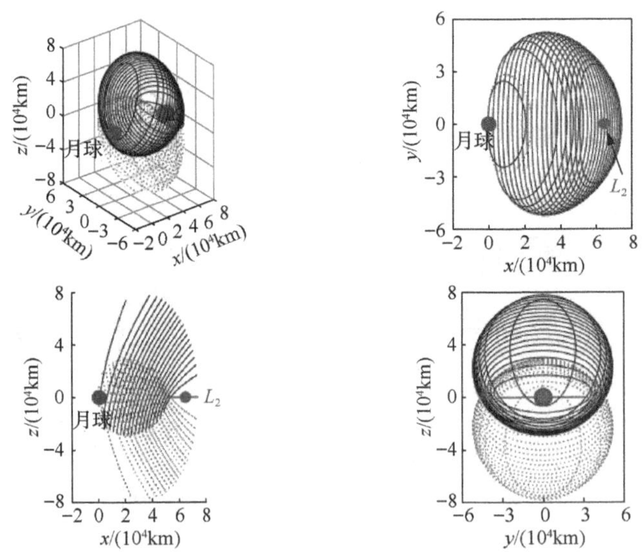

图 3.11　地月系 L_2 点 halo 轨道族

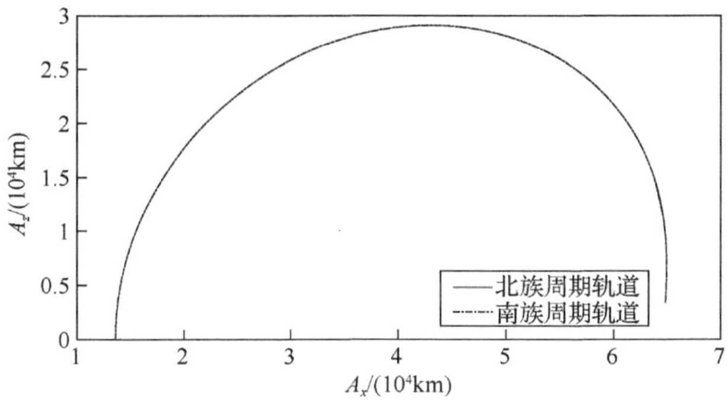

图 3.12　地月系 L_2 点 halo 轨道族的幅值变化

地月系 L_1 点和 L_2 点北族 halo 轨道特性如表 3.2 所示，其中仅给出较好的族参数结果。南族 halo 轨道仅幅值范围 S_{pz} 与北族符号相反，其余参数相同。

表 3.2　地月系 L_1 点和 L_2 点北族 halo 轨道特性

L_i	H_P	S_{px} /(10^4km)	S_{pz} /(10^4km)	S_x /(10^4km)	S_z /(10^4km)	P/d	τ
L_1	Z_0	−38.101～0.101	−3.274～38.250	0.604～19.051	0.000～19.174	7.88～13.60	10^{-3}
L_2	$\dot{y}_0$	−0.030～7.420	−7.779～2.906	0.001～1.984	0.002～4.962	1.09～14.92	10^{-1}

由表 3.2 可见，地月系 L_1 点 halo 轨道族在 x 和 z 方向的运动范围和幅值远大于 L_2 点 halo 轨道族，不过轨道周期的变化范围小于 L_2 点 halo 轨道族。另外，L_2 点 halo 轨道族的延拓步长最大可以达到 10^{-1}，L_1 点也可以达到 10^{-3}，远大于日地系情况。

以上日地系和地月系共线平动点周期轨道均为 CRTBP 下的数值计算结果，若进一步考虑摄动力，轨道周期特性会被破坏，轨道形状和轨道族特性均会变化。不过，对于一定幅值范围内的平动点周期轨道，仍然会以拟周期形式运动于理想周期轨道附近，因而平动点周期轨道特性对于实际任务应用仍然具有重要价值。

3.4　Lissajous 轨道数值设计

Lissajous 轨道设计同样可以利用解析解，不过若幅值较大且需要考虑摄动的情况，则仍然要采用数值法。本节介绍基于两层微分修正的 Lissajous 轨道设计方法[16]。

3.4.1　两层微分修正

Howell[16]将由解析解得到的 Lissajous 轨道划分为多个轨道段，数值积分各个轨道段，通过修正各段的初始位置和飞行时间进行拼接，最终得到连续有界运动。整个步骤为一个两层迭代过程。首先，划分各个轨道段，利用微分修正迭代将全部轨道段在位置上拼接，得到位置连续但是速度跳变的轨道；其次，改正拼接点位置和轨道段时间，以减小拼接点速度跳变。多次重复上述步骤，即可得到最终设计轨道。

1. 确定位置连续的轨迹

图 3.13 给出了单圈 Lissajous 轨道拼接方法，其中实线表示 2 个轨道段，o 是第 1 个轨道段的起点；p 是第 1 个轨道段的终点和第 2 个轨道段的起点，也是 2 个轨道段的拼接点（或机动点）。第 2 个轨道段的终点是 f，也是整个轨道的终点。

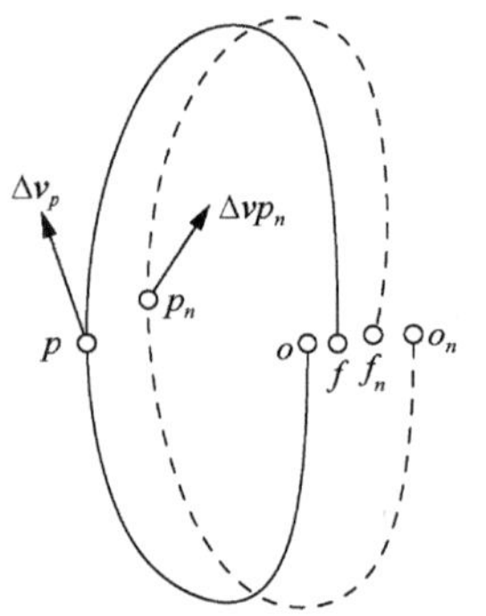

图 3.13　单圈 Lissajous 轨道拼接方法[16]

处理步骤分为以下 3 步：

1）使用解析解作为各个轨道段初始点和拼接点的初值，一般情况下使用低阶近似解即可。若轨道幅值远超出解析解的适用范围，可以利用延拓法获得拼接点初值。设初始点的初值为 $\boldsymbol{X}_o$，拼接点状态为 $\boldsymbol{X}_p$ 和 $\boldsymbol{X}_f$。定义 t_j 为到达位置 j 的时刻，则轨道段时长为 t_p-t_o 和 t_f-t_p。

2）从 $\boldsymbol{X}_o$ 积分时间 t_p-t_o 到 p^* 得到轨道段 1，一般而言，p^* 与 p 不重合。微分修正 o 点速度，以满足 p^* 与 p 的位置吻合，

$$\delta \boldsymbol{X}_{p*} \cong \boldsymbol{\Phi}\left(t_{p*},t_o\right)\delta \boldsymbol{X}_o + \left.\frac{\partial \boldsymbol{X}}{\partial t}\right|_{p*}\delta\left(t_{p*}-t_o\right) \tag{3.62}$$

式（3.62）中的前 3 个方程可写为

$$\boldsymbol{L}\boldsymbol{u}=\boldsymbol{b} \tag{3.63}$$

其中：

$$\boldsymbol{L}=\begin{bmatrix} \Phi_{14} & \Phi_{15} & \Phi_{16} & \dot{x} \\ \Phi_{24} & \Phi_{25} & \Phi_{26} & \dot{y} \\ \Phi_{34} & \Phi_{35} & \Phi_{36} & \dot{z} \end{bmatrix}_{p*},\quad \boldsymbol{u}=\begin{bmatrix} \delta\dot{x}_o \\ \delta\dot{y}_o \\ \delta\dot{z}_o \\ \delta\left(t_{p*}-t_o\right) \end{bmatrix},\quad \boldsymbol{b}=\begin{bmatrix} \delta x_p \\ \delta y_p \\ \delta z_p \end{bmatrix}$$

式中，Φ_{ij} 为 $\boldsymbol{\Phi}\left(t_{p*},t_o\right)$ 的一个元素。

方程组（3.63）的最小二乘解为

$$\boldsymbol{u}=\boldsymbol{L}^{\mathrm{T}}\left(\boldsymbol{L}\boldsymbol{L}^{\mathrm{T}}\right)^{-1}\boldsymbol{b} \tag{3.64}$$

利用 o 点的新初始状态和积分时间，重新从 t_o 积分，重复该过程直至 p^* 和 p 的位置误差小于给定误差容限，注意该过程并未利用 p 点速度。

3）用同样方式计算轨道段 2，初始状态为 $\boldsymbol{X}_p$，目标状态为 $\boldsymbol{X}_f$。假设 p 点位置和时刻未变，调整其速度和 f 点时刻 t_f，以保证轨道段 2 经过 f 点位置。

通过以上过程实现了两段轨道的拼接，计算中固定了初始时刻和末段时间的位置，但是修正了速度使得位置连续（在误差容限内），如图 3.13 中的实线所示。

2. 减小拼接点的速度跳变

在完成上述过程后，拼接点存在速度跳变 $\Delta\boldsymbol{v}_p$，现在通过改变目标点位置和时间减小该跳变，该方法类似于包含多次飞越的星际轨道设计方法。

将 $\Delta\boldsymbol{v}_p$ 表示为 o、p 和 f 的位置和时间变化量的函数。首先从 f 点向后积分到 p，记轨道段 2 在 p 点的状态为 p^+，而轨道段 1 在 p 点的状态为 p^-。状态 $\boldsymbol{X}_{p^+}$ 为 $\boldsymbol{X}_f$ 的函数：

$$\delta\boldsymbol{X}_{p^+}\cong\boldsymbol{\Phi}\left(t_p,t_f\right)\delta\boldsymbol{X}_f+\left.\frac{\partial\boldsymbol{X}}{\partial t}\right|_{p^+}\delta\left(t_{p^+}-t_f\right) \tag{3.65}$$

将各点的位置、速度和加速度矢量记为 $\boldsymbol{r}$、$\boldsymbol{v}$ 和 $\boldsymbol{a}$，将状态转移矩阵划分为 4 个子矩阵，即

$$\boldsymbol{\Phi}\left(t_p,t_f\right)=\begin{bmatrix}\boldsymbol{A}_{pf} & \boldsymbol{B}_{pf}\\ \boldsymbol{C}_{pf} & \boldsymbol{D}_{pf}\end{bmatrix}$$

于是，方程（3.65）可以改写为以下形式：

$$\begin{bmatrix}\delta\boldsymbol{r}_{p^+}\\ \delta\boldsymbol{v}_{p^+}\end{bmatrix}=\begin{bmatrix}\boldsymbol{A}_{pf} & \boldsymbol{B}_{pf}\\ \boldsymbol{C}_{pf} & \boldsymbol{D}_{pf}\end{bmatrix}\begin{bmatrix}\delta\boldsymbol{r}_f\\ \delta\boldsymbol{v}_f\end{bmatrix}+\begin{bmatrix}\boldsymbol{v}_{p^+}\\ \boldsymbol{a}_{p^+}\end{bmatrix}\left(\delta t_{p^+}-\delta t_f\right) \tag{3.66}$$

从式(3.66)第一个方程解得 $\delta\boldsymbol{v}_f$ 并代入第二个方程，得 p^+ 的速度变化量 $\delta\boldsymbol{v}_{p^+}$；同理，从 o 到 p 的轨道段解得 p^- 的速度变化量 $\delta\boldsymbol{v}_{p^-}$。二者作差，同时限定两个轨道段在 p 点的位置和时间相等，即 $\boldsymbol{r}_{p^-}=\boldsymbol{r}_{p^+}$、$t_{p^-}=t_{p^+}$，可以得到

$$\delta\Delta\boldsymbol{v}_p=\begin{bmatrix}\boldsymbol{M}_o & \boldsymbol{M}_{t_o} & \boldsymbol{M}_p & \boldsymbol{M}_{t_p} & \boldsymbol{M}_f & \boldsymbol{M}_{t_f}\end{bmatrix}\begin{bmatrix}\delta\boldsymbol{r}_o & \delta t_o & \delta\boldsymbol{r}_p & \delta t_p & \delta\boldsymbol{r}_f & \delta t_f\end{bmatrix}^{\mathrm{T}} \tag{3.67}$$

此处有

$$\boldsymbol{M}_o = \boldsymbol{D}_{po}\boldsymbol{B}_{po}^{-1}\boldsymbol{A}_{po} - \boldsymbol{C}_{po} \qquad \boldsymbol{M}_{t_p} = \boldsymbol{D}_{po}\boldsymbol{B}_{po}^{-1}\boldsymbol{v}_{p^-} - \boldsymbol{D}_{pf}\boldsymbol{B}_{pf}^{-1}\boldsymbol{v}_{p^+} + \boldsymbol{a}_{p^+} - \boldsymbol{a}_{p^-}$$

$$\boldsymbol{M}_{t_o} = \boldsymbol{a}_{p^-} - \boldsymbol{D}_{po}\boldsymbol{B}_{po}^{-1}\boldsymbol{v}_{p^-}\ , \quad \boldsymbol{M}_f = \boldsymbol{C}_{pf} - \boldsymbol{D}_{pf}\boldsymbol{B}_{pf}^{-1}\boldsymbol{A}_{pf}$$

$$\boldsymbol{M}_p = \boldsymbol{D}_{pf}\boldsymbol{B}_{pf}^{-1} - \boldsymbol{D}_{po}\boldsymbol{B}_{po}^{-1} \qquad \boldsymbol{M}_{t_f} = \boldsymbol{D}_{pf}\boldsymbol{B}_{pf}^{-1}\boldsymbol{v}_{p^+} - \boldsymbol{a}_{p^+}$$

令 $\delta\Delta\boldsymbol{v}_p = -\Delta\boldsymbol{v}_p$，求解方程（3.67）的最小二乘解，得到更新后的轨道，如图 3.13 中的虚线所示。重复上述各个步骤，进行多次迭代，直至速度跳变减小至可接受的范围，最终得到位置和速度基本连续的 Lissajous 轨道。

3. 多圈轨道的数值确定

将上述方法从单圈轨道拓展到任意多圈轨道。设第 1 个目标点即初始点，可命名为 o，其余各点依次加下标 1、2⋯n，如此定义 n 个轨道段。如前述单圈轨道，用这 n 个目标点加上点 o 构建多个通过合适目标位置的轨道段，拼接点处存在速度跳变 $\Delta\boldsymbol{v}$。由此得到方程（3.67）的普适形式，即

$$\boldsymbol{M}\delta\boldsymbol{r} = -\Delta\boldsymbol{v} \tag{3.68}$$

式中：

$$\delta\boldsymbol{r} = \begin{bmatrix}\delta\boldsymbol{r}_o & \delta t_o & \delta\boldsymbol{r}_1 & \delta t_1 & \delta\boldsymbol{r}_2 & \delta t_2 & \delta\boldsymbol{r}_3 & \delta t_3 & \cdots & \delta\boldsymbol{r}_n & \delta t_n\end{bmatrix}^{\mathrm{T}}$$

$$\Delta\boldsymbol{v} = \begin{bmatrix}\Delta\boldsymbol{v}_1 & \Delta\boldsymbol{v}_2 & \Delta\boldsymbol{v}_3 & \cdots & \Delta\boldsymbol{v}_{n-1}\end{bmatrix}^{\mathrm{T}}$$

$$\boldsymbol{M} = \begin{bmatrix}
\boldsymbol{M}_{o_1} & \boldsymbol{M}_{t_{o_1}} & \boldsymbol{M}_{p_1} & \boldsymbol{M}_{t_{p_1}} & \boldsymbol{M}_{f_1} & \boldsymbol{M}_{t_{f_1}} & 0 & 0 & 0 & 0 & \cdots & 0 & 0 \\
0 & 0 & \boldsymbol{M}_{o_2} & \boldsymbol{M}_{t_{o_2}} & \boldsymbol{M}_{p_2} & \boldsymbol{M}_{t_{p_2}} & \boldsymbol{M}_{f_2} & \boldsymbol{M}_{t_{f_2}} & 0 & 0 & \cdots & 0 & 0 \\
0 & 0 & 0 & 0 & \boldsymbol{M}_{o_3} & \boldsymbol{M}_{t_{o_3}} & \boldsymbol{M}_{p_3} & \boldsymbol{M}_{t_{p_3}} & \boldsymbol{M}_{f_3} & \boldsymbol{M}_{t_{f_3}} & \cdots & 0 & 0 \\
 & & \ddots & & & & \ddots & & \ddots & & & & \\
0 & 0 & 0 & 0 & & \cdots & & \boldsymbol{M}_{o_{n-1}} & \boldsymbol{M}_{t_{o_{n-1}}} & \boldsymbol{M}_{p_{n-1}} & \boldsymbol{M}_{t_{p_{n-1}}} & \boldsymbol{M}_{f_{n-1}} & \boldsymbol{M}_{t_{f_{n-1}}}
\end{bmatrix}$$

$\boldsymbol{M}$ 维数为 $(3n-3)\times(4n+4)$，$\delta\boldsymbol{r}$ 为 $(4n+4)$ 维列向量，$\Delta\boldsymbol{v}$ 为 $(3n-3)$ 维列向量，$n \geqslant 2$。$\delta\boldsymbol{r}$ 的最小二乘解为

$$\delta\boldsymbol{r} = -\boldsymbol{M}^{\mathrm{T}}\left(\boldsymbol{M}\boldsymbol{M}^{\mathrm{T}}\right)^{-1}\Delta\boldsymbol{v} \tag{3.69}$$

重复迭代上述过程，即可减小各拼接点的 $\Delta\boldsymbol{v}$。大量数值检验表明，通常用 5 次迭代即可使所有 $\Delta\boldsymbol{v}$ 减小到可接受的量级。

3.4.2 Lissajous 轨道

基于 3.4.1 小节的方法设计日地系 Lissajous 轨道，包括单圈和多圈轨道。设计中考虑大天体引力摄动，日地月和大天体的位置均从 JPL 行星历表 DE405 中获得，光压摄动模型与 3.1.2 小节相同，反射系数 C_r 取 1.2，飞行器面积 A 取 20m^2，质量 m 取 1000kg，阴影系数 K 取 1，光速 c 取 299792.458km/s，r_0 取 149597870km，1AU 处的光压通量 φ 取 1359.39。迭代初值采用平动点附近运动的一阶解析式（2.59），

其中 A_x 取 30 万 km，A_z 取 15 万 km。

1. 单圈轨道

在高精度力模型下，由一阶解初值积分得到的轨迹很快偏离理想轨迹，不能形成 Lissajous 轨道。基于一阶解初值设计单圈 Lissajous 轨道，将单圈轨道划分为 4 个轨道段，设计结果如图 3.14 所示。图 3.14 中，实线为理想的一阶解轨迹，虚线为设计结果，○为 4 个弧段的端点，□为微分修正后的弧段端点。

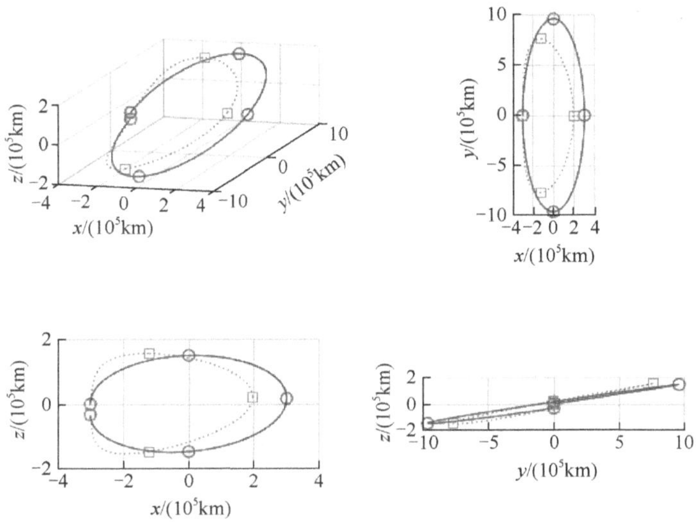

图 3.14　单圈 Lissajous 轨道数值设计结果

由图 3.14 可见，Lissajous 轨道数值设计结果与一阶解轨迹的差别较大，虽然 z 方向运动范围变化不大，但是 x 方向变化很大。同时，设计结果证明两层微分修正法有效，可以设计出高精度力模型下的单圈 Lissajous 轨道。

2. 多圈轨道

在高精度力模型下，基于两层微分修正法设计 10 圈 Lissajous 轨道，数值设计结果如图 3.15 所示，其中曲线和符号意义与图 3.13 相同。

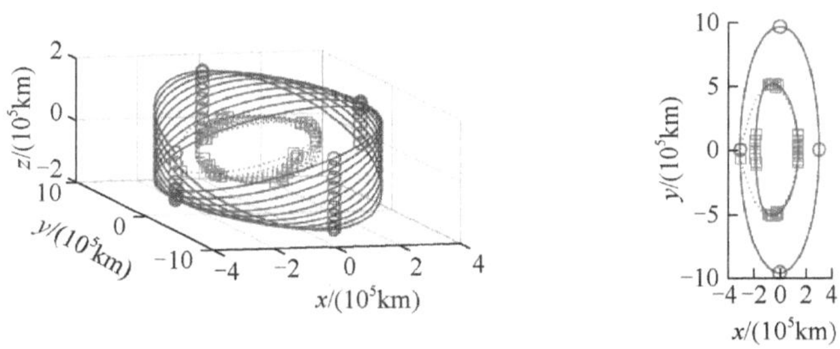

图 3.15　10 圈 Lissajous 轨道数值设计结果

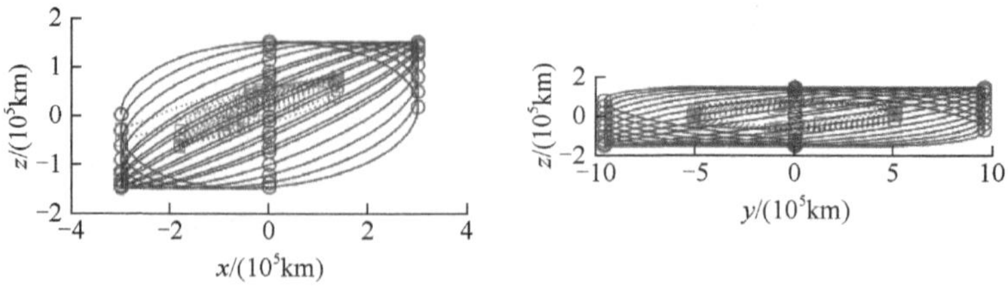

图 3.15（续）

由图 3.15 可见，基于两层微分修正法可以得到高精度力模型下的多圈 Lissajous 轨道。不过，最终得到的 Lissajous 轨道幅值相对于一阶解差别较大，各方向的运动范围约为设计初值的一半，说明基于两层微分修正得到的高精度力模型下的轨道幅值改变较大，实际应用时需要进行简单改进，如迭代中限制初始端点的位置修正量等。

3.5 三角平动点周期轨道

由 2.4.5 小节可知，地月系三角平动点小幅值周期轨道的 CRTBP 数值解和一阶解吻合程度相对较好，随着轨道幅值增大，在高阶项影响下二者偏差越来越大，需要采用数值方法设计相应的周期轨道。

周期轨道的运动特性为经过周期 T 后的状态与初始时刻 t_0 的状态完全相同[17]，以 xy 平面的运动为例，有

$$\begin{cases} x(t_0+T)=x(t_0) \\ y(t_0+T)=y(t_0) \\ \dot{x}(t_0+T)=\dot{x}(t_0) \\ \dot{y}(t_0+T)=\dot{y}(t_0) \end{cases} \tag{3.70}$$

由式（3.70）可见，可以通过修正初始时刻 t_0 的位置和速度及轨道周期的初始猜测值 T，使得式（3.70）成立。在 Jacobi 积分约束下，初始时刻 t_0 的 4 个位置和速度分量仅有 3 个独立，因此可从中任意选择 3 个和初始猜测值 T 进行修正，使得终端位置速度的 3 个分量与初始时刻 t_0 相同，由此得到超定方程组，可以求其最小范数解。当然，也可以直接选择 2 个位置速度分量与 T 构成标准方程组进行求解。例如，选择 $\dot{x}(t_0)$、$\dot{y}(t_0)$ 和 T 进行修正，使得式（3.70）的第 1～3 式成立，即

$$\begin{bmatrix} \dfrac{\partial x}{\partial \dot{x}_0} & \dfrac{\partial x}{\partial \dot{y}_0} & \dot{x} \\ \dfrac{\partial y}{\partial \dot{x}_0} & \dfrac{\partial y}{\partial \dot{y}_0} & \dot{y} \\ \dfrac{\partial \dot{x}}{\partial \dot{x}_0} & \dfrac{\partial \dot{x}}{\partial \dot{y}_0} & \ddot{x} \end{bmatrix} \begin{bmatrix} \Delta \dot{x}_0 \\ \Delta \dot{y}_0 \\ \Delta T \end{bmatrix} = \begin{bmatrix} x(t_0+T)-x(t_0) \\ y(t_0+T)-y(t_0) \\ \dot{x}(t_0+T)-\dot{x}(t_0) \end{bmatrix} \tag{3.71}$$

式(3.71)左边系数矩阵中的前两列可以通过状态转移矩阵求解。利用式(3.71)对一阶解初值进行微分修正，即可求得 CRTBP 或者高精度力模型下的周期轨道。

1. CRTBP 周期轨道

以地月系三角平动点为例，基于一阶解初值数值设计运动幅值 A_x 为 10 万 km 的大幅值 CRTBP 短周期轨道，如图 3.16 所示，其中 A、N 和 N_C 对应轨迹分别表示一阶解、由一阶解数值积分的 CRTBP 轨道、修正后的设计结果。由此可见，由一阶解初值积分所得轨道较快偏离理想的一阶解轨道，同时大幅值短周期轨道的修正设计结果与理想的一阶解轨道差别较大。

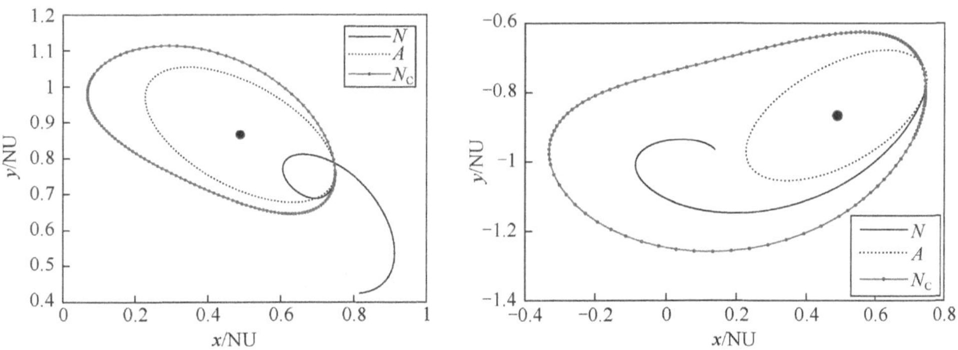

（a）L_4点大幅值短周期轨道　　（b）L_5点大幅值短周期轨道

图 3.16　地月系 CRTBP 模型下的 L_4 点和 L_5 点大幅值短周期轨道

此外，数值设计过程中发现，虽然在理论上选择不同修正目标对 L_4 点和 L_5 点周期轨道设计没有差别，但是实际数值计算过程的修正效果却不相同。原因在于大幅值轨道的一阶解初值偏差较大，修正目标的选择影响最终设计结果，可以考虑采用延拓方法，由小幅值轨道逐渐延拓求解大幅值轨道的初始值，由此涉及周期轨道族延拓的族参数选择问题。

2. 高精度周期轨道

以地月系三角平动点的短周期轨道为例，由 CRTBP 解作为初始值，数值设计 L_4 点和 L_5 点附近 A_x 分别为 1 万 km 和 10 万 km 的高精度短周期轨道，结果如

图 3.17 所示，其中虚线为 A_x=1 万 km 的短周期轨道，实线为 A_x=10 万 km 的短周期轨道。

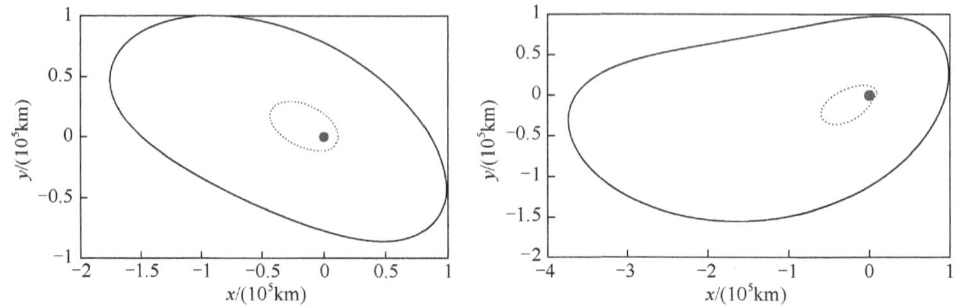

（a）L_4点大幅值短周期轨道　（b）L_5点大幅值短周期轨道

图 3.17　地月系高精度力模型下的 L_4 点和 L_5 点大幅值短周期轨道

3. 轨道力模型对比

将图 3.17 中 A_x 为 10 万 km 的高精度力模型周期轨道与图 3.16 进行对比，如图 3.18 所示，其中 True 为高精度周期轨道。由图 3.18 可见，高精度周期轨道与 CRTBP 轨道在部分时间内的位置较为吻合，在这些时间内 CRTBP 轨道可作为高精度周期轨道的近似。

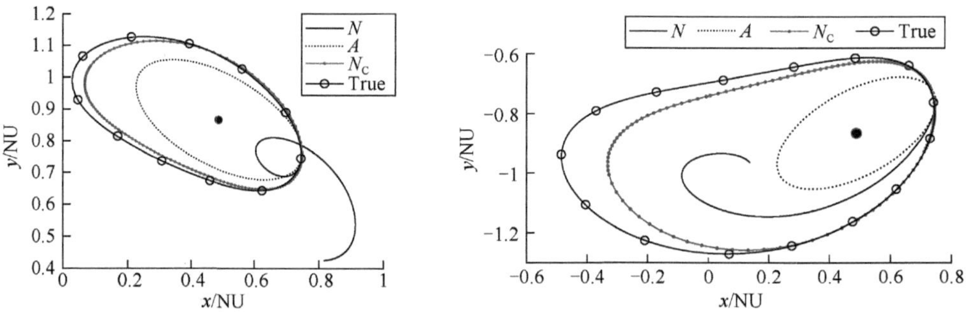

图 3.18　不同力模型下的 L_4 点和 L_5 点大幅值短周期轨道对比

参 考 文 献

[1] 刘林. 航天器轨道理论[M]. 北京：国防工业出版社，2000.

[2] 李济生. 人造卫星精密轨道确定[M]. 北京：解放军出版社，1995.

[3] KOON S W, LO W M, MARSDEN E J, et al. Shoot the Moon[C]//AAS/AIAA astrodynamics conference. Clear-Water, Florida, 2000.

[4] KOON S W, LO W M, MARSDEN E J, et al. Low energy transfer to the Moon[J]. Celestial Mechanics and Dynamical Astronomy, 2001(81): 63-73.

[5] KOON S W, LO W M, MARSDEN E J, et al. Constructing a low energy transfer between Jovian moons[J]. Contemporary Mathematics, 2000, 292(1):129-145.
[6] 龚胜平，李俊峰，宝音贺西，等. 基于不变流形的登月轨道设计[J]. 应用数学和力学，2007，28（2）：183-190.
[7] 徐明. 基于平动点理论的航天器轨道动力学与控制研究[D]. 北京：北京航空航天大学，2008.
[8] RICHARDSON D L. Analytic construction of periodic orbits about the collinear points[J]. Celestial Mechanics and Dynamical Astronomy, 1980, 22(3): 241-253.
[9] BREAKWELL J V, BROWN J V. The halo family of 3-dimensional periodic orbits in the Earth-Moon restricted 3-body problem[J]. Celestial Mechanics, 1979(20): 389-404.
[10] ZAGOURAS C G, KAZANTZIS P G. Three dimensional periodic oscillations generating from plane periodic ones around the collinear Lagrangian points[J]. Astrophysics and Space Science, 1979, 61(2): 389-409.
[11] RICHARDSON D L. Halo orbit formulation for the ISEE-3 mission[J]. Journal of Guidance, Control and Dynamics, 1980, 3(6): 543-548.
[12] HOWELL K C. Three-dimensional, periodic halo orbits[J]. Celestial Mechanics, 1984, 32: 53-71.
[13] NAOMI C, ERICA G. Low earth orbit constellation design using the Earth-Moon L1 point[D]. Princeton: Princeton University, 2004.
[14] 刘磊，刘勇，曹建峰，等. halo 轨道族延拓方法及特性研究[J]. 中国空间科学技术，2013，33（1）：30-36.
[15] 李庆扬，莫孜中，祁力群. 非线性方程组的数值解法[M]. 北京：科学出版社，1997.
[16] HOWELL K C, PERNICKA H J. Numerical determination of Lissajous trajectories in the restricted three-body problem[J]. Celestial Mechanics, 1988, 41(1): 107-124
[17] 刘林，侯锡云. 深空探测器轨道力学[M]. 北京：电子工业出版社，2012.

第 4 章　平动点转移轨道设计

平动点转移轨道是平动点应用的必要前提，包括天体与平动点之间及平动点相互之间的转移轨道。平动点转移轨道设计方法较多，如借助三体动力系统不变流形的低能量转移轨道设计，以及基于平动点轨道运动特性的直接转移轨道设计等方法。

4.1　不变流形理论

不变流形是当前平动点低能量转移轨道设计的主要手段之一，本节首先介绍不变流形研究的两个基本工具——单值矩阵和 Poincaré 映射相关概念，然后给出不变流形定义和平动点周期轨道的不变流形与 Lissajous 轨道拟流形的数值计算方法。

4.1.1　单值矩阵

周期轨道的单值矩阵即 1 个轨道周期对应的状态转移矩阵，是研究周期轨道运动特性的重要参数，3.1.1 小节已经给出了状态转移矩阵的详细推导过程和计算方法。

设 $\boldsymbol{X}^*$ 为式（3.1）的周期轨道解上的点，其状态偏差为 $\boldsymbol{x}^*$，由式（3.4）可知 k 个 T 周期后的状态偏差 $\boldsymbol{x}_k$ 为

$$\boldsymbol{x}_k = \boldsymbol{\Phi}\left(kT,0\right)\cdot\boldsymbol{x}^* = \boldsymbol{\Phi}\left(T,0\right)^k\cdot\boldsymbol{x}^* = \sum_{i=1}^{n} c_i\lambda_i^k\boldsymbol{\upsilon}_i \tag{4.1}$$

式中，系数 c_i 由初始状态决定；λ_i 和 $\boldsymbol{\upsilon}_i$ 分别为状态转移矩阵 $\boldsymbol{\Phi}\left(T,0\right)$，也即单值矩阵 $\boldsymbol{M}$ 的特征值和特征向量，λ_i 也称为特征乘子，由 $\lambda_i = \mathrm{e}^{\sigma_i T}$ 定义的 σ_i 称为特征指数。

$\boldsymbol{M}$ 具有以下重要性质[1-2]：

1）弗洛凯定理（Floquet theorem）：存在常数矩阵 $\boldsymbol{R}$ 和周期为 T 的矩阵 $\boldsymbol{P}(t)$，使得 $\boldsymbol{\Phi}\left(t,0\right) = \boldsymbol{P}(t)\mathrm{e}^{\boldsymbol{R}t}$。

2）$\boldsymbol{\Phi}\left(kT,0\right) = \boldsymbol{M}^k$。

3）$\boldsymbol{M}$ 存在特征值+1，且对应特征向量与该点处的周期轨道相切。

对于如 CRTBP 的自治哈密顿系统，$\boldsymbol{M}$ 为辛矩阵且至少有 2 个为+1 的特征值，

所以若 λ 为 $\boldsymbol{M}$ 的特征值，则 λ^{-1} 、$\bar{\lambda}$ 和 $\bar{\lambda}^{-1}$ 均为 $\boldsymbol{M}$ 的特征值[2]，且 λ 与 $\boldsymbol{M}$ 在周期轨道上的取值点无关。由此可知，$|\boldsymbol{M}|=1$ ，且对于平面 Lyapunov 轨道的特征值 $\lambda_i(i=1,\cdots,4)$ 和 halo 轨道的特征值 $\lambda_i(i=1,\cdots,6)$ 有

$$\lambda_1=\lambda_2=1 \text{，} \lambda_3=\lambda_4^{-1}>1 \text{，} \lambda_5=\overline{\lambda_6} \text{，} |\lambda_5|=1 \tag{4.2}$$

以上 3 对特征值中，λ_3 和 λ_4 为实数，λ_5 和 λ_6 为虚数。

$\boldsymbol{M}$ 的特征值可以表征初始状态偏差随时间的发散程度，反映了周期轨道附近的线性动力学特性，可用于评判周期轨道的稳定性。对于式（4.2）中任意一对特征值 λ_{a} 和 λ_{b} ，定义稳定性指数 s 表示其沿特定周期轨道的变化[3]：

$$s=\lambda_{\mathrm{a}}+\lambda_{\mathrm{b}} \tag{4.3}$$

可见，对于平动点周期轨道，s 均为实数。若对于 λ_3 和 λ_4、λ_5 和 λ_6 ，均有 $|s|\leqslant 2$ ，则周期轨道稳定；否则不稳定，且 $|s|$ 越大，轨道发散或者收敛的速度越快。此外，s 可用来确定周期轨道的分岔点，即 s 穿越临界值时产生轨道分岔现象。例如，s 从特征值+1 处穿越临界值 2 产生切分岔，表明周期轨道附近可能存在周期相近的轨道；又如，s 从特征值−1 处穿越临界值−2 产生倍周期分岔，表明周期轨道可能分岔至 2 倍周期的轨道[3-4]。

$\boldsymbol{M}$ 的特征向量决定了初始时刻沿该方向运动的变化趋势。式（4.2）中 3 对特征值对应的特征向量依次为：运动沿周期轨道和周期轨道族方向、运动沿指数增长或衰减的方向、运动保持（既不接近也不偏离）的方向。因此，对于周期轨道上任意位置，可由 $\boldsymbol{M}$ 的特征向量判断不同方向上的扰动影响，或者利用特征向量方向进行轨道控制。

将 λ_3 和 λ_4 对应的特征向量分别称为不稳定特征向量 $\boldsymbol{\upsilon}_0^{\mathrm{u}}$ 和稳定特征向量 $\boldsymbol{\upsilon}_0^{\mathrm{s}}$ ，则由状态转移矩阵性质易得 t 时刻的不稳定特征向量 $\boldsymbol{\upsilon}_t^{\mathrm{u}}$ 和稳定特征向量 $\boldsymbol{\upsilon}_t^{\mathrm{s}}$ 为

$$\begin{cases}\boldsymbol{\upsilon}_t^{\mathrm{u}}=\boldsymbol{\Phi}(t,0)\boldsymbol{\upsilon}_0^{\mathrm{u}}\\ \boldsymbol{\upsilon}_t^{\mathrm{s}}=\boldsymbol{\Phi}(t,0)\boldsymbol{\upsilon}_0^{\mathrm{s}}\end{cases} \tag{4.4}$$

以地月 L_2 点北族 halo 轨道为例，其上各点的单值矩阵的特征向量如彩图 4 所示，单位为地月平均距离，红色和绿色箭头分别为不稳定特征向量和稳定特征向量中位置对应分量的方向和反方向。

4.1.2 Poincaré 映射

平动点周期轨道为式（3.1）的周期解，可以利用 Poincaré 映射研究其运动特性，即对周期轨道上任意点建立垂直于周期解的 Poincaré 截面，将连续的周期解离散为截面上的不动点，分析不动点在截面上的映射，得出运动特性和规律。

在动力学方程（3.1）作用下，从初始状态 $\boldsymbol{X}_0$ 积分时间 t 得到连续时间流 $\phi_t(\boldsymbol{X}_0)$[5]：

$$\phi_t(\boldsymbol{X}_0): \boldsymbol{X}_0 \to \boldsymbol{X}_t \tag{4.5}$$

以平面 Lyapunov 轨道为例，相应 $\phi_t(\boldsymbol{X}_0)$ 为 4 维相空间，若给定初始轨道能量，则由 Jacobi 积分［式（2.16）］可知，$\phi_t(\boldsymbol{X}_0)$ 降为 3 维。若进一步定义约束条件，形成横截 $\phi_t(\boldsymbol{X}_0)$ 的超平面即 Poincaré 截面，截面上的 $\phi_t(\boldsymbol{X}_0)$ 降为 2 维，如彩图 5 所示。

由 $\boldsymbol{X}_0$ 得到 $\phi_t(\boldsymbol{X}_0)$ 与 Poincaré 截面的交点 $P^n(\boldsymbol{X}_0)$，即 Poincaré 映射：

$$\phi_{P^n}(\boldsymbol{X}_0): \boldsymbol{X}_0 \to P^n(\boldsymbol{X}_0) \tag{4.6}$$

式中，n 为 $\phi_t(\boldsymbol{X}_0)$ 与 Poincaré 截面相交次数。

构造 Poincaré 截面的约束条件根据需求而定，一般选择 $y=0$，即 $\phi_t(\boldsymbol{X}_0)$ 穿过 x 轴或者 xz 平面时刻。此外，也可以选择近拱点或者远拱点或者某个特定约束[6-8]。例如，以近拱点或者远拱点作为约束条件，有

$$(x-x_p)\dot{x} + y\dot{y} + z\dot{z} = 0 \tag{4.7}$$

式中，x_p 为所关心的大天体的 x 坐标。

Poincaré 映射和截面有效降低了多维空间流 $\phi_t(\boldsymbol{X}_0)$ 的维数，使其得以直观形象地表示，同时保留了相应的稳定性、周期性等运动特性，如彩图 5 中的“1 周期轨道”与 Poincaré 截面的交点始终为 $\boldsymbol{X}_0$，从而将其运动理想地简化为一个不动点；“3 周期轨道”与 Poincaré 截面的交点则为 3 个，箭头和序号①②③标注了运动方向和交会次序。

拟周期轨道在 Poincaré 截面上的映射为一封闭曲线，同时稳定周期轨道位于其周围拟周期轨道形成的环面内[3]，因此稳定周期轨道在 Poincaré 截面的映射周围必定存在无数封闭曲线，即稳定周期轨道及其周围拟周期轨道的映射形成“岛状”，由此可以利用 Poincaré 映射和截面找出动力系统的稳定周期轨道。此外，若不稳定轨道恰好位于不同稳定周期轨道的映射“岛”的分界面上，则容易识别出该轨道。

4.1.3 不变流形

流形是空间的结构子集，其维数低于该空间，且局部类似于其维数对应的欧式空间[5]，特殊的流形结构可以曲线或曲面等连续几何对象的形式存在。不变流形是独立于时间的状态量集合，即集合内的任何状态随着时间演化始终属于该集合。在三体问题中，不变流形的形式和结构完全由平动点和周期轨道的动力学特性决定。

1. 平动点的不变流形

对于平动点 $\boldsymbol{X}^*$，其运动满足动力学方程（3.1），经线性化后得到式（3.2）和相应的 Jacobi 矩阵 $\boldsymbol{A}(t)$ 且有 $\boldsymbol{A}(t)\equiv\boldsymbol{A}$，于是由式（3.2）可得

$$\boldsymbol{x}(t)=\mathrm{e}^{\boldsymbol{A}(t-t_0)}\boldsymbol{x}^*=\sum_{i=1}^{n}c_i\mathrm{e}^{\lambda_i(t-t_0)}\boldsymbol{\upsilon}_i \tag{4.8}$$

式中，λ_i 和 $\boldsymbol{\upsilon}_i$ 分别为 A 的特征值和特征向量，二者决定了平动点的局部线性稳定性[9]。

以地月系为例，共线平动点的局部线性稳定性呈现“中心×中心×鞍形”的流动特征，三角平动点则对应为“中心×中心×中心”，“中心”表示有一对纯虚数特征值，“鞍形”表示有一对非零且符号相反的实数特征值[10]。当质量参数 $\mu>0.038521$（即 2.4.1 小节中的 μ_0）时，三角平动点的稳定性与共线平动点相同[11]。

设 A 包含 s 个负实部特征值、u 个正实部特征值和 c 个纯虚数特征值，则 A 的维数为 $s+u+c$，且对应的 3 类特征向量组成以下 3 类子空间[12-14]：

1）稳定子空间 E_s：$E_s=\mathrm{span}\{\boldsymbol{\upsilon}_1,\cdots,\boldsymbol{\upsilon}_s\}$。

2）不稳定子空间 E_u：$E_u=\mathrm{span}\{\boldsymbol{\upsilon}_{s+1},\cdots,\boldsymbol{\upsilon}_{s+u}\}$。

3）中心子空间 E_c：$E_c=\mathrm{span}\{\boldsymbol{\upsilon}_{s+u+1},\cdots,\boldsymbol{\upsilon}_{s+u+c}\}$。

可见，若 $\boldsymbol{x}^*\in E_s$，则当 $t\to\infty$ 时，$\boldsymbol{x}(t)\to 0$；若 $\boldsymbol{x}^*\in E_u$，则当 $t\to-\infty$ 时，$\boldsymbol{x}(t)\to 0$；若 $\boldsymbol{x}^*\in E_c$，则当 $t\to\pm\infty$ 时，$\boldsymbol{x}(t)$ 保持在平动点附近。

与 E_s 和 E_u 相对应，定义 $\boldsymbol{X}^*$ 处的局部稳定流形和不稳定流形为集合 W_s^1 和 W_u^1：

$$\begin{cases}W_s^1=\left\{\boldsymbol{X}\in U\middle|\left[f(\boldsymbol{X})\to\boldsymbol{X}^*\right]_{t\to\infty},\left[f(\boldsymbol{X})\right]_{t\geqslant 0}\in U\right\}\\ W_u^1=\left\{\boldsymbol{X}\in U\middle|\left[f(\boldsymbol{X})\to\boldsymbol{X}^*\right]_{t\to-\infty},\left[f(\boldsymbol{X})\right]_{t\leqslant 0}\in U\right\}\end{cases} \tag{4.9}$$

式中，U 为 $\boldsymbol{X}^*$ 的邻域；$f(\boldsymbol{X})$ 即式（3.1）右端方程；$\left[f(\boldsymbol{X})\right]_{t\geqslant 0}$ 和 $\left[f(\boldsymbol{X})\right]_{t\leqslant 0}$ 分别为 $f(\boldsymbol{X})$ 在 $t\geqslant 0$ 和 $t\leqslant 0$ 时的取值。

由定义可见，随着时间推进，稳定流形上的点逐渐逼近平动点，不稳定流形上的点则随着时间反向推进而逐渐逼近平动点。

在式（3.1）下，分别沿时间逆向和正向积分 W_s^1 和 W_u^1 中的点，可以得到对应的全局稳定流形 W_s 和全局不稳定流形 W_u。根据中心流形定理[14]，W_s 和 W_u 在固定点处分别与相应线性系统的不变子空间 E_s 和 E_u 相切，以固定点 $\boldsymbol{X}_0$ 的线性不变子空间和不变流形为例，如图 4.1 所示。为简化起见，图 4.1 中 $\boldsymbol{X}_0$ 的 E_s 和 E_u 仅包含单个特征向量，即 $\boldsymbol{\upsilon}_s$ 和 $\boldsymbol{\upsilon}_u$，沿 $+\boldsymbol{\upsilon}_s$ 和 $-\boldsymbol{\upsilon}_s$ 方向积分可以分别得到 W_s 的两个分支 W_s^+ 和 W_s^-，沿 $+\boldsymbol{\upsilon}_u$ 和 $-\boldsymbol{\upsilon}_u$ 方向积分则分别得到 W_u 的两个分支 W_u^+ 和 W_u^-。

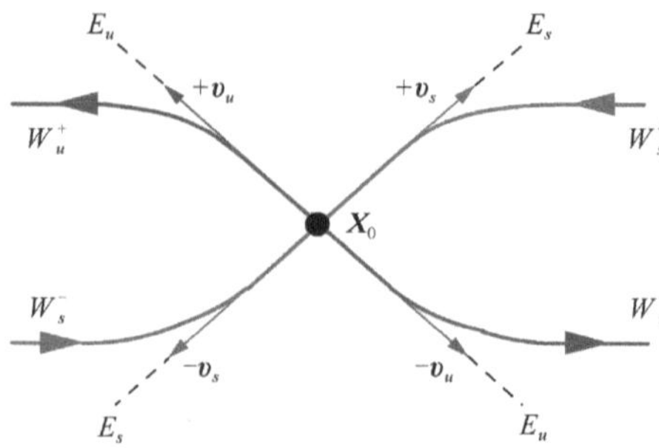

图 4.1 固定点 $\boldsymbol{X}_0$ 的线性不变子空间和不变流形

2. 平动点周期轨道的不变流形

由 4.1.2 小节可知，平动点周期轨道在 Poincaré 截面上的映射为固定点，于是可以得到周期轨道任意点的线性不变子空间，进而得到相应的不变流形，即周期轨道的不变流形。设平动点周期轨道在 Poincaré 截面上的映射为固定点 $\boldsymbol{X}^*$，如平动点处局部流形定义式（4.9），将周期轨道稳定流形 W^s 和不稳定流形 W^u 表示为如下集合[5]：

$$\begin{cases} W^s = \left\{ \boldsymbol{X} \in U \middle| \left[P^n\left(\boldsymbol{X}\right) \to \boldsymbol{X}^* \right]_{n \to \infty} \right\} \\ W^u = \left\{ \boldsymbol{X} \in U \middle| \left[P^n\left(\boldsymbol{X}\right) \to \boldsymbol{X}^* \right]_{n \to -\infty} \right\} \end{cases} \tag{4.10}$$

仿照上述平动点线性不变子空间的构造方式，对于周期轨道上的任意点，利用其单值矩阵 $\boldsymbol{M}$ 的特征值 λ_i 构造 3 类子空间：

1）稳定子空间 E_s： $E_s = \mathrm{span}\left\{ \boldsymbol{v}_i \middle| \left|\lambda_i\right| < 1 \right\}$。

2）不稳定子空间 E_u： $E_u = \mathrm{span}\left\{ \boldsymbol{v}_i \middle| \left|\lambda_i\right| > 1 \right\}$。

3）中心子空间 E_c： $E_c = \mathrm{span}\left\{ \boldsymbol{v}_i \middle| \left|\lambda_i\right| = 1 \right\}$。

同样，周期轨道上各点的线性子空间与其不变流形相切。

以上理论提供了平动点周期轨道不变流形的计算思路，即将周期轨道上各点的线性子空间作为初值，得到近似的局部流形，在非线性动力学下积分，最终得到周期轨道的全局不变流形。

对构成线性子空间的特征向量单位化。由于特征向量中的位置分量远大于速度分量，因此用位置分量的模去除特征向量，即

$$\begin{cases} \boldsymbol{v}_s' = \dfrac{\boldsymbol{v}_s}{\sqrt{v_{s_1}^2 + v_{s_2}^2 + v_{s_3}^2}} \\ \boldsymbol{v}_u' = \dfrac{\boldsymbol{v}_u}{\sqrt{v_{u_1}^2 + v_{u_2}^2 + v_{u_3}^2}} \end{cases} \tag{4.11}$$

式中，υ_{s_i} 和 υ_{u_i}（$i=1,2,3$）为特征向量 $\boldsymbol{\upsilon}_s$ 和 $\boldsymbol{\upsilon}_u$ 的位置分量。

于是，周期轨道上任意点 $\boldsymbol{X}$ 处局部稳定流形初值 $\boldsymbol{X}_s^0$ 和不稳定流形初值 $\boldsymbol{X}_u^0$ 为

$$\begin{cases}\boldsymbol{X}_s^0 = \boldsymbol{X} \pm d\boldsymbol{\upsilon}_s' \\ \boldsymbol{X}_u^0 = \boldsymbol{X} \pm d\boldsymbol{\upsilon}_u'\end{cases} \tag{4.12}$$

式中，±对应稳定流形和不稳定流形的两个分支，积分后可以分别得到图 4.1 所示的 W_s^+ 和 W_s^- 及 W_u^+ 和 W_u^-。距离 d 为设计参数，反映了线性子空间与局部流形之间的近似程度，其选择既要足够小以保证线性近似关系的有效性，又要充分大使得沿流形离开或者到达周期轨道的飞行时间可以接受。对于日地系统，d 可以选择 200～250km[15]；地月系统则可以选择 50km[16]。

按照上述方法计算的地月系 L_1 点和 L_2 点 halo 轨道的不变流形如彩图 6 所示，其中图（a）为三维空间内的流形，图（b）为流形在地月会合坐标系内 xy 平面内的投影。两个 halo 轨道的能量（Jacobi 积分 C）相当，其中 $\left[W_s^-\right]_{L_1}$、$\left[W_s^+\right]_{L_1}$、$\left[W_u^-\right]_{L_1}$ 和 $\left[W_u^+\right]_{L_1}$ 表示 L_1 点 halo 轨道不变流形的 4 个分支，依次为由负、正特征向量得到的稳定流形和不稳定流形；以 L_2 点为下标的对应符号则表示 L_2 点 halo 轨道不变流形的 4 个分支。彩图 6 中以地月会合坐标系中月球所在的 yz 面为 Poincaré 截面 $\boldsymbol{U}$，平动点轨道在月球附近的不变流形均预报至该截面，同时图中给出了 halo 轨道能量对应的 Hill 曲面，以及相应的运动不可达区域。

由彩图 6 可见，不变流形渐近离开或者接近相应的平动点周期轨道，且在空间形成管状通道，将空间内的运动分为 4 类轨道[2,17-18]：管道交会处的周期轨道、管道外的非穿越轨道、管道内的穿越轨道及管道上的渐近轨道。彩图 6 中，非穿越轨道存在于 NT 区域，该类型轨道上的天体无法逃离或者进入三体系统。穿越轨道提供了进出三体系统的通道，如三体系统内的天体依次经由 $\left[W_s^-\right]_{L_1}$、$\left[W_u^-\right]_{L_1}$、$\left[W_s^+\right]_{L_2}$ 和 $\left[W_u^-\right]_{L_2}$ 内部实现逃逸，或者三体系统外的天体依次经由 $\left[W_s^-\right]_{L_2}$、$\left[W_u^+\right]_{L_2}$、$\left[W_s^+\right]_{L_1}$ 和 $\left[W_u^+\right]_{L_1}$ 内部进入三体系统；渐近轨道提供了到达或离开周期轨道的低能量途径，可在微弱扰动下进一步实现三体系统内外的低能量转移。

3. Lissajous 轨道拟流形

一般 Lissajous 轨道不具备 halo 轨道的周期性，严格来说不适用于不变流形理论，但是 Lissajous 轨道的不稳定动力学特性使其具备类似于不变流形的空间构形结构，可称之为拟流形。

Canalias 等通过平动点附近运动的高阶解析解计算 Lissajous 拟流形[19-21]。首先将共线平动点附近的运动写成如下通解形式：

$$\begin{cases} x(t) = A_1 e^{\lambda t} + A_2 e^{-\lambda t} + A_x \cos(\omega t + \phi) \\ y(t) = cA_1 e^{\lambda t} - cA_2 e^{-\lambda t} + \bar{k} A_x \sin(\omega t + \phi) \\ z(t) = A_z \cos(\upsilon t + \psi) \end{cases} \tag{4.13}$$

式中，A_1、A_2、A_x和A_z为运动初始状态对应的常数；$\bar{k}$、ω和υ分别为式（2.59）中的$-k$、η和ζ；λ为式（2.51）中的ε；c为式（2.50）中系数β_i的倒数。

式（4.13）即 2.4.2 小节中的式（2.53），其中A_1和A_2与 Lissajous 轨道线性运动的不稳定流形和稳定流形直接相关。例如，$A_1 = 0$且$A_2 \neq 0$定义了稳定流形，$A_1 \neq 0$且$A_2 = 0$则对应为不稳定流形。为此，Canalias 等将A_1或A_2设为 0，另一个设为小参数ε'，由此得到初始状态$\left(0, \varepsilon', A_x, A_z, \phi, \psi\right)$，继而利用其 Lindstedt-Poincaré 级数计算 Lissajous 轨道的局部拟流形，然后数值积分得到全局流形，其中需要借助不变流形的高阶解析解[22]，其形式相对复杂。

基于上述方法和 halo 轨道的流形计算方法，这里给出计算 Lissajous 轨道拟流形一种简单有效的方法。在 halo 轨道流形计算方法中，通过单值矩阵$\boldsymbol{M}$的特征向量近似局部流形，Lissajous 轨道在会合坐标系xy平面的运动频率ω和z方向频率υ不相等，因而不具备周期性，理论上不存在单值矩阵$\boldsymbol{M}$。但是，对于常见的三体系统（如日地系和地月系），ω和υ的差别较小，如表 4.1 所示。

表 4.1 日地系和地月系共线平动点运动频率

三体系统	L_1			L_2		
	ω	υ	$\lvert\omega-\upsilon\rvert$	ω	υ	$\lvert\omega-\upsilon\rvert$
日地系	2.0865	2.0152	0.0713	2.0570	1.9851	0.0719
地月系	2.3344	2.2688	0.0656	1.8626	1.7862	0.0764

由表 4.1 可见，日地系和地月系共线平动点的ω和υ的差值$\lvert\omega-\upsilon\rvert$较小，如果取$\omega$或$\upsilon$作为 Lissajous 轨道的运动频率，则最大相对误差不超过 4.3%（地月L_2点情况）。由此，可以利用ω或υ计算 Lissajous 轨道的“周期”T，即$2\pi/\omega$或$2\pi/\upsilon$，进而得到相应的“单值矩阵”$\boldsymbol{\Phi}\left(T,0\right)$，然后采用与 halo 轨道相同方式计算 Lissajous 轨道拟流形。为避免混淆，这里将T和$\boldsymbol{\Phi}\left(T,0\right)$称为“伪周期”和“伪单值矩阵”[23]。

上述 Lissajous 轨道拟流形的计算方法可以直接采用前述 halo 轨道流形的计算步骤，形式简单且易于理解。虽然采用“伪周期”会引入误差，但是对于实际应用并无太大影响。一方面，halo 轨道流形计算过程中用局部子空间近似局部流形，或者用高阶解近似 Lissajous 轨道局部流形，均会引入误差；另一方面，从任务设计角度而言，不变流形轨道只是初步设计结果，最终设计时需采用高精度力模型进行修正计算。

4.2　流形转移轨道设计

如 4.1 节所述，不变流形提供了三体动力学环境下的低能量转移通道，平动点则成为低能量转移的中枢。本节介绍基于不变流形理论的流形转移轨道设计方法。

4.2.1　流形转移轨道拼接

20 世纪 60 年代，Conley 和 McGehee 等研究了平动点周期轨道不变流形在天体转移中的作用，此后 Lo、Marsden、Gómez 和 Howell 等将三体动力学研究进一步推向航天应用，尤其是基于不变流形的转移轨道设计引领了低能量深空探测的研究热潮。

流形转移轨道设计充分利用空间三体动力学特性，借助不同三体系统的平动点轨道的稳定流形和不稳定流形，通过流形之间的拼接，实现低能量转移，其关键步骤为不变流形之间的拼接和拼接轨道在高精度力模型下的修正。本小节以 Koon 等的研究介绍不变流形间的拼接，即流形轨道拼接[24-28]。

以太阳和木星组成的日木三体系统为例，研究天体在太阳、木星和系统外之间的转移轨道。日木系 L_1 点和 L_2 点的平面周期轨道的不变流形如图 4.2 所示。

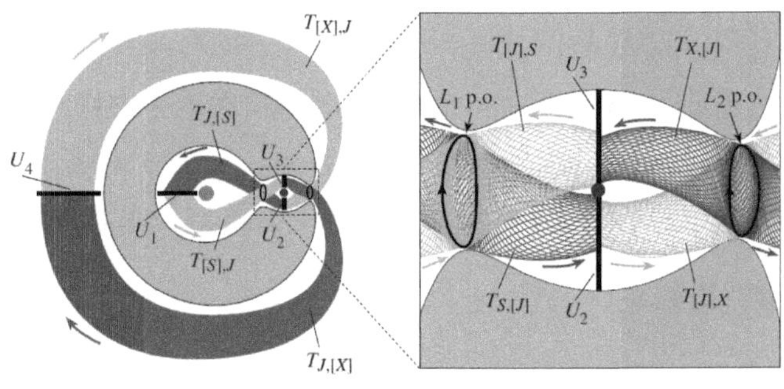

图 4.2　日木系 L_1 点和 L_2 点的平面周期轨道的不变流形[2]

图 4.2 左图为日木系 L_1 点和 L_2 点的平面周期轨道的全局不变流形，右图为 L_1 点和 L_2 点附近的不变流形，与彩图 6（b）完全相同。图 4.2 中，J 、S 和 X 分别表示木星、太阳和日木系以外区域，$T_{[A],B}$ 表示位于 A 区域且向 B 区域转移的全部轨道集合，其边界是 A 和 B 区域间的平动点轨道的稳定流形；$T_{A,[B]}$ 表示来自 A 区域且位于 B 区域的全部轨道集合，其边界是 A 和 B 区域间的平动点轨道的不稳定流形；p.o.表示平面周期轨道。令 E 为轨道能量，Poincaré 截面 $U_i\left(i=1,2,3,4\right)$ 为

$$\begin{cases} U_1 = \left\{ (x,\dot{x}) \middle| y=0, x<0, \dot{y}(x,\dot{x};E)<0 \right\} \\ U_2 = \left\{ (y,\dot{y}) \middle| x=1-\mu, y<0, \dot{x}(y,\dot{y};E)>0 \right\} \\ U_3 = \left\{ (y,\dot{y}) \middle| x=1-\mu, y>0, \dot{x}(y,\dot{y};E)<0 \right\} \\ U_4 = \left\{ (x,\dot{x}) \middle| y=0, x<-1, \dot{y}(x,\dot{x};E)>0 \right\} \end{cases} \tag{4.14}$$

由图 4.2 可见，日木系 L_1 点和 L_2 点周期轨道的不变流形在 Poincaré 截面 U_i 处相交。以 U_3 为例，由日木系外区域转移至木星附近区域的轨道集合 $T_{X,[J]}$，以及由木星附近区域转移至太阳附近区域的轨道集合 $T_{[J],S}$，二者在 U_3 处的相交情况如图 4.3 所示。

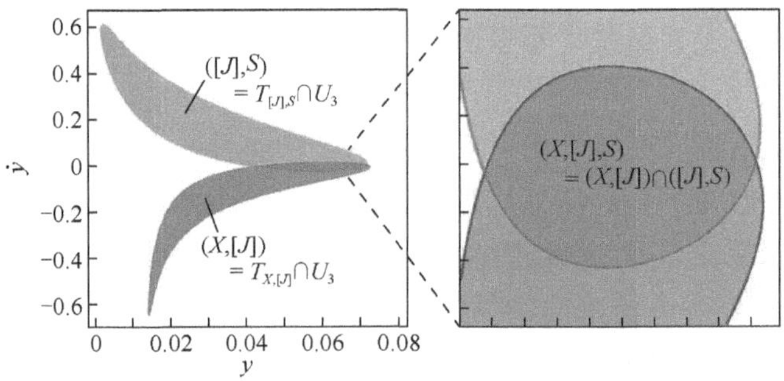

图 4.3　日木系平动点周期轨道不变流形的相交[2]

图 4.3 中，$([J],S)$ 和 $(X,[J])$ 区域分别为 $T_{[J],S}$ 和 $T_{X,[J]}$ 与 U_3 的交集，二者的交集为 $(X,[J],S)$。因此，$(X,[J],S)$ 中的任意运动状态均来自区域 X，且将转移至区域 S，实现了来自区域 X 的轨道和向 S 转移的轨道在 J 内的拼接。进一步，在各个 U_i 处拼接，可以实现太阳和木星附近区域，以及与日木系外区域之间的转移。

4.2.2　流形转移轨道修正

受力模型简化影响，基于流形拼接得到的转移轨道与其在高精度力模型下的轨迹差别较大，甚至不能实现预定转移，因此需要在高精度力模型下修正才可用于任务。

流形轨道飞行时间往往较长，若直接采用微分修正方法，则状态转移矩阵误差较大，会出现迭代计算难以收敛的问题。因此，一般采取多段打靶方法，即按一定时间间隔将流形轨道分割成多段，在给定端点约束下同时对全部段采用微分修正方法迭代计算，最终实现整段轨道的拼接和修正。该方法类似于边值问题的数值求解方法，与 3.4.1 小节的两层微分修正方法类似，可用于平动点周期轨道的数值计算[3]和平动点转移轨道的修正[21]。

将流形拼接轨道按时间 $t_i\left(i=1,2,\cdots,n\right)$ 分成 $n-1$ 段，各段的端点状态为 $X_i^{(0)}$，如图 4.4 所示。在高精度力模型下，按式（3.1）从各个端点积分至下一端点时刻，所得状态 $X_i^{(0)}\left(t_{i+1}\right)$ 必然与 $X_{i+1}^{(0)}$ 不同，于是需要修正各端点状态 $X_i^{(0)}$ 和时间 t_i，使二者相同，即求解如下方程组：

$$F\left(X_i,t_i\right)=\begin{bmatrix} X_1^{(k)}\left(t_2\right) \\ X_2^{(k)}\left(t_3\right) \\ X_3^{(k)}\left(t_4\right) \\ \vdots \\ X_{n-1}^{(k)}\left(t_n\right) \end{bmatrix}-\begin{bmatrix} X_2^{(k)} \\ X_3^{(k)} \\ X_4^{(k)} \\ \vdots \\ X_n^{(k)} \end{bmatrix}=0 \tag{4.15}$$

式中，$X_i^{(k)}$ 为第 k 次迭代修正后 t_i 时刻的状态；$X_i^{(k)}\left(t_{i+1}\right)$ 为由 $X_i^{(k)}$ 积分至 t_{i+1} 时刻的状态。

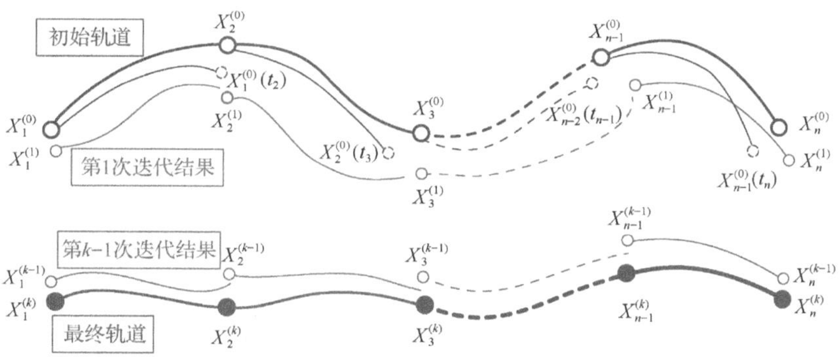

图 4.4　不变流形转移轨道的修正

为了简化形式，不妨固定各端点时刻 t_i，如将整段轨道按时间划分为 N 等分，从而只求解各端点状态 X_i。将全部端点状态写为待求解变量 $\boldsymbol{X}=\left[X_1,X_2,\cdots,X_n\right]^{\mathrm{T}}$，由于式（4.15）为欠定方程组，因此给出 $\boldsymbol{X}$ 的最小二乘迭代形式为

$$\boldsymbol{X}^{(k)}=\boldsymbol{X}^{(k-1)}-\left(\frac{\partial F}{\partial \boldsymbol{X}}\right)^{\mathrm{T}}\left[\frac{\partial F}{\partial \boldsymbol{X}}\cdot\left(\frac{\partial F}{\partial \boldsymbol{X}}\right)^{\mathrm{T}}\right]^{-1}\cdot F\left(\boldsymbol{X}^{(k-1)}\right) \tag{4.16}$$

$$\frac{\partial F}{\partial \boldsymbol{X}}=\begin{bmatrix} \boldsymbol{\Phi}\left(t_2,t_1\right) & -I_{6\times6} & 0_{6\times6} & \cdots & 0_{6\times6} \\ 0_{6\times6} & \boldsymbol{\Phi}\left(t_3,t_2\right) & -I_{6\times6} & \cdots & 0_{6\times6} \\ \vdots & \vdots & \vdots & \ddots & \vdots \\ 0_{6\times6} & 0_{6\times6} & 0_{6\times6} & \boldsymbol{\Phi}\left(t_n,t_{n-1}\right) & -I_{6\times6} \end{bmatrix} \tag{4.17}$$

式中，$\boldsymbol{\Phi}\left(t_i,t_{i-1}\right)$ 为由时刻 t_{n-1} 到 t_n 的状态转移矩阵。

式（4.17）中可以固定转移轨道的初始或者末端状态，或者增加其他条件约束，以满足不同的轨道设计需求。在求解方法上，采用最小二乘形式的牛顿迭代，一般情况下迭代收敛性较好，且能保证最终求解所得轨道与初始轨道偏差较小，可以作为快速有效的首选求解方式，在设计约束复杂的条件下也可以采用鲁棒性能更好的智能优化算法求解。

目前，基于平动点的低能量转移轨道设计主要采用不变流形方法。例如，天体与平动点之间的转移轨道，首先计算平动点轨道的不变流形，使之与初始停泊轨道相交或相切，若不能直接相交或相切，则需设计与流形相交的转移轨道，或者借助三体系统外的摄动力实现节省能量的转移，其中涉及流形轨道拼接问题。再如，日地系和地月系平动点间的转移，首先设计日地平动点轨道和地月平动点轨道，计算各自不变流形；然后选择合适的 Poincaré 截面寻求理想拼接点；最后在高精度力模型下修正流形轨道。

4.3 前向导引设计

基于不变流形的转移轨道设计方法，先用简化力模型进行初步设计，再用精确力模型进行修正，其中涉及大量流形计算和整个设计过程的重复迭代试算，因而计算过程较复杂，计算量较大。对于某些初始状态确定、转移能量要求并不苛刻的平动点转移轨道应用，可以采用基于平动点轨道特性的前向导引设计方法[23,29-30]。

由 CRTBP 共线平动点线性运动方程（2.59）可见，在会合坐标系 xz 平面处 Lissajous 轨道的 $\dot{x}$ 为 0，halo 轨道的 $\dot{x}$ 和 $\dot{z}$ 均为 0，可以利用该特性设计转移轨道。

设转移轨道的理想目标点状态为 $\boldsymbol{x}_{\mathrm{d}}$，需要调整转移轨道的初始状态 $\boldsymbol{x}_0$ 和飞行时间 t，使终端 t_1 时刻的状态为 $\boldsymbol{x}_{\mathrm{d}}$，即

$$\delta \boldsymbol{x}_{\mathrm{d}} = \boldsymbol{\Phi}\left(t_1, t_0\right) \delta \boldsymbol{x}_0 + \dot{\boldsymbol{x}}_{\mathrm{d}} \delta t \tag{4.18}$$

式中，$\boldsymbol{\Phi}\left(t_1, t_0\right)$ 为转移轨道由 t_0 到 t_1 的状态转移矩阵。

对于 Lissajous 轨道，$\boldsymbol{x}_{\mathrm{d}}$ 选择为穿越平动点附近会合坐标系 xz 平面的 $\dot{x}$，halo 轨道则选择为 $\dot{x}$ 和 $\dot{z}$。在初始状态确定条件下，修正其速度 $\dot{\boldsymbol{x}}_0$ 和飞行时间 t，使其在平动点附近穿越会合坐标系 xz 平面时 $\dot{x}_{\mathrm{d}}$ 为 0，或者 $\dot{x}_{\mathrm{d}}$ 和 $\dot{z}_{\mathrm{d}}$ 均为 0，式（4.18）变为

$$\delta \dot{x}_{\mathrm{d}} = \begin{bmatrix} \Phi_{44} & \Phi_{45} & \Phi_{46} \end{bmatrix} \delta \dot{\boldsymbol{x}}_0 + \ddot{x}_{\mathrm{d}} \delta t \tag{4.19}$$

$$\begin{bmatrix} \delta \dot{x}_{\mathrm{d}} \\ \delta \dot{z}_{\mathrm{d}} \end{bmatrix} = \begin{bmatrix} \Phi_{44} & \Phi_{45} & \Phi_{46} \\ \Phi_{64} & \Phi_{65} & \Phi_{66} \end{bmatrix} \delta \dot{\boldsymbol{x}}_0 + \begin{bmatrix} \ddot{x}_{\mathrm{d}} \\ \ddot{z}_{\mathrm{d}} \end{bmatrix} \delta t \tag{4.20}$$

式中，$\Phi_{ij}\left(i=4,6; j=4,5,6\right)$ 为 $\boldsymbol{\Phi}\left(t_1, t_0\right)$ 的第 i 行 j 列分量。

设式(4.19)和式(4.20)中的 $\left[\delta \dot{\boldsymbol{x}}_0, \delta t\right]^{\mathrm{T}}$ 为 $\Delta \boldsymbol{X}_0$，终端速度偏差 $\delta \dot{x}_{\mathrm{d}}$ 或 $\left[\delta \dot{x}_{\mathrm{d}}, \delta \dot{z}_{\mathrm{d}}\right]^{\mathrm{T}}$ 为 $\Delta \boldsymbol{X}_1$，则最小二乘解形式为

$$\Delta \boldsymbol{X}_0 = \left(\boldsymbol{M}^{\mathrm{T}}\boldsymbol{M}\right)^{-1}\boldsymbol{M}^{\mathrm{T}} \cdot \Delta \boldsymbol{X}_1 \tag{4.21}$$

式中，$\boldsymbol{M}$ 为式（4.19）和式（4.20）中的系数矩阵。

由于式（2.59）仅为平动点轨道线性运动解，实际情况下轨道穿越平动点附近会合坐标系 xz 平面时 $\dot{x}$ 或 $\dot{z}$ 并不严格为 0，因此利用式（4.21）和微分修正算法迭代所得 $\delta\dot{\boldsymbol{x}}_0$ 和 δt 并非最终结果，需要以之作为初值，重复上述计算过程，使得转移轨道可以多次穿越 xz 平面。整个求解过程如图 4.5 所示，其中 Trial（1）、Trial（2）、Trial（n–1）和 Trial（n）分别表示第 1、2、$n-1$ 和 n 次求解得到的转移轨道。实际计算表明，最多穿越 xz 平面 4 次的转移轨道即可满足一般任务需要。

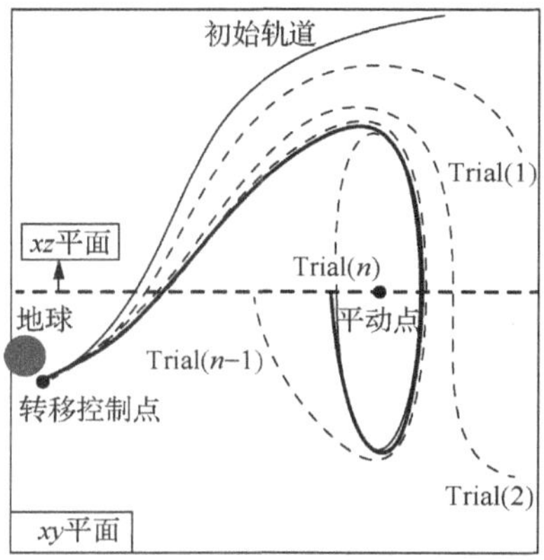

图 4.5　平动点转移轨道前向导引设计

与流形转移轨道设计方法相比，前向导引设计方法避免了平动点轨道设计和不变流形计算，无须由简化力模型向高精度力模型逐步精化，可以直接使用高精度力模型，因而计算步骤简单，计算量相对降低。同时，可以通过控制目标的选择，使得转移轨道直接进入 Lissajous 或 halo 轨道，无须平动点入轨控制且可以环绕 1 圈以上，所需转移能量也与流形转移轨道相当，适用于初始状态确定的平动点转移轨道设计。

前向导引设计方法的困难在于，若转移时间较长，则基于牛顿迭代思想的微分修正偏差较大，使得迭代计算难以收敛。可以从两方面着手解决该问题。

一方面，改进计算策略，基于延拓法思想，在实际计算过程中约束式（4.21）得到的 $\Delta\boldsymbol{X}_0$。为了降低对迭代修正量的影响，可以仅约束 $\Delta\boldsymbol{X}_0$ 的大小而不改变其方向，即

$$\Delta \boldsymbol{X}_0 = \begin{cases} \Delta \boldsymbol{X}_0, & \max\left\{\left|\dfrac{\Delta X_{0i}}{X_{0i}}\right|\right\} \leqslant \eta \\ \left|\dfrac{X_{0j}}{\Delta X_{0j}}\right| \eta \Delta \boldsymbol{X}_0, & \max\left\{\left|\dfrac{\Delta X_{0i}}{X_{0i}}\right|\right\} = \left|\dfrac{\Delta X_{0j}}{X_{0j}}\right| > \eta \end{cases} \tag{4.22}$$

式中，X_{0i} 和 ΔX_{0i} 分别为 $\boldsymbol{X}_0$ 和 $\Delta\boldsymbol{X}_0$ 的分量；η 为修正因子，η 较大时收敛较快，但是可能出现上述迭代问题；η 较小时计算效率下降，但是迭代易于收敛，因此需要依赖实际计算经验或者尝试选取。

另一方面，若平动点转移轨道飞行时间较长，在实际任务中均需要实施中途修正，即使是理论上零消耗的低能量转移轨道也不例外，因此可以在设计阶段结合中途修正以降低转移轨道设计难度。

以日地平动点向地月平动点的转移轨道为例，首先，计算日地平动点轨道的不变流形，选取可以到达地月平动点附近的流形作为初始轨道，如图 4.6 所示，其中 Δv_1 为离开日地平动点所需的轨道控制；或者直接用前向导引设计思路，通过打靶试算给出可以到达地月平动点附近的轨道作为初始轨道。其次，基于测控约束条件确定需要施加中途修正的大致时刻，选取初始流形轨道在该时刻的状态为初始状态，再次利用前向导引方法设计前往地月平动点的转移轨道，所需控制速度增量为 Δv_2^1。

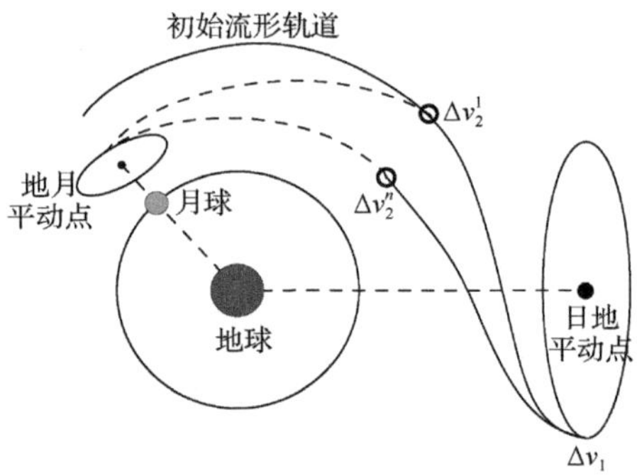

图 4.6　不同系统的平动点轨道间转移轨道设计

以 Δv_2^1 为初值，调整出发时刻或中途修正时刻，使得总速度增量最低，即

$$\Delta v = \min_t \left(\Delta v_1 + \Delta v_2 \right) \tag{4.23}$$

采用对分搜索或者遗传算法等智能优化算法求解式（4.23），可以得到特定时段内总速度增量最优的转移轨道，如图 4.6 中 Δv_2^n 对应的轨道。

上述计算策略本质上与流形轨道修正的多段打靶方法相同，均为降低长时间飞行轨道的转移矩阵求解偏差，从而提高求解收敛性和降低长时间转移轨道的设计难度。若中途修正位置选择为不变流形设计方法的流形拼接处，则理论上可以得到 Δv_2^n 为 0 的转移轨道，即零消耗转移轨道。不过，从已有研究来看，z 方向幅值较大的日地平动点轨道往往难以零消耗转移至地月平动点[21]，因此上述计算策略合理且实用。

4.4　平动点转移轨道

基于不变流形设计方法，设计由地球停泊轨道前往地月平动点轨道的转移轨道。平动点轨道为地月 L_1 点和 L_2 点附近幅值 A_z 约 30000km 的周期轨道，初始轨道历元为 2020 年 1 月 1 日 0 点，采用 3.3 节给出的平动点周期轨道设计方法，设计高精度力模型下的平动点轨道，如图 4.7 所示，图中●为月心位置。

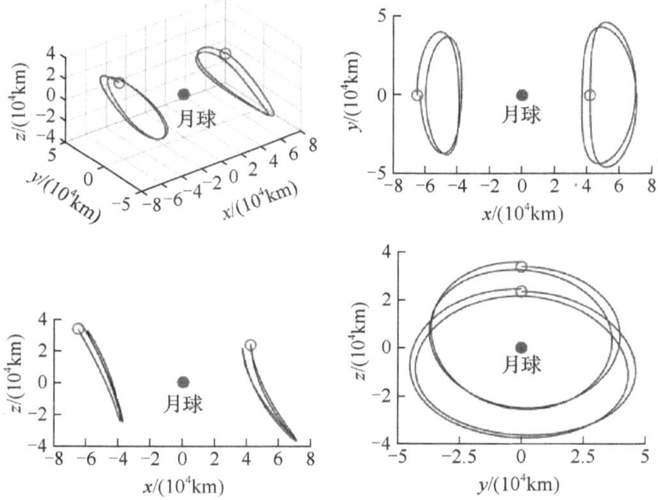

图 4.7　考虑摄动的地月系 L_1 点和 L_2 点周期轨道

已有研究表明，在限制性三体问题下，共线平动点轨道的不变流形不能到达大天体附近。因此，若仅考虑地月系动力学环境，地月平动点轨道的不变流形不能自然到达地球附近的停泊轨道，也就不能像日地平动点轨道那样，直接从近地停泊轨道借助一次轨道机动进入平动点轨道的不变流形，需要先由停泊轨道转移至流形轨道，进而转移至平动点轨道。

不过，在太阳引力的作用下，地月平动点轨道的不变流形可以到达近地停泊轨道附近，当然飞行时间往往较长。为了区分，依据飞行时间将这两种不变流形分别称为短程不变流形和长程不变流形。由此可见，如果想在较短时间内到达地月平动点轨道，可以利用短程不变流形，从近地停泊轨道出发，借助至少两次轨道机动，否则应放宽对飞行时间的约束，借助太阳引力利用长程不变流形实现转移，将两种类型转移轨道按机动次数依次称为两机动转移轨道和单机动转移轨道。

4.4.1 短程不变流形

计算图 4.7 中平动点轨道 2 圈内的稳定流形并预报 30 天，分析短程不变流形的飞行方向和地心距离，筛选出可以到达地球附近的流形。以地心距离小于 20 万 km 为约束，可以得到 L_1 点平动点轨道的流形 661 条，其中小于 10 万 km 的 111 条流形如图 4.8 所示；得到 L_2 点平动点轨道的流形 298 条，其中小于 12 万 km 的 83 条流形如图 4.9 所示，图中给出了各个转移轨道对应的地球位置。

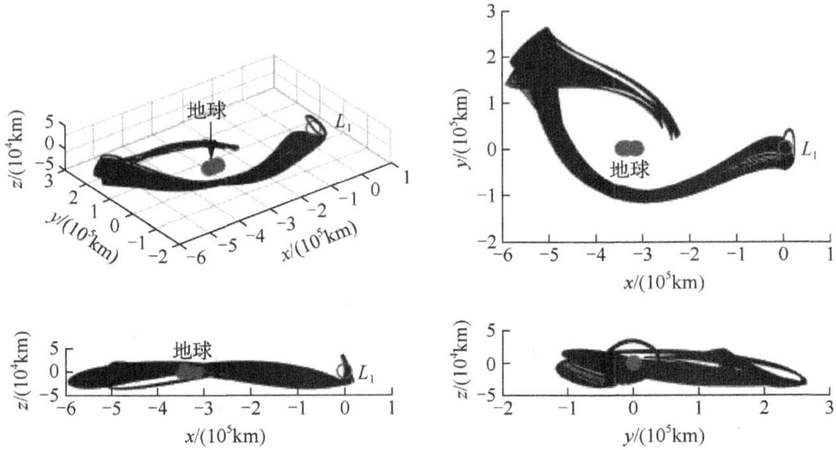

图 4.8 L_1 点平动点轨道到达地球附近的短程不变流形

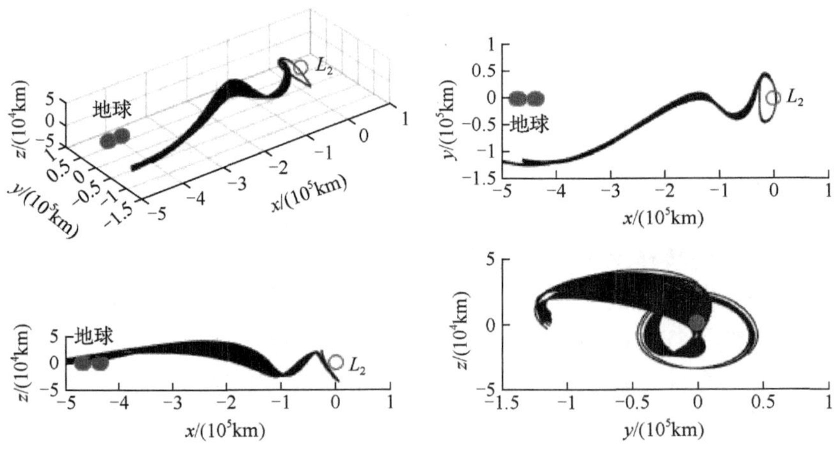

图 4.9 L_2 点平动点轨道到达地球附近的短程不变流形

由图 4.8 和图 4.9 可见，L_1 点轨道的短程不变流形受能量约束而返回地球附近，L_2 点轨道的短程不变流形则经 L_1 点区域到达地球附近。此外，到达 L_1 点轨道的时刻分布在约 25d 内，基本上每天均可到达，地球附近的时刻分布约为 1 个月，转移时间最少为 16.3d；到达 L_2 点轨道的时刻分布在约 22d 内的特定时段，地球附近的时刻分布约为 21d，转移时间最少为 22.3d。

4.4.2　两机动转移轨道

利用 4.4.1 小节的短程不变流形前往平动点轨道，至少需要 2 次机动。其中，第 1 次机动由近地停泊轨道转移至短程不变流形，第 2 次机动进入短程不变流形，由此涉及机动时刻和位置选择问题，即如何选择合适的停泊轨道出发时刻和流形入轨点，使得能量或时间等转移代价最小。这里寻求总能量最优的入轨点，求解可以到达地球停泊轨道的最优机动速度增量，实现能量最优的转移轨道。

对于地月 L_1 点轨道，由 200km 高度的地球停泊轨道经短程不变流形实现转移，最优机动速度增量 Δv 与飞行时间 Δt 的关系如图 4.10 所示。

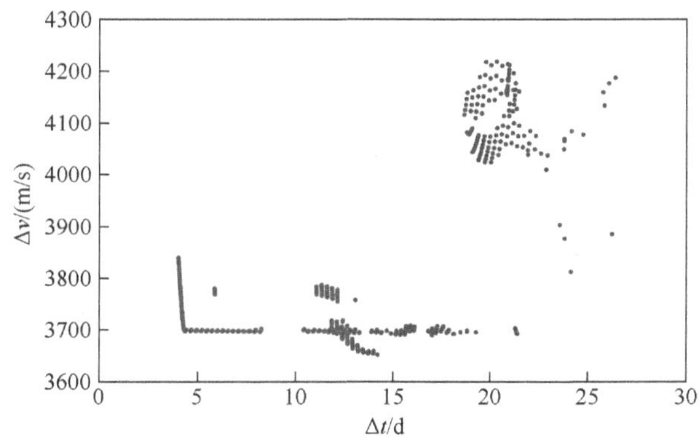

图 4.10　L_1 点轨道短程不变流形的最优机动速度与飞行时间

由图 4.10 可见，全部转移轨道的飞行时间为 4～26.4d，机动速度增量为 3652～4219m/s，短程不变流形的入轨点均在月球和平动点附近，距离月球 30000～60000km。由此可见，若借助短程不变流形，节省能量的方式是从地球停泊轨道逃逸后飞行 4～5.5d，直接转移至平动点轨道附近并机动入轨，有些转移甚至没有应用不变流形。相对于这种直接转移方式，基于弱稳定边界或者借助月球引力的转移轨道可以节省能量 200～300m/s，不过转移时间要增加数倍至数十倍，往往达到几十天甚至 100 多天[26,31-32]，由此带来额外的任务实施代价。

综合能量和飞行时间，给出前往 L_1 点轨道的一条典型快速直接转移轨道，飞行时间为 4.37d，机动总速度增量为 3697.6m/s，其中地球停泊轨道逃逸速度增量为 3119.3m/s，进入平动点轨道的速度增量为 578.4m/s，整个飞行轨迹如图 4.11 所示。

对于地月 L_2 点轨道的全部短程不变流形，与 L_1 点轨道的转移轨道求解相同，计算流形可以到达 200km 高度的近地停泊轨道所需要的最优机动速度增量，最优机动速度增量 Δv 与飞行时间 Δt 的关系如图 4.12 所示。由图 4.12 可见，总飞行时间为 18～27d，总机动速度增量为 3792～4658m/s。与 L_1 点情况相同，短程不变流形的入轨点均在月球和平动点附近，即从地球停泊轨道逃逸后飞行 4.5～5.5d 到达短程不变流形，然后机动进入平动点轨道。

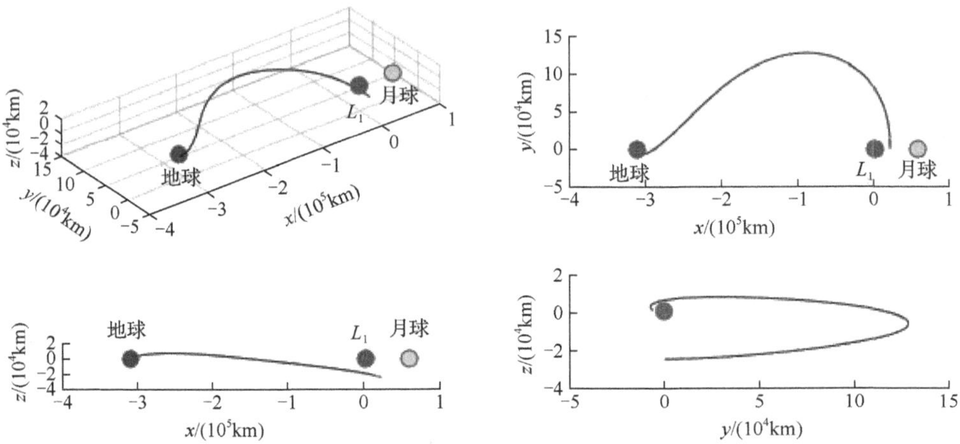

图 4.11　L_1 点轨道的典型快速直接转移轨道

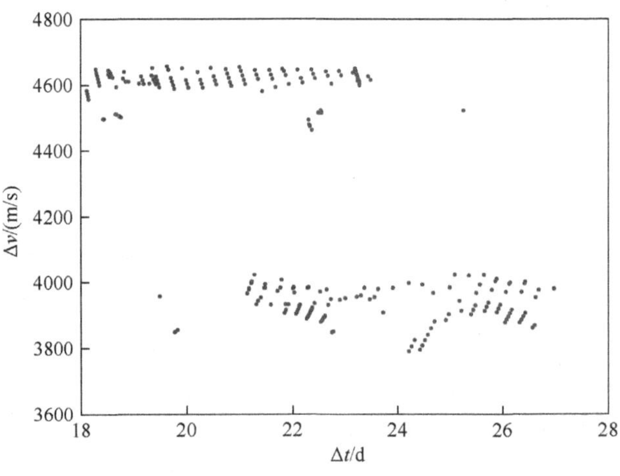

图 4.12　L_2 点轨道短程不变流形的最优机动速度增量与飞行时间

综合能量和飞行时间，给出前往 L_2 点平动点轨道的一条典型快速直接转移轨道，如图 4.13 所示，飞行时间为 19.77d，机动总速度增量为 3849m/s，其中地球停泊轨道逃逸速度增量为 3120.6m/s，进入平动点轨道的速度增量为 728.4m/s。需要说明的是，若选择地月转移轨道的近月点作为流形入轨点，转移能量或可进一步降低。该转移轨道与我国嫦娥 5T1 服务舱和 CE-4 中继星进入地月 L2 点轨道的转移轨道非常相似，第 9 章和第 10 章将对此进行详细讨论。

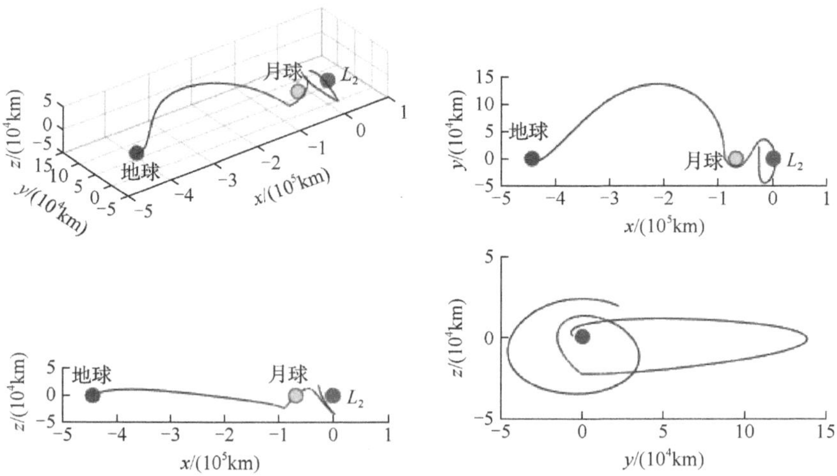

图 4.13　L_2 点轨道的典型快速直接转移轨道

4.4.3　长程不变流形

日地月引力的综合作用可以使得长程不变流形到达近地停泊轨道，从而借助 1 次机动即可到达地月平动点轨道。将最大飞行时间放宽至 150d，分析平动点轨道的长程不变流形与地球的接近情况。对于 L_1 点轨道，可以直接到达停泊轨道的有 107 条，飞行时间为 96.4～143.3d，其中飞行时间最短的转移轨道如图 4.14 所示，图 4.14（a）为地月会合坐标系，图 4.14（b）为地心惯性坐标系。

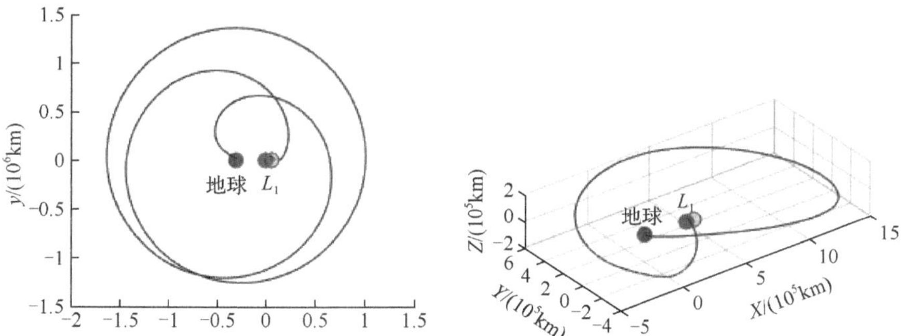

（a）地月会合坐标系　　（b）地心惯性坐标系

图 4.14　飞行时间最短的地球停泊轨道至 L_1 点轨道长程不变流形

由图 4.14 可见，长程不变流形远离地球和月球，经由日地平动点附近再返回地球，其充分利用了日心引力和光压等摄动力，使得流形轨道最终到达地球停泊轨道。

对于 L_2 点轨道，可以直接到达停泊轨道的有 75 条，飞行时间为 97.1～147.7d，其中飞行时间最短的转移轨道如图 4.15 所示，图 4.15（a）为地月会合坐标系，图 4.15（b）为地心惯性坐标系。

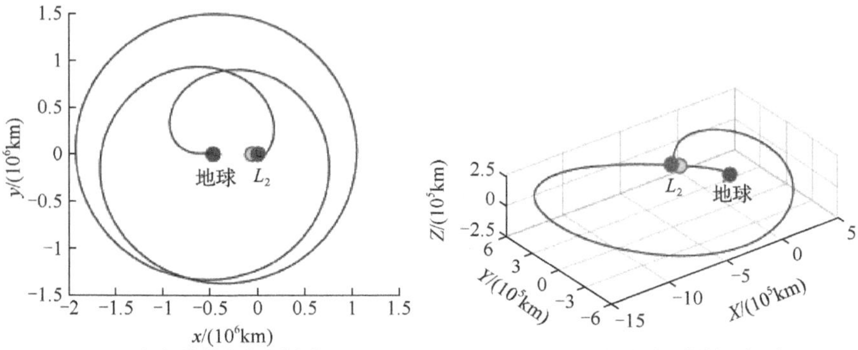

（a）地月会合坐标系　（b）地心惯性坐标系

图 4.15　飞行时间最短的地球停泊轨道至 L_2 点轨道长程不变流形

4.4.4　单机动转移轨道

基于长程不变流形轨道，只需要一次机动即可从地球停泊轨道进入向平动点轨道的转移轨道，即单机动转移轨道。由于长程不变流形到达近地停泊轨道时往往并非其近地点，为了节省能量，可以借助微分修正方法调整平动点入轨速度增量，使得出发时刻卫星位于停泊轨道近地点或者附近。

对于 4.4.3 小节的长程不变流形转移轨道，给出典型的 L_1 和 L_2 转移轨道，如表 4.2 所示，每条轨道的总速度增量即停泊轨道逃逸速度增量，均为 3.19794km/s。

表 4.2　地月平动点轨道的典型单机动转移轨道

序号	时间	地月 L_1 点	地月 L_2 点
1	停泊轨道逃逸时刻 /UTC①	2019-10-10 21:49:21.499	2019-10-08 13:22:43.292
2	平动点轨道进入时刻 /UTC	2020-01-18 07:48:00.000	2020-01-13 10:48:00.000
3	总飞行时间 /d	99.35	96.89

由表 4.2 可见，基于长程不变流形的转移轨道飞行时间一般在 100d 左右，需要总速度增量约 3200m/s，且前往两个平动点的转移轨道所需能量相同。表 4.2 中的典型转移轨道分别如图 4.16 和图 4.17 所示。

① UTC：universal time coordinated，协调世界时。

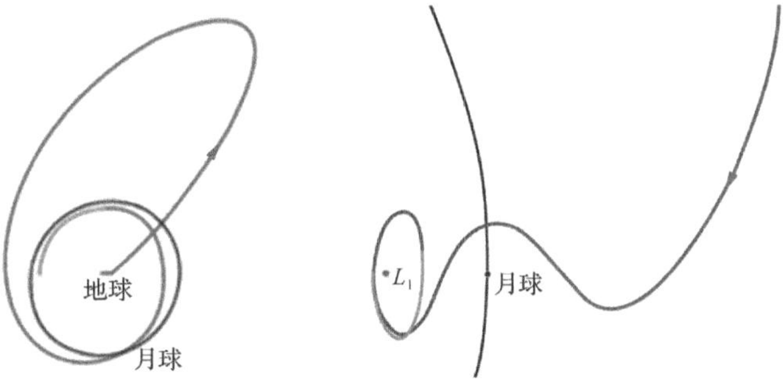

图 4.16　地月 L_1 点轨道的典型单机动转移轨道

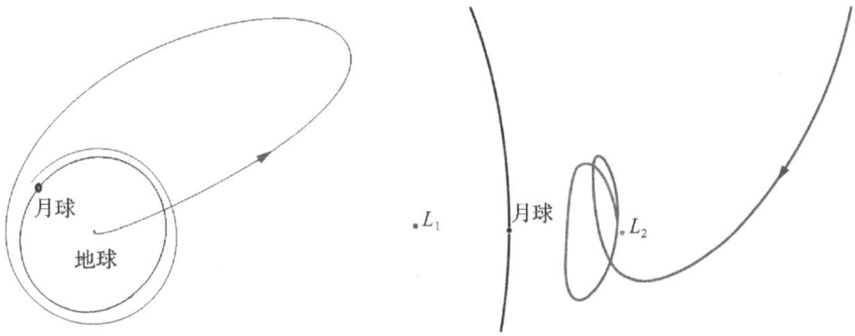

图 4.17　地月 L_2 点轨道的典型单机动转移轨道

4.5　平动点间转移轨道

平动点间的转移轨道设计可以采用 4.2 节的不变流形方法，即寻求能量较低的异宿连接转移轨道[6-10,20-37]，如 Genesis 探测器在返回地球附近时借助平动点间的异宿连接[33]由日地 L_1 点首先飞抵 L_2 点区域。此外，可以采用 4.3 节的前向导引设计方法。本节以我国 CE-2 任务方案为背景，分别采用这两种方法设计由日地 L_2 点前往日地 L_1 点的转移轨道，分别称为流形转移轨道和直接转移轨道[38]。

CE-2 于 2010 年 10 月 1 日成功发射，2011 年 4 月完成预定探月任务后，实施了日地 L_2 点拓展飞行任务，CE-2 由此成为我国第一颗飞往平动点开展科学探测的卫星，也是国际上首颗由月球出发前往日地平动点的卫星[39-41]，详见本书第 6 章。截至 2012 年 4 月卫星仍有推进剂剩余，为了最大限度发挥卫星功能和实现更多探测目标，考虑将卫星由日地 L_2 点转移至 L_1 点（拟）周期轨道，进行地球磁场和太阳风等日地空间环境探测。

2012 年 3 月 31 日 12:00:00，CE-2 位于日地 L_2 点 Lissajous 轨道，其轨道参数如表 4.3 所示。由表 4.3 分析可知，在高精度力模型下若不进行轨道维持，卫星将在 110d 后离开 Lissajous 轨道返回地球附近。

表 4.3 CE-2 日地 L_2 点 Lissajous 轨道参数

坐标系	x /km	y /km	z /km	$\dot{x}$ /(m/s)	$\dot{y}$ /(m/s)	$\dot{z}$ /(m/s)
地心 J2000.0 惯性系	−1612961	450532	187059	−10.9	−84.2	−167.2
L_2 点会合坐标系	−16837	−781989	−7272	−134.7	−160.5	−119.1

4.5.1 直接转移轨道

基于前向导引设计方法，直接在会合坐标系各坐标轴方向施加速度增量，控制卫星由 L_2 点转移至 L_1 点 Lissajous 轨道，由此得到直接转移轨道。该方法计算简单，无须深入理解动力系统特征空间结构，便于任务人员理解和应用。

从初始时刻开始的 80d 内，计算直接转移轨道所需的出发速度增量 Δv 和转移时间 Δt，结果表明，沿会合坐标系 x 和 y 方向施加速度增量均可控制卫星进入 L_1 点附近，且 x 方向所需速度增量最小，如图 4.18 所示，其中 t_0 为相对于初始时刻的天数。

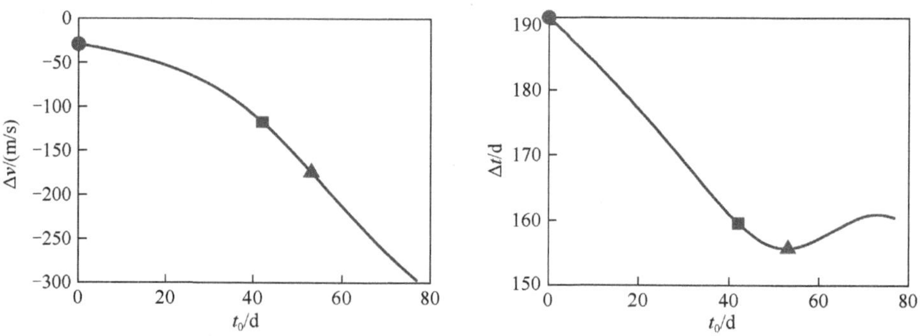

（a）速度增量　（b）转移时间

图 4.18 直接转移轨道的速度增量与转移时间

由图 4.18 可见，CE-2 由 L_2 点向 L_1 点 Lissajous 轨道的直接转移轨道至少需要速度增量 29m/s（第 1 天出发，转移时间为 191.1d，如图 4.18 中的“●”所示），转移时间至少为 155.7d（第 53 天出发，速度增量 174.4m/s，如图 4.18 中的“▲”所示）。由于 CE-2 剩余能量不超过 120m/s，因此可以实现的最少转移时间为 159.5d，对应出发时刻为第 42 天（如图 4.18 中的“■”所示）。

以环绕日地 L_1 点 Lissajous 轨道为目标，初始时刻后 80d 内的直接转移轨道在日地会合坐标系 xy 平面内的投影如图 4.19 所示。由图 4.19 可见，卫星可以利用直接转移轨道由日地 L_2 点进入 L_1 点 Lissajous 轨道，且无须机动即可环绕半圈以上。同时，随着出发时刻推迟，最终进入的 L_1 点 Lissajous 轨道幅值逐渐增大，说明轨道能量增大，所以所需出发速度增量也随之增加。

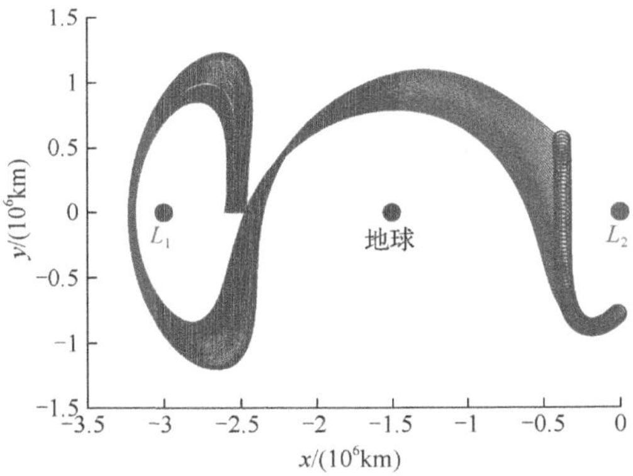

图 4.19　直接转移轨道在日地会合坐标系 xy 平面内的投影

4.5.2　流形转移轨道

基于不变流形设计 CE-2 由日地 L_2 至日地 L_1 的转移轨道，以实现“L_2 点至 L_1 点转移并进入 Lissajous 轨道”为目标，分析流形转移轨道所需的控制能量、转移时间及转移轨道形状等。

首先在初始时刻进行轨道维持，使之可以环绕日地 L_2 点 2 圈以上，维持速度增量为 1.6m/s，方向沿会合坐标系 x 轴；然后，从初始时刻开始计算摄动条件下 1 圈内的不稳定拟流形，采样间隔 0.5d，轨道预报时间 1 年，结果如图 4.20 所示。

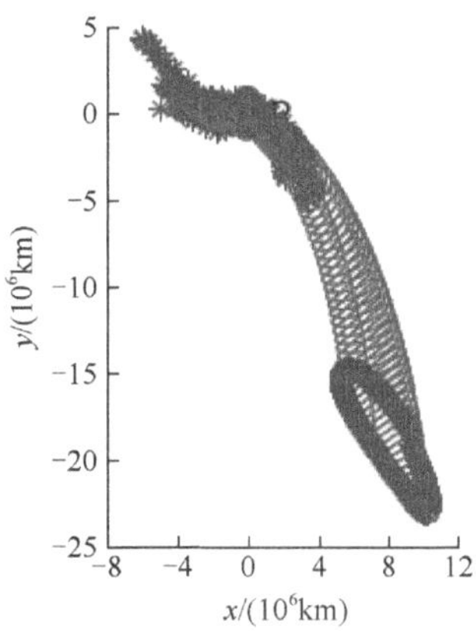

图 4.20　CE-2 日地 L_2 点 Lissajous 轨道的不稳定拟流形

由图 4.20 可见，对于 CE-2 日地 L_2 点 Lissajous 轨道的 2 个不稳定拟流形分支，向地球一侧的分支受摄动因素影响，变化较为复杂，不如 CRTBP 流形的形状规则。

1. 转移轨道类型

筛选出可以到达 L_1 点附近的不稳定拟流形，筛选条件为拟流形与会合坐标系 xz 平面的交点在地球与 L_1 点之间且尽量靠近 L_1 点，符合该条件的拟流形经过修正后即可进入 L_1 点 Lissajous 轨道。按照转移轨道与地月系质心的距离，将筛选得到的 123 条轨道分为两类，如图 4.21 所示。

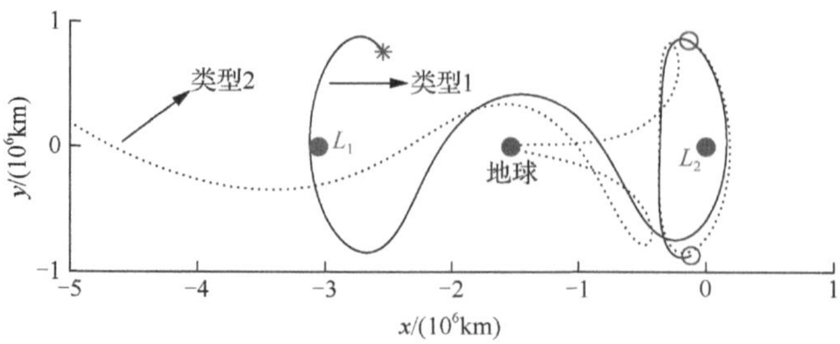

图 4.21　基于拟流形的两类转移轨道

第 1 类称为拱型转移轨道，如图 4.21 中的类型 1，包括 3 种典型情况，即转移轨道始终远离地月系质心、转移轨道经过 L_1 点附近再到达地月系质心附近、转移轨道通过地月系质心靠近 L_1 一侧后被引力拉回至地月系质心附近，其共同特征为转移轨道初始段在 xy 平面的投影横跨地月系质心，且经过微小修正即可进入 L_1 点 Lissajous 轨道；第 2 类称为飞掠型转移轨道，即从地月系质心附近掠过，然后环绕地月系质心 1～2 圈后飞往 L_1 点，如图 4.21 中的类型 2，从距地球约 24000km 处掠过，该类型轨道的修正较为困难。拱型转移轨道和飞掠型转移轨道分别为 55 条和 68 条。

采用微分修正算法修正初始拱型和飞掠型转移轨道，且飞掠型转移轨道修正后仍保持为飞掠型。结果表明：第 109 天时出发的转移时间最少（约 239.5d），其速度增量约 3m/s；其他情况的转移时间均大于 300d，但是速度增量小于 0.15m/s。具体如图 4.22 所示。

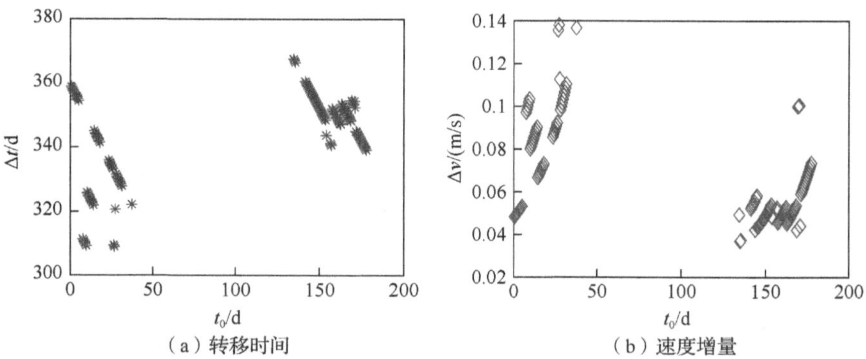

（a）转移时间　　（b）速度增量

图 4.22　流形转移轨道的转移时间和速度增量

由图 4.22 可见，转移时间与速度增量大致呈反比关系。其中，第 27 天出发的转移时间最长（约 367.6d），对应速度增量 0.049m/s；第 134.5 天出发的转移时间最短（约 309d），对应速度增量最小为 0.138m/s。由此可见，速度增量增加 0.089m/s 可使得转移时间减少 59d 左右。此外，最终得到的转移轨道形状均为拱型和飞掠型。

2. 转移类型改变

对于飞掠型轨道，还可以施加不同速度增量，使之以拱型转移轨道进入日地 L_1 点 Lissajous 轨道，对应转移时间 Δt 和出发速度增量 Δv 如图 4.23 所示。由图 4.23 可见，修正结果中有 4 条轨道的转移时间为 210～215d，速度增量为 6～7m/s。此外，随着出发时刻推迟，转移时间逐渐减小，速度增量逐渐增大，且出发速度增量提高 0.03m/s 可使得转移时间降低 40d 左右。

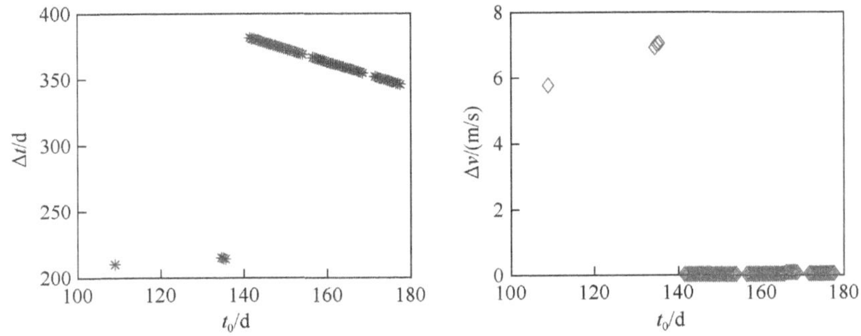

（a）转移时间　（b）速度增量

图 4.23　飞掠型转移轨道修正为拱型转移轨道的转移时间和速度增量

对比图 4.22 和图 4.23 可见，若速度增量变化超过 7m/s，则两类转移轨道的转移时间可以相差 150d 左右；若速度增量变化小于 0.1m/s，则两类转移轨道的转移时间相差 7～25d。

综上，CE-2 由日地 L_2 点向 L_1 点的转移轨道如表 4.4 所示。表 4.4 中，t_0、Δt 和 Δv 分别为出发时刻、转移时间和速度增量，序号 1 为直接转移方式轨道，序号 2 和 3 分别为拱型和飞掠型流形转移轨道，序号 4 和 5 分别为转移时间较短和出发速度增量最小的典型流形转移轨道。

表 4.4　CE-2 由日地 L_2 点向 L_1 点的转移轨道

序号	t_0 /d	Δt /d	Δv /(m/s)	方式
1	0～42	159.5～191.1	29～120	直接转移
2	0～180	210～381.9	0.024～7.06	流形转移
3	135～177.5	339.2～367.6	0.037～0.074	
4	109	210	5.776	
5	141.5	381.9	0.024	

由表 4.4 可见，采取直接转移轨道，速度增量为数十米每秒，转移时间为一百多天。若采用流形转移轨道，则速度增量可降低 1～2 个量级，转移时间增加几十天或增加 1 倍，同时最小出发速度增量可降低至 0.024m/s，接近于零消耗转移

轨道。理论上，两种转移轨道不需要控制即可进入 L_1 点 Lissajous 轨道，实际应用时考虑到控制误差和定轨误差等，需要少量中途修正和入轨机动。

参考文献

[1] HARTMAN P. Ordinary differential equations[M]. New York: Wiley, 1964.

[2] KOON W S, LO M W, MARSDEN J E, et al. Dynamical systems, the three-body problem, and space mission design[M]. New York: Springer-Verlag, 2007.

[3] BOSANAC N. Leveraging natural dynamical structures to explore multi-body systems[D]. West Lafayette: Purdue University, 2016.

[4] SEYDEL R. Practical bifurcation and stability analysis: from equilibrium to chaos[M]. New York: Springer-Verlag, 1994.

[5] PARKER T S, CHUA L O. Practical numerical algorithms for chaotic systems[M]. New York: Springer-Verlag, 1989.

[6] VILLAC B F. Dynamics in the Hill problem with applications to spacecraft maneuvers[D]. Ann Arbor: University of Michigan, 2003.

[7] POSSNER M P. Orbit design and control of planetary satellite orbiters in the Hill 3-body problem[D]. Ann Arbor: University of Michigan, 2007.

[8] HAAPALA A. Trajectory design using periapse maps and invariant manifolds[D]. West Lafayette: Purdue University, 2010.

[9] SHORT C R. Flow-informed strategies for trajectory design and analysis[D]. West Lafayette: Purdue University, 2016.

[10] OLIKARA Z P. Computation of quasi-periodic tori in the circular restricted three-body problem[D]. West Lafayette: Purdue University, 2010.

[11] SZEBEHELY V. Theory of orbits: the restricted problem of three bodies[M]. New York: Academic Press, 1967.

[12] CAPDEVILA L R. A transfer network linking Earth, Moon, and the triangular libration point regions in the Earth-Moon system[D]. West Lafayette: Purdue University, 2016.

[13] WIGGINS S. Introduction to applied nonlinear dynamical systems and chaos[M]. New York : Springer-Verlag, 1990.

[14] GUCKENHEIMER J, HOLMES P. Nonlinear oscillations dynamical systems and bifurcations of vector fields[M]. New York : Springer-Verlag, 1983.

[15] GÓMEZ G, JORBA A, MASDEMONT J J, et al. Dynamics and mission design near libration points: vol. 3, advanced methods for collinear points[M]. Singapore: World Scientific, 2001.

[16] BARDEN B T. Using stable manifolds to generate transfers in the circular restricted problem of three bodies[D]. West Lafayette: Purdue University, 1994.

[17] CONLEY C. On some new long periodic solutions of the plane restricted 3-body problem[J]. Communications On Pure And Applied Mathematics, 1963(16):449-467.

[18] CONLEY C. Low energy transit orbits in the restricted 3-body problem[J]. Siam Journal Applied Mathematics, 1968(16):732-746.

[19] CANALIAS E, MASDEMONT J J. Eclipse avoidance for Lissajous orbits using invariant manifolds[C]//55th international astronautical congress, Vancouver Canada, 2004.

[20] CANALIAS E, MASDEMONT J J. Explorations of low cost connections between Lissajous orbits from the Sun-Earth and Earth-Moon systems[C]//AIAA/AAS astrodynamics specialist conference and exhibit, AIAA 2006-6836, Keystone Colorado, 21-24 August , 2006.

[21] CANALIAS E, MASDEMONT J J. Computing natural transfers between Sun-Earth and Earth-Moon Lissajous libration point orbits[J]. Acta Astronautica, 2007, 63(1-4): 238-248.

[22] MASDEMONT J J. High order expansions of invariant manifolds of libration point orbits with applications to mission design[J]. Dynamical Systems: An International Journal, 2005, 20(1): 59-113.

[23] LIU L, CAO J F, LIU Y, et al. CHANG'E-3 contingency scheme and trajectory[J]. Advances in Space Research, 2015(55): 1074-1084.

[24] KOON W S, LO M W, MARSDEN J E, et al. Heteroclinic connections between periodic orbits and resonance transitions in celestial mechanics[J]. Chaos, 2000(10): 427-469.

[25] KOON W S, LO M W, MARSDEN J E, et al. Resonance and capture of Jupiter comets[J]. Celestial Mechanics and Dynamical Astronomy, 2001(81): 27-38.

[26] KOON W S, LO M W, MARSDEN J E, et al. Low energy transfer to the Moon[J]. Celestial Mechanics and Dynamical Astronomy, 2001(81): 63-73.

[27] KOON W S, LO M W, MARSDEN J E, et al. Constructing a low energy transfer between Jovian moons[J]. Contemporary Mathematics, 2002(292): 129-145.

[28] KOON W S, MARSDEN J E, ROSS S D, et al. Geometric mechanics and the dynamics of asteroid pairs[J]. Annals of the New York Academy of Sciences, 2004(1017): 11-38.

[29] 刘磊，唐歌实，胡松杰，等. 月球探测再入返回试验后续飞行方案研究[J]. 宇航学报，2015，36（1）：9-17.

[30] LIU L, HU C Y. Scheme design of the CHANG'E-5T1 extended mission[J]. Chinese Journal of Aeronautics, 2018, 31(7): 1559-1567.

[31] BELBRUNO E. Capture dynamics and chaotic motions in celestial mechanics[M]. Princeton : Princeton University Press, 2004.

[32] PARKER J S. Families of low-energy lunar Halo transfers[C]//AAS/AIAA Spaceflight Dynamics Conference, Tampa, 2006.

[33] KOON W S, LO M W, ROSS S D, et al. The Genesis trajectory and heteroclinic connections[C]//AAS/AIAA astrodynamics specialist conference. Girdwood, Alaska, 1999.

[34] GÓMEZ G, KOON W S, LO M W, et al. Invariant manifolds, the spatial three-body problem and space mission design[J]. Advances in the Astronautical Sciences, 2001(109): 3-22.

[35] GÓMEZ G, KOON W S, LO M W, et al. Connecting orbits and invariant manifolds in the spatial restricted three-body problem[J]. Nonlinearity, 2004, 17(5): 1571-1606.

[36] DELLNITZ M, HOHMANN A. The computation of unstable manifolds using subdivision and continuation[J]. Nonlinear Dynamical Systems and Chaos, 1996: 449-459.

[37] HOWELL K C, KAKOI M. Transfers between the Earth-Moon and Sun-Earth systems using manifolds and transit orbits[J]. Acta Astronautica, 2006, 59(1-5): 367-380.

[38] 刘磊，李勰，曹建峰，等. 嫦娥二号平动点间转移轨道方案研究[J]. 系统工程与电子技术，2014，36（7）：1386-1391.

[39] WU W R, LIU Y, LIU L, et al. Pre-LOI trajectory maneuvers of the CHANG'E-2 libration point mission[J]. Science China, 2012, 55(6): 1249-1258.

[40] LIU L, LIU Y, CAO J F, et al. CHANG'E-2 lunar escape maneuvers to the Sun-Earth L2 libration point mission[J]. Acta Astronautica, 2014(93): 390-399.

[41] 吴伟仁，罗辉，谌明，等. 面向日地拉格朗日 L2 点探测的深空遥测数传系统设计与试验[J]. 系统工程与电子技术，2012，34（12）：2559-2563.

第 5 章　平动点轨道维持控制

轨道维持是空间任务实施过程中的重要内容和顺利实现任务目标的必要手段。平动点轨道受三体动力学和各种摄动力影响而具有明显的不稳定性，轨道维持的需求和特点有别于常见的中心天体环绕轨道。本章针对应用广泛的共线平动点轨道，介绍平动点轨道维持控制方法。

5.1　平动点轨道稳定性

平动点轨道的稳定性直接决定维持控制的必要性、控制实现方式和代价等，因此是平动点轨道维持控制需要考虑的首要因素。

平动点轨道稳定性由其动力学特性决定，可利用 CRTBP 下的动力学方程分析其线性稳定性。4.1.1 小节对此进行了简单讨论，即由动力学特征方程的系数矩阵得到线性化状态转移矩阵，分析单值矩阵的特征值和特征向量。其中，式 (4.3) 给出了平动点周期轨道的稳定性指数 s，用于表征平动点轨道的线性稳定性。此外，可以直接利用平动点周期轨道与 Poincaré 截面的交点，分析该点对应的动力学特征方程的系数矩阵，若系数矩阵的全部特征值的模均小于 1，则周期轨道线性稳定，反之则不稳定。采用稳定性指数 s 分析 CRTBP 下地月系平动点周期轨道的稳定性。对于图 3.11 中的地月 L_2 点南族 halo 轨道族，逐一计算每条 halo 轨道的稳定性指数 η，如图 5.1 所示，图中横坐标为地月会合坐标系 x 轴，原点为地月系质心，单位为地月平均距离。

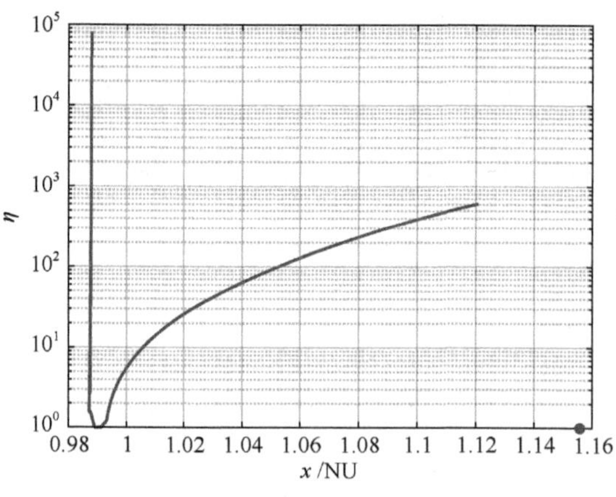

图 5.1　地月系 L_2 点南族 halo 轨道族的稳定性指数

由图 5.1 可见，CRTBP 下靠近平动点的 halo 轨道稳定性较差，因此平动点轨道设计时应尽可能考虑大幅值 halo 轨道，既可以确保较好的稳定性，地面测控条件也较好。

在高精度力模型下，halo 轨道的周期性被破坏，不存在严格的单值矩阵，但是鉴于状态转移矩阵反映了初始状态偏差与末状态误差的关系，因此仍可以利用其分析平动点轨道的运动特性。这里结合初始状态偏差和实际控制需求定义平动点轨道单圈控制需求判据。

设初始状态偏差为$\delta \boldsymbol{x}_0$，可由式（3.4）计算末状态误差$\delta \boldsymbol{x}_{\mathrm{d}}$。设$\boldsymbol{\Phi}(t,t_0)$的特征值和特征向量分别为$\lambda_i$和$\boldsymbol{\upsilon}_i\,(i=1,\cdots,6)$，于是有

$$\boldsymbol{\Phi}(t,t_0)\boldsymbol{\upsilon}_i=\lambda_i\boldsymbol{\upsilon}_i \tag{5.1}$$

令

$$\delta \boldsymbol{x}_0=\sum_{i=1}^{6}(k_i\boldsymbol{\upsilon}_i) \tag{5.2}$$

由式（3.4）可得

$$\delta \boldsymbol{x}_{\mathrm{d}}=\boldsymbol{\Phi}(t,t_0)\sum_{i=1}^{6}(k_i\boldsymbol{\upsilon}_i)=\sum_{i=1}^{6}(k_i\lambda_i\boldsymbol{\upsilon}_i) \tag{5.3}$$

由式（5.3）可见，轨道的末状态误差$\delta \boldsymbol{x}_{\mathrm{d}}$即$\boldsymbol{\upsilon}_i$的线性组合，系数为$\lambda_i$和初始状态偏差的特征向量线性组合系数$k_i$之积$k_i\lambda_i$。

考虑到实际控制能力，设可容许的末状态最大位置偏差为Δp，则平动点轨道单圈内无须控制的充分条件，也即控制需求判据为

$$\left\|\sum_{i=1}^{6}\left(k_i\lambda_i\boldsymbol{\upsilon}_i^p\right)\right\|\leqslant \Delta p \tag{5.4}$$

式中，$\boldsymbol{\upsilon}_i^p$为$\boldsymbol{\upsilon}_i$的位置分量部分，即由$\boldsymbol{\upsilon}_i$前 3 个分量组成的矢量。

由下式

$$\left\|\sum_{i=1}^{6}\left(k_i\lambda_i\boldsymbol{\upsilon}_i^p\right)\right\|\leqslant\sum_{i=1}^{6}\left(|k_i\lambda_i|\left\|\boldsymbol{\upsilon}_i^p\right\|\right)\leqslant\sum_{i=1}^{6}|k_i\lambda_i| \tag{5.5}$$

可得平动点轨道单圈内无须轨道控制的充分条件为

$$\sum_{i=1}^{6}|k_i\lambda_i|\leqslant \Delta p \tag{5.6}$$

5.2　平动点轨道偏差分析

造成平动点轨道偏差的因素包括力模型误差、初始状态误差等，其中力模型误差主要包括天体引力和太阳光压摄动等，初始状态误差则主要为入轨位置偏差

和速度偏差等测控误差。本节采用数值法分析摄动力和初始状态误差等因素的影响，给出高精度力模型下的轨道位置偏差量级，为平动点轨道维持与控制方法研究和策略制定提供依据。

5.2.1 摄动力影响

以常见的日地系和地月系 halo 轨道为例，分析摄动力的影响，确定轨道设计与控制需考虑的主要摄动力，高精度力模型的模型参数与 3.4.2 小节相同。

1. 日地系 halo 轨道

以幅值 A_x 为 25 万 km、A_z 为 13 万 km 的日地系 halo 轨道为例，依次忽略各个行星和月球的引力、全部内行星（水星和金星）和全部外行星（火星、木星、土星、天王星和海王星）的引力及光压，数值预报 1 个轨道周期，给出实际轨道相对于高精度力模型轨道的偏差，包括位置和速度的绝对偏差和相对误差，如表 5.1 所示。

表 5.1 摄动力对日地系 halo 轨道的影响

摄动力	绝对位置误差/km	相对位置误差/%	绝对速度误差/(m/s)	相对速度误差/%
月球	4261295	1500	1239	409
木星	348541	123	205	68
金星	91136	32	50	16
水星	9722	3	5	2
土星	4096	1	2	1
火星	917	0.323	0.5	0.157
海王星	43	0.015	0.023	0.007
天王星	30	0.010	0.015	0.005
光压	391373	138	0.233	77
外行星	352295	124	0.208	69
内行星	101345	36	0.055	18

由表 5.1 可见，摄动影响以月球引力最大，木星引力和光压次之，且三者引起的相对位置误差超过 100%，表明 halo 轨道的周期特性完全被破坏。外行星的影响几乎是内行星的 3～4 倍，主要为木星的引力摄动。此外，金星的摄动影响相对较大，火星的影响几乎可以忽略。

因此，对于日地系平动点轨道，必须考虑光压和大行星的摄动影响，否则会很快偏离标称轨道，必将消耗较多的维持控制能量。

2. 地月系 halo 轨道

在地月共线平动点附近，太阳引力和光压对于轨道的摄动影响较大，白道偏心率也较大，这些因素共同作用，使得地月平动点轨道在高精度力模型下发散较快。

分别以幅值 A_z 为 5000km 和 30000km 的地月 halo 轨道为例，依次忽略太阳和各行星的引力及光压，计算 1/2 和 1 个轨道周期的位置和速度的相对误差，如表 5.2 中的 ΔP 和 ΔV 所示。

表 5.2 摄动力对地月系 halo 轨道的影响

摄动力	$T/2$ (A_z =5000km)		T (A_z =5000km)		$T/2$ (A_z =30000km)		T (A_z =30000km)	
	ΔP /%	ΔV /%	ΔP /%	ΔV /%	ΔP /%	ΔV /%	ΔP /%	ΔV /%
水星	2.10×10^{-6}	2.29×10^{-7}	3.35×10^{-5}	1.83×10^{-5}	6.66×10^{-7}	3.69×10^{-7}	9.76×10^{-6}	9.28×10^{-6}
金星	2.70×10^{-5}	5.78×10^{-6}	0.000706	0.000373	6.45×10^{-6}	2.72×10^{-6}	9.07×10^{-5}	8.61×10^{-5}
火星	1.80×10^{-6}	3.28×10^{-7}	3.63×10^{-6}	5.56×10^{-7}	3.93×10^{-7}	4.43×10^{-7}	1.17×10^{-5}	9.96×10^{-6}
木星	0.000701	0.000142	0.019077	0.010087	0.000161	5.96×10^{-5}	0.002314	0.00222
土星	6.00×10^{-6}	3.72×10^{-6}	0.000235	0.000116	2.57×10^{-6}	3.42×10^{-6}	0.000106	9.14×10^{-5}
天王星	4.98×10^{-7}	2.85×10^{-7}	1.49×10^{-5}	7.53×10^{-6}	1.78×10^{-7}	2.20×10^{-7}	6.80×10^{-6}	6.01×10^{-6}
海王星	1.88×10^{-7}	3.58×10^{-8}	2.27×10^{-6}	1.26×10^{-6}	9.73×10^{-8}	6.19×10^{-8}	3.67×10^{-6}	3.26×10^{-6}
太阳	25.94891	15.1225	596.7163	184.0554	10.83239	14.35284	275.3155	142.7696
光压	0.130236	0.024535	1.844591	0.954688	0.034709	0.019569	0.069562	0.068543

由表 5.2 可见，太阳引力摄动最大，其次为光压。大行星中木星的摄动影响最大，其余影响较小，若飞行时间较短可以忽略。不过，考虑到金星轨道在特定历元距离地球较近，应根据历元分析其摄动影响。同时可见，与小幅值 halo 轨道相比，摄动力对大幅值 halo 轨道的影响相对减弱，说明大幅值 halo 轨道的稳定性相对较好。

5.2.2 初始状态误差影响

由 4.1 节可知，平动点周期轨道的稳定性由单值矩阵的特征值决定，因此可利用单值矩阵分析初始状态误差的影响。

以 5.2.1 小节中幅值 A_z 为 5000km 的地月系 halo 轨道为例，计算 CRTBP 和高精度力模型下的单值矩阵特征值，进而沿相应特征向量方向引入大小为 100km 的初始位置误差，分析 1 个轨道周期后的位置误差 ΔS，如表 5.3 所示。

表 5.3　平动点轨道单值矩阵对状态误差的影响

x	CRTBP		高精度力模型	
	λ_x	ΔS /km	λ_x	ΔS /km
1	1	197.842	0.906+0.0538i	207.832
2	1	77.726	0.906−0.0538i	207.832
3	1188.455	76180.458	1218.647	77216.082
4	0.001	12.703	0.001	8.131
5	0.996+0.0899i	76.812	1.169+0.0479i	3057.190
6	0.996−0.0899i	76.812	1.169+0.0479i	3057.190

由表 5.3 可见，CRTBP 下，各个特征值对应的位置误差与初始位置误差关系与 4.1.1 小节描述的基本相同，沿 λ_3 和 λ_4 对应特征向量方向的初始位置误差明显被放大或缩小，沿 λ_5 和 λ_6 对应特征向量方向的初始位置误差变化较小。在高精度力模型下，特征值结构发生变化，虽然 λ_3 和 λ_4 及其相关误差特性基本不变，但是 λ_5 和 λ_6 的模超过 1，将初始位置误差明显放大，λ_1 和 λ_2 也略有改变，并将初始位置误差一定程度放大。同时，初始状态沿特征向量方向的偏差结果和对应特征值的模大致成正比。

除上述沿特征向量方向的初始状态偏差外，进一步分析高精度力模型下不同方向的初始状态偏差影响，考虑到状态量为 6 维，下面分析 3 种特殊方式的初始状态偏差。

1. 沿会合坐标轴方向的状态偏差

对于 5.2.1 小节中幅值 A_z 为 5000km 和 30000km 的地月系 halo 轨道，考虑 ±100km 和±10m/s 的初始位置和速度误差，分别在会合坐标系 3 个方向上引入误差，共计 48 种情况，分析 1/2 轨道周期和 1 个轨道周期的位置速度偏差，其中偏差最小和最大的情况分别如表 5.4 中的 Δ1 和 Δ2 所示。

表 5.4　地月系 halo 轨道初始状态误差影响分析

轨道偏差	$T/2$ (A_z =5000km)		T (A_z =5000km)		$T/2$ (A_z =30000km)		T (A_z =30000km)	
	ΔP /%	ΔV /%	ΔP /%	ΔV /%	ΔP /%	ΔV /%	ΔP /%	ΔV /%
Δ1	0.579	0.191	7.162	3.443	0.534	0.359	15.830	13.672
Δ2	186.469	77.963	2138.867	482.452	61.268	59.442	810.475	309.135

分析表明，单独考虑位置误差时，y 方向位置误差影响最小，即表 5.4 中的 Δ1；x 方向位置误差影响最大。单独考虑速度误差或综合考虑位置误差、速度误差时，

x 和 y 方向的正向速度误差影响最大，即表 5.4 中的 $\Delta 2$ 。

2. 位置速度同方向的状态偏差

设初始位置偏差大小为 100km，初始速度偏差大小为 1m/s，二者方向相同且在会合坐标系中的方向角和高低角分别为 α 和 β ，1 个轨道周期后的位置偏差和速度偏差分别如彩图 7 和彩图 8 所示，彩图 8 中的“●”为 2 个正特征值对应的特征向量的位置或速度方向。

分析彩图 7 和彩图 8 可知，当初始位置偏差和速度偏差方向相同时，恰好与最大正特征值对应的特征向量方向吻合，此时引起的末状态偏差最大。若初始位置和速度偏差与最小正特征值对应的特征向量方向接近，则末状态偏差相对较小，这与 CRTBP 下的结论基本一致。

3. 随机方向的状态偏差

随机生成初始位置误差和速度误差的方向，1 个轨道周期后的位置偏差与初始位置和速度偏差方向角的关系如图 5.2 所示，α_p 和 β_p 分别为初始位置偏差方向的方位角和高低角，α_v 和 β_v 分别为初始速度偏差方向的方位角和高低角。

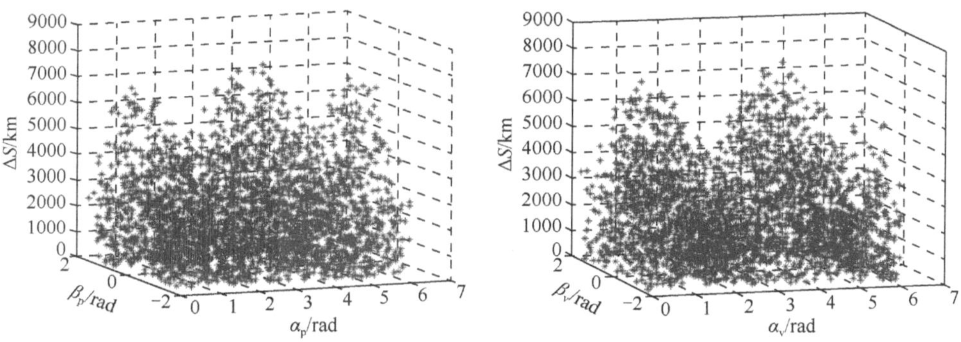

（a）位置偏差与初始位置偏差方向角的关系　（b）位置偏差与初始速度偏差方向角的关系

图 5.2　位置偏差与初始位置偏差方向角和初始速度偏差方向角的关系

由图 5.2 可见，随机方向的初始状态偏差影响与前述位置速度同方向的初始状态偏差影响类似，也与 CRTBP 下的结论基本一致。

5.3　平动点轨道维持控制方法

平动点轨道的维持控制是轨道动力学的关注重点，国外于 20 世纪 60 年代提出了共线平动点晕轨道的稳定性保持问题，Colombo、Breakwell 和 Farquhar 等开展了奠基性工作[1-12]，此后诸多学者结合动力学和控制理论的发展，又提出了多种平动点轨道维持控制方法[13-33]，其中 3 种方法较为典型[13-19]：目标点（target point）控制法、弗洛凯（Floquet）控制法和连续环绕控制法。目标点控制法选择标称轨道的预期状态作为控制目标，通过预期状态偏差反馈，将实际轨道控制到标称轨道上。该方法虽然可以获得标称位置，但是能量代价相对较大。弗洛凯控制法基于弗洛凯定理和平动点轨道的动力学结构，通过消除当前状态中不稳定流形对应的状态分量，以避免预期轨道偏离，能量代价相对较小。连续环绕控制法借助平动点轨道的动力学特征，通过控制轨道多次到达平动点轨道特征点，实现轨道运动长期保持在平动点附近。该方法无须标称轨道，且在轨道偏差较大的情况下可以相对降低轨道维持控制能耗。

5.3.1　目标点控制法

Farquhar 和 Breakwell 等在目标点控制法上做了开创性工作[3-12]，Howell 等将之进一步发展完善[20-22]。该方法选取未来多个时间点作为轨道控制的目标时刻，各目标时刻对应的轨道状态即目标点，将实际轨道与目标点的偏差和轨道控制量加权组成代价函数，求取使得代价函数最小的轨道控制量。

设轨道控制的当前时刻为 t_0，目标时刻为 $t_k\ (k=1,2,\cdots)$，将 $t_0 \sim t_k$ 的状态转移矩阵 $\boldsymbol{\Phi}(t_k,t_0)$ 划分为 4 个子矩阵：

$$\boldsymbol{\Phi}(t_k,t_0)=\begin{bmatrix}\boldsymbol{A}_k & \boldsymbol{B}_k \\ \boldsymbol{C}_k & \boldsymbol{D}_k\end{bmatrix} \tag{5.7}$$

为了将控后轨道保持在标称轨道附近可接受偏差内且轨道控制量最小，控制代价函数 J 需包括轨道控制量 $\Delta\boldsymbol{v}$、无控状态下目标点的轨道位置偏差 $\Delta\boldsymbol{r}_k$ 和速度偏差 $\Delta\boldsymbol{v}_k$，即

$$J=\Delta\boldsymbol{v}'\boldsymbol{Q}\Delta\boldsymbol{v}+\sum_{k=1}^{n}\left(\Delta\boldsymbol{r}_k'\boldsymbol{R}_k\Delta\boldsymbol{r}_k+\Delta\boldsymbol{v}_k'\boldsymbol{S}_k\Delta\boldsymbol{v}_k\right) \tag{5.8}$$

式中，$\boldsymbol{Q}$、$\boldsymbol{R}_k$ 和 $\boldsymbol{S}_k$ 分别为 $\Delta\boldsymbol{v}$、$\Delta\boldsymbol{r}_k$ 和 $\Delta\boldsymbol{v}_k$ 的加权矩阵；$\boldsymbol{Q}$ 为对称正定阵；$\boldsymbol{R}_k$ 和 $\boldsymbol{S}_k$ 为半正定阵。

作为输入量，加权矩阵在计算时为定常值，但是在每次计算时需根据经验并迭代计算以确定合适的值。

求解使式（5.8）中的代价函数 J 最小的轨道控制量 $\Delta\boldsymbol{v}^*$，得

$$\Delta\boldsymbol{v}^*=-\left[\boldsymbol{Q}+\sum_{k=1}^{n}\left(\boldsymbol{B}_k'\boldsymbol{R}_k\boldsymbol{B}_k+\boldsymbol{D}_k'\boldsymbol{S}_k\boldsymbol{D}_k\right)\right]^{-1}\sum_{k=1}^{n}\left[\left(\boldsymbol{B}_k'\boldsymbol{R}_k\boldsymbol{B}_k+\boldsymbol{D}_k'\boldsymbol{S}_k\boldsymbol{D}_k\right)\Delta\boldsymbol{v}_0+\left(\boldsymbol{B}_k'\boldsymbol{R}_k\boldsymbol{A}_k+\boldsymbol{D}_k'\boldsymbol{S}_k\boldsymbol{C}_k\right)\Delta\boldsymbol{r}_0\right] \tag{5.9}$$

式中，$\Delta\boldsymbol{r}_0$ 和 $\Delta\boldsymbol{v}_0$ 为 t_0 时刻相对于标称轨道的位置和速度偏差。

由此可见，轨道控制量 $\Delta\boldsymbol{v}^*$ 包括初始时刻的位置和速度偏差、状态转移矩阵和加权矩阵，可以实现最优或者次优控制效果，目标点的最大个数 n 可以取 3[20-22]。

在应用目标点控制方法时，需考虑一些约束条件。首先，目标点的选取应大于一定时间间隔，以确保星上载荷工作或者轨道确定等测控工作，地月系平动点轨道的目标点间隔可取 1～3d；其次，$\Delta\boldsymbol{v}^*$ 的计算前提为轨道位置偏差大于一定数值，若小于该偏差则无须计算；最后，若各目标点位置偏差随目标点时刻呈下降趋势，也无须计算 $\Delta\boldsymbol{v}^*$。此外，只有 $\Delta\boldsymbol{v}^*$ 大于一定阈值才考虑实施控制，否则，可能受限于星载控制系统限制而无法实施过小的轨道控制，或者实施后造成与控制量同一量级的控制偏差，造成控制效果适得其反。

目标点控制方法既可用于平动点轨道维持控制，也可用于一般轨道控制。

5.3.2　弗洛凯控制法

弗洛凯控制法由 Simó 和 Gómez 等[15, 23-25]提出，结合不变流形理论和弗洛凯模式计算轨道控制量，其中弗洛凯模式用于确定局部误差向量的不稳定分量，消除该分量所需的速度增量即轨道控制量。

不变流形理论利用动力学方程的特征结构描述平动点周期轨道及其附近的运动，是弗洛凯控制法的重要理论基础，4.1 节简要介绍了相关内容。对于单值矩阵 $\boldsymbol{M}$，特征值 $\lambda_3>1$ 对应的特征向量即不稳定特征向量 $\boldsymbol{\upsilon}_0^{\mathrm{u}}$，平动点转移轨道设计利用 $\boldsymbol{\upsilon}_0^{\mathrm{u}}$ 实现低能量转移，平动点轨道维持控制则应消除 $\boldsymbol{\upsilon}_0^{\mathrm{u}}$ 使航天器保持在平动点标称轨道附近，因此需随时求解 $\boldsymbol{\upsilon}_0^{\mathrm{u}}$ 以获取轨道运动状态。然而，由 4.1 节可知，$\boldsymbol{M}$ 并非时间的周期函数，且具有性质 $\boldsymbol{\Phi}(kT,0)=\boldsymbol{M}^k$，使得 $\boldsymbol{M}$ 随时间迅速变化至“病态”，给 $\boldsymbol{\upsilon}_0^{\mathrm{u}}$ 的求解造成困难。为此，利用弗洛凯定理将动力系统在任意时刻的特征向量表示为弗洛凯模式，进而求解得到相应的特征向量[15, 23-25]。

式（3.4）中的状态转移矩阵 $\boldsymbol{\Phi}(\tau,\tau_0)$ 为线性系统式（3.2）的基本矩阵，将 τ 记为 t，且为方便起见令 $t_0=0$，将之分解为[25-27]

$$\boldsymbol{\Phi}(t,0)=\boldsymbol{E}(t,0)\mathrm{e}^{\boldsymbol{J}t} \tag{5.10}$$

式中，$\boldsymbol{E}(t,0)$ 为时间周期矩阵且 $\boldsymbol{E}(0,0)=\boldsymbol{I}_6$；$\boldsymbol{J}$ 为常数矩阵，二者维度与 $\boldsymbol{\Phi}(t,t_0)$ 相同。

将 $\boldsymbol{\Phi}(t,t_0)$ 右乘常数矩阵 $\boldsymbol{S}$，可以得到线性系统式（3.2）的又一基本矩阵 $\bar{\boldsymbol{\Phi}}(t,t_0)$，记为与式（5.10）相同的形式：

$$\bar{\boldsymbol{\Phi}}(t,0)=\boldsymbol{\Phi}(t,0)\boldsymbol{S}=\bar{\boldsymbol{E}}(t,0)\mathrm{e}^{\bar{\boldsymbol{J}}t} \tag{5.11}$$

显然有

$$\bar{\boldsymbol{\Phi}}(0,0)=\bar{\boldsymbol{E}}(0,0)=\boldsymbol{S} \tag{5.12}$$

基于$\boldsymbol{E}(t,0)$和$\bar{\boldsymbol{E}}(t,0)$的周期性，由$t=T$和式（5.10）～式（5.12）可以得到

$$\bar{\boldsymbol{J}}=\boldsymbol{S}^{-1}\boldsymbol{J}\boldsymbol{S} \tag{5.13}$$

由此可见，$\boldsymbol{J}$和$\bar{\boldsymbol{J}}$为相似矩阵，二者特征值相同。

同时，由式（5.11）可得

$$\boldsymbol{M}=\boldsymbol{\Phi}(T,0)=\bar{\boldsymbol{E}}(T,0)e^{\bar{\boldsymbol{J}}T}\boldsymbol{S}^{-1}=\boldsymbol{S}e^{\bar{\boldsymbol{J}}T}\boldsymbol{S}^{-1} \tag{5.14}$$

式（5.14）表明，单值矩阵$\boldsymbol{M}$与$\mathrm{e}^{\bar{\boldsymbol{J}}T}$为相似阵，$\boldsymbol{S}$由$\boldsymbol{M}$的特征向量组成，$\mathrm{e}^{\bar{\boldsymbol{J}}T}$包含$\boldsymbol{S}^{-1}\boldsymbol{M}\boldsymbol{S}$的特征值，$\bar{\boldsymbol{J}}$包含$\boldsymbol{M}$的 Poincaré 指数。

将$\boldsymbol{M}$的特征值表示为$\lambda_k=a_k+ib_k\ (k=1,\cdots,6)$，相应的 Poincaré 指数$p_k$为

$$p_k=r_k+i\theta_k \tag{5.15}$$

其中：

$$r_k=\frac{1}{T}\ln\left(\sqrt{a_k^2+b_k^2}\right),\quad \theta_k=\frac{1}{T}\tan^{-1}\left(\frac{b_k}{a_k}\right)$$

对于周期轨道附近的运动，$\boldsymbol{M}$的特征值与式（4.2）略有不同，为如下形式：

$$\lambda_1=\lambda_2^{-1}>1,\quad \lambda_3=\overline{\lambda_4},\quad \lambda_5=\overline{\lambda_6},\quad |\lambda_3|=|\lambda_5|=1 \tag{5.16}$$

于是有

$$e^{-\bar{\boldsymbol{J}}t}=\begin{bmatrix} e^{-r_1t} & & & & & \\ & e^{-r_2t} & & & & \\ & & e^{-r_3t}\cos\theta_3t & -e^{-r_3t}\sin\theta_3t & & \\ & & e^{-r_3t}\sin\theta_3t & e^{-r_3t}\cos\theta_3t & & \\ & & & & e^{-r_5t}\cos\theta_5t & -e^{-r_5t}\sin\theta_5t \\ & & & & e^{-r_5t}\sin\theta_5t & e^{-r_5t}\cos\theta_5t \end{bmatrix} \tag{5.17}$$

结合式（5.11）和式（5.17），可得t时刻状态的弗洛凯模式$\bar{\boldsymbol{E}}(t,0)$：

$$\bar{\boldsymbol{E}}(t,0)=\boldsymbol{\Phi}(t,0)\boldsymbol{S}\mathrm{e}^{-\bar{\boldsymbol{J}}t} \tag{5.18}$$

设t时刻的运动状态误差向量为$\boldsymbol{\delta}(t)$，将之投影至弗洛凯模式$\bar{\boldsymbol{E}}(t,0)$，即在弗洛凯基向量$\boldsymbol{e}_k\ (k=1,\cdots,6)$上分解，有

$$\boldsymbol{\delta}(t)=\sum_{k=1}^{6}\left(\frac{\boldsymbol{e}_k\boldsymbol{e}_k^{\mathrm{T}}}{\boldsymbol{e}_k^{\mathrm{T}}\boldsymbol{e}_k}\boldsymbol{\delta}(t)\right)=\sum_{k=1}^{6}\boldsymbol{\delta}_k \tag{5.19}$$

式中，$\boldsymbol{\delta}_k\ (k=1,\cdots,6)$即$\boldsymbol{\delta}(t)$在$\boldsymbol{e}_k$方向的分量，其中$\boldsymbol{\delta}_1$为不稳定方向的分量，也是控制需要消除的目标。

设引入轨道机动控制量$\Delta\boldsymbol{v}$以消除$\boldsymbol{\delta}_1$，有

$$\boldsymbol{\delta}_1+\Delta\boldsymbol{v}=\sum_{k=2}^{6}c_k\boldsymbol{\delta}_k \tag{5.20}$$

式（5.20）中的$\Delta\boldsymbol{v}$和系数$c_k\ (k=2,\cdots,6)$均为待求解变量，可以设置不同控制

方式进行求解，如限定 $\Delta\boldsymbol{v}$ 满足特定的约束条件。下面介绍两种常用的控制方式，即 x 轴控制和三轴控制[15, 23-25]。

1. x 轴控制

沿会合坐标系的单个坐标轴方向施加轨道机动，最易求解式（5.20），且已有研究表明沿 x 轴施加机动最有效[15, 23-25]。此时，$\Delta v_x \neq 0$，$\Delta v_y = \Delta v_z = 0$，式（5.20）可写为

$$\boldsymbol{\delta}_1 = \begin{bmatrix} \boldsymbol{\delta}_2 & \boldsymbol{\delta}_3 & \boldsymbol{\delta}_4 & \boldsymbol{\delta}_5 & \boldsymbol{\delta}_6 & \overline{\boldsymbol{e}}_4 \end{bmatrix} \begin{bmatrix} \boldsymbol{c} \\ \Delta v_x \end{bmatrix} \tag{5.21}$$

式中，$\boldsymbol{c} = \begin{bmatrix} c_2 & c_3 & c_4 & c_5 & c_6 \end{bmatrix}^{\mathrm{T}}$；$\overline{\boldsymbol{e}}_4$ 为第 4 个分量为 1 的 6 维列向量。

于是，由式（5.21）容易求解得到 Δv_x 和 $c_k\ (k = 2,\cdots,6)$。

2. 三轴控制

此时 $\Delta\boldsymbol{v}$ 为一般情况，需求解 $\Delta\boldsymbol{v}$ 的全部分量，式（5.20）可写为

$$\boldsymbol{\delta}_1 = \begin{bmatrix} \begin{bmatrix} \boldsymbol{\delta}_2 & \boldsymbol{\delta}_3 & \boldsymbol{\delta}_4 & \boldsymbol{\delta}_5 & \boldsymbol{\delta}_6 \end{bmatrix}_{6\times5} & \begin{bmatrix} \boldsymbol{0}_{3\times3} \\ -\boldsymbol{I}_{3\times3} \end{bmatrix} \end{bmatrix} \begin{bmatrix} \boldsymbol{c} \\ \Delta\boldsymbol{v} \end{bmatrix} = \boldsymbol{M}_\delta \boldsymbol{x} \tag{5.22}$$

式（5.22）包含 6 个方程和 8 个未知数，为欠定方程组，理论上有无穷多解，可求解其最小二乘解如下：

$$\boldsymbol{x} = \boldsymbol{Q}^{-1}\boldsymbol{M}_\delta^{\mathrm{T}} \left(\boldsymbol{M}_\delta \boldsymbol{Q}^{-1} \boldsymbol{M}_\delta^{\mathrm{T}} \right)^{-1} \boldsymbol{\delta}_1 \tag{5.23}$$

式中，$\boldsymbol{Q}$ 为半正定权矩阵。

应用弗洛凯方法时，需要考虑和目标点控制方法相同的约束条件，如速度增量阈值、计算时间间隔等，还应设定误差向量的不稳定分量阈值，以避免施加过小的轨道机动量。

5.3.3 连续环绕控制法

连续环绕控制法基于平动点轨道动力学特征，采用简单微分修正和连续环绕策略实现平动点轨道的长期维持，在国际首个地月平动点飞行——ARTEMIS 任务[16-19]，以及我国首次日地平动点和地月平动点任务中得到成功应用[28-32]。

1. 动力学模型

由 2.4.2 小节可知，共线平动点附近线性运动的周期解如式（2.59）所示，可见在一阶形式下，halo 轨道关于会合坐标系 xz 平面对称，且在穿越 xz 平面时垂直于 xz 平面；Lissajous 轨道则在穿越 xz 平面时 x 方向速度为 0。连续环绕控制法即利用这一动力学特性，其单次轨道机动量的计算过程与 3.3 节周期轨道设计相同，

区别在于仅可以调整速度向量。

选择末状态 $\boldsymbol{x}_1$ 位于 xz 平面，则在一阶近似下的状态改变量 $\delta\boldsymbol{x}_1$ 如式（3.53）。对于 halo 轨道和 Lissajous 轨道，由式（3.53）可得末状态 $\boldsymbol{x}_1$ 的变化与初始时刻速度修正量和飞行时间的变化量关系如下：

$$\begin{bmatrix}\delta y_1\\ \delta\dot{x}_1\\ \delta\dot{z}_1\end{bmatrix}=\begin{bmatrix}\Phi_{24} & \Phi_{25} & \Phi_{26} & \dot{y}_1\\ \Phi_{44} & \Phi_{45} & \Phi_{46} & \ddot{x}_1\\ \Phi_{64} & \Phi_{65} & \Phi_{66} & \ddot{z}_1\end{bmatrix}\begin{bmatrix}\delta\dot{\boldsymbol{x}}_0^h\\ \delta t\end{bmatrix} \tag{5.24}$$

$$\begin{bmatrix}\delta y_1\\ \delta\dot{x}_1\end{bmatrix}=\begin{bmatrix}\Phi_{24} & \Phi_{25} & \Phi_{26} & \dot{y}_1\\ \Phi_{44} & \Phi_{45} & \Phi_{46} & \ddot{x}_1\end{bmatrix}\begin{bmatrix}\delta\dot{\boldsymbol{x}}_0^l\\ \delta t\end{bmatrix} \tag{5.25}$$

式中，$\Phi_{ij}\left(i=2,4,6;\ j=4,5,6\right)$ 为状态转移矩阵 $\boldsymbol{\Phi}\left(t_1,t_0\right)$ 的第 i 行第 j 列分量。

设在定轨误差、控制误差和轨道摄动力作用下，halo 轨道积分至 xz 平面，即末状态始终位于 xz 平面，也即 $\delta y_1\equiv 0$，于是由式（5.24）可得初始速度修正量 $\delta\dot{\boldsymbol{x}}_0^{\mathrm{h}}$ 为[28-32]

$$\begin{bmatrix}\Phi_{44}-\ddot{x}\dot{y}^{-1}\Phi_{24} & \Phi_{45}-\ddot{x}\dot{y}^{-1}\Phi_{25} & \Phi_{46}-\ddot{x}\dot{y}^{-1}\Phi_{26}\\ \Phi_{64}-\ddot{z}\dot{y}^{-1}\Phi_{24} & \Phi_{65}-\ddot{z}\dot{y}^{-1}\Phi_{25} & \Phi_{66}-\ddot{z}\dot{y}^{-1}\Phi_{26}\end{bmatrix}\cdot\delta\dot{\boldsymbol{x}}_0^{\mathrm{h}}=\begin{bmatrix}\delta\dot{x}\\ \delta\dot{z}\end{bmatrix} \tag{5.26}$$

式（5.26）中，速度修正量 $\delta\dot{\boldsymbol{x}}_0^{\mathrm{h}}$ 的维数大于方程组个数，可求其最小二乘解。

同理，由式（5.25）可得 Lissajous 轨道的初始速度修正量 $\delta\dot{\boldsymbol{x}}_0^{\mathrm{l}}$ 为[28-32]

$$\begin{bmatrix}\Phi_{44}-\ddot{x}\dot{y}^{-1}\Phi_{24} & \Phi_{45}-\ddot{x}\dot{y}^{-1}\Phi_{25} & \Phi_{46}-\ddot{x}\dot{y}^{-1}\Phi_{26}\end{bmatrix}\cdot\delta\dot{\boldsymbol{x}}_0^{\mathrm{l}}=\delta\dot{x} \tag{5.27}$$

式（5.26）通过轨道机动修正末状态在 x 和 z 方向的速度，使之满足一定约束；式（5.27）仅修正末状态 x 方向的速度，使之满足约束条件。将基于二者的控制方式分别称为 halo 方式和 Lissajous 方式。

关于末状态速度的约束条件即控制目标，简单条件下可以直接取为 0，Folta[18] 在分析 ARTEMIS 任务的地月 L_2 点轨道时，依据穿越点相对月球和 L_2 点的位置，x 方向速度的控制目标分别取为−20m/s 或者 10m/s，对于地月 L_1 点轨道则取为[−10, 10] cm/s。实际应用表明，很多情况下若按照 Lissajous 方式维持 halo 轨道，所需能量往往优于 halo 方式。

2. 控制策略

利用上述动力学模型可以得到平动点轨道的单次维持控制量，为了实现长期维持，还需制定相应的控制策略。从动力学模型可见，控制量计算利用了 CRTBP 下平动点轨道运动特性，控制目标为轨道末状态的 x/z 方向速度为 0，或者满足特定约束，实际情况下上述速度并不严格为 0 或者满足给定约束，因此单次控制所得轨道不能长期稳定在平动点附近，所得结果也并非最优控制量。

为此，制定连续环绕控制策略逐步求解最优轨道控制量，如图 5.3 所示。图 5.3 中，LP 为平动点，○和*分别表示轨道初始点和末端。定义平动点轨道由会合坐标系 xz 平面出发，后续每次到达 xz 平面则增加 1/2 圈。轨道维持时，采用微分修正法改变轨道初始状态，使得积分 1/2 圈时 x/z 方向速度为 0 或满足特定约束，由此得到第一步修正后的轨道 Corr1。虽然 Corr1 并非能量最优的平动点轨道，但是该轨道可以在一定时间内保持在平动点附近。然后，再次修正初始状态，使得积分 1 圈时 x 和（或）z 方向速度为 0 或者满足特定约束，得到修正后的轨道 Corr2，Corr2 进一步接近能量最优轨道。如此进一步延续下去，得到修正后的轨道 Corr3 等。

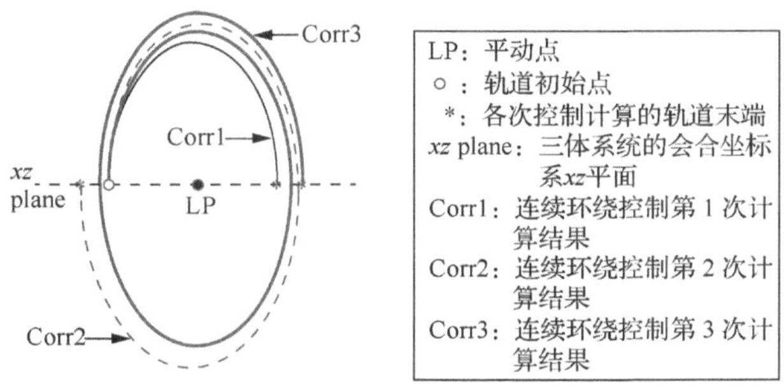

图 5.3　平动点轨道连续环绕控制方法[31]

需要说明：①各次维持控制的时间间隔可以选择 1/2 圈，也可以根据误差情况和三体系统进行调整，在轨道各项误差较小情况下，可适当放大平动点轨道维持间隔；②理论上延续步骤越多，维持能量越接近最优，不过实际计算表明，计算 2 圈以后的控制量变化极其微小，因此最大连续计算弧段不应超过 2 圈，地月系平动点轨道取 1.5 圈即可。ARTEMIS 任务上，Folta 最大计算至 3～4 次 xz 平面穿越，即单次控制的最长维持时间为 1～2 圈[18]。此外，连续环绕控制方法应用时同样可以采用前述目标点控制法的控制实施约束。

可见，连续环绕控制策略利用 CRTBP 平动点轨道运动特性，通过逐步延长轨道弧段渐进修正初始轨道状态，最终获得高精度力模型下维持能量近似最优的平动点轨道，其单次控制量计算类似于 4.3 节平动点转移轨道前向导引设计方法。对控制量的分析表明，连续环绕控制方法所得速度增量的方向接近于稳定流形方向[18]。

对比上述 3 种方法：目标点控制法较为简单，适用于各种类型轨道，但是控制量较大；弗洛凯控制法可以得到目标轨道及其控制的定性信息，可用于其他类型的平动点轨道控制法，且控制量相对较小，不过需具备一定的理论基础；连续环绕控制法无须标称轨道，计算简单且易于实现，控制能耗也相对较低。

5.3.4 其他控制方法

随着动力学和控制理论及推进技术的发展，现今出现了很多新的平动点轨道维持控制方法，从原理和实现方式上其分类如表 5.5 所示，其中：序号 1～6 为利用三体动力学特征的控制方法，主要利用弗洛凯理论；序号 7～18 为利用现代控制理论的控制方法，各方法的区别在于求解的最优控制目标不同。

表 5.5 平动点轨道维持控制方法[14]

序号	控制方法	控制目标	机动方式
1	消除线性动力学不稳定性	1）线性解的不稳定项系数为 0。 2）维持时间最长	脉冲
2	最小化不稳定性特征积分	1）线性解的不稳定项系数的函数积分最小。 2）维持时间最长	脉冲
3	弗洛凯模式方法	消除不稳定弗洛凯模式	脉冲
4	振荡参数方法	满足线性解系数构成的边界的必要条件	脉冲
5	极点配置方法	状态偏差与控制量综合最优	连续推力
6	特征指数方法	有约束死区控制条件下的状态偏差与控制量综合最优	连续推力
7	线性二次型调节器（linear quadratic regulator，LQR）方法	状态偏差与控制量综合最优	连续推力
8	非线性调节方法	稳定含非线性动力补偿项的线性反馈控制器	连续推力
9	反步方法	1）状态偏差与控制量综合最优。 2）反步稳定控制器	连续推力
10	非线性规划和线性规划方法	1）通过离散控制实现状态偏差与控制量综合最优。 2）约束条件下控制量最优	连续推力
11	扰动调节控制	稳定振荡扰动模型系统的线性反馈控制器	连续推力
12	扰动抑制控制	控制过程非数学建模的误差驱动控制	连续推力
13	模型预报控制	在有限时段内优化控制，仅部分时隙内应用控制	连续推力
14	H_2 控制和 H_∞ 控制	H2 和 H_∞ 范数最优	连续推力
15	离散线性二次型调节器方法	状态偏差与控制量综合最优	脉冲
16	目标点控制	1）状态偏差与控制量综合最优。 2）在参考轨道拼接点满足下一目标点。 3）满足 xz 平面上多圈约束条件。 4）通过多级打靶修正满足多个任务末端约束条件	脉冲
17	滑膜控制	控制轨道接近滑膜面并保持在附近	脉冲
18	Chebyshev-Picard 迭代	将轨道保持问题建模为两点边值问题，利用切比雪夫多项式逼近求解	脉冲

Folta 在研究 ARTEMIS 任务维持控制策略时，综合考虑了 7 种常见的维持控制策略，对于实际任务应用具有重要参考价值，如表 5.6 所示。选择准则中的“未选用”表示当时作者未在研究中采用该方法。

表 5.6 ARTEMIS 控制策略选择准则[1,19]

序号	策略	目标	优点	缺点	选择准则
1	约束 x 轴穿越速度	x 轴穿越时 x 方向速度为 0	1）已在日地平动点任务中验证。 2）可以用微分修正或优化方法计算单个目标参数	1）过度约束。 2)会导致控制消耗增大。 3）动力学可能造成无法继续穿越 x 轴。 4）可能不满足操控约束	1）操控约束和较多能量预算。 2）控制量计算时的敏感性问题会需要较多的轨道恢复能耗。 3）未选用
2	消除不稳定模式	消除误差中的不稳定分量	1）基于平动点轨道动力学特性的设计简单。 2）已有多种算法可计算控制量	1）需要使用基于参考轨道或地月平动点的状态转移矩阵。 2）需要大量迭代计算	1）无参考轨道可用。 2）白道偏心率和太阳引力造成模式计算敏感。 3）未选用
3	连续控制器	收敛到参考轨道	1）对导航和控制误差的敏感程度可能较小。 2）将轨道维持在用户定义的小范围内	1）需要参考轨道。 2）使用近乎连续推力（可离散化）。 3）需计算基于平动点或实际轨道的状态转移矩阵增益。 4）控制反馈的线性近似	1）需要参考轨道。 2）不适用 ARTEMIS 卫星操作（近乎连续控制）。 3）未选用
4	基准轨道点控制	以基准轨道为目标控制多个点	1）有确保结果的严格方法。 2）基于星历模型	1）控制点的选择需要计算参考轨道。 2）控制能耗可能较大	1）由已有基准轨道计算参考点作为初值。 2）仅用作 ARTEMIS 初值
5	范围约束	将与 x 轴和 y 轴的距离定义为约束	约束和计算方法组合合理时均可收敛	1）现有相关算法有限。 2）软件中需要检测轨道飞离系统的逻辑单元	文中仅用于识别和重新引导未收敛的轨道
6	轨道延续	确定可使卫星连续环绕多圈的速度或能量（例如，穿越 xz 面时 x 轴向速度略小于 0）	1）确保得到使轨道延续的最小控制量。 2）可用多个控制约束（见 1）。 3）可用于三维空间	1）需要精确积分和全星历模型。 2）软件中需要检测轨道飞离系统的逻辑单元。 3）优化计算需要监测计算过程	分析该方法，计划用于任务
7	全局优化搜索	在特定轨道位置搜索轨道参数以寻求最小控制量	可以得到多个轨道的最小控制量和控制方向	1）优化计算需要监测计算过程。 2）需要精确积分和全星历模型	分析该方法，计划用于任务

5.4 halo 轨道维持实例

本节采用 5.3.3 小节介绍的连续环绕控制法，研究高精度力模型下的地月 halo 轨道维持，分析维持能耗、控制频率与各种误差的关系，并对比 halo 方式和 Lissajous 方式的控制效果。为了和 ARTEMIS 任务对比，考虑与之相同的测控误差[18-19]，即定轨误差为位置精度 1km，速度精度为 1cm/s，控制精度为 1%。

5.4.1 halo 方式

以幅值 A_z 为 5000km 的地月 L_2 点 halo 轨道为例，轨道维持间隔为半圈，即 Δt 为两次穿越 xz 平面的间隔，控制目标为 1.5 圈后的状态，即使得第 3 次穿越 xz 平面时 x 和 z 方向速度小于 1m/s。采用蒙特卡洛法打靶 100 次分析 2 年维持情况，各次仿真需要的总速度增量 ΔV_n 和轨道周期 T_{nk} 变化如图 5.4 所示，横坐标 n 和 n_k 分别为仿真次数和轨道维持圈数，总速度增量最小的维持情况如图 5.5 所示。

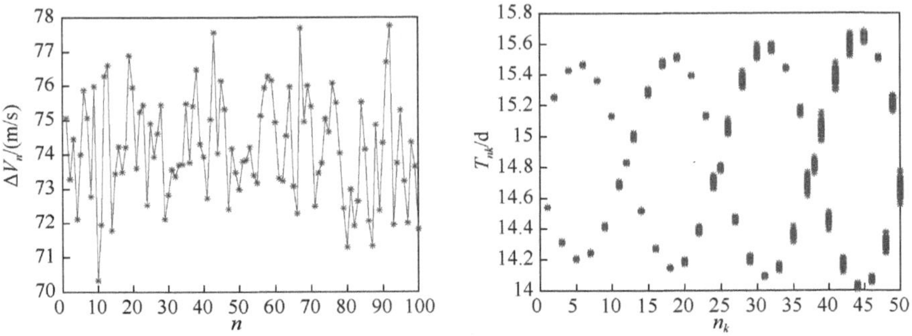

（a）速度增量　　（b）轨道周期

图 5.4　地月 halo 轨道采用 halo 方式维持 2 年的速度增量和轨道周期

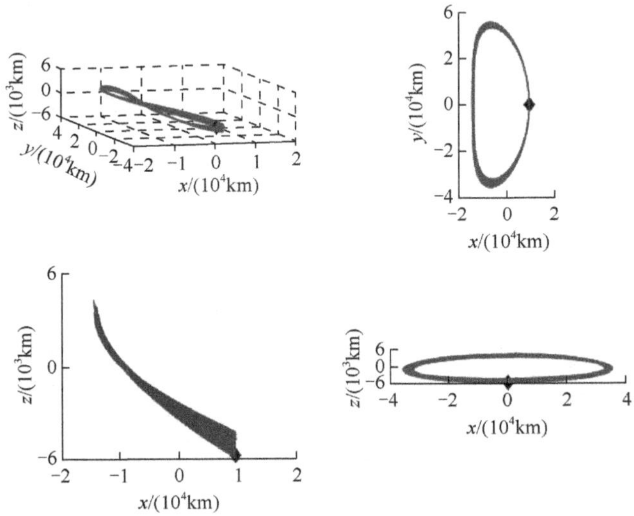

图 5.5　采用 halo 方式维持能量最低的 2 年地月 halo 轨道

需要说明，由于高精度力模型下不存在严格的 halo 轨道，这里的轨道周期实际为飞行 1 圈的时间，仿真数据统计如表 5.7 所示，其中 ΔV 、 ΔV_n 、 T_{nk} 和 Δt 分别为总速度增量、单次速度增量、轨道周期和维持间隔，min、max 和 mean 分别表示对应各参数的最小值、最大值和平均值。

表 5.7　halo 轨道采用 halo 方式维持 2 年的控制参数统计

统计项	ΔV /(m/s)	ΔV_n /(m/s)	T_{nk} /d	Δt /d
min	70.333	0.002	14.004	6.648
max	77.753	1.932	15.683	8.058
mean	74.167	0.742	14.834	7.417

对于 ΔV 最小值和最大值的仿真情况，其轨道运动范围如表 5.8 所示，其中 Δx^- 表示在 $-x$ 轴上轨道的运动范围，其余符号意义类似。

表 5.8　采用 halo 方式维持 2 年的地月 halo 轨道运动范围

统计项	Δx^- /km	Δx^+ /km	Δy^- /km	Δy^+ /km	Δz^- /km	Δz^+ /km
min(ΔV)	443.997	254.462	3705.326	2616.406	1597.656	1157.672
max(ΔV)	1092.329	602.325	4659.992	4056.280	2503.904	1870.050

5.4.2　Lissajous 方式

为了分析不同幅值的 halo 轨道维持情况，幅值 A_z 分别选取 5000km 和 30000km，分别称为小幅值 halo 轨道和大幅值 halo 轨道。采用 Lissajous 方式进行蒙特卡洛打靶仿真，轨道维持间隔为半圈，即 Δt 为两次穿越 xz 平面的间隔，控制目标为 1 圈后的状态，即使得第 2 次穿越 xz 平面时 x 和 z 方向速度小于 1m/s。大小幅值 halo 轨道分别仿真 290 次和 100 次，维持时间分别为 2 年和 1 年，各次仿真所需要的总速度增量 ΔV_n 和轨道周期 T_{nk} 变化如图 5.6 和图 5.7 所示，总速度增量最小的维持情况如图 5.8 所示。

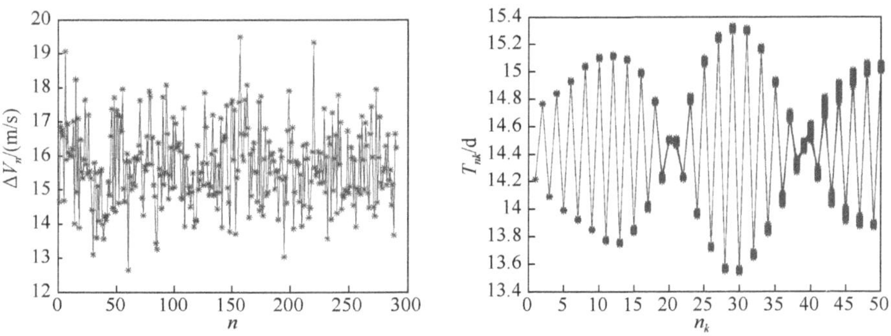

（a）速度增量　　（b）轨道周期

图 5.6　大幅值 halo 轨道采用 Lissajous 方式维持 2 年的速度增量和轨道周期

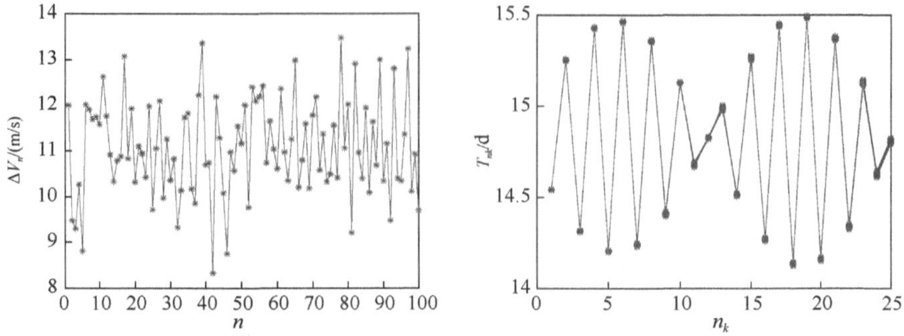

图 5.7 小幅值 halo 轨道采用 Lissajous 方式维持 1 年的速度增量和轨道周期

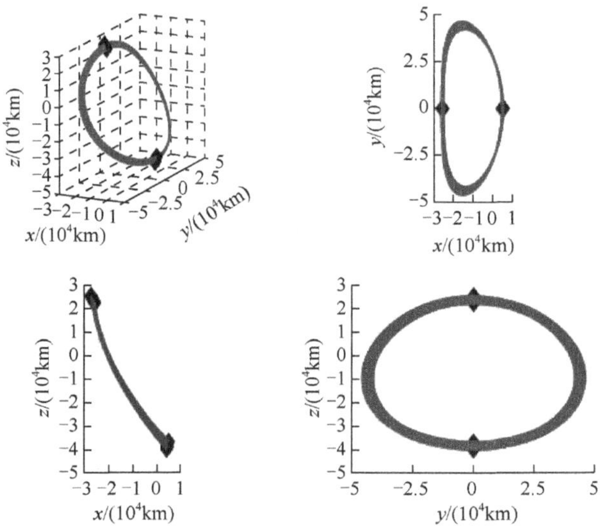

图 5.8 Lissajous 方式维持能量最低的 2 年大幅值 halo 轨道

采用 Lissajous 方式维持的仿真数据统计如表 5.9 所示，注意其中大幅值 halo 轨道的维持时间是 2 年，其中 ΔV 最小值和最大值情况的轨道运动范围如表 5.10 所示。

表 5.9 地月 halo 轨道采用 Lissajous 方式的维持控制参数统计

统计项	小幅值 halo 轨道				大幅值 halo 轨道			
	ΔV /(m/s)	ΔV_n /(m/s)	T_{nk} /d	Δt /d	ΔV /(m/s)	ΔV_n /(m/s)	T_{nk} /d	Δt /d
min	8.329	1.61×10^{-6}	14.122	6.690	12.645	1.21×10^{-6}	13.528	6.457
max	13.477	0.924	15.497	8.048	19.496	0.694	15.339	7.849
mean	11.086	0.222	14.816	7.408	15.695	0.157	14.449	7.225

表 5.10　采用 Lissajous 方式维持的 halo 地月轨道运动范围

轨道	统计项	Δx^- /km	Δx^+ /km	Δy^- /km	Δy^+ /km	Δz^- /km	Δz^+ /km
小幅值 halo 轨道	$\min(\Delta V)$	683.174	611.500	3401.021	35639.640	4963.726	4008.536
	$\max(\Delta V)$	735.203	749.682	3402.667	35853.410	5616.112	4524.682
大幅值 halo 轨道	$\min(\Delta V)$	1539.697	1064.15	4649.873	46127.590	3414.121	3372.727
	$\max(\Delta V)$	1578.473	1208.663	4913.673	46272.110	3765.292	3673.804

由上述结果可见，如果按照 halo 轨道维持方式，每 7 天维持一次，则小幅值地月 halo 轨道 2 年的维持速度增量不超过 78m/s，y 方向上运动变化范围较大，z 方向上运动变化范围最小。如果按照 Lissajous 轨道维持方式，则小幅值地月 halo 轨道每年的维持速度增量不大于 13.477m/s，明显优于 halo 控制方式；大幅值地月 halo 轨道 2 年的维持速度增量不大于 19.496m/s，明显优于小幅值 halo 轨道。此外，若将 Lissajous 方式的控制目标由 1 圈后的状态改为 1.5 圈，总控制能耗还会进一步降低。

5.5　拟周期轨道维持实例

基于 5.4.2 小节的 Lissajous 方式，在高精度力模型下仿真地月拟周期轨道长期维持所需要的控制频度和能耗。ARTEMIS 任务的两个探测器分别被转移到地月系 L_1 点和 L_2 点附近的 Lissajous 轨道，其中 L_2 点轨道在会合坐标系各方向的最大幅值分别为 32686km、63520km 和 35198km，轨道周期为 15.47 天[16-19]。参照该轨道设计高精度力模型下的地月系 L_2 点拟周期轨道，如图 5.9 所示，图中●为地月系 L_2 点。

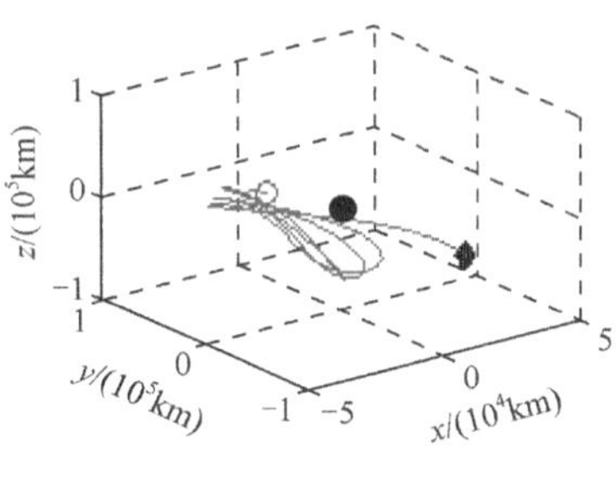

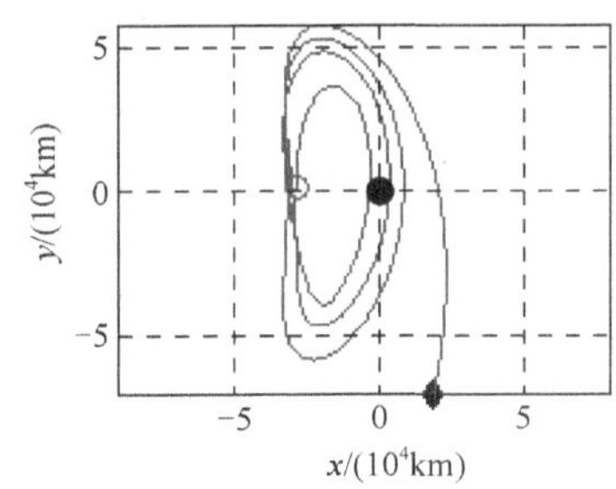

图 5.9　地月系 L_2 点拟周期轨道

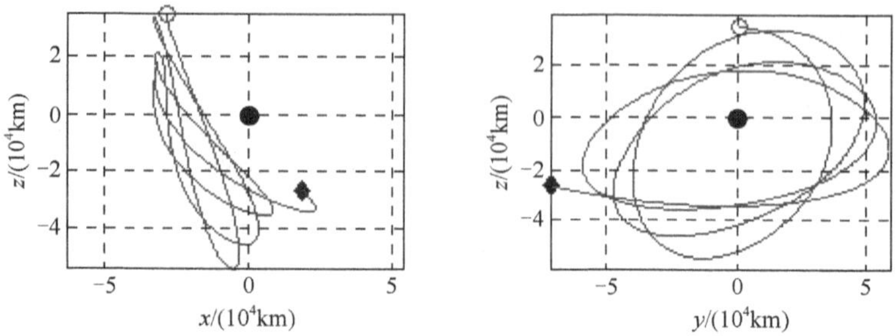

图 5.9（续）

高精度模型的参数和测控精度与 5.4 节相同。维持总时长为 1 年，采用蒙特卡洛方法打靶 200 次，各次仿真所需要的总速度增量和轨道周期如图 5.10 所示，这里轨道周期即环绕 1 圈的飞行时间。控制参数统计如表 5.11 所示，其中符号定义与表 5.7 相同。维持总速度增量最大的地月系 L_2 点拟周期轨道如图 5.11 所示。

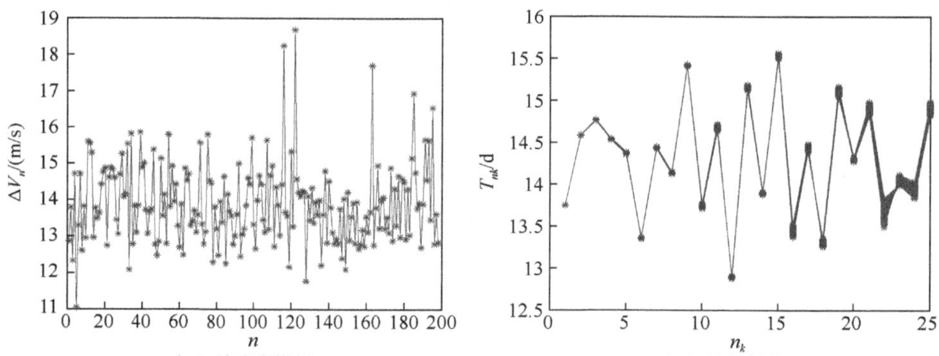

（a）总速度增量　　（b）轨道周期

图 5.10　地月系 L_2 点拟周期轨道维持 1 年的总速度增量和轨道周期

表 5.11　拟周期轨道采用 Lissajous 方式维持的控制参数统计

统计项	ΔV /(m/s)	ΔV_n /(m/s)	T_{nk} /d	Δt /d
min	11.04	6×10^{-6}	12.87	6.18
max	18.68	3.39	15.57	8.03
mean	13.89	0.28	14.29	7.15

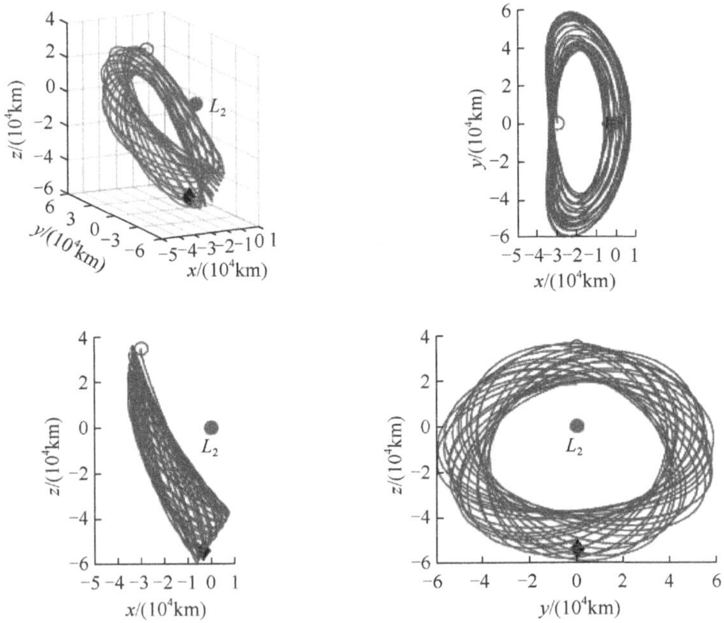

图 5.11　维持总速度增量最大的地月系 L_2 点拟周期轨道

在相同仿真条件下，ARTEMIS 任务的分析结果为总速度增量 12.27m/s，单次速度增量平均为 0.28m/s，平均维持间隔为 7.3d[18]，可见表 5.11 结果与之吻合程度较好。

参 考 文 献

[1] COLOMBO G. The stabilization of an artificial satellite at the inferior conjunction point of the Earth-Moon system (reprint of SAO Spec. Rep. No. 80, Smithsonian Astronomical Observatory, Cambridge, MA, 1961)[J]. Journal of the Astronautical Sciences, 2001, 6(1): 213.

[2] EULER E A, YU E Y. Optimal station-keeping at collinear points[J]. Journal of Spacecraft and Rockets, 1971, 8(5):513-516.

[3] BREAKWELL J V. Investigation of halo satellite orbit control[R]. Technical.Report, NASA-CR-132858, NASA, 1973.

[4] BREAKWELL J V, KAMEL A A, RATNER M J. Station-keeping for a translunar communication station[J]. Celestial Mechanics, 1974, 10(3): 357-373.

[5] FARQUHAR R W. Far libration point of mercury[J]. Astronautics & Aeronautics, 1967, 5(8):1-4.

[6] FARQUHAR R W. Station-keeping in the vicinity of collinear libration points with an application to a lunar communications problem[C]//Space Flight Mechanics Specialist Symposium, American Astronautical Society, New York, Denver, CO, United States, 1967(11):519-535.

[7] FARQUHAR R W. The control and use of libration-point satellites[R]. NASA TR R-346, 1970.

[8] FARQUHAR R W. The utilization of halo orbits in advanced lunar operations[R]. NASA TN D-6365, July, 1971.

[9] FARQUHAR R W. Limit-cycle analysis of a controlled libration-point satellite[J]. The Journal of the Astronautical

Sciences, 1970(17):267-291.

[10] FARQUHAR R W. Comments on optimal controls for out-of-plane motion about the translunar libration point[J]. Journal of Spacecraft and Rockets, 1971, 8(7):815-816.

[11] FARQUHAR R W, MUHONEN D P, NEWMAN C R, et al. The first libration-point satellite-mission overview and flight history[C]//AAS/AIAA Astrodynamics Specialist Conference. Provincetown, MA, United States, Paper AAS 79-126, 1979.

[12] FARQUHAR R W, MUHONEN D P, RICHARDSON D L. Mission design for a halo orbiter of the Earth[J]. Journal of Spacecraft and Rockets, 1976, 14(3):170-177.

[13] XU M, LIANG Y Y, REN K W. Survey on advances in orbital dynamics and control for libration point orbits[C]// Progress in Aerospace Sciences, 2016(82):24-35.

[14] SHIROBOKOV M, TROFIMOV S, OVCHINNIKOV M. Survey of station-keeping techniques for libration point orbits[J]. Journal of Guidance Control and Dynamics, 2017, 40(5):1085-1105.

[15] GÓMEZ G, HOWELL K C, MASDEMONT J J, et al. Station-keeping strategies for translunar libration point orbits[J]. Advances in the Astronautical Sciences, 1998, 99(2):949-969.

[16] FOLTA D C, WOODARD M A, COSGROVE D. Stationkeeping of the first Earth-Moon libration orbiters: the ARTEMIS mission[C]//AAS/AIAA Astrodynamics Specialist Conference. Girdwood, Alaska, July 31-August 4, 2011.

[17] FOLTA D C, VAUGHN F. A survey of Earth-Moon Libration orbits: Stationkeeping strategies and intra-orbit transfers[C]//53rd International Astronautical Congress, World Space Congress, Houston, Texas, October 10-19, 2002.

[18] FOLTA D C, PAVLAK T A, HAAPALA A F, et al. Earth-Moon libration point orbit stationkeeping: Theory, modeling, and operations[J]. Acta Astronautica, 2014, 94(1): 421-433.

[19] FOLTA D C, PAVLAK T A, HOWELL K C, et al. Stationkeeping of lissajous trajectories in the Earth-Moon system with applications to ARTEMIS[C]//20th AAS/AIAA Space Flight Mechanics Meeting, San Diego, CA, United States, Paper AAS 10-113, 2010: 193-208.

[20] HOWELL K C, PERNICKA J. Station-keeping method for libration point trajectories[J]. Journal of Guidance, Control, and Dynamics. 1993, 16(1):151-159.

[21] GORDON S C. Orbit determination error analysis and station-keeping for libration point trajectories[D]. West Lafayette: Purdue University, 1991.

[22] HOWELL K C, GORDON S C. Orbit determination error analysis and a station-keeping strategy for Sun-Earth L1 libration point orbits[J]. Journal of the Astronautical Sciences, 1994, 42(2):207-228.

[23] SIMÓ C, GÓMEZ G, LLIBRE J, et al. Station keeping of a quasiperiodic halo orbit using invariant manifolds[C]// Second International Symposium on Spacecraft Flight Dynamics. European Space Agency, Darmstadt, Germany, October, 1986.

[24] SIMÓ C, GÓMEZ G, LLIBRE J, et al. On the optimal station keeping control of halo orbits[J]. Acta Astronautica, 1987, 15(6):391-397.

[25] KEETER T M. Station-keeping strategies for libration point orbits: Target point and floquet mode approaches[D]. West Lafayette: Purdue University, 1994.

[26] CODDINGTON E A, LEVINSON N. Theory of ordinary differential equations[M]. New York: McGraw-Hill Book Companies, 1955.

[27] CALICO R A, WIESEL W E. Control of time-periodic systems[J]. Journal of Guidance, Control and Dynamics 1984(7):671-672.

[28] LIU L, LIU Y. Orbit maintenance of CHANG'E-5T1 earth-moon libration mission[C]//4th IAA Conference on Dynamics and Control of Space Systems (Dycoss2018). May 21-23, 2018.

[29] LIU L, HU C Y, WANG M, et al. Maintenance of Earth-Moon halo orbit[C]//Proceedings of 36th Chinese Control

Conference, DaLian, 2017.

[30] LIU L, CAO J F. Design and stationkeeping of Lissajous trajectories about the Earth-Moon collinear libration points[C]//Proceedings of 2014 IEEE Chinese Guidance, Navigation and Control Conference, YanTai, 2014.

[31] 刘磊，曹建峰，胡松杰，等. 地月平动点中继应用轨道维持[J]. 深空探测学报，2015，2（4）：318-324.

[32] 刘磊，曹建峰，李勰，等. 地月共线平动点周期轨道维持策略研究[C]//全国第十五届空间及运动体控制技术学术年会，长春，2012.

[33] 刘磊，陈明，张哲，等. 地月平动点轨道应用与研究进展[J]. 宇航学报，2019，40（8）：1-13.

第6章　嫦娥二号日地平动点飞行

本章介绍我国首次平动点飞行任务——CE-2 日地平动点飞行任务，基于前述章节给出的平动点轨道动力学与平动点轨道设计等内容，着重介绍 CE-2 日地平动点飞行的轨道设计和控制实施等相关情况。

6.1　CE-2 任务概况

我国探月二期工程的主要目标是实现月面软着陆，开展月面就位探测与巡视勘察。CE-2 作为先导星，执行二期工程的首次飞行任务，担负着为 CE-3 月球软着陆任务验证关键技术，提供预选着陆区高分辨率图像的重要使命。

北京时间 2010 年 10 月 1 日 18:59:57，CE-2 由长征三号丙运载火箭从西昌卫星发射中心升空，19:26:03 星箭分离后进入倾角 28.5°、近地点高度 212.8km、远地点高度 35.7 万 km 的地月转移轨道，10 月 2 日实施唯一一次中途修正控制，10 月 6 日到达近月点并实施第一次近月制动，进入月球捕获轨道，10 月 8 日和 9 日分别实施第二次和第三次近月制动，进入高度约 100km 的环月轨道，成为我国第二颗月球卫星。截至 2011 年 4 月 1 日设计寿命期满，CE-2 完成了地月转移轨道直接入轨、X 频段深空测控技术验证、CE-3 预选着陆区高分辨率成像等工程目标，以及高分辨率月球表面三维影像、月球物质成分探测等科学目标。

在探测任务完成后，鉴于 CE-2 卫星运行状态良好，剩余推进剂充足，我国决定实施 CE-2 拓展试验任务，包括：

1）补全月球南北两极图像，首次获取 7m 分辨率全月图。

2）降轨至 15km，对 CE-3 预选着陆区虹湾进行分辨率优于 1.5m 的高清晰成像。

3）日地 L_2 点拓展飞行任务，实现了国际首次由月球前往日地平动点的飞行。

4）飞越探测图塔蒂斯小行星，国际上首次获取该小行星的近距离光学图像。

完成上述拓展任务后，截至 2013 年 1 月 6 日，CE-2 卫星距离地球超过 1000 万 km，进入黄道附近的日心轨道。CE-2 及其飞行历程如图 6.1 所示。目前，CE-2 卫星的测控工作已经中止，卫星将长期漂游于黄道附近的日心轨道。

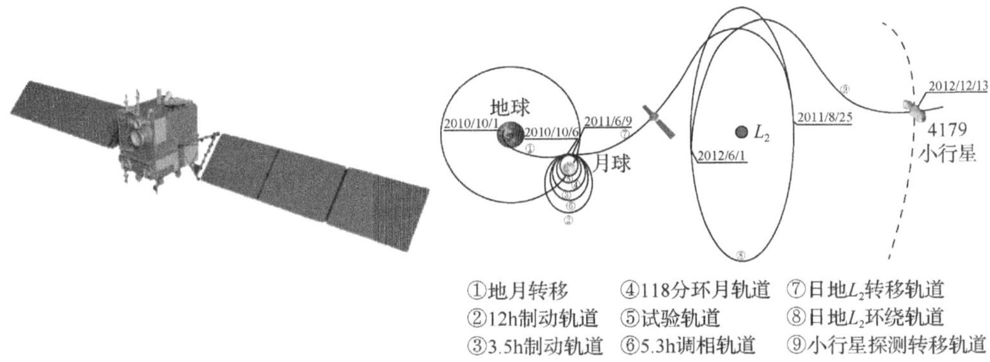

图 6.1　CE-2 及其飞行历程

CE-2 极大地拓展了我国深空探测能力，实现了我国首次平动点探测、首次小行星探测和首次行星际飞行，为我国后续月球和深空探测任务验证了多项关键技术，奠定了坚实的技术基础。

6.2　任务轨道设计

CE-2 飞往日地系 L_2 点，需要首先从环月轨道逃逸进入转移轨道，继而进入环绕 L_2 点的轨道[1-7]，其任务特点主要表现为：首先，虽然此前国际上成功实施了 ISEE-3、Wind、SOHO、Genesis 和 Plank 等日地平动点任务，但是尚无任务由月球出发飞往日地系 L_2 点轨道；其次，CE-2 任务设计之初并未考虑平动点飞行，从而给月球逃逸控制带来能量和测控等约束和限制；最后，受卫星剩余推进剂限制，采用低能量转移轨道前往平动点是较好选择，同时应尽量减少轨道控制以节省推进剂。因此，任务轨道设计和月球逃逸控制是本次任务的关键，吴伟仁等研究了相应轨道设计与控制方法[1-9]。

6.2.1　任务分析

CE-2 任务轨道设计与控制的约束和要求主要包括卫星剩余推进剂、卫星质量、初始轨道、转移时间窗口、光照条件和测控条件等。根据 CE-2 探月任务结束时的各项状态和平动点飞行任务要求，CE-2 平动点任务轨道设计与控制的主要约束条件如表 6.1 所示。

由表 6.1 可见，拓展任务对 L_2 点轨道类型并无严格限制，对轨道幅值的约束为距离地球最远不大于 200 万 km 即可，因此对目标轨道并无严苛要求。至于转移轨道，若采用第 4 章流形设计方法，需先设计平动点轨道，进而计算和修正可以到达 CE-2 初始环月轨道的稳定流形轨道，若平动点轨道选择不合适，可能无法与 CE-2 初始轨道拼接或者所需速度增量较大，则需要重新设计平动点轨道，因此计算量较大。为此，采用 4.3 节前向导引方法设计 CE-2 由月球至日地 L_2 点的转移轨道，同时得到相应目标轨道。

表 6.1　CE-2 平动点任务轨道设计与控制的主要约束条件[1]

序号	约束项	设计要求和参数					
1	初始轨道历元/UTC	2011-05-29　02:00:00.000					
2	初始轨道（月心）	a /km	e	i /(°)	Ω /(°)	ω /(°)	M /(°)
3		1835.4	0.0092	83.90	260.34	325.51	311.15
4	卫星质量	$m_0 = 1660\text{kg}$					
5	总速度增量约束	$\Delta V < 867\text{m/s}$					
6	光照要求	地月连续阴影 $< 3\text{h}$					
7	转移时间窗口	2011 年 6 月 1～16 日					
8	测控可见性	控前 2.5h 至控后 1h 可见					
9	目标轨道类型	Lissajous 轨道或 halo 轨道					
10	目标轨道大小	与地球最远距离小于 200 万 km					
11	数据下载要求	目标轨道星地连线与星日连线夹角大于 5°					
12	任务截止时间	2012 年 12 月					

6.2.2　设计结果

由 6.2.1 小节的分析可见，由月球至 L_2 点轨道的转移轨道设计是 CE-2 日地 L_2 点拓展任务的关键所在。基于 4.3 节前向导引方法和表 6.1 的 CE-2 轨道参数，设计高精度力模型下 1 年内由月球至日地 L_2 点轨道的转移轨道，要求每条转移轨道均可直接进入日地 L_2 点轨道并自然环绕 1～2 圈。最终结果中出发速度增量 ΔV 小于 720m/s、转移时间（flight time）低于 145.4d 的转移轨道如彩图 9 所示，图中转移时间定义为由月球转移至会合坐标系 $-x$ 方向距离 L_2 点 55 万 km 处，也即 L_2 点靠近月球侧 55 万 km 处[6]。由彩图 9 可见，转移时间较短且相近的转移轨道所需的速度增量呈锥形分布。文献[8]结合 ERTBP 和 GPU 计算得到了相同的结论。

由于转移时间范围较大，从彩图 9 中选择 4 种较为典型的情况，即 A、B、C 和 D，相应的转移轨道如图 6.2 所示。由图 6.2 可见，在逃离地月空间前，A 和 B 的转移轨道绕地球小于 1 圈，而 C 和 D 的转移轨道则在 1 圈以上，因此 A 和 B 的转移时间分别为 15.2d 和 40d，远低于 C 和 D 的 90d 和 145.4d，4 条轨道所需速度增量依次为 711.6m/s、645m/s、690.9m/s 和 665m/s。将 A、B 和 C、D 类型的轨道分别称为快转移轨道和慢转移轨道，在能量满足约束的前提下，快转移轨道的转移飞行时间优势明显。

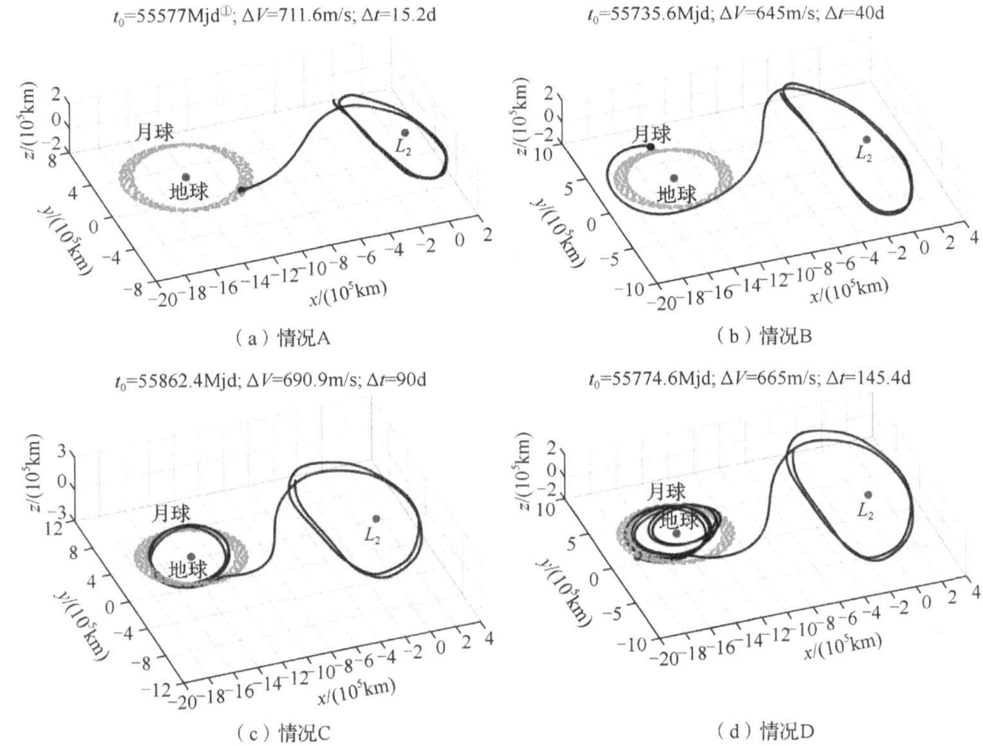

（a）情况A　（b）情况B　（c）情况C　（d）情况D

图 6.2　CE-2 平动点任务的典型转移轨道

进一步分析快转移轨道，彩图 9 中转移时间低于 45d 的快转移轨道如彩图 10 所示。对比彩图 9 和彩图 10 可见，二者较为相似，说明转移时间低于 45d 的快转移轨道是彩图 9 中的主要情况。从转移时间上将彩图 10 中的情况进一步划分为两类，即 I 和 II，前者中多数情况的转移时间可以低于 20d。同时，两类快转移轨道的出发时间并非均匀分布，如彩图 10 中标注 I 类型的转移轨道“锥形”分布在 7 月 1～12 日。彩图 9 和彩图 10 给出了 CE-2 由月球出发前往日地 L_2 点的转移轨道所需的速度增量、转移时间和出发时刻关系，可根据任务的能量和时间需求从中选择任务轨道。

最后，前向导引设计方法中，平动点轨道的类型由转移轨道直接确定。在高精度模型下，CE-2 平动点轨道类型为 Lissajous 轨道或拟周期轨道，其中典型的 L_2 平动点轨道如图 6.3 所示。

① Mjd：modified julian day，简化儒略日。

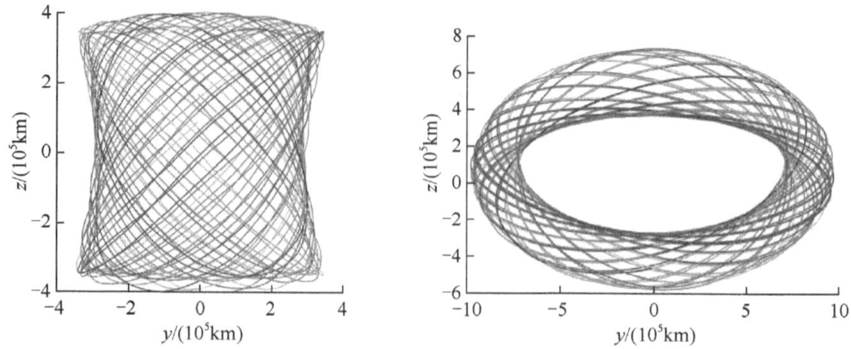

图 6.3 CE-2 平动点任务的日地 L_2 轨道类型

基于飞行任务准备情况，选择 2011 年 6 月 9 日作为 CE-2 的月球逃逸窗口，如彩图 9 和彩图 10 中的“CE-2”标注。在剩余推进剂约束下，9 日 07:36:33～08:41:15（UTC）内出发的速度增量 Δv_0 均满足要求，以 07:36:33 作为时间起点，相对时间 Δt_0 与 Δv_0 之间的关系如图 6.4（a）所示。图 6.4（a）中，“*”处 Δv_0 最小，约为 676.53m/s，对应出发时刻 t_0 为 07:54:30。由于最小时刻附近的 Δv_0 变化较小，其前后 20min 之内的变化不超过 5m/s，因此可在该时段内综合其他因素选择逃逸窗口。最终，CE-2 逃逸月球时刻为 6 月 9 日 07:46:31，Δv_0 沿速度方向约 680.85m/s，CE-2 于 2011 年 9 月 1 日 04:06:42.13 从会合坐标系 L_2 的 $+x$ 侧穿越 xz 平面，将穿越点称为“L_2 目标点”。目标轨道在会合坐标系 3 个方向的幅值分别为 28.4 万 km、88 万 km 和 36.7 万 km，转移轨道及目标 Lissajous 轨道如图 6.4（b）所示。

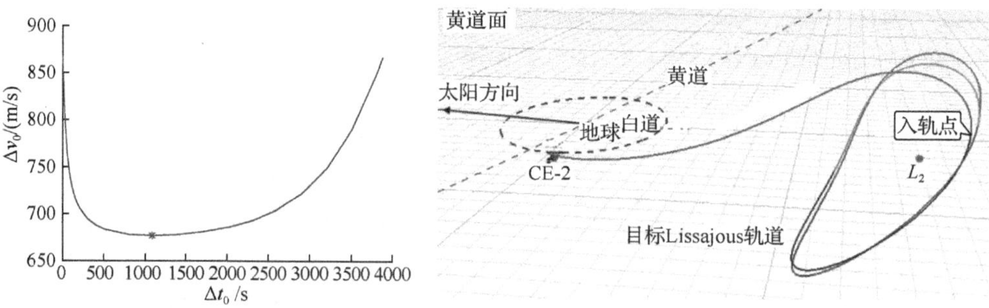

（a）出发速度增量与出发时刻的关系　（b）转移轨道及目标Lissajous轨道

图 6.4 CE-2 平动点任务的出发速度增量、转移轨道与目标 Lissajous 轨道

6.3 月球逃逸控制分析

月球逃逸控制的目的是控制 CE-2 由初始环月轨道进入前往平动点的转移轨道。首先，分析逃逸控制误差的影响，以确定轨道控制的影响要素和精度需求；

其次，综合星载推进器工作方式、各种控制约束、定轨精度和控制精度等因素，将初步设计中的脉冲控制方式转换为连续推力方式，同时考虑到星载推进器的能力及单次加速逃逸会造成较大的推进剂重力损耗，制定包括调相控制和最终逃逸控制的多次加速月球逃逸控制方案。

6.3.1　控制误差分析

6.2 节的轨道控制为理想脉冲方式，而实际控制时推进器为连续推力工作方式，由此引入控制量转换误差。同时，由轨道设计结果可见，CE-2 从环月轨道到达 L_2 目标点需要约 84d，如此长的转移时间会严重放大初始微小状态偏差，使得转移轨道到达 L_2 目标点时偏差较大，而不稳定的平动点轨道又对入轨偏差非常敏感。因此，月球逃逸控制精度直接影响整个任务的能量消耗乃至成败。本小节分析 CE-2 月球逃逸控制偏差的影响，为月球逃逸控制方案的制定和实施提供依据。

基于 6.2.1 小节设计结果中的最小能量转移轨道，分析逃逸控制的速度误差 Δv_0 和时间误差 Δt_0 对 L_2 目标点状态的影响。设 Δv_0 范围为±1m/s，Δt_0 范围为±60s，在不考虑中途修正的情况下，分析 Δv_0 和 Δt_0 对 CE-2 到达 L_2 目标点的状态影响，包括相对于标称轨道的绝对位置误差 ΔP 和绝对速度误差 ΔV，以及相对位置误差 $\Delta\bar{P}$ 和相对速度误差 $\Delta\bar{V}$，如表 6.2 所示。

表 6.2　月球逃逸控制误差的影响

速度误差的影响					时间误差的影响				
Δv_0 /(m/s)	ΔP /km	$\Delta\bar{P}$ /%	ΔV /(m/s)	$\Delta\bar{V}$ /%	Δt_0 /s	ΔP /km	$\Delta\bar{P}$ /%	ΔV /(m/s)	$\Delta\bar{V}$ /%
−1	844977	372.8	565.505	161.7	−60	32321	14.3	16.670	4.8
−0.8	588252	259.6	361.297	103.3	−40	16657	7.4	8.068	2.3
−0.6	397440	175.4	232.714	66.5	−30	10821	4.8	4.936	1.4
−0.4	243093	107.3	137.909	39.4	−20	6205	2.7	2.556	0.7
−0.2	112831	49.8	62.5675	17.9	−10	2676	1.2	0.914	0.3
0.2	99482	43.9	53.4882	15.3	10	2220	1.0	0.216	0.1
0.4	188336	83.1	100.164	28.6	20	4545	2.0	0.467	0.1
0.6	268486	118.5	141.523	40.5	30	7540	3.3	1.736	0.5
0.8	341351	150.6	178.608	51.1	40	11597	5.1	3.784	1.1
1	408012	180.0	212.177	60.7	60	23625	10.4	10.207	2.9

由表 6.2 可见，虽然 Δt_0 的影响略小于 Δv_0，但是二者的影响均不容忽视。在无控状态下，控制误差可能会造成卫星无法控回目标轨道，甚至会从地球上空几百千米处掠过，如表 6.2 中 Δv_0 为−1m/s 的情况。因此，一方面本次飞行任务需要较高的逃逸控制精度，另一方面必须制定合适的中途修正策略。否则，有限的推进剂可能不足以支持任务，甚至会在失控情况下造成严重后果。

月球逃逸控制误差下的转移轨道如图 6.5 所示，其中轨道 A、B、C 和 D 分别表示 Δv_0 为 1m/s 和−1m/s、Δt_0 为−60s 和 60s 对应的转移轨道。

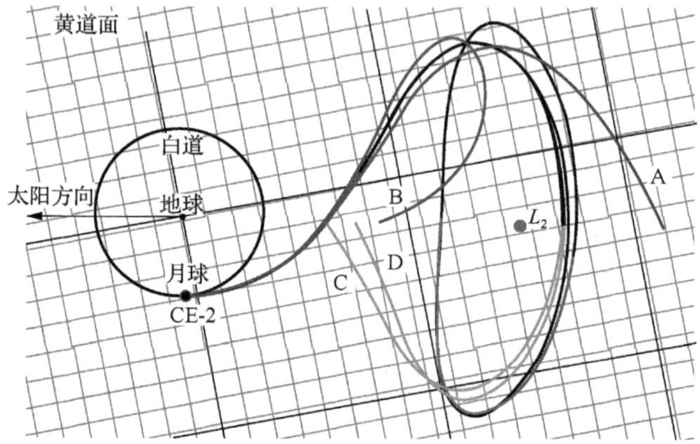

图 6.5 月球逃逸控制误差下的转移轨道

6.3.2 调相控制

基于 6.3.1 小节的分析，CE-2 月球逃逸控制的目标是保证精确的转移速度增量和出发时刻。由于轨道平面调整的能量代价较大，因此选择半长轴、近月点幅角和出发时刻作为月球逃逸控制目标。

调相控制实质上是通过设计一个或多个环月调相轨道，将一次加速逃逸的脉冲速度增量进行合理分解，在满足测控等约束条件下，实现 CE-2 初始环月轨道与平动点转移轨道的理想拼接，其重点在于调相轨道设计，如图 6.6 所示。

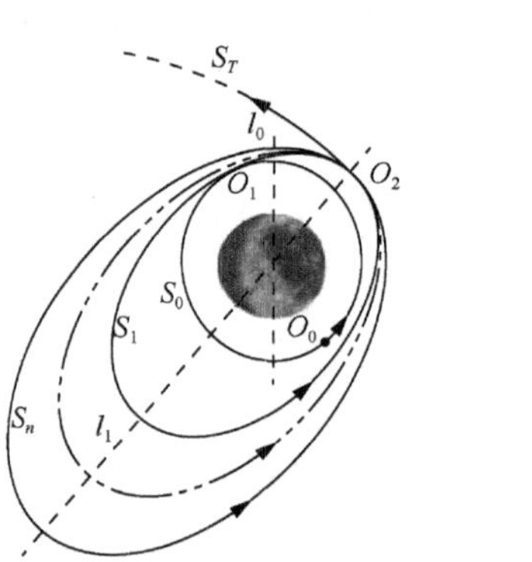

图 6.6 CE-2 月球逃逸的调相控制

图 6.6 中，S_0 为初始环月轨道，S_1 和 $S_n\ (n\geqslant 2)$ 及点画线均为调相轨道，S_T 为设计转移轨道，l_0 为 S_0 的拱线，O_0 和 O_1 依次为初始轨道历元 t_{E0} 和第 1 次脉冲时刻 t_{p1} 对应的 CE-2 位置。综合星载推进器工作方式和节省能量角度，仅沿速度方向施加速度增量，即飞行航迹角保持恒定。t_{p1} 时刻的控制目标即 S_T 的近月点幅角 ω_T，后续 $n-1$ 次控制将在 S_1 的近

月点 O_2 附近施加，增加轨道能量的同时修正 S_n 的近月点幅角和轨道周期，最终确保 CE-2 准确进入转移轨道。因此，S_n 的拱线均与 S_1 的拱线 l_1 相同或近似。如果 S_0 为圆或近圆轨道，则 O_1 和 O_2 重合或近似重合。

于是，对于第 $k(1 \leqslant k \leqslant n)$ 次控制，控制前后的航迹角和月心距不变[1,10]，有

$$\begin{cases} \dfrac{e_{k-}\sin\left(f_{k+}+\omega_{k+}-\omega_{k-}\right)}{1+e_{k-}\cos\left(f_{k+}+\omega_{k+}-\omega_{k-}\right)} = \dfrac{e_{k+}\sin f_{k+}}{1+e_{k+}\cos f_{k+}} \\ \dfrac{a_{k-}(1-e_{k-}^2)}{1+e_{k-}\cos\left(f_{k+}+\omega_{k+}-\omega_{k-}\right)} = \dfrac{a_{k+}(1-e_{k+}^2)}{1+e_{k+}\cos f_{k+}} \end{cases} \tag{6.1}$$

式中，a、e、f 和 ω 分别为轨道半长轴、偏心率、真近点角和近月点幅角；下标 $k-$ 和 $k+$ 分别为第 k 次控制前后的轨道。

式（6.1）中第 1 次控制前各参数即 S_0 的参数，其余 ω 与 ω_T 相等或近似相等，因此 a 和 f 为调相轨道的设计参数。为了确保转移轨道严格按 t_T 精确入轨，必须满足

$$\sqrt{\frac{a_0^3}{\mu}}\left[M_0\left(f_{1-}\right)-M_0+2N_0\pi\right]+\sum_{k=1}^{n}\left\{\sqrt{\frac{a_{k+}^3}{\mu}}\left[M_{(k+1)-}\left(f_{(k+1)-}\right)-M_{k+}\left(f_{k+}\right)+2N_{k+}\pi\right]\right\}=t_T-t_0 \tag{6.2}$$

式中，μ 为月球引力常数；M 为 f 对应的平近点角；N 为非负整数。

联立式（6.1）和式（6.2），选择合理的 N，设计各调相轨道参数 a 和 f。由式（6.1）可见，调相轨道的设计较为自由，可以进一步考虑其余测控约束。

得到调相轨道后，根据二体轨道理论[10]容易计算得到各次脉冲控制量 Δv_k，然后根据星载推进器参数，将之转化为连续推力控制参数。设 m_0^k 为第 k 次脉冲时刻 t_k 前卫星的质量，F 和 I_{sp} 分别为推力和比冲，Δv_s^k 和 T_s^k 分别为推进器第 k 次工作前的沉底速度增量和沉底时长，则推进器第 k 次工作时长 Δt_{on}^k 为

$$\Delta t_{\text{on}}^k = \frac{m_0^k I_{sp}}{F}\left(1-\mathrm{e}^{-\frac{\Delta v_k-\Delta v_s^k}{I_{sp}}}\right) \tag{6.3}$$

则第 k 次工作起始时刻 t_{on}^k 约为

$$t_{\text{on}}^k = t_k - \frac{1}{2}\Delta t_{\text{on}}^k - T_s^k \tag{6.4}$$

由上述过程可以得到推进器工作时长 Δt_{on}^k、起始时刻 t_{on}^k、姿态角等连续推力控制参数，同时为了减小控制误差，需要对上述过程进行迭代，以保证获得精确控制参数。另外，若推进器工作模式为惯性定姿，即推力方向始终平行于脉冲点时刻的速度方向，则脉冲点时刻越接近轨道拱点，推进器工作时长越短，最终控制误差越小。

6.3.3 最终逃逸控制

在多次调相控制后，卫星飞抵环月轨道与平动点转移轨道的拼接点，此时再施加最后一次轨道控制即最终逃逸控制，卫星脱离环月轨道进入平动点转移轨道。

一般而言，转移轨道设计与任务实施存在一定时间间隔，受轨道预报误差、控制误差等影响，最终逃逸控制时的状态与设计状态存在偏差。一方面，在最终逃逸控制前，应基于最新精密轨道确定结果计算最终逃逸控制参数，以求最大程度减小控制误差；另一方面，若调相控制阶段误差较大，以初始设计转移轨道作为目标计算得到的最终逃逸控制量可能较大，同时可能造成后续中途修正能量较大。此时，可以采用第 4 章的平动点转移轨道设计方法重构设计转移轨道，以重构后的转移轨道作为控制目标，实现最终逃逸控制能量最优。

采用 4.3 节前向导引设计方法重构设计转移轨道。在不改变轨道面的情况下，转移轨道出发点有 5 个未知参数：a、e、f、ω和t。式（6.1）中包含 2 个约束，所以仅剩 3 个未知数，可以选择a、ω和t，即

$$\delta v_x = \frac{\partial v_x}{\partial a}\delta a + \frac{\partial v_x}{\partial \omega}\delta\omega + \frac{\partial v_x}{\partial t}\delta t \tag{6.5}$$

式（6.5）中自变量多于目标量，可以求解最小二乘解，即

$$\begin{bmatrix}\delta a\\ \delta\omega\\ \delta t\end{bmatrix} = \left(\boldsymbol{M}^{\mathrm{T}}\boldsymbol{M}\right)^{-1}\boldsymbol{M}^{\mathrm{T}} v_x \tag{6.6}$$

其中：

$$\boldsymbol{M} = \left[\frac{\partial v_x}{\partial a}, \frac{\partial v_x}{\partial \omega}, \frac{\partial v_x}{\partial t}\right] \tag{6.7}$$

矩阵$\boldsymbol{M}$可根据轨道根数和位置速度之间的转换解析求解[10]。考虑到转移轨道出口点相对于月球可能为超大偏心率椭圆，也可能为抛物线或双曲线，若使用解析式需要处理多种情况，因此利用有限差分方法求取[11]较为方便。

利用式（6.6）求解出a、ω和t后，转换为位置速度即可得到出发转移时刻的速度增量。另外，重构设计时保证v_x小于 10m/s 一般即可满足逃逸控制的需要。

6.3.4 控制方案

多次加速逃逸控制方式有利于减小推进剂的重力损耗，不过任务复杂性和风险也会随着控制次数的增加而增大，因此综合 CE-2 推进器状态及测控能力考虑，选择 2 次或 3 次加速方案即可。从减小推进剂重力损耗的角度，将总速度增量平均分配较好，当然实际控制时还需综合测控、光照等诸多因素。分析 2 次或 3 次

加速方案中调相轨道高度与速度增量分配的关系。设调相控制总速度增量最大不超过 600m/s，则调相轨道周期 T_1 和 T_2 与速度脉冲 Δv_1 和 Δv_2 的关系如图 6.7 所示。

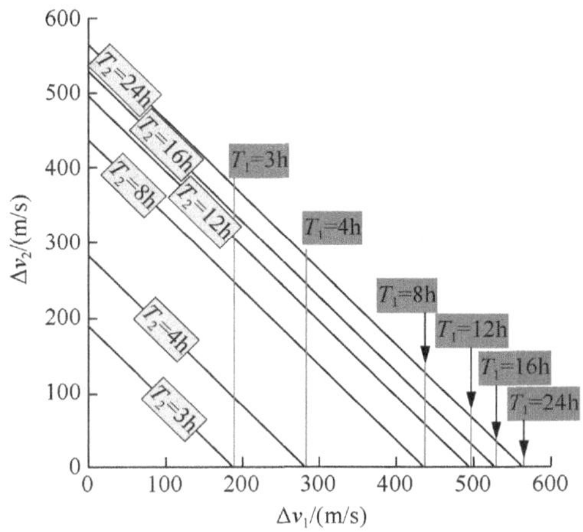

图 6.7　调相轨道周期与速度脉冲 Δv_1 和 Δv_2 的关系

基于 2011 年 6 月 7 日 12 时 CE-2 环月轨道、推进器状况以及图 6.7，选取 6.2.2 小节中出发速度增量最小的轨道，制定 2 次和 3 次连续推力加速逃逸控制方案，如表 6.3 所示。其中，T_1 和 T_2 分别为调相轨道周期，Δv_1 和 Δv_2 为基于 CE-2 主推进器状况计算得到的相应速度增量，Δv_e 为最终逃逸控制的连续推力速度增量，$\eta_{\Delta v}$ 为连续推力控制的推进剂重力损耗，η_{Sun} 和 η_{Obs} 分别为调相轨道的光照和测控弧段比例。

表 6.3　多次加速逃逸控制方案

T_1 /h	Δv_1 /(m/s)	T_2 /h	Δv_2 /(m/s)	Δv_e /(m/s)	$\eta_{\Delta v}$ /%	η_{Sun} /%	η_{Obs} /%
3.6	259.60	—	—	442.47	3.78	69.56	57.09
5.3	359.65	—	—	320.44	3.69	74.82	63.98
7.9	467.93	—	—	240.89	4.77	75.07	37.94
11.8	542.20	—	—	178.54	6.53	77.64	31.37
23.8	632.77	—	—	107.39	9.40	82.27	59.14
2.8	162.04	8.1	288.94	236.04	1.55	75.22	56.54
3.1	206.93	12.2	305.79	174.97	1.65	71.16	56.78
3.5	250.75	12.1	260.09	175.94	1.52	77.01	56.72
4.0	290.62	7.8	154.98	242.26	1.67	73.12	56.77
4.0	291.28	11.7	216.34	179.97	1.63	74.63	56.93

由表 6.3 可得如下结论。若采用 2 次加速逃逸控制方案，则 5.3h 调相轨道的推进剂重力损耗最小，测控弧段最大，且一个轨道周期内阴影弧段小于 80min，可以满足卫星能源的光照要求。若采用 3 次加速逃逸控制方案，则 3.5h 和 12.1h 调相轨道组合方案的推进剂重力损耗最小，且小于 2 次加速逃逸控制方案中的 5.3h 调相轨道方案，二者光照与测控总体情况相当，不过由于 12.1h 调相轨道存在长达 2.6h 的阴影，因此光照条件稍差于 5.3h 调相轨道方案；同时，3 次加速逃逸控制方案的推进剂重力损耗均小于 2 次加速逃逸控制方案，且均匀分配各次速度增量有利于减小推进剂重力损耗。

需要指出，若采用 1 次加速逃逸控制，则需要连续推力速度增量 754.896m/s，推进剂重力损耗高达 11%。由此可见，为了节省 CE-2 宝贵的剩余推进剂，必须采用多次加速逃逸控制方案。综合考虑逃逸控制速度增量的推进剂重力损耗、光照条件、测控条件及控制实施风险，计划选择 5.3h 调相轨道的 2 次加速逃逸控制方案。

6.4　月球逃逸控制实施

基于 6.3 节的控制模型和策略及 2 次加速逃逸控制方案，本节简要介绍和分析 CE-2 月球逃逸控制实施情况。

6.4.1　调相控制

标称调相控制参数与实际调相控制参数如表 6.4 中的 Nom-1 和 CE-2 所示，二者对应的速度增量 Δv_1 如图 6.8 所示。表 6.4 中，t_{10} 为 2011 年 6 月 8 日的调相控制开始时刻；Δv_{11} 和 Δv_{12} 分别为沉底推进器和主推进器的速度增量；T_1 和 ω_1 分别为控后轨道即调相轨道的周期和近月点幅角，也即调相控制目标。图 6.8 中，时间 t_1 的起点为 t_{10}。

表 6.4　CE-2 调相控制参数

调相控制参数	t_{10} /UTC	Δv_{11} /(m/s)	Δv_{12} /(m/s)	T_1 /h	ω_1 /(°)
Nom-1	06:02:45.65	5.09	375.42	5.32	129.399
CE-2	06:02:45.65	5.07	375.65	5.34	129.047

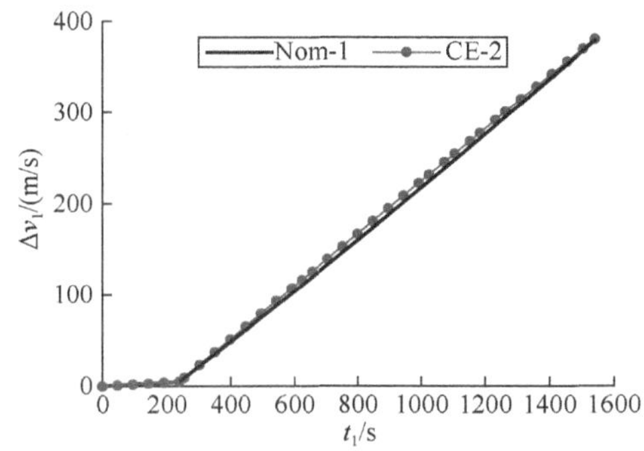

图 6.8 CE-2 调相控制的标称速度增量和实际速度增量

由表 6.4 可见，CE-2 与 Nom-1 的 Δv_{11} 比较接近，由图 6.8 的 Δv_1 也可以看出二者开始时吻合程度较好。由表 6.4 可见，实际总速度增量仅超出 Nom-1 约 0.2m/s，同时 CE-2 的周期 T_1 比 Nom-1 多约 1min，近月点幅角 ω_1 比 Nom-1 减小约 0.35°。

基于调相控制方案和对 CE-2 调相轨道的精密定轨结果，CE-2 月球逃逸控制过程如图 6.9 所示。图 6.9 中，时刻 τ_0、τ_1、τ_2、τ_3 和 τ_4 依次为初始轨道历元时刻、调相控制后 1h、调相控制后卫星第 1 次过远月点时刻、最终逃逸控制开始时刻和最终逃逸控制结束后 0.5h，CE-2 和 Nom 分别为 CE-2 的实际位置和标称控制 Nom-1 中的对应位置，箭头为卫星运动方向。

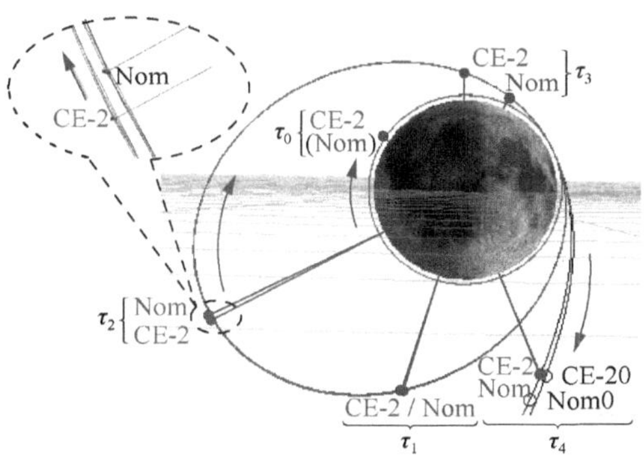

图 6.9 CE-2 月球逃逸控制过程

由图 6.9 可见，τ_0 时刻 CE-2 与 Nom 完全重合；由于控制误差影响，τ_1 时刻二者位置偏离约 27km，不过在图 6.9 中尚不明显；τ_2 时刻 CE-2 到达实际调相轨道的远月点，此时与 Nom 偏离约 56km，从此时的局部放大图中可以看出 CE-2 轨道高于 Nom，精密定轨结果表明轨道高度相差大约 8km；CE-2 在调相轨道上飞行 5 圈后，在τ_3时刻进行最终逃逸控制，从图 6.9 中可见此时二者偏离较大，相距约 683km，轨道平面内相位角相差 19.7°；τ_4时刻的符号及最终逃逸控制情况将在 6.4.2 小节介绍。

表 6.4 中 Nom-1 和 CE-2 的月心位置R_1随时间的变化及相互偏差ΔR_1如图 6.10 所示，图中时间起点为 Nom-1 的调相控制结束时刻，ΔR_1曲线图中标注了时刻τ_1、τ_2和τ_3，其中“□”为 Nom-1 的最终逃逸控制开始时刻。

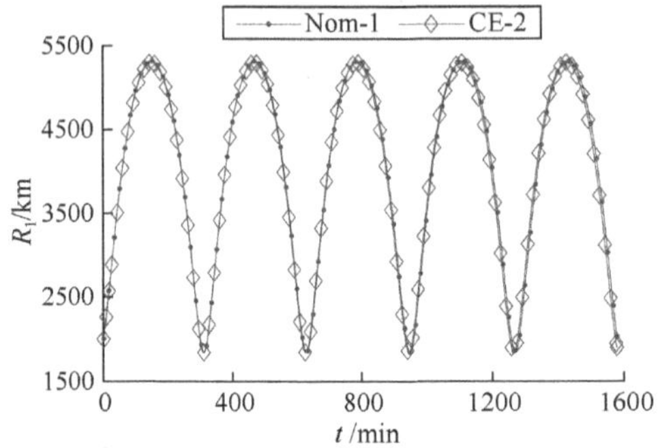

（a）R_1曲线

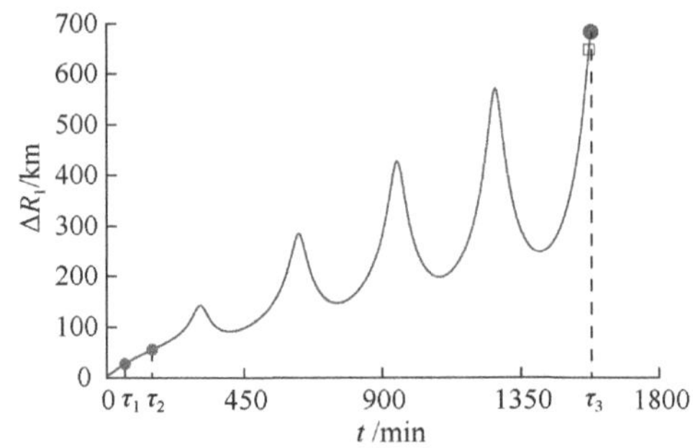

（b）ΔR_1曲线

图 6.10　CE-2 实际调相轨道及标称调相轨道 Nom-1 的月心位置变化及二者偏差

由图 6.10 可见，CE-2 的位置变化趋势与 Nom-1 大致相同，不过ΔR_1曲线仍反映出二者之间的偏差在近月点附近较大，在远月点附近较小，且随时间周期递增，从图中可明显看出ΔR_1在 5 个调相轨道周期内振荡递增。

综上分析，调相控制后的轨道略高于标称轨道，且控后近月点幅角存在偏差。为此，在后续最终逃逸控制时需重新核算推进器的各项参数，以及基于调相轨道的精密定轨结果修正调相控制误差。

6.4.2 最终逃逸控制

通过遥测参数分析 6.4.1 小节的 CE-2 调相控制误差后，最终逃逸控制时修正了推力方向、开机时刻和时长，以消除调相控制误差。CE-2 最终的标称逃逸控制参数与实际控制参数如表 6.5 中的 Nom-2new 和 CE-2 所示，其中 Nom-2 为修正前的最终逃逸控制参数，即 6.4.1 小节 Nom-1 中的最终逃逸控制参数。表 6.5 中，t_e为 2011 年 6 月 9 日的逃逸控制开始时刻；Δv_{e1}和Δv_{e2}分别为沉底推进器和主推进器的速度增量；E和ω_e为转移轨道的能量与近月点幅角，也即最终逃逸控制目标。

表 6.5　CE-2 最终逃逸控制参数

逃逸控制参数	t_e /UTC	Δv_{e1} /(m/s)	Δv_{e2} /(m/s)	E /(km^2/s^2)	ω_e /(°)
Nom-2	08:40:04.18	5.80	327.34	0.001454	129.399
Nom-2new	08:46:05.43	5.03	327.14	0.001380	129.399
CE-2	08:46:05.43	4.86	327.52	0.001971	129.381

由表 6.5 可见，CE-2 的 Δv_{e1} 比 Nom-2new 小约 0.17m/s，最终实际控制的总速度增量比标称控制多约 0.21m/s，E 超出约 0.0006km^2/s^2，ω_e 比标称控制小 0.018°。

基于表 6.5 中 Nom-2new 和 CE-2 参数的最终逃逸控制速度增量 Δv_2 如图 6.11 所示，图中 t_2 的起点为 t_e。由此可见，CE-2 与 Nom-2new 的速度增量曲线基本吻合。

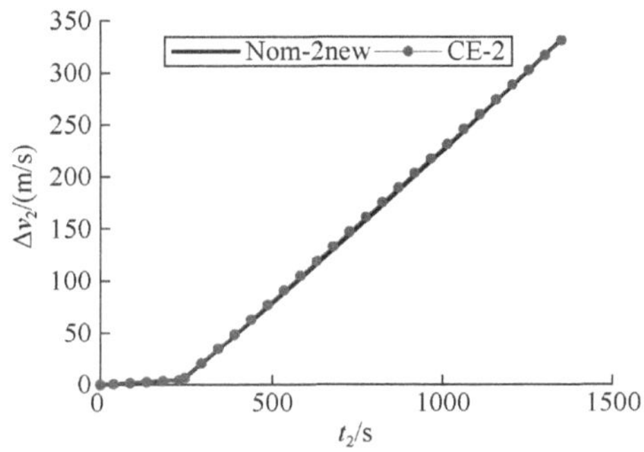

图 6.11　CE-2 最终逃逸的标称控制速度增量和实际控制速度增量

最终逃逸控制后 0.5h 的轨道如图 6.9 中的 τ_4 时刻所示，其中 CE-2 和 Nom 为按照表 6.5 中 CE-2 和 Nom-2new 控制得到的卫星位置。作为对比，图 6.9 中给出了 Nom-2new0 对应的标称转移轨道和假定控后轨道，τ_4 时刻对应的位置分别如 Nom0 和 CE-20 所示。由图 6.9 可见，在 τ_4 时刻 CE-2 与 Nom 基本重合，其轨道与 Nom0 所在轨道也基本重合，相位差约 5.2°，即逃逸控制时刻推迟 6min 的结果。相比较而言，CE-20 则与 Nom 和 Nom0 相差明显，充分说明了调相控制误差的影响和最终逃逸控制的正确性。

预报图 6.9 中 τ_4 时刻的 CE-2、Nom、Nom0 和 CE-20，得到的转移轨道如图 6.12 所示。图 6.12 主要对比了 CE-2 在会合坐标系中 y 分量最大时刻和到达 L_2 目标点的情况，分别如图中的 τ_5 和 τ_6 所示。

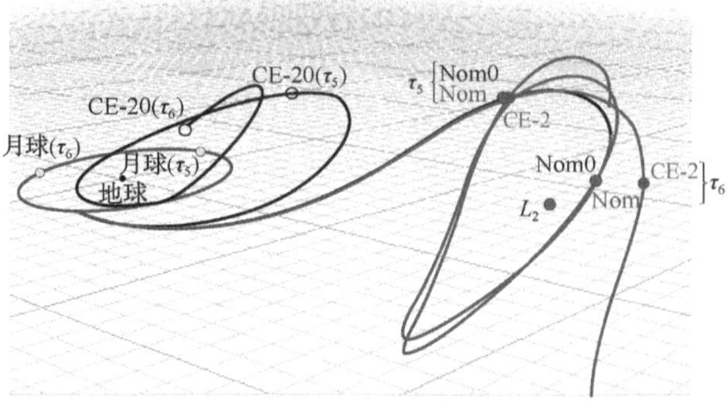

图 6.12　CE-2 标称控制及实际逃逸控制后的转移轨道

由图 6.12 可见，Nom 和 Nom0 近似重合，二者在到达 τ_6 时刻前最大位置误差不超过 467km。CE-2 在最终逃逸控制后一段时间内保持在 Nom 附近，6d 内二者位置偏差小于 1000km，19d 内小于 5000km。若不施加中途修正，则 CE-2 在 8 月 31 日到达 L_2 目标点（即 τ_6 时刻）时与 Nom 的位置偏差会达到 87961km，此后将飞离 L_2 点进入深空。

相比较而言，CE-20 逃离月球引力后，由于轨道能量有限，在 τ_5 时刻前 9 天左右到达距地球最远处（约 100 万 km）时受地球引力作用返回并交会月球，受月球引力改变轨道面，长期运动在地月空间。由此可见，如果不将 Nom-2 修改为 Nom-2new，调相控制误差将使得 CE-2 无法摆脱地月引力和到达 L_2 点附近。

仿照图 6.10，给出表 6.5 中 CE-2、Nom-2new 和 Nom-2 在 4d 内的月心位置 R_2，以及 CE-2 相对于后两者的位置偏差 ΔR_2 的变化 Err 和 Err0，如图 6.13 所示，图中时间起点为 CE-2 最终逃逸控制结束时刻，R_2 曲线图中 CE-2 与 Nom-2new 和 Nom-2 对应的转移轨道均近似重合，ΔR_2 图反映出三者的差别。受最终逃逸控制误差影响，CE-2 与 Nom-2new 在最终逃逸控制后逐渐拉开，Err 在 1d 时增大到 96.4km，4d 时增大到 510km。Err0 则由初始时刻 757km 下降至 1.4d 的 90.6km，然后增加到 4d 时的 403km。

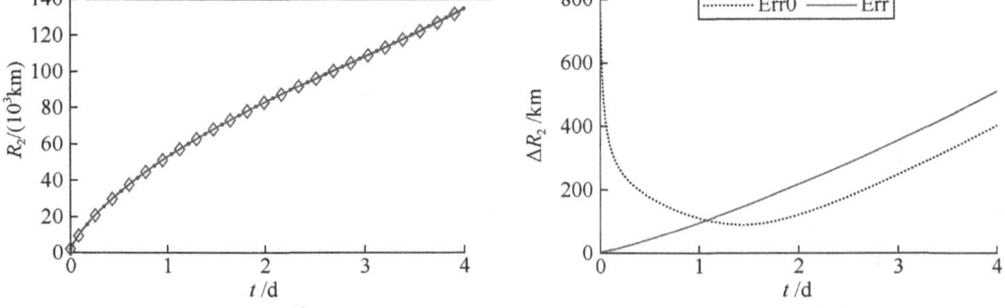

图 6.13　CE-2 实际逃逸轨道与标称轨道和最初标称轨道的月心位置变化及三者偏差

实际任务表明，最终逃逸控制后 CE-2 成功进入前往日地 L_2 点附近的转移轨道，且重构后的标称转移轨道接近最初设计的轨道。

CE-2 向地月 L_2 点转移过程中，如果不施加中途修正，微小的逃逸控制误差将造成 CE-2 到达 L_2 目标点时与标称位置相差 87961km，如图 6.12 所示，因此必须择机施加中途修正。实际任务时，在逃逸控制后根据精密轨道确定结果，基于 4.3 节方法计算了中途修正机动量，并于 2011 年 6 月 20 日 15:24:00 实施了唯一一次中途修正，速度增量约 3.15m/s。CE-2 于 8 月 25 日到达日地 L_2 目标点，施加 3.6m/s 入轨控制后进入日地 L_2 点 Lissajous 轨道。在 L_2 点 Lissajous 轨道绕飞阶段，基于 5.3.3 小节连续环绕控制法计算了轨道维持所需速度增量，于 11 月 30 日实施了日地 L_2 点轨道维持控制，速度增量约 3.19m/s，整个过程如图 6.14 所示。CE-2 在日地 L_2 点 Lissajous 轨道绕飞至 2012 年 4 月，此后实施了图塔蒂斯小行星飞越探测拓展任务，第 7 章将对此进行介绍。

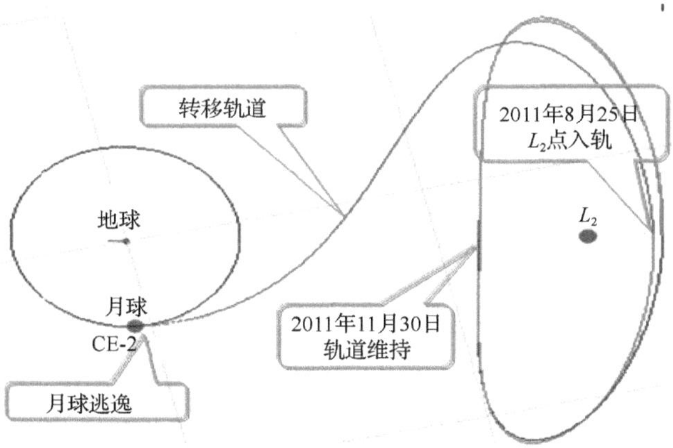

图 6.14　CE-2 日地平动点飞行

CE-2 是我国第一颗日地 L_2 点探测卫星，也是国际上首颗由环月轨道飞向日地平动点的卫星。此次任务的成功实施，为我国在平动点任务设计、平动点轨道测控等方面积累了宝贵的工程实践经验，由此拉开了我国平动点任务的序幕。

参 考 文 献

[1] WU W R, LIU Y, LIU L, et al. Pre-LOI trajectory maneuvers of CHANG'E-2 libration point mission[J]. Science China, 2012, 55(6): 1249-1258.

[2] 吴伟仁，崔平远，乔栋，等. 嫦娥二号日地拉格朗日 L2 点探测轨道设计与实施[J]. 科学通报，2012，57（21）：1987-1991.

[3] 叶培建，黄江川，张廷新，等. 嫦娥二号卫星技术成就与中国深空探测展望[J]. 中国科学（技术科学），2013，43（5）：467-477.

[4] 周文艳，黄昊，刘德成，等. 嫦娥二号卫星日地 L2 点扩展任务轨道设计[J]. 中国科学（技术科学），2013，43（6）：609-613.

[5] LIU L, LIU Y, CAO J F, et al. CHANG'E-2 Lunar escape maneuvers to the Sun-Earth L2 libration point mission[J]. Acta Astronautica, 2014(93): 390-399.

[6] MASDEMONT J J, GÓMEZ G, LIU L, et al. Global analysis of direct transfers from Lunar orbits to Sun-Earth libration point regimes[J]. Celestial Mechanics and Dynamical Astronomy, 2021(133): 15.

[7] 刘勇，刘磊，李明涛，等. 嫦娥二号飞往日地系 L2 点轨道设计与控制[Z]. 2011.

[8] GAO Y, LI H N, HE S M. First-round design of the flight scenario for Chang'e-2's extended mission: takeoff from lunar orbit[J]. Acta Mechanica Sinica, 2012, 28(5): 1466-1478.

[9] PENG H, BAI X, MASDEMONT J J, et al. Libration transfer design using patched elliptic three-body models and graphics processing units[J]. Journal of Guidance, Control and Dynamics, 2017, 40(12): 3155-3166.

[10] ESCOBAL P R. Methods of orbit determination[M]. New York: John Wiley & Sons, Inc., 1965.

[11] TAPLEY B D, SCHUTZ B E, BORN G H. Statistical orbit determination[M]. Holland: Elsevier Inc., Amsterdam, 2004.

第 7 章　嫦娥二号飞越探测小行星

CE-2 日地平动点飞行任务中，月球逃逸控制、中途修正、Lissajous 轨道入轨与维持等总速度增量约 723m/s，2011 年 11 月 30 日剩余推进剂仍可提供速度增量约 120m/s[1-4]。此后，CE-2 由日地 L_2 点轨道出发，近距离飞越探测了 4179 小行星，实现了由平动点出发的小行星探测。本章围绕该任务需求，介绍了小行星探测的交会目标选择和转移轨道设计等内容，以及本次任务的实施情况，最后基于本次任务实施后的结果研究了后续小行星探测方案。

7.1　交会目标分析

在 CE-2 之前，国际上已经利用探测器近距离探测了十余颗小行星[5-11]，其中日本“隼鸟”探测器实现了 25143 号小行星 Itokawa 的采样返回[12]。与这些任务相比，CE-2 小行星探测任务的难点在于剩余推进剂极其有限，而且任务实施时我国地面大口径天线系统尚未投入使用，测控能力也较为有限，同时探测器姿态约束较强。因此，小行星交会目标的选择和转移轨道设计成为本次任务的关键问题。本节分析已编目小行星的分布及运动特性等，基于 CE-2 能量和测控能力约束，综合距离、大小、亮度等因素分析合适的交会目标。

7.1.1　小行星分布

截至 2011 年 5 月，已获临时编号的太阳系小行星共 969626 颗，获永久编号的小行星共 279722 颗，按照成分特征可分为[13-15]多碳型（C 型）、岩石型（S 型）和金属型（M 型），主要分布在 3 个区域：火星和木星之间的小行星带、与木星共轨（木星特洛伊小行星群）、近地小行星[16-17]。小行星带内的小行星均为小偏心率日心轨道，其中包括 110 万～190 万颗直径大于 1km 的小行星和数百万颗更小的小行星。这些小行星可能源自原型行星盘，太阳系形成时期受木星引力影响而未累积成行星。特洛伊小行星群位于太阳和大行星的 L_4 点和 L_5 点附近，著名的木星特洛伊小行星群直到 2010 年才被发现，不过一般认为木星特洛伊小行星群数量不少于小行星带的小行星，目前还发现了火星特洛伊群小行星。近地小行星是指轨道距离地球很近的小行星，截至 2010 年 5 月已知有 7075 颗近地小行星，其中超过 1km 尺寸的估计有 500～1000 颗。

多数小行星的尺寸为几十米到 1000km，但是近年在库珀带发现的一些小行星直径较大，如 2000 年、2002 年和 2004 年依次发现的小行星 Varuna、Quaoar 和

Orcus，直径分别为 900km、1280km 和 1800km。2003 年发现的 90377 小行星 Sedna 位于库珀带外，直径约为 1500km。一般情况下，随着直径增加，小行星数量减少，且二者符合幂指数关系，但是在 5km 和 100km 的小行星数量急剧增加，如表 7.1 所示①。Apollo、Amor 和 Aten 类近地小行星是天文界关注的对象。

表 7.1　直径大于 D 的小行星的近似数量 N

D/km	0.1	0.3	0.5	1	3	5	10
N/颗	25000000	4000000	2000000	750000	200000	90000	10000
D/km	30	50	100	200	300	500	900
N/颗	1100	600	200	30	5	3	1

国际天文联合会下属的小行星中心发布了已知小行星的观测资料和轨道等信息，在线提供近地小行星、彗星、天然卫星的星历和物理参数等信息，同时提供离线的轨道根数文件，也可以在线生成特定目标在固定时段的星历。该中心提供的小行星轨道根数文件 MPCORB.dat 分为 3 部分，即已编目目标、未编目目标的摄动轨道、近期的单冲目标非摄动轨道，截至 2012 年 4 月共包含 728641 个目标。下面重点分析 483390 个编目目标轨道，筛选适合于 CE-2 小行星探测任务的交会目标。

已编目小行星的半长轴 a、偏心率 e 和轨道倾角 i 的分布如图 7.1 所示，图中横坐标 N 为小行星编号，纵坐标中的 NU 为天文单位 AU。实际上，a 的最大值超过 900AU，主要分布在 30～60AU、5.3AU 附近（木星轨道附近）和 1.5～4AU（木星轨道和火星轨道之间），所以图 7.1 中 a 的分布仅给出 0～6AU 的情况。

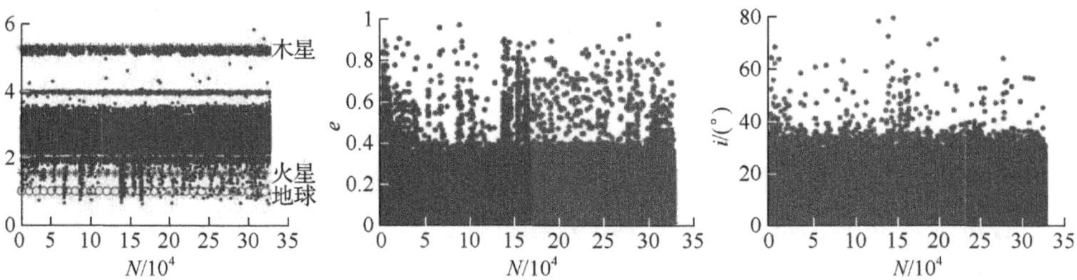

（a）半长轴的分布　（b）偏心率的分布　（c）轨道倾角的分布

图 7.1　已编目小行星的轨道分布

由图 7.1 可见，半长轴在 1.5～4AU 的已编目小行星占比超过 99%，即主带小行星，其余低于总数 1%。不过，主带小行星的分布不均匀，半长轴为某些特定值的小行星比例低于 0.01%，即主带内存在空缺带。

① https://sbn.psi.edu/pds/resource/sdssmoc.html

绝大多数已编目小行星的偏心率小于 0.4；偏心率为 0.1～0.2 的小行星最多，约占 51%；偏心率为 0～0.1 的小行星占比约 31%；偏心率大于 0.2 的小行星数量随着偏心率增加而递减。由此可见，超过 80%的已编目小行星偏心率小于 0.2。

已编目小行星中仅 20461 和 65407 的轨道倾角大于 90°，其余绝大多数小行星的轨道倾角小于 30°，87%的小行星轨道倾角小于 14°且分布较为均匀；与轨道倾角为 14°～18°的小行星相比，轨道倾角为 20°的小行星分布较为稀疏。

7.1.2　目标分析

受限于能量和测控等约束，CE-2 小行星任务目标需要考虑的首要条件为小行星与地球的最近距离。可根据小行星星历，直接利用解析方法或者数值积分计算小行星距离，不过小行星数量巨大，使得计算量较大。为了减小计算量，首先基于近日距和远日距筛选出地球轨道附近的小行星，作为精确计算的前提。

分析小行星星历可知，除了 90377 小行星的近日距为 76.3AU 外，其余小行星的近日距均小于 50AU，且近日距为 1.5～3.1AU 的小行星约占 98%，近日距小于 1.5AU 的小行星不到 0.5%。至于小行星的远日距，仅有 7 颗小行星的远日距大于 200AU，远日距为 1.9～4.2AU 的小行星约占 98%，远日距为 1～1.9AU 的小行星约为 0.13%。由此可见，已编目小行星的远日点均在地球轨道附近或者以外，因此以近日距作为初步筛选条件。

选取近日距 R_p 不大于 1.2AU 的小行星，得到 1077 个初步筛选目标，其远日距 R_a 为 0.898～5.5AU，如图 7.2（a）所示。由于计划交会时间不迟于 2013 年，因此采用数值法计算 2012 年 3 月 14 日 0 时至 2014 年 1 月 1 日 0 时初步筛选目标与地球的最近距离 R_m，如图 7.2（b）所示，其中横坐标为最近距离时刻相对于初始时刻的天数，力模型考虑日地月和大行星引力，引力常数和行星位置取自 JPL DE405。

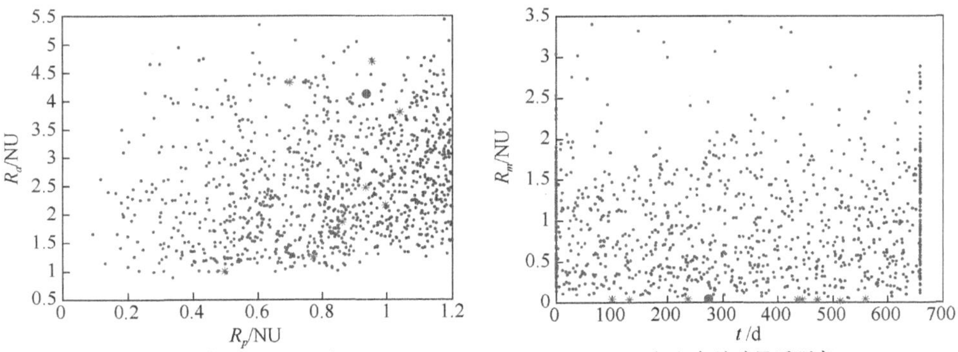

（a）近日距和远日距　　（b）与地球最近距离

图 7.2　初步筛选的已编目小行星的轨道特性

由图 7.2 可知，与地球最近距离小于 2×10^7km 的交会目标有 41 颗，小于 10^7km 的有 13 颗，小于 8×10^6km 的有 9 颗（图中“*”所示），如表 7.2 所示。表 7.2 中，N、A、s、H 和 G 分别表示小行星的编号、类型、尺寸、绝对星等和相对星等，ρ 和 t 分别表示最近距离和对应时刻。

表 7.2　与地球最近距离小于 8×10^6km 的小行星

N	A	s /km	H	G	ρ /km	t /TT
277475	AP	0.28～0.64	20.10	0.15	3099364	2013-8-9 05:03
153958	AP	0.7～1.5	18.20	0.15	5258211	2012-7-22 23:38
293726	AP	0.09～0.2	22.60	0.15	5348004	2013-6-28 04:09
163364	AP	0.5～1.2	18.80	0.15	5799928	2013-5-23 14:00
285263	AM	2.75	16.50	0.15	5859905	2013-5-31 20:59
214869	AP	1.7～3.7	16.30	0.15	6476951	2012-11-5 16:42
308242	AT	1.6～3.5	16.40	0.15	6576884	2012-6-21 18:16
152664	AP	0.34～0.77	19.70	0.15	6732135	2013-9-24 18:22
4179	AP	2.8	15.30	0.10	6930006	2012-12-12 06:40

由表 7.2 可见，2012 年距离地球最近的 4 颗小行星中，214869 小行星和 308242 小行星体积最大，4179 小行星（图 7.2 中“•”所示）次之，153958 小行星最小。不过，4179 小行星等最高，距离地球最近时刻为 2012 年底，以之作为交会目标，有利于近距离成像且任务准备时间较为充分，214869 小行星和 285263 小行星作为交会目标的条件也较好。

7.2　转移轨道设计

本节基于 7.1 节的交会目标分析，介绍基于微分修正法和遍历搜索的转移轨道设计方法，给出转移轨道搜索设计流程，结合 CE-2 剩余推进剂和精密轨道计算转移轨道，分析测控条件和通信约束满足情况。黄江川等研究了相应转移轨道设计方法[3,4, 18-20]。

7.2.1　数学模型

转移轨道设计可采用两种思路。一是基于 CE-2 日地 L_2 点 Lissajous 轨道，采用 4.2 节基于流形的转移轨道设计方法，设计可以接近小行星目标的拟流形转移轨道，实现对小行星目标的交会[19-20]。

二是采用传统轨道设计方法。由表 7.2 可见，交会时小行星与地球最近距离均大于 300 万 km，因此，转移轨道完全可以作为日心二体拦截轨道进行初步设计，然后在高精度力模型下修正。至于转移能量的优化问题，可以搜索设计不同历元出发的转移轨道，选取转移能量最小者。下面具体介绍该方法。

首先，进行转移轨道初步设计。鉴于 CE-2 和小行星的初始轨道已确定，对于给定的出发历元和转移时间，转移轨道设计即经典高斯（Gauss）问题[21]，如图 7.3 所示。图 7.3 中给出了从初始位置 $\boldsymbol{r}_1$ 沿不同“运动方向”达到 $\boldsymbol{r}_2$ 的椭圆转移轨道，应选择飞行时间和转移能量较低的转移轨道。

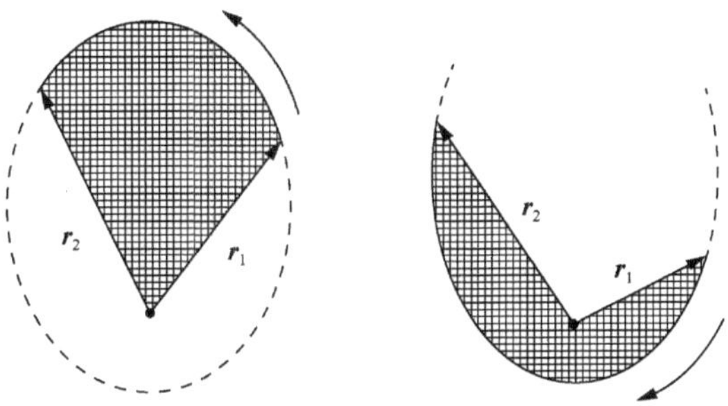

图 7.3　高斯问题对应的椭圆转移轨道

高斯问题的求解方法有普适变量法、直接 p 迭代解法、原始高斯法、朗伯特飞行定理等，但相对而言，普适变量法能避免许多难以处理的特殊情况，使用更加方便[21]。

设转移轨道的设计约束为出发速度增量、轨道测控条件和转移时间等，其优化设计可表示为如下约束优化问题：

$$\begin{cases} \Delta v = \min\left(\mathrm{Gauss}\left\{\sigma_1(t_1),\quad \sigma_2(t_2),\quad t_2 - t_1\right\}\right) \\ t_1 \leqslant t_0 + \mathrm{d}t \\ R(t_2) \leqslant R_m \end{cases} \tag{7.1}$$

式中，σ_1 和 σ_2 分别为卫星和小行星目标的轨道参数；t_0、t_1 和 t_2 分别为轨道历元时刻、出发时刻和交会时刻；$R(t_2)$ 为交会时刻地心距；$\mathrm{d}t$ 和 R_m 分别为出发时刻约束和最大测控范围。

式（7.1）表示用高斯问题计算出发速度增量 Δv。可直接用二次规划方法[22]求解式（7.1）；或者将之转化为无约束优化问题，利用遗传算法[23]等智能优化算法求解。

其次，在精确力模型下修正初始转移轨道。采用微分修正法[24]修正初始转移轨道，方法与 4.2.2 小节介绍的流形转移轨道修正完全相同，其中从 t_0 到 t_1 的状态转移矩阵 $\boldsymbol{\Phi}(t_1,t_0)$ 为[25]

$$\dot{\boldsymbol{\Phi}}(t_1,t_0)=\begin{bmatrix}\mathbf{0}_{3\times3} & \mathbf{I}_{3\times3}\\ \dfrac{\partial\ddot{\boldsymbol{r}}}{\partial\boldsymbol{r}} & \dfrac{\partial\ddot{\boldsymbol{r}}}{\partial\dot{\boldsymbol{r}}}\end{bmatrix}\boldsymbol{\Phi}(t_1,t_0) \tag{7.2}$$

式中，$\boldsymbol{r}$、$\dot{\boldsymbol{r}}$ 和 $\ddot{\boldsymbol{r}}$ 分别为卫星的位置矢量、速度矢量和加速度矢量。

计算 $\ddot{\boldsymbol{r}}$ 时可以考虑各种摄动因素，结合本次任务实际，这里仅考虑日地月和大行星引力及光压摄动。

在出发时刻 t_0，CE-2 初始位置确定，通过施加速度增量 $\delta\dot{\boldsymbol{r}}_0$ 调整初始转移轨道，目标为交会时探测器与小行星的相对位置 $\delta\boldsymbol{r}$，可得 $\delta\dot{\boldsymbol{r}}_0$ 为

$$\delta\dot{\boldsymbol{r}}_0=\begin{bmatrix}\Phi_{14} & \Phi_{15} & \Phi_{16}\\ \Phi_{24} & \Phi_{25} & \Phi_{26}\\ \Phi_{34} & \Phi_{35} & \Phi_{36}\end{bmatrix}^{-1}\delta\boldsymbol{r} \tag{7.3}$$

由高斯问题求解得到的初始转移轨道的状态偏差较小，可以确保微分修正法迭代收敛，满足交会条件 $|\delta\boldsymbol{r}|<\Delta r_{\min}$。

此外，也可以尝试直接在一定时间范围内遍历搜索，选取交会时刻 t_1 时 $|\delta\boldsymbol{r}|<\Delta r_{\min}$ 的轨道作为初始转移轨道。受限于剩余推进剂和任务准备时间约束，应将 t_0 约束在时间范围 T_{day} 内；同时，受限于探测器姿态约束，遍历搜索时需排除中途返回地球的转移轨道类型，即转移轨道积分过程中探测器与地球的距离小于给定值 $\Delta R_{\min}$，则停止本次搜索和迭代，由此给出转移轨道遍历搜索设计流程，如图 7.4 所示。

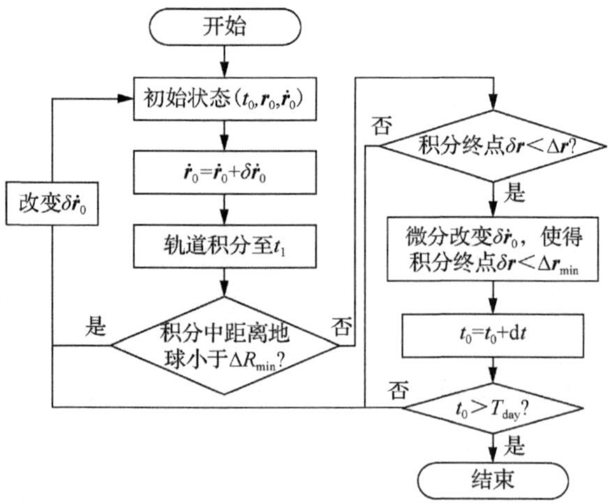

图 7.4　转移轨道遍历搜索设计流程

图 7.4 中，步骤“改变 $\delta\dot{\boldsymbol{r}}_0$”的方法多样，从能量角度考虑 $\delta\dot{\boldsymbol{r}}_0$ 应小于剩余推进剂可提供的最大速度增量 $\Delta v_{\max}$，此处采用简单遍历搜索的方法，即

$$\delta\dot{\boldsymbol{r}}_0 = \Delta v_0 \begin{bmatrix} \cos\alpha\cos\beta \\ \sin\alpha\cos\beta \\ \sin\beta \end{bmatrix} \tag{7.4}$$

式中，$\Delta v_0 \in (0, \Delta v_{\max}]$，$\alpha \in [0, 360°)$，$\beta \in [-90°, 90°]$。$\Delta v_0$、$\alpha$ 和 β 在各自定义域内遍历取值。

此外，由于解空间相对较为复杂，因此可以在遍历搜索过程中采用式（4.22）限制 $\delta\dot{\boldsymbol{r}}_0$ 的幅值，以避免修正量过大造成迭代失败。

7.2.2　数值仿真

基于 2012 年 3 月 25 日 12 时的精密定轨结果，CE-2 在日心 J2000.0 坐标系下的瞬时轨道根数如表 7.3 中的 σ_0 所示。

表 7.3　CE-2 瞬时轨道根数

轨道根数	a /AU	e	i /(°)	Ω /(°)	ω /(°)	M /(°)
σ_0	1.02772	0.02305	23.660	0.099	151.115	32.165
σ_1	1.05708	0.03368	23.387	358.869	242.613	13.741

采用 7.2.1 小节的转移轨道遍历搜索设计流程，设计 CE-2 小行星转移轨道。以 4179 小行星作为交会目标，t_0 取 2012 年 3 月 31 日 16 时，T_{day} 取 90d，dt 取 1d，t_1 给定为 2012 年 12 月 13 日 0 时，$\Delta R_{\min}$ 取 5×10^4km，Δr 取 10^6km，$\Delta r_{\min}$ 取 100km。卫星和小行星的轨道预报采用高精度力模型。搜索得到的出发速度增量如图 7.5 所示，图中水平线为 CE-2 剩余推进剂可提供的最大速度增量 $\Delta v_{\max}$，即 120m/s。

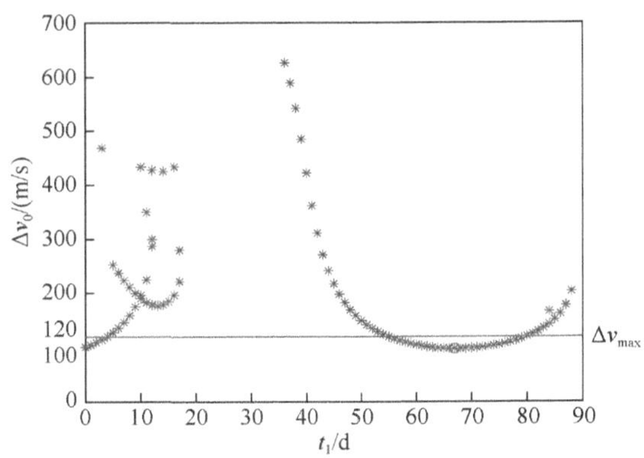

图 7.5　CE-2 交会 4179 小行星 90d 内出发所需速度增量

由图 7.5 可见，3 月 31 日后约有 29d 满足能量约束，其中 6 月 6 日 16 时出发的速度增量最小，为 97.312m/s，瞬时轨道根数如表 7.3 中的 σ_1 所示。

此外，图 7.5 显示 3 月 31 日之后的第 17～36d 内搜索失败，该时段内需要采用更精细的步长进行遍历搜索，或者采用高斯问题求解初始转移轨道。不过从曲线变化趋势可见，该时段内出发的速度增量远远超出 Δv_{max} 。

CE-2 交会 4179 小行星的能量最优转移轨道如图 7.6 所示，图（a）为出发时刻日地会合坐标系情况，图（b）为交会前 20 天日心 J2000.0 坐标系情况。转移过程中探测器的地心距 R 的变化如图 7.7 所示。

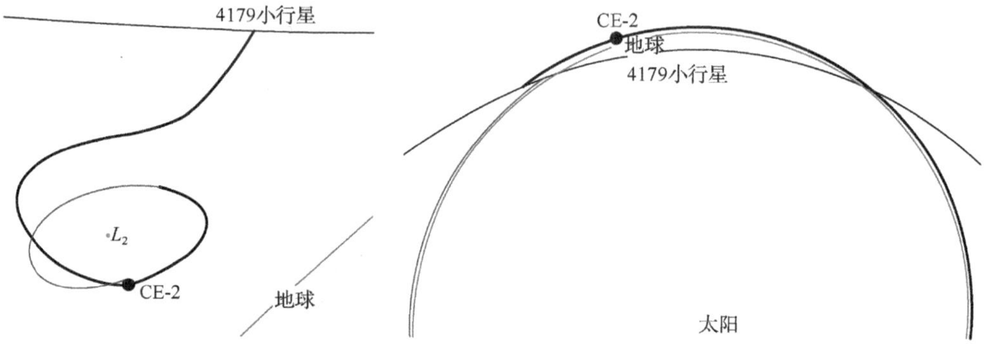

（a）会合坐标系下的转移轨道　　（b）惯性系下交会情况

图 7.6　CE-2 交会 4179 小行星的能量最优转移轨道

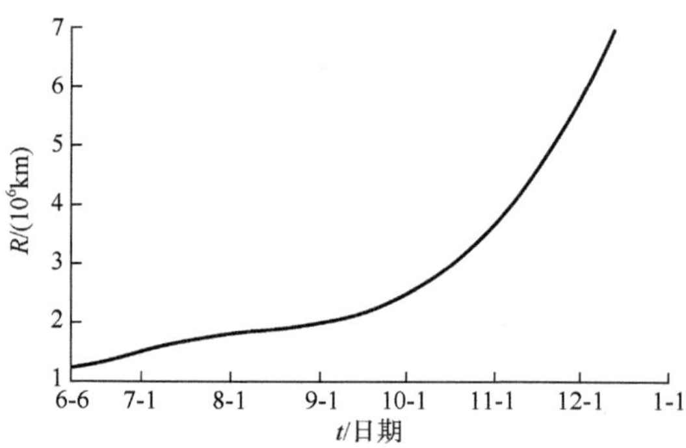

图 7.7　转移轨道的地心距变化

由图 7.7 可见，在 2012 年 9 月之前，CE-2 的地心距不大于 2×10^6km，满足测控范围约束。基于国内测站分析 9 月 1 日前、9 月 1 日至交会前的测控条件，测站最小跟踪仰角为 5°，结果如表 7.4 所示，其中 n 为测控弧段个数，η_{min} 、η_{max} 和 η_{mean} 分别表示最短、最长和平均跟踪弧段长度。

表 7.4 国内测站对转移轨道的测控可见性

测站	n	$\eta_{\min}$ /h	$\eta_{\max}$ /h	η_{mean} /h
青岛	87	7.70	12.03	10.99
喀什	87	6.97	12.11	10.97
VLBI	103	9.51	10.59	9.93

注：VLBI，即 very long baseline interferometry，超长基线干涉测量。

由表 7.4 可见，国内测站每天均可观测到转移轨道，且每天跟踪弧段均为 10h 左右。因此，国内测控网可以满足该转移轨道的测控需求，尤其是 9 月份国内大口径深空天线建成并投入使用后，测控条件可进一步改善。

7.3 任 务 实 施

根据 CE-2 飞越探测小行星的飞行控制方案，探测器逃逸日地 L_2 点 Lissajous 轨道的控制分两次实施，此后规划 4 次中途修正控制，CE-2 于 2012 年 12 月 13 日 16:30 交会小行星，并使用太阳翼监视相机成像，飞行过程如图 7.8 所示。

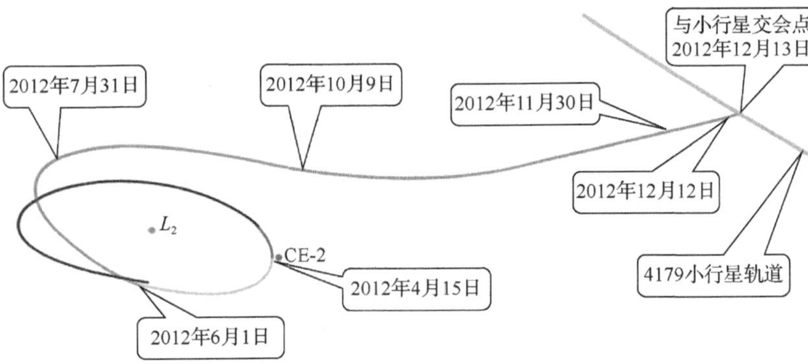

图 7.8 CE-2 飞越探测 4179 小行星飞行过程

1. L_2 点逃逸控制

L_2 点 Lissajous 轨道逃逸控制分两次实施，第 1 次轨道控制为 2012 年 4 月 15 日，速度增量约 6.3m/s；第 2 次轨道控制为 2012 年 6 月 1 日，速度增量约 104.8m/s。

2. 中途修正控制

基于 CE-2 和 4179 小行星的精密定轨结果，第 2 次逃逸控制后若不进行轨道修正，则二者最近距离约 19.1 万 km。为此，采用 5.3.1 小节目标点控制法计算中途修正控制量，若满足实施条件则执行中途修正，进而根据控后定轨结果计算新的中途修正控制量。总计实施了 4 次中途修正，如表 7.5 所示。

表 7.5　CE-2 飞越探测 4179 小行星任务的中途修正

次序	时间	推力时长/s	推进剂消耗/kg	修正位置偏差/km
1	2012 年 7 月 31 日	184	2.25	1.9×10^6
2	2012 年 10 月 9 日	32.6	0.58	5400
3	2012 年 11 月 30 日	38.4	0.68	900
4	2012 年 12 月 12 日	110.1	1.49	194

在第 3 次和第 4 次中途修正计算时，为了避免与小行星碰撞，控制目标均为沿小行星轨道北极方向偏置 15km。第 4 次中途修正后，精密轨道计算结果表明，CE-2 将于 2012 年 12 月 13 日 16:30 左右与小行星交会。

3. 成像策略制定与试验

由于 CE-2 与小行星交会时相对速度高达 10.7km/s，为了交会时获取清晰的小行星图像，必须制定完善的成像策略，以有效利用星载成像设备。经综合分析，为了获得较长的成像时间，确定使用太阳翼监视相机，同时考虑到太阳翼监视相机视场较窄且分辨率有限、4179 小行星尺寸较小、相对轨道存在不确定性偏差等多种因素，最终制定了太阳翼监视相机远离小行星时凝视成像的方案。为了验证成像策略，2012 年 8 月 1 日、10 月 9 日和 11 月 30 日进行了一系列成像试验，其中获取的地球影像如图 7.9 所示。

图 7.9　第 1 次成像试验获取的地球影像

4. 轨道测定

CE-2 飞越探测 4179 小行星任务期间，中国科学院天文观测站利用光学设备观测小行星以确定其精密轨道，并与国际组织公布的小行星星历进行比对，为任务设计与实施提供了重要支撑。CE-2 的跟踪测量站包括青岛和喀什测站，以及 2012 年 10 月投入使用的喀什和佳木斯深空站，日常跟踪期间由单个深空站每天跟踪 1～2h；中途修正及与小行星交会探测期间，为确保控制实施和满足定轨精度要求，深空站每天跟踪 3～5h。

5. 成像控制与结果

2012 年 12 月 13 日 16:30，CE-2 飞越 4179 小行星；16:20～16:35 开启成像设备，小行星首先出现在设备视场边缘，之后随距离增加逐渐靠近视场中心，如图 7.10 所示。

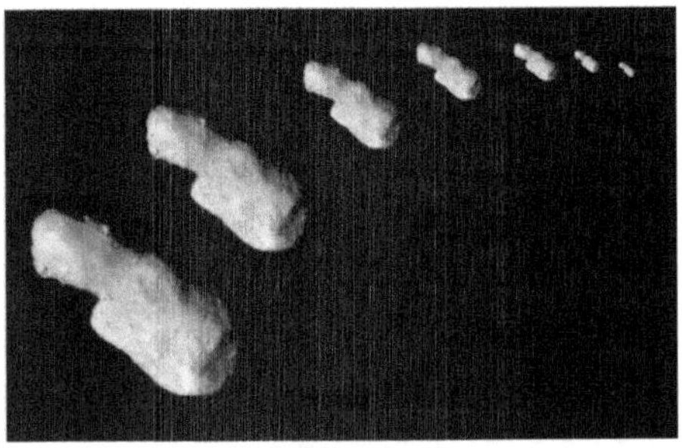

图 7.10 CE-2 获取的 4179 小行星图像

CE-2 在国际上首次实现对 4179 小行星的近距离光学观测，成功获取高质量图像 500 幅，最佳像素为 378×200，局部分辨率可达 5m，交会时最近距离小于 2km[3,18,26-27]。我国首次突破并掌握了 1000 万 km 以及更远距离的轨道设计与控制技术，为后续地外天体探测活动奠定了坚实的技术基础。本次任务后，CE-2 成为一颗围绕太阳公转的人造小行星，轨道周期约 388d，初步推算大约 16 年后再次返回地球附近。

7.4 后续小行星探测任务设计

在 CE-2 探测 4179 小行星后，基于探测器轨道和剩余推进剂，提出了利用探测器再次飞越探测小行星的后续飞行方案，重点研究了任务转移轨道设计和中途修正，给出了小行星探测目标和最优出发速度增量与时间，同时分析了转移轨道的测控情况[28]。

7.4.1 探测目标与转移轨道

探测任务的首要问题即探测目标选择和转移轨道初步设计。基于 7.2 节方法，在能量、时间和距离的约束下，选择亮度和大小合适的小行星作为交会目标，同时确定最优出发速度增量和出发时刻。

基于 2013 年 1 月 15 日 16 时 CE-2 轨道，考虑 50d 内出发情况，最大测控距离取 1.5×10^8km，求解最优出发速度增量 Δv，如表 7.6 所示。表 7.6 中，特征参数 N、ϕ 和 s 分别表示小行星的编号、尺寸和绝对星等，t_2 和 R 为交会时刻及其对应地心距。

表 7.6 飞越探测目标选择结果

N	Δv /(m/s)	t_2	R /km	ϕ /km	s
1997XF$_{11}$	44.3	2014-12-19	1.3×10^8	1.3～2.8	16.9
2008UC202	63.1	2013-11-20	5.7×10^7	0～0.01	28.3
2005VS	75.7	2013-12-04	6.2×10^7	0.1～0.24	22.2
2006TF	91.0	2013-10-23	5.9×10^7	0.1～0.4	25.9

由表 7.6 可见，CE-2 交会小行星 1997XF$_{11}$ 所需速度增量较小，不过交会时距离地球较远。该小行星尺寸较大，属于潜在危险小行星，可能于 2028 年 10 月 26 日距离地球仅 93 万 km，因此国际上对之极为关注。其余 3 颗小行星均属于较小的临时编号小行星，不过交会时刻距离地球相对较近，便于观测。综合而言，1997XF$_{11}$ 和 2005VS 是比较合适的飞越探测目标。

进一步分析 90d 内，CE-2 出发交会 1997XF$_{11}$ 所需最优出发速度增量、最优到达时刻与出发时刻的关系，如图 7.11 所示。

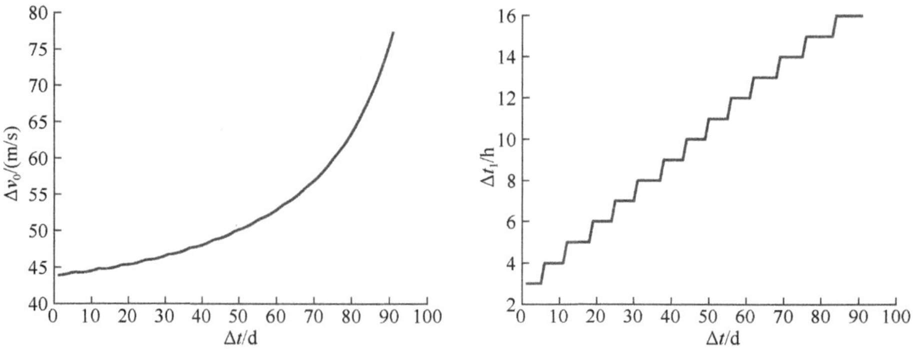

（a）最优出发速度增量与出发时刻的关系　（b）最优到达时刻与出发时刻的关系

图 7.11 CE-2 与 1997XF$_{11}$ 小行星交会的最优出发速度增量和最优到达时刻与出发时刻的关系

由图 7.11 可见，90d 内（2013 年 4 月 15 日前）最优出发速度增量随出发时刻推迟而变大，最小出发速度增量为 44～77m/s。图 7.11 中最优到达时刻为相对于 2014 年 12 月 19 日 13 时的时间，单位为小时，图中为折线的原因在于到达时刻的分析间隔为 1h。可见，随着出发时刻推迟 6～7d，最优到达时刻推迟约 1h。

交会小行星 2005VS 的出发速度增量随时间推迟而增大；同时，由于转移时间较短，出发时刻变化对最优交会时刻的影响较小，因此最优交会时刻在 1 个月内的变化不超过 2h。

CE-2 与小行星 1997XF$_{11}$ 和 2005VS 的交会过程如图 7.12 所示，其中 CE-2、地球和小行星依次用▲、●和★表示。与 1997XF$_{11}$ 的交会过程给出了 t_0、t_1、t_2 和 t_3 共 4 个时刻的位置，其中 t_0 为 2013 年 1 月 15 日，t_1 为 CE-2 距离地球 5000 万 km

时刻（2013 年 7 月 9 日），t_2 为小行星位于日心轨道远日点时刻（2013 年 12 月 15 日），t_3 为交会时刻（2014 年 12 月 20 日）；与 2005VS 的交会过程给出了 t_0、t_1 和 t_2 共 3 个时刻的位置，其中 t_0 不变，t_1 时刻 CE-2 过二者轨道交点（2013 年 10 月 1 日），t_2 为交会时刻（2013 年 12 月 5 日）。

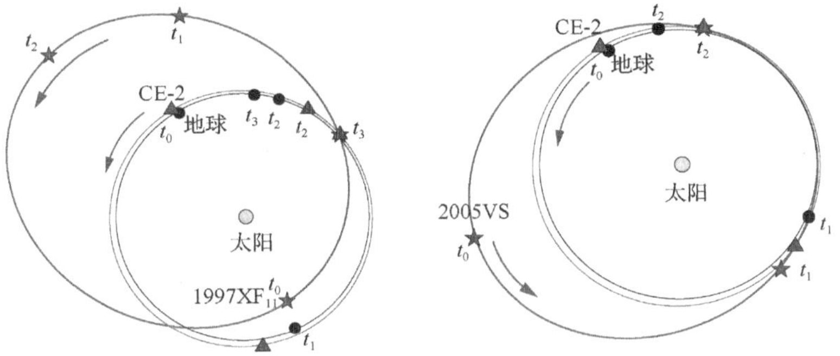

（a）1997XF$_{11}$　（b）2005VS

图 7.12　CE-2 与小行星 1997XF$_{11}$ 和 2005VS 的交会过程

7.4.2　中途修正

采用 5.3.1 小节的目标点控制法计算 CE-2 向小行星转移过程的中途修正，采用两种方式选择控制时刻：方式 1 为选择固定时间间隔；方式 2 在方式 1 的基础上考虑推力限制，设置控制量阈值。

基于 7.4.1 节最优转移轨道，计算 2013 年 2 月 15 日出发交会 1997XF$_{11}$ 的中途修正情况，修正间隔分别取 60d 和 90d。考虑测控精度如下：定轨位置误差 10km，速度误差 1cm/s，控制不确定性误差 10cm/s，残余控制误差 2%。同时，由于不确定性误差，因此采用蒙特卡洛法分析中途修正速度增量。方式 1 的中途修正速度增量如图 7.13 所示，图中符号*、○和◊分别表示各次速度增量的最小值、平均值和最大值。

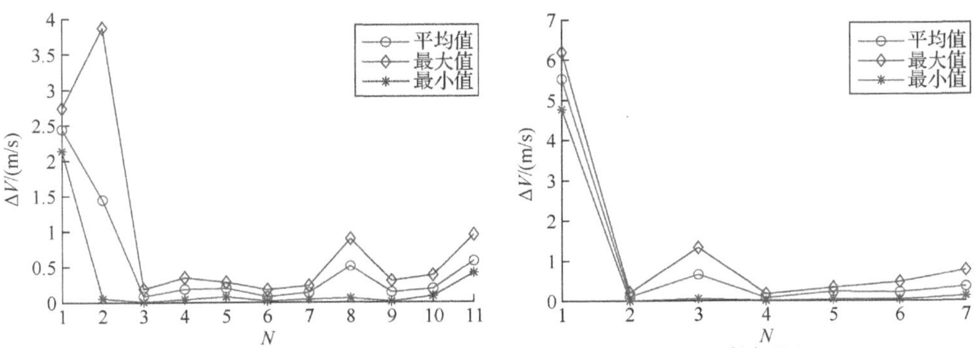

（a）60d　（b）90d

图 7.13　60d 和 90d 间隔交会 1997XF$_{11}$ 的中途修正速度增量（方式 1）

由图 7.13 可见，60d 和 90d 间隔下，方式 1 分别需要 11 次和 7 次修正控制，前者速度增量最大约 3.9m/s，多数小于 0.5m/s；后者速度增量最大约 6.2m/s，多数小于 1m/s。由此可见，如果中途修正的预定间隔较小，应考虑设置控制量约束，即采用方式 2。CE-2 交会小行星 1997XF$_{11}$ 和 2005VS 的中途修正控制参数如表 7.7 所示，表中给出了单次修正速度增量和总修正速度增量的最小值、最大值和平均值，尤其给出了方式 2 下的平均修正次数。从实际角度考虑，2005VS 仅给出方式 2 的中途修正情况。

表 7.7 CE-2 交会小行星 1997XF$_{11}$ 和 2005VS 的中途修正控制参数

方式		间隔/天	单次修正速度增量/(m/s)			总修正速度增量/(m/s)			次数
			最小	最大	平均	最小	最大	平均	
1997XF$_{11}$	1	60	0.0070	3.8719	0.5456	3.9423	8.8598	6.0018	11
		90	0.0021	6.1957	1.0237	5.9704	8.5741	7.1657	7
	2	60	0.5001	3.9071	1.2197	3.5477	11.1682	6.2521	5
		90	0.5000	7.1375	1.9835	5.5296	14.7064	7.6740	4
2005VS	2	30	0.5000	2.5514	1.1853	2.7175	4.9076	3.5915	3
		60	0.5001	8.3512	3.5586	6.5602	10.6911	8.1664	3
		90	0.5000	3.3591	1.7798	3.1508	4.3909	3.5597	2
		120	0.5012	4.2838	2.7468	3.7449	8.4491	5.4859	2

由表 7.7 可见，交会小行星 1997XF$_{11}$ 和 2005VS 的中途修正平均总速度增量一般不超过 10m/s；同时，方式 2 的平均能量消耗与方式 1 相当，但是平均控制次数仅为方式 1 的一半，可以有效降低地面测控压力。综合分析，中途修正采用方式 2 且修正间隔取 90d 较为合适。

7.4.3 测控条件

CE-2 在交会小行星 1997XF$_{11}$ 和 2005VS 之前的地心距 R 的变化如图 7.14 所示，横轴起点为 2013 年 1 月 15 日，CE-1997XF$_{11}$ 和 CE-2005VS 分别是 CE-2 交会两颗小行星前的地心距变化。由此可见，交会之前小行星 1997XF$_{11}$ 和 2005VS 的最大地心距超过 4 亿 km 和 2.5 亿 km，不过由于这两颗小行星均属于对地球构成威胁的近地小行星，国际天文学联合会（International Astromomical Union，IAU）密切关注其轨道变化，因此可考虑国际合作监测其轨道。

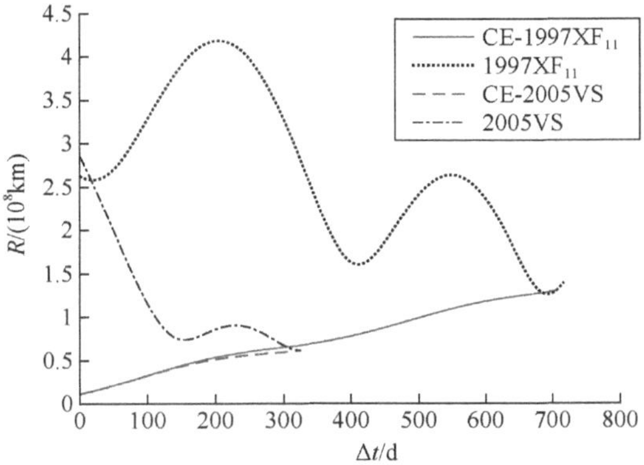

图 7.14　CE-2 在交会小行星 $1997XF_{11}$ 和 2005VS 之前的地心距 R 的变化

以 $1997XF_{11}$ 为例，分析交会前国内测站对 CE-2 的测控可见性，结果如表 7.8 所示，其中“VLBI 两站”“VLBI 三站”“VLBI 四站”表示对卫星共视所需的最少 VLBI 测站数。

表 7.8　CE-2 在转移过程中的国内测站可见性

测站	最小可见弧段/h	最大可见弧段/h	平均可见弧段/h
北京	9.19	14.80	11.96
上海	10.00	14.00	11.97
昆明	10.50	13.54	11.98
乌鲁木齐	8.76	15.23	11.95
喀什	9.24	14.75	11.96
佳木斯	8.37	15.62	11.95
VLBI 两站	9.80	14.18	12.02
VLBI 三站	8.13	12.36	10.22
VLBI 四站	5.96	11.40	8.76

由表 7.8 可知，国内测站对 CE-2 的单站连续可见弧段约 12h，VLBI 连续可见弧段大于 8h。探测器向 2005VS 转移过程中的可见性与 $1997XF_{11}$ 大致相同，因此应该可以保证探测器转移过程中的测控支持。若后续计划实施精准控制以撞击小行星，还可考虑联合国际深空网共同观测。

参考文献

[1] WU W R, LIU Y, LIU L, et al. Pre-LOI trajectory maneuvers of CHANG'E-2 libration point mission[J]. Science China, 2012, 55(6):1249-1258.

[2] LIU L, LIU Y, CAO J F, et al. CHANG'E-2 lunar escape maneuvers to the Sun-Earth L2 libration point mission[J]. Acta Astronautica, 2014(93):390-399.

[3] 黄江川，王晓磊，孟林智，等. 嫦娥二号卫星飞越4179小行星工程参数分析[J]. 中国科学（技术科学），2013，43（6）：596-601.

[4] 刘磊，刘勇，曹建峰，等. 嫦娥二号探测小行星任务转移轨道设计[J]. 宇航学报，2014，35(3)：262-268.

[5] CHENG A F, FARQUHAR R W, GOLD R E, et al. Near Earth asteroid rendezvous: mission overview[J]. Space Science Reviews, 1997, 82(1-2): 3-29.

[6] GLASSMEIER K, BOEHNHARDT H, KOSCHNY D, et al. The Rosetta mission: flying towards the origin of the solar system[J]. Space Science Reviews, 2007, 128(1-4): 1-21.

[7] RUSSELL C T, CAPACCIONI F, CORADINI A, et al. Dawn mission to Vesta and Ceres symbiosis between terrestrial observations and robotic exploration[J]. Physics and Astronomy Earth, Moon and Planets, 2007, 101(1-2): 65-91.

[8] RAYMAN M D, VARGHESE P. The deeps pace 1 extended mission[J]. Acta Astronautica, 2001, 48(5-12): 693-705.

[9] VEVERKA J, BELTON M, KLAASEN K, et al. Galileo's encounter with 951 Gaspra: overview[J]. Icarus, 1994, 107(1): 2-17.

[10] BINZEL R P. Asteroids come of age[J]. Science, 2000, 289(5487): 2065-2066.

[11] 徐伟彪，赵海斌. 小行星深空探测的科学意义和展望[J]. 地球科学进展，2005, 20（11）：1183-1190.

[12] KAWAGUCHI J, FUJIWARA A, UESUGI T. Hayabusa: its technology and science accomplishment summary and Hayabusa-2[J]. Acta Astronautica, 2008, 62(10-11): 639-647.

[13] THOLEN D J. Asteroid taxonomic classifications[C]. Asteroids II; Proceedings of the Conference, Tucson, AZ, March 8-11, 1988: 1139-1150.

[14] KERROD R. Asteroids, comets, and meteors[M]. Minnesota: Lerner Publications Company, 2000.

[15] MILANI A, KNEŽEVIĆ Z. Asteroid proper elements and the dynamical structure of the asteroid main belt[J]. Icarus, 1994, 107(2): 219-254.

[16] BOTTKE D, NESVORNY J, MORBIDELLI V, et al. The fossilized size distribution of the main asteroid belt[J]. Icarus, 2005(175): 111.

[17] ZAPPALÀ V. Asteroid families: Search of a 12,487-asteroid sample using two different clustering techniques[J]. Icarus, 1995, 116(2): 291-314.

[18] JI J, JIANG Y, ZHAO Y, et al. Chang'e-2 spacecraft observations of asteroid 4179 Toutatis[J]. Proceedings of the International Astronomical Union, 2015, 10(S318): 144-152.

[19] GAO Y. Near-Earth asteroid flyby trajectories from the Sun-Earth L2 for Chang'e-2's extended flight[J]. Acta Mechanica Sinica English Series, 2013, 29(1): 123-131.

[20] 乔栋，黄江川，崔平远，等. 嫦娥二号卫星飞越Toutatis小行星转移轨道设计[J]. 中国科学，2013（5）：487-492.

[21] ESCOBAL P R. Methods of orbit determination[M]. New York: John Wiley& Sons Incorporated Company, 1965.

[22] 粟塔山，彭维杰，周作益，等. 最优化计算原理与算法程序设计[M]. 长沙：国防科技大学出版社，2002：29-70.

[23] 周明，孙树栋. 遗传算法原理及应用[M]. 北京：国防工业出版社，2000.

[24] 吕同富. 数值计算方法[M]. 北京：清华大学出版社，2008：57-106.

[25] MONTENBRUCK O, EBERHARD G. Satellite orbits, models, methods, and applications[M]. Berlin: Springer Verlag Press, 2000.

[26] CAO J F, LIU Y, HU S J, et al. Navigation of Chang'E-2 asteroid exploration mission and the minimum distance estimation during its fly-by of Toutatis[J]. Advances in Space Research, 2015, 55(1): 491-500.

[27] BU Y, TANG W, FA W, et al. Relative trajectory estimation during Chang'E-2 probe's flyby of asteroid Toutatis using dynamics, optical, and radio constraints[J]. IEEE Transactions on Geoscience and Remote Sensing, 2016, 54(8): 4680-4693.

[28] 刘磊，吴伟仁，唐歌实，等. 嫦娥二号后续小行星飞越探测任务设计[J]. 国防科技大学学报，2014，36（2）：13-17.

第 8 章　嫦娥三号应急返回轨道设计

我国月球探测工程分为“绕、落、回”三期，在以“落”为目标的第二期工程中，CE-3 将开展月球软着陆探测。本章首先简要介绍 CE-3 任务及其轨道，针对任务实施时可能出现且影响较大的月球未捕获问题，介绍应急返回月球并再次捕获的应急轨道设计，尤其是基于平动点的应急轨道控制方法[1]，并与传统应急轨道处置方式进行对比。

8.1　CE-3 任务概况

CE-3 是我国首个月球软着陆探测器，如图 8.1 所示，在西昌卫星发射中心由 CZ-3B 火箭发射并直接进入地月转移轨道，发射窗口为 2013 年 12 月 1～3 日，每天 2 个窗口，12 月 1 日窗口的入轨时间为 17:50:23 和 18:43:38。CE-3 入轨后分别飞行 112h 和 136h 到达近月点，期间规划 3 次中途修正，近月制动后进入高度 100km 的极月圆轨道，飞行 3～6d 后在月球背面施加降轨控制，将近月点高度降低至 15km，此后再飞行约 4d 施加动力下降控制，最终实现自 1976 年以来重新着陆在月球表面。月面着陆位置为月经约−19°，月纬约 44°，整个任务过程如图 8.2 所示。

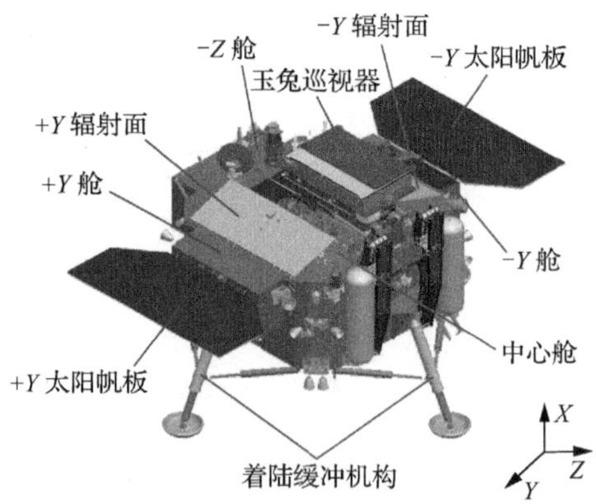

图 8.1　CE-3 探测器[2]

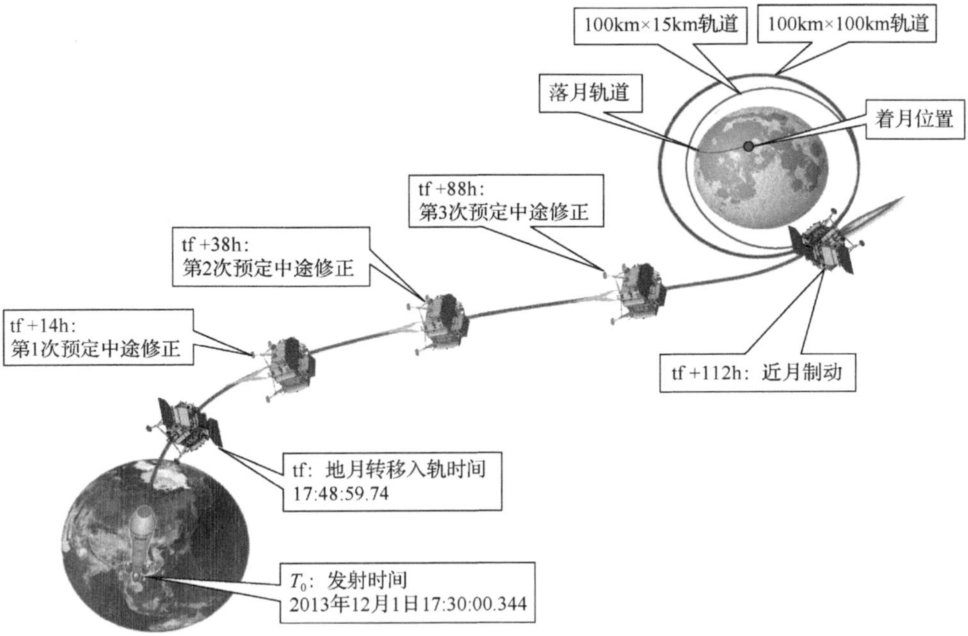

图 8.2　CE-3 任务过程

基于设计轨道分析可知，若近月制动失败，CE-3 将在月球引力甩摆作用下 17h 内飞出月球影响球，进而飞出地月空间成为人造小行星。因此，近月制动是本次任务至关重要的环节，需要制定完善的应急轨道控制方案，如增加控制次数以弥补近月制动控制量不足，或者推迟控制以应对推进器失效，力求卫星不从月球影响球逃逸。

上述应急轨道控制方案基本可以满足任务需求，不过在近月制动后的故障处置时间有限的情况下（仅 17h），仍需考虑最坏情况（卫星逃逸出月球影响球），研究并制定将近月制动完全失效、月球未捕获的卫星送回月球并再次捕获的应急处置方案。

8.2　月球未捕获应急轨道技术

月球探测任务各飞行阶段故障处置的紧急程度不同，其中地月转移时间较长，若预定的中途修正控制出现故障，可以推迟时间补充控制，不影响探测器到达预定近月点。但是对于近月制动，由于探测器相对于月球运动速度较快，若发生故障而未能及时处置，则探测器在月球引力的甩摆作用下 10 余小时即可飞离月球，进一步考虑地面跟踪测量与通信所需时间，可能在较长时间后地面才能干预。因此，近月制动直接决定了月球探测任务的成败，任务实施时应制定备份控制方案，尽量在近月点附近或月球影响球范围内实施应急控制实现月球捕获，尤其需要研究探测器飞离月球后控制其返回月球重新捕获的应急轨道技术。

在美国月球勘探者任务中考虑了 3 种近月制动故障，若对控制参数的近实时估计表明近月制动量严重不足，则在标称控制结束时发送指令使推进器继续工作；若近月制动推迟小于 3h，则需要沿速度反向控制使卫星进入周期约 2d 的环月捕获轨道，多耗费能量约 400m/s；若近月制动推迟大于 3h，则从能量角度不应控制卫星直接被月球捕获，而是应当在近月点后 3d 施加应急控制，使探测器在 41d 后返回月球，耗费能量约 400m/s。同时，应急控制的关键在于通过近实时轨道估计尽早确定近月制动异常[3]。

在美国月球先锋机器人计划中，月球勘测轨道器的标称近月制动时长约 40min，近月制动应急状况随实际控制量而不同，控后轨道与实际控制量的关系如图 8.3 所示。由图 8.3 可见，只要实际控制量达到标称值 50%以上，即实际控制时长超过 20min，探测器即可被月球捕获。若实际控制量不到标称值的 25%，即实际控制时长低于 10min，月球捕获将会失败，探测器将飞离地月空间。为了挽救任务，必须在近月点后 10d 内施加深空机动，以确保探测器在 90d 后重新交会月球，如图 8.4 所示。剩余能量可使探测器进入高度为 215km 的圆轨道飞行 1 年，或者进入 30km×216km 的准冻结轨道飞行 3 年。若实际控制量为标称值的 25%～50%，探测器将被月球弱捕获，难以进入任务所需的极轨道[3-4]。

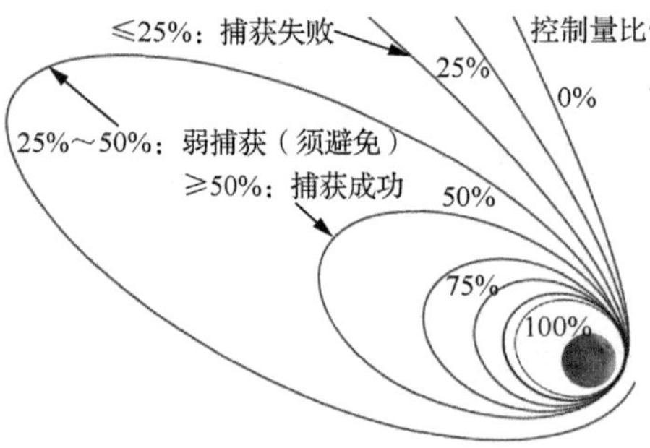

（a）与实际控制量比例的关系

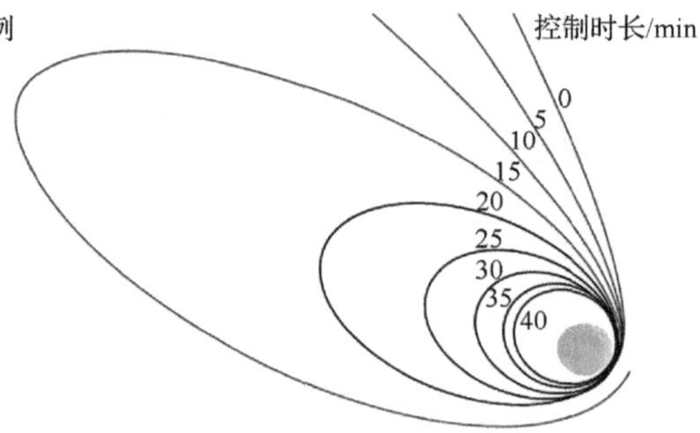

（b）与控制时长的关系

图 8.3 月球勘测轨道器近月制动后轨道与实际控制量比例和控制时长的关系[4-5]

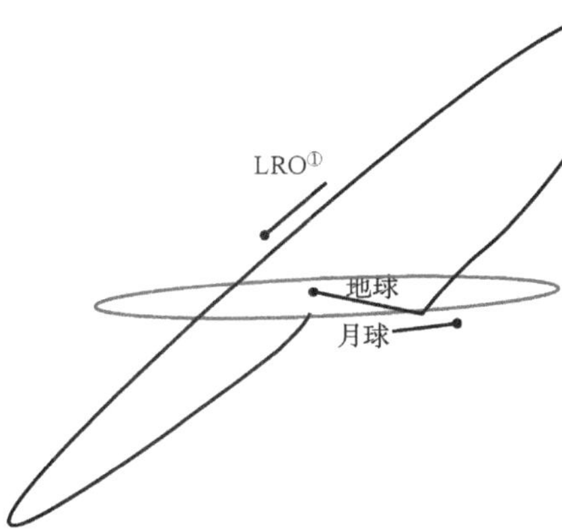

图 8.4 月球勘测轨道器的月球未捕获应急返回轨道[4]

针对日本月亮女神任务，Kawakatsu 等研究了两种近月制动异常情况[6-8]，如图 8.5 所示。其一为到达近月点前 3 天发现主推进器异常，研究了相应的奔月轨道重构，即通过轨道机动修正月球交会条件，在探测器到达远地点时施加深空机动控制探测器再次返回月球，该方法本质上与 Belbruno 等提出的弹道捕获转移或者弱稳定边界（weak stability boundary，WSB）转移相同[9-13]。WSB 方法曾经被用于挽救失败的日本飞天月球探测器，将之成功送抵月球。其二为近月制动时推进器发生故障，探测器飞离月球后尽早施加轨道机动，避免探测器飞离地月空间，然后在远地点附近施加深空机动，控制探测器返回月球。

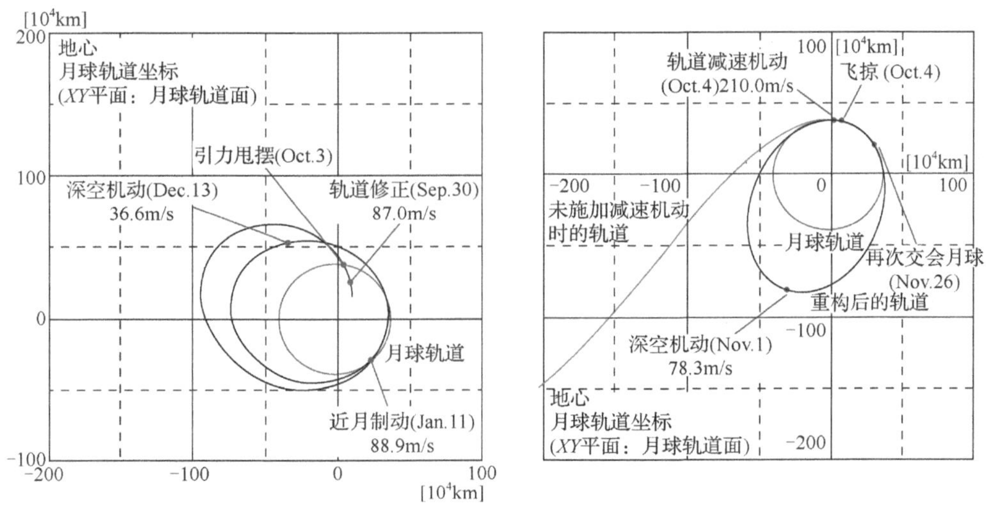

图 8.5 月亮女神探测器的两种月球未捕获应急轨道重构方案[6-7]

① LRO：Lunar reconnaissance orbiter，美国的月球轨道勘测器。

事实上，对于任意地外天体探测任务，只要存在天体环绕探测任务，都必须考虑由转移轨道至环绕轨道的捕获控制应急情况。

8.3 月球未捕获应急返回方式

针对近月制动故障后未被月球捕获的应急情况，本节研究重返月球并被月球再次捕获的应急返回方式。此前，月球未捕获应急返回轨道设计多基于二体轨道理论，随着日本飞天探测器的成功挽救，利用三体引力摄动的转移轨道设计方法逐渐受到重视，包括弱稳定边界方法[9-13]、低能量转移方法[14-22]等。因此，基于这些方法，考虑分别采用二体轨道理论和低能量转移方法，设计月球未捕获的应急轨道，对应称为直接返回方式和低能量返回方式，从而将探测器送回月球并再次捕获，提供飞行时间或控制能量节省的应急轨道。

8.3.1 直接返回方式

直接返回方式即利用传统轨道拦截方法，设计有限时间内返回月球的轨道，包括返回轨道初步设计和交会条件修正两个步骤，前者即经典高斯问题，相应模型和求解方法已在 7.2 节介绍，求解结果一般包括两条返回月球轨道，选择其中能量较小者作为初步设计结果。

初步设计得到的应急返回轨道可以确保探测器交会月球，需进一步修正使交会条件满足环月轨道要求。设环月轨道要求为轨道高度 h_p 和倾角 i，即

$$\boldsymbol{y}=\begin{bmatrix} h_p & i \end{bmatrix}^{\mathrm{T}} \tag{8.1}$$

于是可得初始状态 $\boldsymbol{x}_0$ 的一阶修正量 $\Delta\boldsymbol{x}_0$ 为

$$\begin{cases} \Delta\boldsymbol{x}_0=\left(\boldsymbol{M}^{\mathrm{T}}\boldsymbol{M}\right)^{-1}\boldsymbol{M}^{\mathrm{T}}\cdot\Delta\boldsymbol{y} \\ \boldsymbol{M}=\dfrac{\partial\boldsymbol{y}}{\partial\boldsymbol{x}_1}\boldsymbol{\Phi}\left(t_1,t_0\right) \end{cases} \tag{8.2}$$

式中，$\boldsymbol{x}_1$ 为返回轨道终端在月心惯性系中的状态量；$\boldsymbol{\Phi}\left(t_1,t_0\right)$ 为状态转移矩阵，可以利用轨道力模型积分求解，或者利用有限差分法求解，轨道摄动因素考虑日地月和大行星引力及光压；$\partial\boldsymbol{y}/\partial\boldsymbol{x}_1$ 可以利用二体轨道理论解析求解，或者利用有限差分求解，以避免烦琐的公式推导。

此外，为了提高迭代计算的收敛性能，可以逐渐增加 $\boldsymbol{y}$ 的维数，以及采用式（4.22）或类似计算策略。

8.3.2　低能量返回方式

低能量返回方式即利用三体引力摄动设计应急返回轨道，达到节省轨道控制能量的目的。弱稳定边界方法就是一种典型设计方法，其本质与不变流形设计方法相同[11]，后者已经在深空探测轨道设计中得到大量应用[14-26]。

基于低能量返回方式的月球未捕获应急轨道设计，其思路基于第 4 章方法，首先控制探测器沿稳定流形进入日地月空间的平动点轨道，考虑到月球引力甩摆作用，平动点应选择日地 L_1 或者 L_2 点，若近月制动并未完全失效，也可以考虑选择地月共线平动点。进而，控制探测器沿不稳定流形离开平动点轨道到达月球附近，经近月制动后进入环月轨道。由于平动点轨道动力学特性，平动点轨道附近需要的控制能量非常小，因此该方式的能量消耗主要为进入稳定流形的控制，以及最终到达月球附近的近月制动控制。同时可见，平动点及其轨道的合理选择成为该方式的关键。

8.4　CE-3 应急返回轨道设计

鉴于近月制动的重要性，CE-3 任务团队制定了针对控制量不足的补充控制、针对预定控制未能及时实施的滞后控制等应急方案，力求在月球影响球内控制探测器被月球捕获。不过，在推进器故障未能及时排除等极端情况下，探测器仍有可能未被月球捕获，为此，本节基于 8.3 节方法设计 CE-3 未被月球捕获后的再次捕获轨道[1]。

考虑到卫星逃离月球影响球的飞行时间、精确定轨所需时间，以及尽早施加应急控制可节省推进剂等因素，将月球未捕获应急控制规划在近月点后 1 天实施。若采用直接应急返回轨道，则返回时间不超过 1 个月；若采用低能量返回轨道，则可以适当增加返回时间。对于第二发射窗口的转移轨道，应急控制时间和相应的地心 J2000.0 轨道参数如表 8.1 所示。应急返回轨道设计使用高精度力模型，面质比取 $0.004\text{m}^2/\text{kg}$。

表 8.1　CE-3 应急控制时间和相应的地心 J2000.0 轨道参数

时间/UTC	x /km	y /km	z /km	$\dot{x}$ /(m/s)	$\dot{y}$ /(m/s)	$\dot{z}$ /(m/s)
2013-12-08 10:43:38.135	336655	−208254	41233	745.935	525.418	1190.458

8.4.1　直接应急返回轨道

基于 8.3 节直接应急返回轨道设计方法，计算近月点后 1 天施加应急控制，1

个恒星月内的返回轨道如图 8.6 所示。图 8.6 中 M 为近月点后 1 天的位置，数字表示返回轨道的飞行时间，单位为 d。

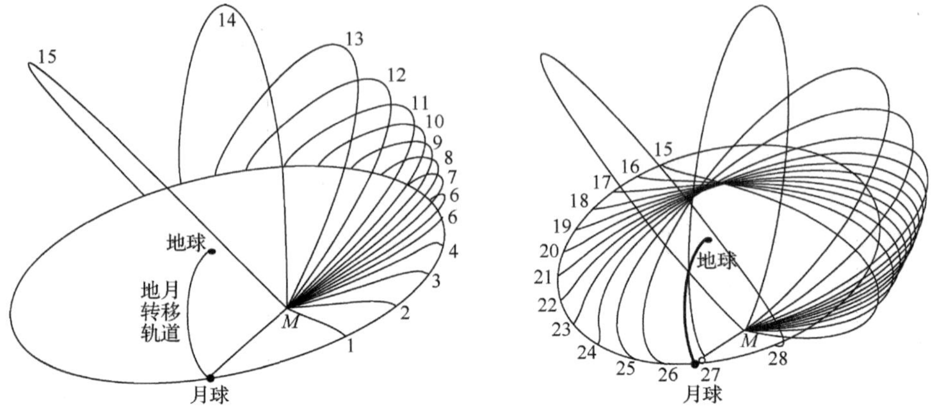

（a）半个月内的返回轨道　　（b）超过半个月的返回轨道

图 8.6　CE-3 在 1 个恒星月内的直接应急返回轨道

根据高斯问题，飞行时间固定时存在两条返回轨道，结合应急控制位置和月球运动规律可知，飞行时间少于半个月的返回轨道中，能量小者扫过的地心张角小于 180°，所以图 8.6（a）和（b）中的轨道分别从北天极和南天极返回月球。为了体现二者差别，图 8.6（a）和（b）分别给出了飞行时间为半个月内和超过半个月的两类返回轨道，前者所需能量高于后者。

CE-3 直接应急返回的控制能量如图 8.7 所示，其中 Δv_1 和 Δv_2 分别为应急控制速度增量和近月制动速度增量，Δv 为二者之和，$\Delta v_{\min}$ 为 Δv 的最小值。

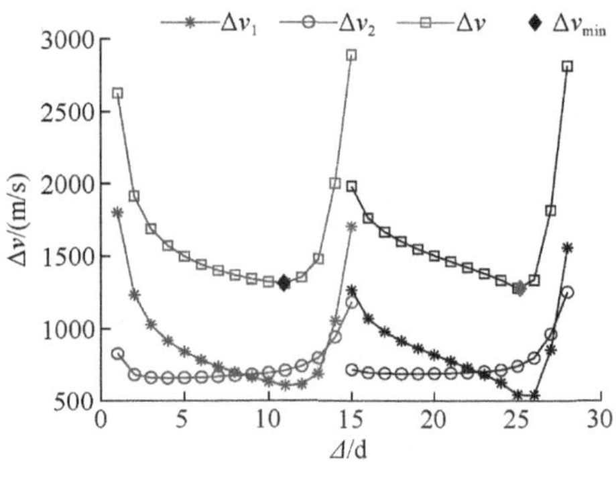

图 8.7　CE-3 直接应急返回的控制能量

由图 8.7 可见，受月球运动规律影响，半个月内和超过半个月返回轨道的控制能量变化趋势大致相同，且飞行时间相差半个月的返回轨道的速度增量较为接近，这解释了图 8.6（a）和（b）中两组轨道对应近似共面。两组轨道中控制能量最低的分别是飞行时间 10.9d 和 25.2d 的返回轨道，速度增量分别为 1311m/s 和 1279m/s，分别如表 8.2 中的 TRJN 和 TRJS 所示。表 8.2 中，t_p 为应急返回轨道交会月球的时间，也即近月点时间。

表 8.2 能量最优的 CE-3 直接应急返回轨道

轨道	Δv_1/(m/s)	Δv_2/(m/s)	t_p /UTC	x/km	y/km	z/km	$\dot{x}$/(m/s)	$\dot{y}$/(m/s)	$\dot{z}$/(m/s)
TRJN	604.78	706.56	2013-12-18 09:50:15.723	1004.45	684.06	−1378.11	−1371.80	323.85	−839.10
TRJS	538.23	741.20	2014-01-01 11:50:15.723	−339.12	−1805.36	41.26	173.20	4.75	1631.20

除返回时间外，应急控制时刻对控制能量也有较大影响。由表 8.2 中控制能量最低的两条直接应急返回轨道，分析应急控制时刻对速度增量的影响，如表 8.3 所示。

表 8.3 CE-3 直接应急返回的推迟时间与速度增量

轨道	速度增量/(m/s)					
	$\Delta t = 2\text{h}$	$\Delta t = 4\text{h}$	$\Delta t = 8\text{h}$	$\Delta t = 12\text{h}$	$\Delta t = 16\text{h}$	$\Delta t = 24\text{h}$
TRJN	13.350	26.847	54.730	83.766	114.350	178.557
TRJS	−1.364	−1.566	1.031	6.922	15.431	35.332

注：Δt 表示应急控制的推迟时间。

由表 8.3 可见，应急控制能量基本随着控制时间的推迟而增大，其中半个月内返回轨道的能量增加尤为明显，因此一旦近月制动失效，应尽早实施应急控制。

8.4.2 低能量应急返回轨道

对于月球未捕获的低能量应急返回，可借助日地或地月平动点。根据 CE-3 任务轨道分析可知，探测器飞离月球影响球后从日地 L_2 点一侧飞离地月空间，因此从节省能量和飞行时间的角度应选择经日地 L_2 点附近返回。由月球前往日地 L_2 点轨道的转移轨道，以及由日地 L_2 点轨道返回月球的转移轨道，采用第 4 章的设计方法。

在 CE-3 近月点后 1 天施加应急控制，使之前往日地 L_2 点。基于 CE-3 轨道，给定月球至日地 L_2 点轨道的转移时间不超过 120d，由此计算得到最优出发速度增量为 271m/s，转移时间为 89.994d。探测器到达日地 L_2 点附近后进入 Lissajous 轨道，该轨道在日地会合坐标系 3 个方向的幅值为 69722km、183993km 和 657794km，如图 8.8 所示。图 8.8 中，M 表示出发控制点，LOI 表示 Lissajous 轨道入轨点，入轨控制的速度增量约 0.015m/s，入轨点在日地 L_2 点会合坐标系中的位置速度如表 8.4 所示。

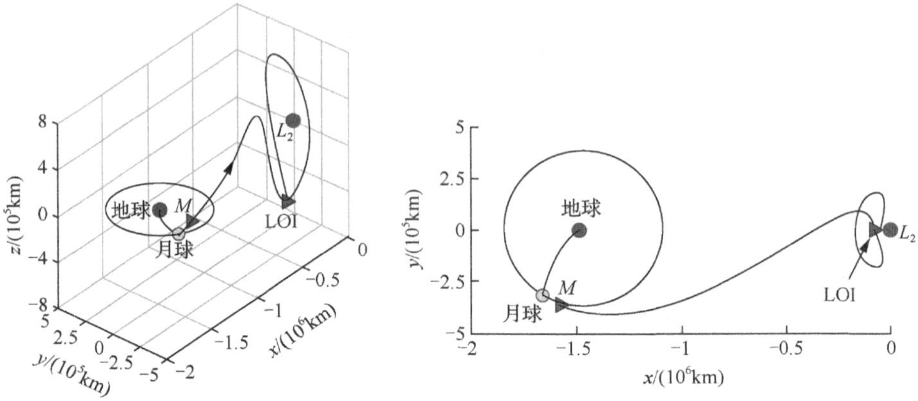

图 8.8 CE-3 前往日地 L_2 点的应急转移轨道及相应平动点轨道

表 8.4 CE-3 低能量应急返回的日地 L_2 轨道入轨点位置速度

t /UTC	x/km	y/km	z/km	$\dot{x}$/(m/s)	$\dot{y}$/(m/s)	$\dot{z}$/(m/s)
2014-03-08 10:35:25.318	−73 308.697	0	−662 895.738	19.663	−51.347	44.243

采用 4.1.3 小节方法计算上述日地 L_2 点 Lissajous 轨道在高精度力模型下的拟流形，计算间隔取 0.5h，其中前往地月系的不稳定流形分支如图 8.9 所示。

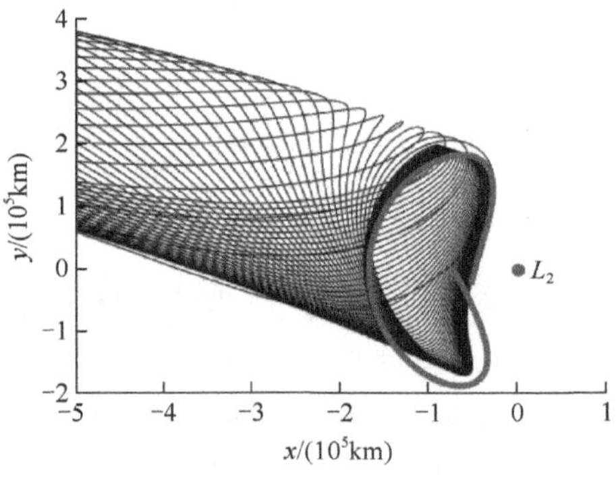

图 8.9 CE-3 低能量应急返回的平动点轨道的不稳定流形分支

从图 8.9 中选择可以到达月球附近且飞行时间满足一定约束的流形，修正后使其近月点满足 CE-3 环月轨道要求，结果表明由平动点返回月球的飞行时间为 220～362d，其中飞行时间最少和控制总能量最低的 2 条返回轨道如图 8.10 和图 8.11 所示，TCM 表示中途修正。

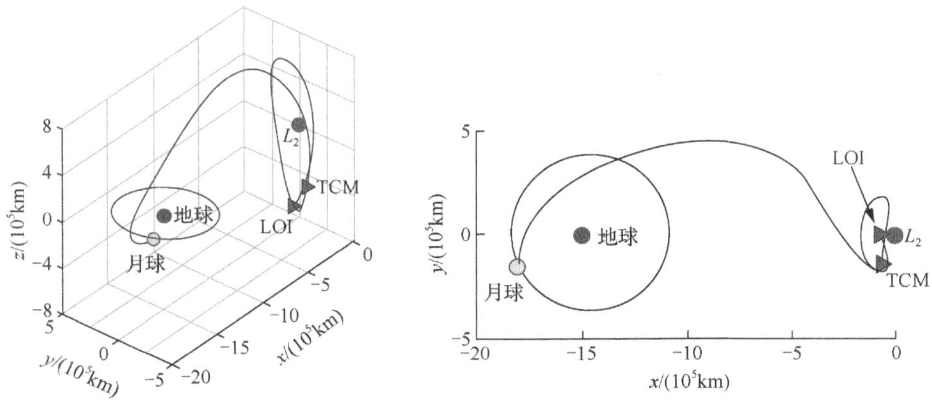

图 8.10 时间最优的 CE-3 低能量应急返回轨道

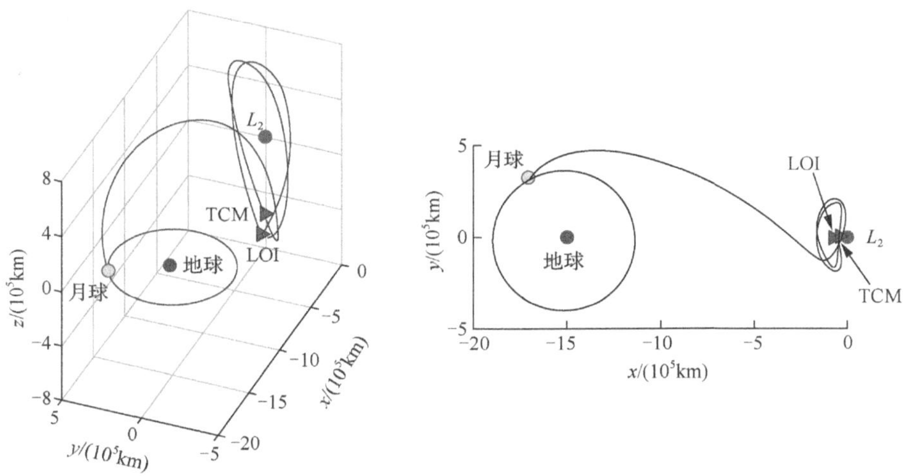

图 8.11 能量最优的 CE-3 低能量应急返回轨道

由图 8.10 和图 8.11 可知，返回时间最优的轨道仅围绕平动点飞行 1 圈，而能量最优的轨道围绕平动点飞行了 2 圈。图 8.10 和图 8.11 中的低能量返回轨道的应急控制序列如表 8.5 所示，其中 Orb1 和 Orb2 分别是飞行时间最优和能量最优的返回轨道，Δv_1、Δv_2、Δv_3 和 Δv_4 依次为初始向平动点转移控制、平动点轨道入轨、中途修正和近月点制动的速度增量，$\Delta t_i\,(i=1,2,3)$ 为各次控制的时间间隔。

表 8.5 CE-3 低能量返回轨道的应急控制序列

轨道	Δv_1 /(m/s)	Δt_1 /d	Δv_2 /(m/s)	Δt_2 /d	Δv_3 /(m/s)	Δt_3 /d	Δv_4 /(m/s)
Orb1	271	89.994	0.113	210.548	10.819	109.385	859.487
Orb2	271	89.994	0.291	347.202	2.597	113.122	770.074

由表 8.5 可见，飞行时间最优的低能量返回轨道总飞行时间约为 410d，总控制能量约为 1141m/s；控制能量最优的低能量返回轨道对应为 550d 和 1044m/s。相对于前述直接返回轨道，低能量返回轨道飞行时间较长，但是控制能量节省效果明显，总控制能量最大可节省约 267m/s。

理论上还可以研究探测器离开日地 L_2 点再经由地月平动点返回月球的方式，不过鉴于该方式需要拼接日地和地月平动点不变流形，会进一步增加飞行时间，因此不适合此次飞行任务的应急控制。

8.4.3 应急返回方式对比

对比上述两种月球未捕获的应急返回轨道，可以发现二者各有优点。

首先，直接应急返回方式简单，易于工程实施，飞行时间较短，不过应急控制能量相对较大。受月球运动规律影响，半个月内和超过半个月的直接返回轨道分别从北天极和南天极接近月球比较节省能量。同时，飞行时间相差半个月的返回轨道的速度增量较为接近，且直接返回应急控制的能量随着控制时间的推迟而增大。

其次，低能量应急返回方式的飞行时间较长，不过控制能量的节省效果显著。根据设计轨道，CE-3 应借助日地 L_2 点轨道返回。同时可见，鉴于不稳定流形离开平动点轨道的控制量非常小，在实际应用时可以将该控制取消，然后在后续飞行过程中增加中途修正，从而在不增加控制次数的前提下确保探测器返回月球，同时降低了轨道设计过程中的计算难度。

从本章内容可见，低能量转移轨道技术完全可应用于月球探测的未捕获应急方案，这完全得益于地月空间之外存在的日地系平动点。该思路同样适用于多个三体系统并存的地外天体探测的应急方案，如木星及其卫星探测等。

参 考 文 献

[1] LIU L, CAO J F, LIU Y, et al. CHANG'E-3 contingency scheme and trajectory[J]. Advances in Space Research, 2015(55): 1074-1084.

[2] 孙泽洲，张廷新，张熇，等. 嫦娥三号探测器的技术设计与成就[J]. 中国科学（技术科学），2014，44（4）：331-343.

[3] LOZIER D, GALAL K, FOLTA D, et al. Lunar prospector mission design and trajectory support[J]. Advances in the Astronautical Sciences, 1998(100): 297-312.

[4] HOUGHTON M B, TOOLEY C R, SAYLOR R S. Mission design and operations considerations for NASA's Lunar reconnaissance orbiter[C]//58th International Astronautical Congress, Hyderabad, India, 2007.

[5] BECHMAN M. Mission design for the Lunar Reconnaissance orbiter[C]//Proceedings of the 29th Annual AAS Guidance and Control Conference, AAS-07-057, 2007.

[6] KAWAKATSU Y. SELENE translunar trajectory reconfiguration plan provided for the case of main engine anomaly[C]//Proceedings of the 20th International Symposium on Space Flight Dynamics, 2006.

[7] KAWAKATSU Y, YAMAMOTO M, KAWAGUCHI J. Study on a lunar approach strategy tolerant of a luanr orbit injection failure[J]. Transactions of the Japan Society for Aeronautical and Space Sciences Space Technology, 2007(5):1-7.

[8] KAWAKATSU Y. KAGUYA (SELENE) trajectory plans for lunar orbit injection contingency[C]// Proceedings of the 26th International Symposium on Space Technology and Science. Hamamatsu, Japan, June 2-6, 2008.

[9] BELBRUNO E A, MILLER J K. A ballistic lunar capture trajectory for the Japanese spacecraft Hiten[R]. Technical Report IOM 312/90.4-1731-EAB, Jet Propulsion Laboratory, California Institute of Technology, 1990.

[10] BELBRUNO E A. Examples of the nonlinear dynamics of ballistic capture and escape in the Earth-Moon system[C]//AIAA 90-2896, 1990.

[11] BELBRUNO E A. The dynamical mechanism of ballistic lunar capture transfers in the four-body problem from the perspective of invariant manifolds and hill's regions. Institut D'Estudis Catalans[R]. CRM Research Report No.270, November, 1994.

[12] BELBRUNO E A, CARRICO J. Calculation of weak stability boundary ballistic lunar transfer trajectories[C]// AIAA/AAS Astrodynamics Specialist Conference in Denver, Colorado, USA, August, 2000.

[13] MILLER J K, BELBRUNO E A. A method for the construction of a lunar transfer trajectory using ballistic capture[C]. Proceedings of the 1st AAS/AIAA Annual Spaceflight Mechanics Meeting, Houston, TX, February 11-13, 1991.

[14] CANALIAS E, MASDEMONT J J. Explorations of low cost connections between Lissajous orbits from the Sun-Earth and Earth-Moon systems[C]//AIAA/AAS Astrodynamics Specialist Conference and Exhibit, AIAA 2006-6836, Keystone Colorado, August 21-24, 2006.

[15] CANALIAS E, MASDEMONT J J. Computing natural transfers between Sun-Earth and Earth-Moon Lissajous libration point orbits[J]. Acta Astronautica, 2007, 63(1-4): 238-248.

[16] GÓMEZ G, KOON W S, LO M W, et al. Invariant manifolds, the spatial three-body problem and space mission design[J]. Advances in the Astronautical Sciences, 2001(109): 3-22.

[17] GÓMEZ G, KOON W S, LO M W, et al. Connecting orbits and invariant manifolds in the spatial restricted three-body problem[J]. Nonlinearity, 2004(17): 1571-1606.

[18] HOWELL K C, KAKOI M. Transfers between the Earth-Moon and Sun-Earth systems using manifolds and transit orbits[J]. Acta Astronautica, 2006, 59(1-5): 367-380.

[19] KOON W S, LO M W, ROSS S D, et al. The Genesis trajectory and heteroclinic connections[C]//AAS/AIAA Astrodynamics Specialist Conference. Girdwood, Alaska, AAS99-451, 1999.

[20] KOON W S, LO M W, MARSDEN J E, et al. Constructing a low energy transfer between Jovian moons[J]. Contemporary Mathematics, 2002(292):129-146.

[21] KOON W S, LO M W, MARSDEN J E, et al. Heteroclinic connections between periodic orbits and resonance transitions in celestial mechanics[J]. Chaos: An Interdisciplinary Journal of Nonlinear Science, 2000, 10(2): 427-469.

[22] MARCHAND B, SCARRITT S, PAVLAK T, et al. A dynamical approach to precision entry in multi-body regimes: dispersion manifolds[J]. Acta Astronautica, 2013(89):107-120.

[23] BOSANAC N, MARSDEN J. E, MOORE A, et al. Titan trajectory design using invariant manifolds and resonant gravity assists[C]//20th AAS/AIAA Space Flight Mechanics Meeting. San Diego, California, Paper AAS 10-170, 2010.

[24] GAWLIK E S, MARSDEN J E, CAMPAGNOLA S, et al. Invariant manifolds, discrete mechanics, and trajectory design for a mission to Titan[C]//19th AAS/AIAA Spaceflight Mechanics Meeting. Savannah, Georgia, 2009, AAS 09-226.

[25] LO M W. The interplanetary superhighway and the origins program[C]. IEEE Aerospace 2002 Conference. Big Sky, MT, 2002.

[26] LO M W, CHUNG M J. Lunar sample return via the interplanetary superhighway[C]//AIAA/AAS Astrodynamics Specialist Conference and Exhibit. Monterey, California, AIAA 2002-38234, 2002.

第 9 章　嫦娥 5T1 地月平动点飞行

我国在探月工程三期的 CE-5 月球采样返回任务之前开展了 CE-5 高速再入返回试验（简称 CE-5T1）任务，为后续正式任务验证关键技术。本章简要介绍 CE-5T1 再入返回试验任务，重点介绍其拓展任务的地月平动点飞行阶段，包括任务轨道设计与实施等情况。

9.1　CE-5T1 任务概况

CE-5T1 再入返回试验于 2014 年 10 月实施，探测器由服务舱和返回器两部分组成，在西昌卫星发射中心采用 CZ-3 火箭发射。再入返回试验轨道为自由返回轨道，飞行时间约 8d，包括发射入轨、地月转移轨道中途修正、月球近旁转向、月地转移轨道中途修正、返回器与服务舱分离、返回器再入与着陆等，如图 9.1 所示。CE-5T1 发射后直接进入地月转移轨道，在月球附近借助月球引力自动进入月地转移轨道，到达地球附近后返回器和服务舱分离，实现高速半弹道跳跃式再入返回，着陆区为内蒙古四子王旗。

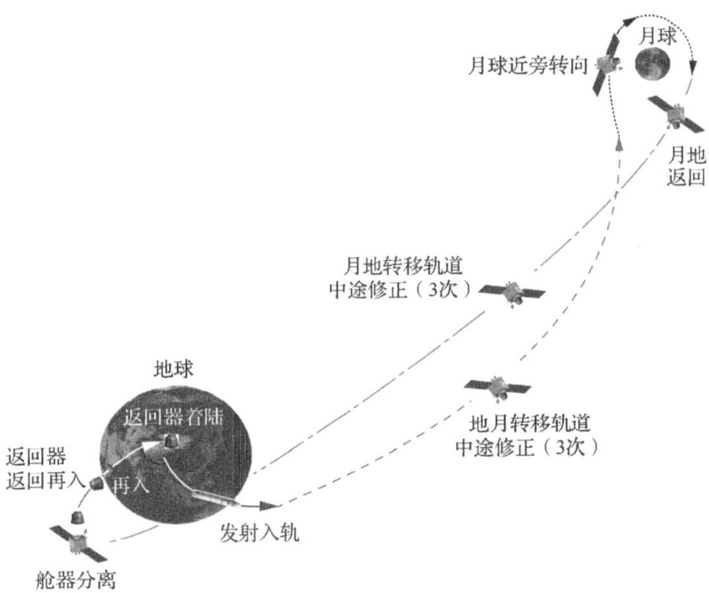

图 9.1　CE-5T1 再入返回试验[1]

服务舱与返回器分离后，二者相对速度非常小，在无控情况下返回器飞行到再入点时，二者距离仅几百米，同时服务舱因为高度过低可能被稠密大气烧毁和爆炸，从而影响返回器安全。因此，二者分离后需尽早对服务舱实施规避机动控制，增大相对距离并尽可能挽救服务舱。同时，规避机动控制后服务舱的推进剂有剩余，可考虑开展拓展任务，探测有价值目标，以“多目标多任务”形式实现对任务资源的最大利用，以及为后续深空探测任务提供技术验证和支撑。

9.2　拓展任务轨道方案

CE-5T1 拓展任务的首要问题是选择任务目标和设计任务轨道，这取决于服务舱初始轨道、机动能力、测控和其他设备的支持能力等因素。本节研究和对比不同的拓展任务轨道方案，为拓展任务的设计与实施提供依据。

CE-5T1 服务舱规避机动控制后，t_0 时刻在地心 J2000.0 惯性系下的轨道如表 9.1 所示。基于该初始轨道研究拓展任务方案，包括直接返回月球、探测多个日地平动点和地月平动点，以及仅探测地月 L_2 点和月球等[2-6]。

表 9.1　CE-5T1 再入返回试验后的服务舱轨道

t_0 /UTC	x/km	y/km	z/km	$\dot{x}$/(m/s)	$\dot{y}$/(m/s)	$\dot{z}$/(m/s)
2014-10-31 22:18:08.084	1598	6093	1636	−8465	330	7044

9.2.1　飞行目标选择

首先，基于测控约束分析距地球最近的两颗大行星——金星和火星的可行性。金星和火星的平均日心距依次为 1.1 亿 km 和 2.3 亿 km，与地球的最近距离分别为 4000 万 km 和 8000 万 km。按照 CE-5T1 星地遥测和数传链路的最低码率估计，地面深空站遥测不超过 800 万 km，数传不超过 300 万 km。因此，服务舱无法前往金星和火星。

其次，估算服务舱轨道机动能力。舱器分离后服务舱剩余推进剂可提供总速度增量约 1379m/s，服务舱可以摆脱地球引力，进入黄道附近探测小行星。考虑到此前 CE-2 已经实现了飞越探测 4179 小行星、星地测控能力有限，以及可行的小行星探测目标非常少等因素，小行星探测并非合适方案。

综上，拓展任务的空间范围应限制在日地空间和地月空间。一方面，鉴于后续 CE-5 月球采样返回任务的复杂性和难度，可以考虑控制服务舱返回月球，为后续 CE-5 任务提供飞行试验验证；另一方面，日地系统和地月系统的平动点对于空间科学探测和其他深空探测任务具有重要价值，尤其是地月平动点可以为地月空间提供稳定的导航和中继通信等任务支持，对未来月球和深空探测任务非常重要。虽然利用地月平动点支持月球和深空探测任务的想法提出已有数十年，但是此前仅有美国 ARTEMIS 任务实施了地月共线平动点飞行任务。因此，若利用 CE-5T1 服务舱开展地月平动点飞行，检验和验证我国的飞控技术和能力，不仅具有突破性意义，更是对地月平动点的后续实际有效利用具有重要价值。

9.2.2　直接月球返回轨道

直接月球返回轨道，即控制服务舱在规避机动控制后直接返回月球，开展 CE-5 环月轨道试验。其转移轨道设计目标为实现服务舱在特定时间交会月球，具体设计方法与第 7 章和第 8 章相同，即高斯问题的求解方法。

规避机动控制后，服务舱轨道为超大偏心率地心轨道，为了实现与月球交会并捕获，必须调整轨道半长轴，以改变轨道周期调整服务舱相对于月球的相位。根据交会前服务舱相对于白道的位置，可以分为白道内侧或外侧交会；根据交会轨道倾角，可以分为白道面内或面外交会。因此，直接月球返回轨道的轨道控制和控制目标包括调整轨道半长轴或调整远地点高度（调整周期）、调整近地点高度（避免撞击地球或者服务舱高度过低）、调整轨道面（实现交会）、近月制动（实现捕获）等。

CE-5T1 服务舱典型的直接月球返回轨道如表 9.2 所示。

表 9.2　CE-5T1 服务舱典型的直接月球返回轨道

No.	Δt /d	Δv_1 /(m/s)	Δv_2 /(m/s)	Δv_3 /(m/s)	Δv_4 /(m/s)	Δv /(m/s)	Δt_m /d	控制描述
1	49.5	58.3	33.8	58.6	873.2	1023.9	4.3	抬高远地点高度、调整倾角、调整远地点、近月制动
2	49.8	56.5	154.7	94	773.2	1078.4	5.3	
3	22.2	144	39.7	9.0	884.9	1077.6	6.4	降低远地点高度、调整轨道面、调整远地点、近月制动
4	22.5	27.6	28.8	1032.9	—	1089.3	10.2	降低远地点高度、调整轨道周期、近月制动
5	21.4	72	137	975	—	1184	9.2	降低远地点高度、调整轨道面、调整远地点、近月制动

注：No.为典型轨道序号，Δt 为飞行时间，Δv_i 为第 $i\left(i=1,2,3,4\right)$ 次控制，Δv 为总控制能量，Δt_m 为最小控制间隔。

表 9.2 中的轨道 1 和 2 约 50d 返回月球，轨道 3～5 约 22d 返回月球，前者需要能量略小于后者，其中轨道 2 需要的月球捕获控制能量最小，轨道 4 则最大。

虽然轨道 1～5 均为直接月球返回轨道，但是由于控制策略不同，因此轨道能量、飞行时间和返回方式各不相同，分别如图 9.2 所示。

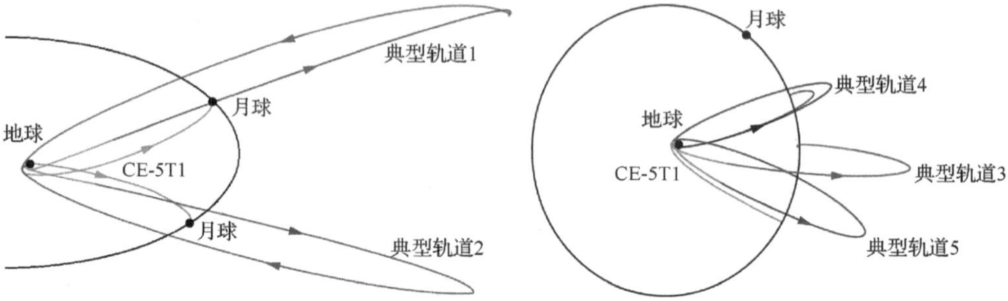

图 9.2 典型的直接月球返回轨道

9.2.3 多平动点飞行轨道一

设计包含月球和日地空间内平动点的 CE-5T1 服务舱拓展任务，分为可以探测日地平动点和地月平动点的多平动点飞行任务，以及仅探测地月 L_2 点的飞行任务。

多平动点飞行任务分为两个任务阶段。

第一阶段：首先，前往我国此前未曾探测的日地 L_1 点附近，为国内倡议的空间天气探测任务提供飞行试验验证；其次，前往地月 L_2 和 L_1 点附近，检验并掌握地月平动点任务设计与实施能力，特别是分析地月平动点轨道动力学特性与影响，验证地月平动点对未来月球和深空探测任务的支持能力和作用。

第二阶段可考虑两个飞行任务：①前往地月三角平动点，实现国际首次三角平动点环绕飞行，验证中继通信与导航技术，探索三角平动点的后续有效利用，最后返回月球结束使命；②返回月球，直接捕获为后续 CE-5 的环月轨道，验证后续月球采样关键技术，同时择机进行 CE-5T1 服务舱与 CE-3 着陆器的联合观测试验，以及降轨拍摄 CE-3 着陆器，为着陆器和巡视器状态研判提供图像依据。

综上，将多平动点飞行任务划分为方案一和方案二，如图 9.3 所示。

本小节介绍图 9.3 中的多平动点飞行方案一的轨道，飞行过程包括日地 L_1 点探测、地月 L_2 点探测、地月 L_1 点探测、三角平动点探测和月球撞击。轨道设计方法参见第 3 章和第 4 章，这里仅给出轨道设计结果。

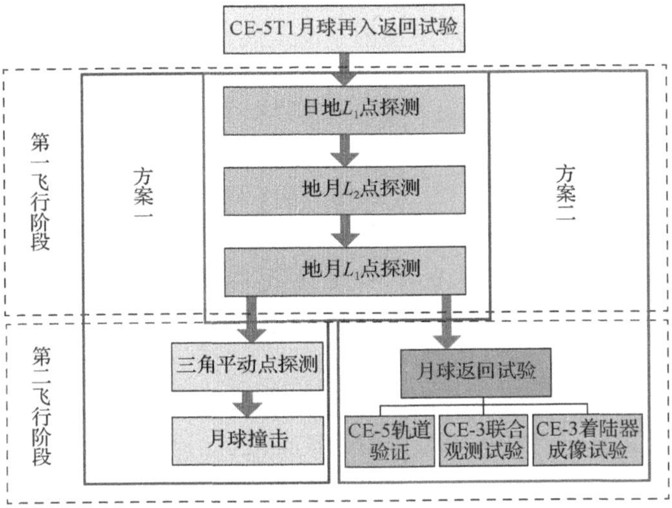

图 9.3　CE-5T1 多平动点飞行任务

1. 日地 L_1 点探测

由表 9.1 可知，服务舱轨道为半长轴 361081km、偏心率 0.98 的超大偏心率地心椭圆。根据我国深空测控能力分析，其近地段的精密轨道确定需 10 余小时跟踪测量，因此计划在近地点 10h 后施加轨道控制，实现转移至日地 L_1 点并直接进入 Lissajous 轨道。该轨道在日地月会合坐标系 3 个方向的幅值分别约为 30 万 km、93 万 km 和 24 万 km，如图 9.4（a）所示，其中给出了转移控制时刻的月球位置。

基于我国深空测控网分析可知，转移轨道控制点前后的测量条件较好，国内各测量站在控制点前后连续测量时长均超过 11h。另外，从控制点到环绕 L_1 点 1 圈，服务舱-地球-太阳的夹角变化范围为 4.5°～38°，低于 5° 的连续时间 3～5d，整个飞行过程基本不受日凌影响。当然，也可以利用短暂日凌间隔测试地面测控系统对日凌的抑制和处置能力。

2. 向地月 L_2 点转移

服务舱环绕日地 L_1 点约 1 圈后，施加轨道控制将其转移至地月 L_2 点，途中施加中途修正控制，服务舱到达地月 L_2 点附近后直接进入 Lissajous 轨道。其飞行过程如图 9.4（b）所示，两次控制分别为图中的“控制点 1”和“控制点 2”，控制前后的观测条件较好，控制点 1 前后 1 天内，各测站的连续观测时长均超过 8.5h；控制点 2 前后 1 天内的连续观测弧段一般在 3h 以上且多数可超过 10h。

需要说明，从日地平动点到地月平动点的转移控制速度增量超过 140m/s，虽然已有研究表明，基于不变流形拼接的平动点间转移控制存在零消耗情况，但是 z 方向幅值大于 15 万 km 的 Lissajous 轨道很难实现零消耗转移[7]，因此上述大幅值日地 Lissajous 轨道的转移能量较大。

3. 地月 L_2 点探测

服务舱地月 L_2 点 Lissajous 轨道在地月会合坐标系 3 个方向的幅值分别约为 1.5 万 km、3.3 万 km 和 3.8 万 km。在地月 L_2 点轨道实施一次轨道维持以修正初始入轨偏差，整个过程如图 9.4（c）中 L_2 点附近轨道所示，图中为地月会合坐标系。

地月 L_2 点入轨控制前后，各测站的连续观测时间大于 6h，观测条件较好的测站可以超过 10h，深空测控网可以无间断连续观测。至于轨道维持控制，各测站连续可见时间除个别外均超过 9h，国外测站可达 12.3h 左右。

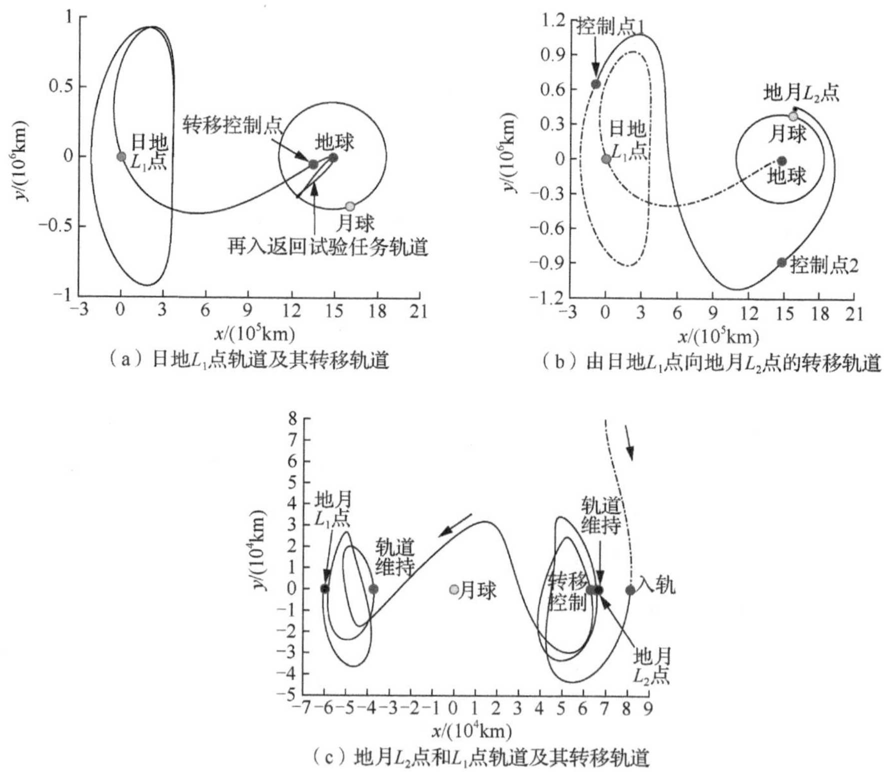

（a）日地 L_1 点轨道及其转移轨道　（b）由日地 L_1 点向地月 L_2 点的转移轨道

（c）地月 L_2 点和 L_1 点轨道及其转移轨道

图 9.4　多平动点飞行任务的第一飞行阶段

4. 地月 L_1 点探测

地月 L_2 点 Lissajous 轨道飞行后施加转移控制，服务舱转移至地月 L_1 点且无须控制即可进入 Lissajous 轨道并自然环绕 1 圈，该轨道在地月会合坐标系 3 个方向的幅值分别约为 1.3 万 km、3.2 万 km 和 4.6 万 km。此后，可视情况进行轨道维持，确保继续环绕 L_1 点 1.5 圈以上，如图 9.4（c）所示 L_1 点附近轨道。

地月 L_1 轨道维持控制前后，各测站的连续观测弧段基本在 8～9h，且多数集中在维持控制之前；国外测站的控后连续观测时间长达 10h。

5. 向地月 L_4 点转移

前述 1～4 完成第一阶段飞行，此后控制服务舱飞离地月 L_1 轨道和地月空间，控制点如图 9.5（a）中的 Ctr4 所示。服务舱经由月球附近飞抵日地 L_2 点附近，再次施加轨道修正控制，如图 9.5（b）中的 TCM 所示，服务舱将飞向地月 L_4 点附近，图 9.5（a）和（b）分别为地月会合坐标系和日地会合坐标系。

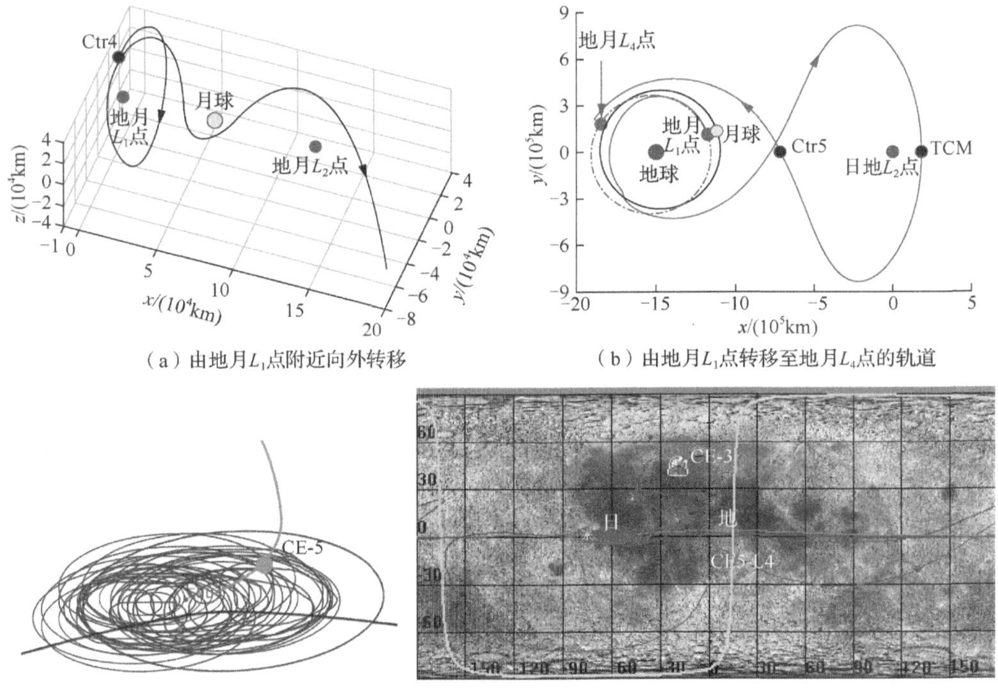

（a）由地月L_1点附近向外转移

（b）由地月L_1点转移至地月L_4点的轨道

（c）到达地月L_4点并绕飞2年

（d）由地月L_4点返回并撞击月球

图 9.5　多平动点飞行方案一的第二飞行阶段

服务舱到达地月 L_4 点附近，施加入轨控制后进入 L_4 点环绕轨道，控制目标为形成单圈周期轨道，且速度增量较小。由于三角平动点的稳定性，服务舱无须

推进剂消耗即可在 L_4 点附近飞行数月至数年。例如，服务舱在无控状态下围绕 L_4 点飞行 2 年的轨迹如图 9.5（c）所示。

在完成三角平动点飞行试验验证后，控制服务舱返回并撞击月球。基于上述 L_4 点环绕轨道，考虑在 3 年后施加返回月球控制，月球撞击点选择可以观测的月球正面，如图 9.5（d）所示。多平动点飞行轨道一的控制参数如表 9.3 所示。

表 9.3　多平动点飞行轨道一的控制参数

序号	时间 /UTC	轨道机动	Δv /(m/s)	备注
1	2014 年 10 月 31 日 22:05:54.113	抬高近地点	170.9	需视情况调整
2	2014 年 11 月 1 日 13:18:08.084	飞日地 L_1 点	133.3	可调整
3	2015 年 6 月 30 日 09:12:27.473	飞地月 L_2 点离轨	74.2	可优化
4	2015 年 11 月 8 日 12:00:00	飞地月 L_2 点修正	67.3	可优化
5	2015 年 12 月 2 日 01:29:44.468	地月 L_2 点入轨	0.0	可取消
6	2015 年 12 月 17 日 11:35:28.980	地月 L_2 点维持	3.6	可调整
7	2015 年 12 月 30 日 22:00:00	飞地月 L_1 点	23.3	可优化
8	2016 年 1 月 21 日 16:37:45.789	地月 L_1 点维持	6.2	可调整
9	2016 年 2 月 8 日 12:53:59.296	飞日地 L_2 点控制	26.2	可优化
10	2016 年 5 月 14 日 13:19:19.306	飞地月 L_4 点控制	407.4	可优化
11	2016 年 6 月 26 日 13:37:15.609	地月 L_4 点入轨	229.3	可优化
12	2019 年 8 月 29 日 08:13:15.609	飞月球控制	9.6	可调整
13	2019 年 9 月 20 日 07:36:57.619	撞击月球	—	
总计	1784.4d		1151.3	

9.2.4　多平动点飞行轨道二

如图 9.3 所示，多平动点飞行方案二的第一飞行阶段与多平动点飞行方案一完全相同，即 9.2.3 小节中的 1～4。本节介绍多平动点飞行方案二的第二飞行阶段，即返回月球开展相关试验验证，如 CE-5 轨道验证试验、与 CE-3 着陆器的联合观测试验、CE-3 着陆器成像试验等。

CE-5T1 服务舱在图 9.4（c）中的地月 L_1 点轨道飞行约 2.5 圈后，施加轨道控制使之返回月球，飞行时间约 13d，轨道控制点位置如图 9.6（a）中的 Ctr4 所示；到达月球后施加近月制动，进入高度 200km、月固倾角 45° 的 CE-5 环月轨道开展 CE-5 环月轨道试验，如图 9.6（b）所示。或者，进入相应环月轨道，与 CE-3 着陆器开展相关试验。

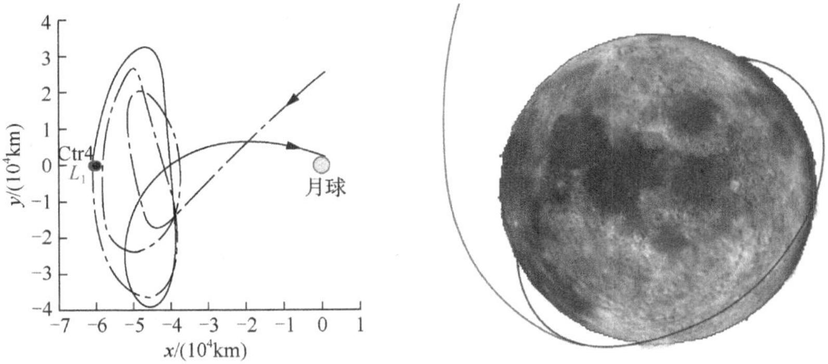

（a）由地月L_1点返回月球　　（b）CE-5的环月轨道

图 9.6　多平动点飞行方案二的第二飞行阶段

1. CE-3 着陆器联合观测试验

CE-3 携带有 S/X 频段应答机与信标机，CE-5T1 服务舱携带有 S 频段测控应答机、X 频段 VLBI 信标机，二者 S 频段下行频点和下行信号单边频谱相同。此外，CE-3 的 VLBI 干涉测量精度较高。由此考虑服务舱返回环月轨道后，设计其环月轨道面经过 CE-3 着陆位置，利用二者星载无线电测量设备的下行无线电信号，进行同波束干涉测量、ΔVLBI 干涉测量、双/三程测距和测速等 CE-3 和服务舱联合观测试验，开展地面测控试验、月球重力场反演和月球自转参数分析等研究。

CE-3 和 CE-5T1 服务舱联合观测试验初步构想如下：

1）利用佳木斯和喀什深空站、中国科学院 VLBI 台站、国际 IVS 观测站，对环月运动的服务舱与月面的 CE-3 着陆器进行干涉测量，当两者相对距离在 1000km 以内时进行同波束干涉测量观测，以获取高精度的测角观测量信息；当两者相对距离在 1000km 以外时进行 ΔVLBI 干涉测量，利用强射电源标校测量误差。

2）利用佳木斯和喀什深空站、青岛站、喀什站对两者进行高精度的无线电双/三程测距、测速，以获取高精度的距离与速度信息。

基于上述联合观测试验，考虑开展以下研究：

1）月球重力场反演。将服务舱轨道降至 30～50km 并进行长时间的地面跟踪观测，结合 CE-1/CE-2 的测轨数据和 CE-3 着陆器的观测数据，反演着陆器 1000km 内的月球重力场。

2）月球运动分析。利用服务舱与 CE-3 着陆器的各类无线电信标进行 ΔVLBI、同波束干涉测量、测距、测速，开展月球天平动参数等月球科学研究。

此前，国际上开展过类似相关试验和研究，如日本 SELENE 任务利用多个深空探测器的联合无线电观测进行月球科学探测[8]，相关研究成果可供本次试验借鉴。同时，我国深空网已经对 CE-3 着陆器与巡视器成功进行了高精度干涉测量，无线电测距、测速，中国科学院 VLBI 网也成功进行了 CE-1/CE-2/CE-3 高精度干涉测量，因此上述联合观测试验具备可行性。

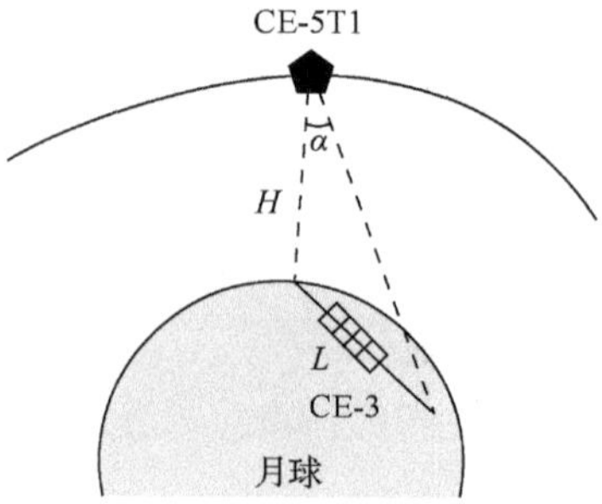

图 9.7 CE-5T1 服务舱对 CE-3 着陆器成像

2. CE-3 着陆器成像

考虑在 CE-5T1 服务舱飞越 CE-3 着陆器上空时对其成像，如图 9.7 所示。其中，服务舱轨道高度为 H，相机最大半视场角为 α，CE-3 着陆器尺寸为 L。

设相机最大视场的像素点数为 N，为了保证可以成像，获取图像必须大于一定像素点数 n，由此可得服务舱轨道高度 H 需要满足的条件：

$$H \leqslant \frac{LN}{2n\tan\alpha} \tag{9.1}$$

考虑使用服务舱上的双分辨率相机，结合着陆器的太阳帆板尺寸，分析可知若希望着陆器的像素点数大于 4，则 $H \leqslant 39$ km。这里仅为对着陆器本身成像，实际上，考虑到着陆器的太阳阴影也有利于对图像的判读，还可以适当放宽对 H 的要求。

此外，服务舱飞越 CE-3 着陆器时的相对运动速度约为 1.7km/s，基于相机性能分析可知，理想情况下可以对着陆器成像 2～3 帧。若进一步考虑着陆器阴影而放宽轨道高度，还可以进一步放大最大视场，同时二者相对运动速度略有减小，那么成像帧数还将适当增加。因此，利用服务舱拍摄 CE-3 着陆器的机会较大。

CE-5T1 服务舱降轨拍摄 CE-3 着陆器的月面轨迹如图 9.8 所示。

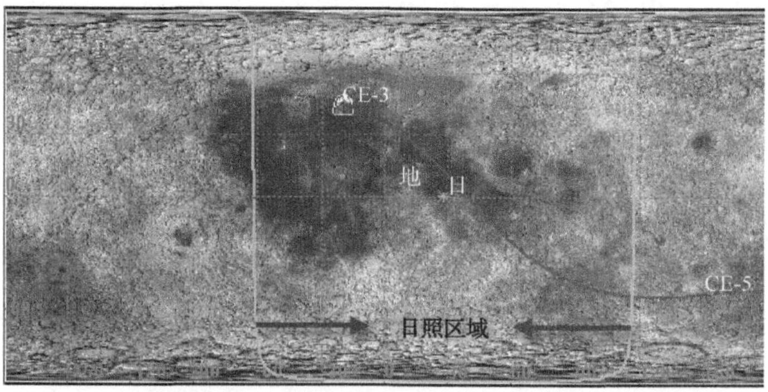

图 9.8 CE-5T1 服务舱降轨拍摄 CE-3 着陆器的月面轨迹[1,3]

多平动点飞行轨道二的控制参数如表 9.4 所示，其中序号 1～8 与表 9.3 完全相同，序号 9～14 对应返回月球开展与 CE-3 着陆器的联合观测试验和成像试验，序号 9*和 10*对应返回月球开展 CE-5 轨道试验，由于二者环月轨道不同，因此这里加以区分。

表 9.4　多平动点飞行轨道二的控制参数

序号	时间/UTC	轨道机动	Δv /(m/s)	备注
1～8	与表 9.3 相同			
9	2016 年 2 月 8 日 06:00:00	飞月球控制	73.3	可优化
10	2016 年 2 月 21 日 14:26:00.564	月球捕获	633.7	时间可调
11	2016 年 2 月 22 日 10:13:50.359	环月降轨	15.9	时间可调
12	2016 年 2 月 22 日 13:02:22.573	CE-3 着陆器成像	—	未计调姿需求
13	2016 年 2 月 22 日 19:49:07.413	抬高轨道	18.4	时间可调
14	2016 年 2 月 22 日 19:49:07.413 后	与 CE-3 着陆器联合观测试验	—	未计轨道维持需求
总计	477.6d		1220.1	
9*	2016 年 2 月 2 日 00:00:00	飞月球控制	32.4	可优化
10*	2016 年 2 月 12 日 07:27:45.607	月球捕获	624.1	时间可调
总计*	468.0d		1135.3	

9.2.5　地月 L_2 点飞行轨道一

多平动点飞行方案在实现多任务目标的同时飞行时间也较长，因而增加了任务成本与风险。为此，设计仅包括地月 L_2 点和返回月球的飞行方案，至于飞行次序，若先返回月球，则飞行轨道与 9.2.2 小节完全相同，所需能量超过 1000m/s，继而由月球逃逸前往地月 L_2 点并自然形成 Lissajous 轨道，则需要速度增量超过 600m/s，飞行轨迹如图 9.9 所示。由此总速度增量大于 1600m/s，超过服务舱剩余推进剂可提供的最大速度增量，所以必须先前往地月 L_2 点，然后返回月球。

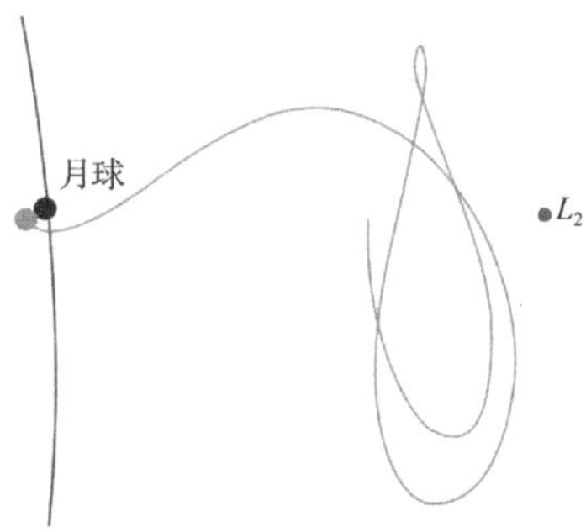

图 9.9　由月球前往地月 L_2 点的转移轨道和目标轨道

前往地月 L_2 点可以借助深空机动或者月球引力，相应转移轨道分别称为地月 L_2 点飞行轨道一和轨道二，本小节介绍前者。轨道机动包括轨道调整（规避控制后约 15h）、深空机动、地月 L_2 入轨、返回月球控制、月球捕获控制（高度 200km、月固倾角 45°）等。从能量节省角度考虑，应当在规避控制时就兼顾拓展任务。

整个飞行过程如图 9.10 所示，控制参数如表 9.5 所示，其中降升轨控制时刻可以根据任务进行修改，所有参数均可进一步优化。

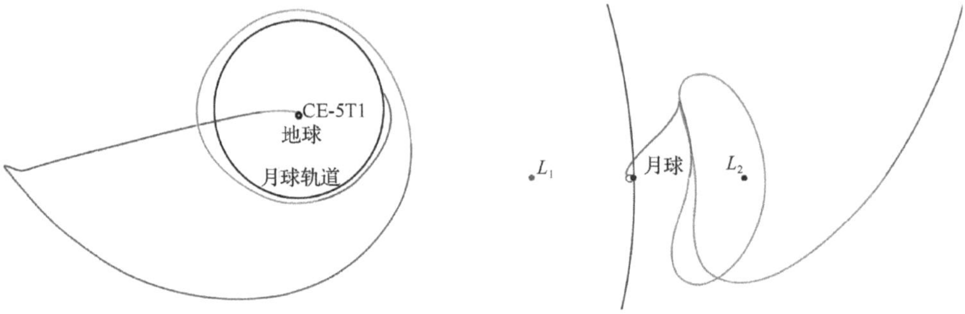

（a）地心惯性系下的飞行轨迹　　（b）地月会合坐标系下的飞行轨迹

图 9.10　地月 L_2 点飞行轨道一飞行过程

表 9.5　地月 L_2 点飞行轨道一控制参数

序号	时间/UTC	飞行累计时间/d	轨道机动	Δv /(m/s)
1	2014 年 11 月 1 日 13:18:04	0.625	轨道调整	98.4
2	2014 年 12 月 26 日 02:39:12	55.181	深空机动	129.3
3	2015 年 2 月 24 日 09:35:09	113.993	L_2 点入轨	8.2
4	2015 年 3 月 24 日 09:00:00	143.446	返回月球	18.0
5	2015 年 3 月 26 日 13:40:34	146.284	月球捕获	637.8
6	2015 年 3 月 26 日 15:52:59	146.376	环月降轨	51.8
7	2015 年 3 月 27 日 09:51:02	147.125	环月升轨	39.2
总计		147.125		982.7

分析测控条件可知，在返回月球前各次控制前后均有 8h 以上的连续观测弧段，近月制动、环月降轨控制和升轨控制的测控条件均较好。

9.2.6　地月 L_2 点飞行轨道二

地月 L_2 点飞行轨道二的目标和飞行过程与 9.2.5 小节的轨道一完全相同，不同在于前往地月 L_2 点的转移方式为经由月球附近减速后进入 L_2 点轨道。Farquhar 最初提出该方式，用于由地球停泊轨道转移至地月 L_2 点附近轨道，如图 9.11 所示。

与直接由地球前往地月 L_2 点且不借助月球近旁转向的方式相比，该方式增加了一次轨道机动控制，但是总能量消耗可节省 800m/s[9-10]；与基于弱稳定边界和不变流形等方式的低能量转移轨道相比，该方式的转移时间可减少 70～100d[11-12]。

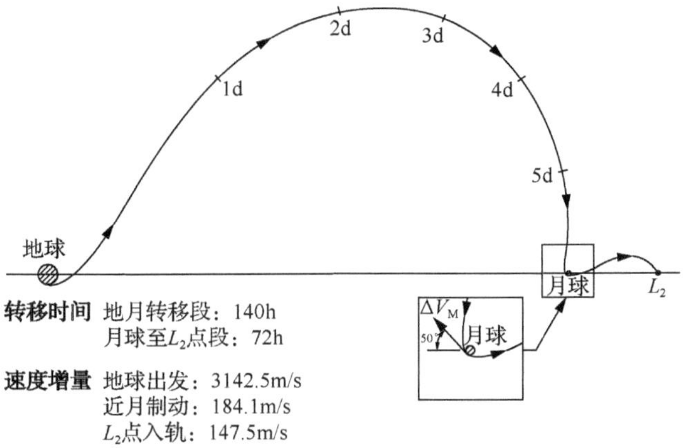

图 9.11　由地球停泊轨道前往地月 L_2 点的三脉冲转移轨道[9]

地月 L_2 点飞行轨道二如图 9.12 所示。图 9.12（a）为地心 J2000.0 坐标系下规避控制后至交会月球的飞行轨迹，包括 3 次轨道机动控制后的 1.5 个大椭圆地心轨道，即轨道 a；如果在规避控制中考虑远地点高度，则仅需 1 次轨道控制，即轨道 b。两种情况下，服务舱到达地月 L_2 点附近并返回月球的轨迹分别如图 9.12（b）和（c）所示，图中 Ctr 和 TCM 分别是近月点减速控制和返回月球控制，坐标系为地月会合坐标系。

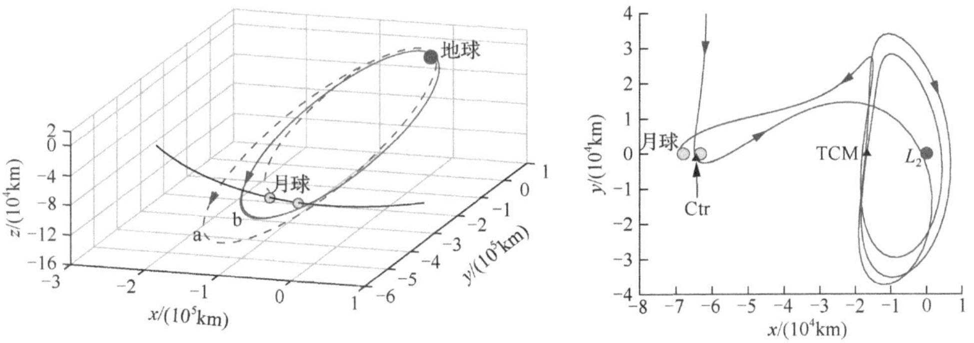

（a）规避控制后至交会月球的飞行轨迹　（b）3次机动的地月L_2点轨道与返回轨道

图 9.12　地月 L_2 点飞行轨道二

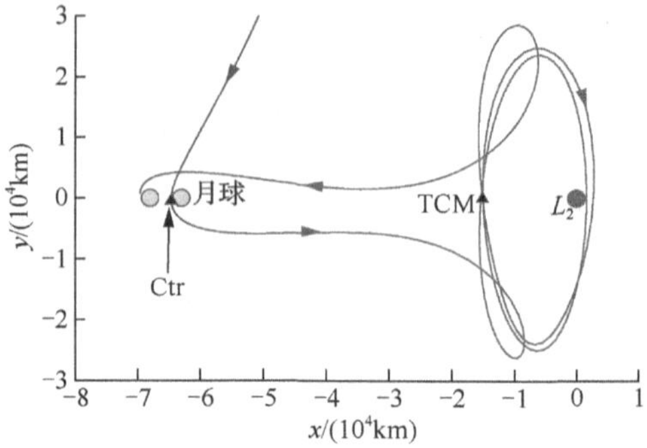

（c）1次机动的地月L_2点轨道与返回轨道

图 9.12（续）

地月 L_2 点飞行轨道二的控制参数如表 9.6 所示，其中 a 和 b 分别为图 9.12 中的轨道 a 和 b。

表 9.6 地月 L_2 点飞行轨道二的控制参数

轨道方案		时间/UTC	轨道机动	Δv /(m/s)
a	1	2014-11-01 08:18:16.528	舱器分离后 10h 机动	73.2
	2	2014-11-09 01:10:31.624	远地点机动	47.0
	3	2014-11-17 07:12:46.447	近地点机动	35.5
	4	2014-11-23 11:04:00.532	近月点减速	255.2
	5	2014-12-19 05:07:27.598	返回月球机动	0.7
	6	2015-01-10 10:39:52.217	近月制动	621.6
	总计	70.5d		1033.2
b	1	2014-11-07 13:00:22.053	远地点机动	42.6
	2	2014-11-23 22:24:16.623	近月点减速	284.5
	3	2014-12-30 19:21:54.429	返回月球机动	3.1
	4	2015-01-09 07:08:59.945	近月制动	618.8
	总计	69.4d		949.0

9.2.7 轨道方案对比

对比以上各轨道方案的飞行时间、速度增量、飞行目标、机动次数和最远距离，结果如表 9.7 所示。

表 9.7　拓展任务轨道对比

序号	轨道	飞行时间/d	速度增量/(m/s)	飞行目标	机动次数	最远距离/(10^4km)
1	直接月球返回	21.4～49.8	1023.9～1184	月球	3～4	50
2	多平动点飞行轨道一	1784.4	1151.3	日地 L_1 点和 L_2 点，地月 L_1 点、L_2 点和 L_4 点，月球	12	180
3	多平动点飞行轨道二	477.6/468	1220.1/1135.3	日地 L_1 点、地月 L_1 点和 L_2 点、月球	14/10	180
4	地月 L_2 点飞行轨道一	147.125	982.7	地月 L_2 点、月球	7	150
5	地月 L_2 点飞行轨道二	69.4/70.5	949/1033.2	地月 L_2 点、月球	4/6	54/48

由表 9.7 可知：直接月球返回轨道飞行时间最短，与地球的最远距离最小，任务代价和风险较小，但是飞行目标最少，任务价值最低；多平动点飞行轨道则相反；作为任务价值和代价风险折中的轨道方案，地月 L_2 点飞行轨道较好，尤其是轨道二，飞行时间相对较短，与地球的最远距离相对较小，可优先作为 CE-5T1 拓展任务轨道。

地月 L_2 点飞行轨道方案以“多任务”形式实现了对 CE-5T1 任务资源的最大利用，既为后续月球探测任务提供了难得的技术验证机会，又有望实现国际先进水平的任务目标——地月 L_2 点飞行，可为地月平动点在未来月球背面和两极探测的中继通信与导航等应用提供难得的验证机遇。

9.3　CE-5T1 地月 L_2 点转移

CE-5T1 拓展任务最终采用 9.2.6 小节的轨道，且采用 3 次轨道控制经月球附近前往 L_2 点，即表 9.6 中的轨道 a，然后返回月球开展 CE-5 轨道试验[6]。将服务舱从规避机动控制至交会月球的过程称为地月 L_2 转移段。

CE-5T1 服务舱与返回器分离后，首先实施规避机动控制，以保证返回器和服务舱安全，此后进入绕地大椭圆轨道飞行约 1.5 圈后交会月球，飞行时间约 23d。控制目标为确保服务舱交会月球且满足后续 L_2 点飞行需求，该阶段飞行过程如下：

1）服务舱与返回器分离后大约 500s，实施规避机动控制，抬高服务舱近地点高度，兼顾后续飞行可以交会月球。

2）规避机动控制完成后，服务舱进入周期约 16d 的绕地大椭圆轨道。

3）飞行至远地点附近施加轨道控制，控制目标为抬高近地点高度为600km。

4）飞行至近地点附近施加轨道控制，调整月球交会条件，即近月点高度为200km，月固倾角为45°，同时兼顾后续L_2点飞行。

5）在近月点施加减速控制，降低轨道能量，控制服务舱前往地月L_2点。

该阶段对规避控制的要求为推力方向与近地点拱线大于 13°，且各次控制速度增量不超过316m/s;测控约束为轨道机动前3个VLBI测站共视时长不小于1h，机动后不小于2h。规避控制后，服务舱实际近地点高度约136km，后续5次控制均达到了预定控制目标,服务舱交会月球时近月点高度约199km,月固倾角45.7°，满足经月球近旁转向前往 L_2 点的初始状态。近月减速控制后，服务舱飞往地月L_2点。

各次控制参数如表9.8所示，对应位置如图9.13所示，其中规避控制的位置与序号3的位置极其接近，序号5的位置位于近月点，图中均未标注。

表 9.8 CE-5T1 地月 L_2 点转移段控制参数

序号	时间/UTC	控制描述	控制目标	速度增量/(m/s)
0	2014年10月31日 22:01:44	规避机动	抬高近地点	187.2
1	2014年11月1日 08:13:00	调相控制	调整轨道周期与拱线	26.0
2	2014年11月9日 06:42:00	远地点机动	抬高近地点	17.4
3	2014年11月17日 15:37:30	近地点控制	调整月球交会条件	26.4
4	2014年11月21日 08:00:00	中途修正	调整月球交会条件	1.9
5	2014年11月23日 15:11:41	近月减速	降低轨道能量	233.6

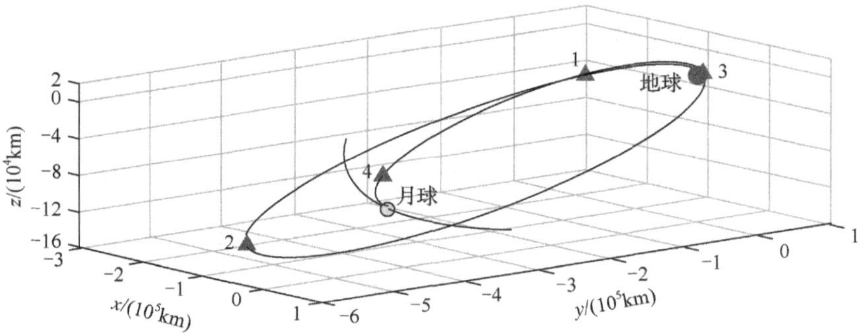

图 9.13 CE-5T1 地月 L_2 点转移段

9.4　CE-5T1 地月 L_2 点飞行

CE-5T1 服务舱自近月点减速控制后，进入 L_2 点附近轨道开展飞行试验验证，直至返回月球，将该阶段称为 CE-5T1 地月 L_2 点飞行段。对于该飞行阶段，理论上平动点轨道动力学与控制已有充分研究可供借鉴[13-17]，工程上美国 ARTEMIS 任务已经实施了地月平动点飞行[18-19]。另外，地月平动点动力学特性较为复杂，综合太阳引力、光压、白道偏心率等影响，地月平动点轨道稳定性较差。因此，地月平动点轨道维持是该飞行阶段的关键技术。

本节面向 CE-5T1 地月 L_2 点飞行任务需求，基于第 5 章平动点轨道维持方法和我国测控条件，分析地月 L_2 点轨道的维持频率和速度增量，为任务实施提供控制依据[20]，最后简要介绍任务实施情况。

9.4.1　轨道维持分析

1. 控制策略

除了平动点轨道维持方法外，地月平动点轨道维持还需解决控制时刻选择和控制实施判据等问题，即轨道维持控制策略。这里采取“控制预测反馈”策略，即利用下次控制量的预测值决定本次控制实施与否，如图 9.14 所示。首先，在第 k 时刻的“真实”轨道状态上引入定轨误差 ΔX_k，预报至 $k+1$ 时刻；然后引入定轨误差，计算该时刻的轨道控制量，即 ΔV_{k+1}，如图 9.14 中的步骤 1 所示。其次，比较 ΔV_{k+1} 与给定控制量阈值 $\Delta V_{\max}$，若 $\Delta V_{k+1} < \Delta V_{\max}$，则 k 时刻无须轨道控制。基于 k 时刻“真实”轨道状态，预报至 $k+1$ 时刻，得到“真实”轨道状态，然后重复步骤 1，如图 9.14 中的步骤 2 所示。若 $\Delta V_{k+1} \geqslant \Delta V_{\max}$，则 k 时刻需要轨道控制，此时进入图 9.14 中的步骤 3，利用含 ΔX_k 的 k 时刻轨道状态计算轨道控制量 ΔV_k，然后在 k 时刻的“真实”轨道状态中引入轨道控制量 ΔV_k 和控制偏差 $\delta(\Delta V_k)$，得到 k 时刻的控后轨道状态。基于该状态预报至 $k+1$ 时刻，得到“真实”轨道状态，再次重复步骤 1。

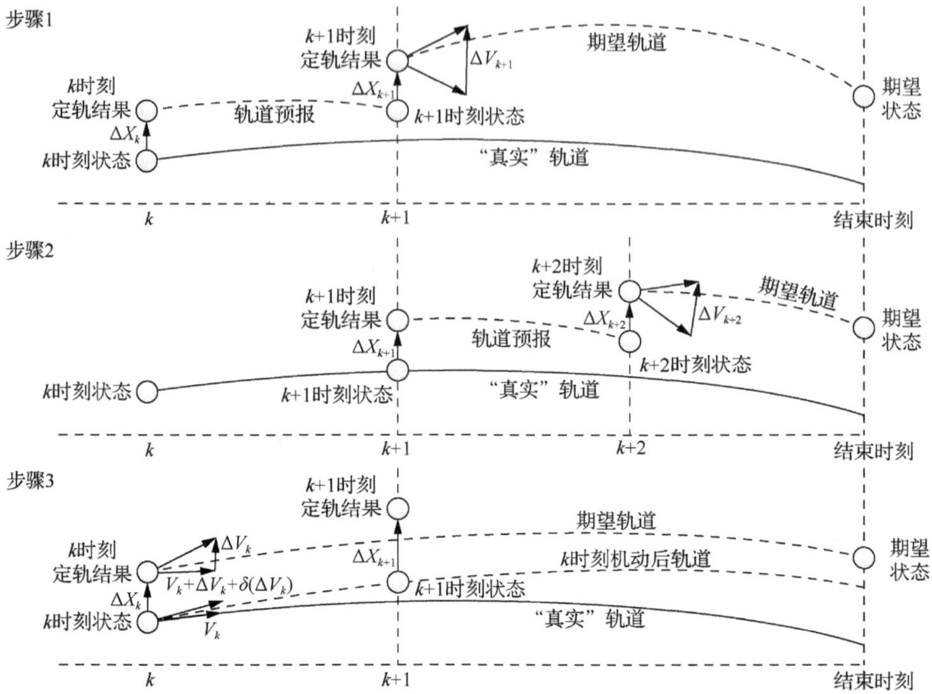

图 9.14　CE-5T1 地月 L_2 点飞行轨道维持控制策略

上述策略中，当前控制与否依据的是未来时刻“可能的”控制量，这是实际任务中无法获知“真实”轨道情况下的“预测-反馈”做法。若定轨结果精确且相邻时刻很近，则完全可以确保下一时刻“可能的”控制量精准可信，从而为当前控制实施与否提供充足依据，否则有可能造成误判。此外，为了增加轨道维持间隔，降低轨道维持频率，在推进剂和其他测控约束允许条件下，应尽可能增大控制量阈值 $\Delta V_{\max}$。

2. 维持分析

基于上述轨道维持控制策略，在给定测控误差下，分析 CE-5T1 地月 L_2 点轨道维持情况，确定轨道维持时机和控制量，为控制计划制定和实施提供依据。

以 CE-5T1 地月 L_2 入轨点作为初始状态，标称轨道和测控误差设置如表 9.9 所示。

表 9.9 CE-5T1 地月 L_2 点轨道维持的初始状态和测控误差

初始历元/UTC		2014-11-26 05:07:24.5	
初始轨道(地心 J2000.0)		x 为 189067km，y 为−366595km，z 为−126002km	$\dot{x}$ 为 1008m/s，$\dot{y}$ 为 376m/s，$\dot{z}$ 为 218m/s
定轨误差	位置误差/km	3	
	速度误差/(cm/s)	1	
控制误差	沿控制方向	±0.1% Δv	
	垂直控制方向/(cm/s)	0.5	

基于表 9.9 的标称轨道，服务舱在历元时刻位于 L_2 点附近的会合坐标系 xz 平面，可以自然绕飞 L_2 点约 1.5 圈，1 个月内的飞行轨迹如图 9.15 所示。

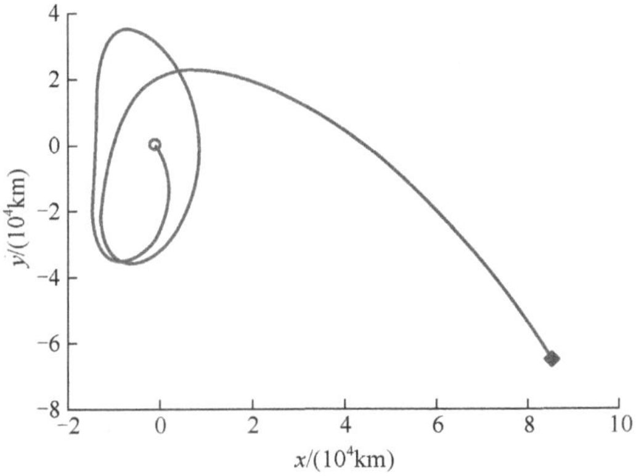

图 9.15 CE-5T1 地月 L_2 点附近 1 个月的飞行轨迹

考虑 L_2 点入轨前的测控误差为 10 倍定轨误差，即 30km 和 10cm/s。考虑任务需求即轨道维持时间不少于 2 圈，设为 35d；同时考虑 VLBI 跟踪频率，设轨道维持的计算间隔为 3d，则轨道控制次数约 12 次，进行 100 次轨道维持蒙特卡洛仿真。

结果表明，对于维持控制时机，35d 内每组仿真均需要 2 次维持控制。从初始时刻开始，轨道维持间隔如图 9.16（a）所示，其中○为从初始时刻到第 1 次维持的时间间隔，□为从第 1 次维持至第 2 次维持的时间间隔。由图 9.16（a）可见，轨道维持间隔为 9～21d，且多集中于 9d 和 15d。统计每组初始轨道的全部 12 次控制实际需要次数相对于总仿真次数的占比，这反映了各次控制实际发生的可能性，如图 9.16（b）所示。

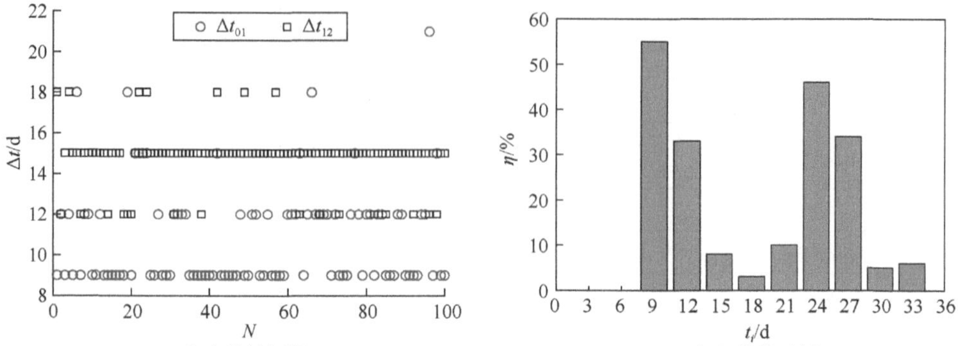

（a）维持间隔　　（b）维持时刻

图 9.16　CE-5T1 地月 L_2 维持的控制时机分析

由图 9.16（b）可见，可能性超过 20%的仅有 4 次，主要集中在第 9～12d 和第 24～27d，因此基于上述测控条件应在这两个时段进行轨道维持。

各次控制时刻的速度增量统计结果，包括最小值、平均值和最大值，如图 9.17（a）和表 9.10 所示。由此可见，第 9d 和第 24d 的平均控制速度增量约为 3.35m/s 和 5.48m/s，最大分别约为 6.32m/s 和 9.98m/s。图 9.17（b）给出了 100 组蒙特卡洛仿真的总速度增量，为 6.3～18.2m/s，平均约为 10.4m/s。

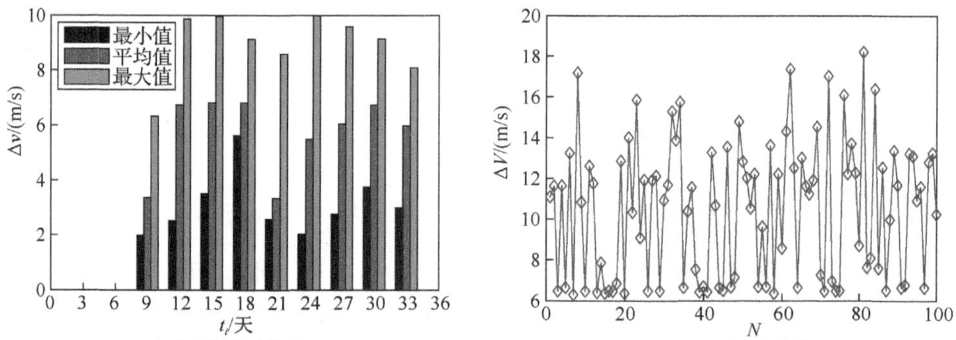

（a）各次速度增量　　（b）总速度增量

图 9.17　CE-5T1 地月 L_2 点轨道维持的控制能量分析

表 9.10　CE-5T1 地月 L_2 点轨道维持分析的各次速度增量统计

t/d	3	6	9	12	15	18	21	24	27	30	33
Δv_{min}/(m/s)	0	0	1.978	2.509	3.4883	5.628	2.57	2.024	2.755	3.7442	2.992
Δv_{mean}/(m/s)	0	0	3.351	6.73	6.8089	6.814	3.335	5.482	6.049	6.7289	5.982
Δv_{max}/(m/s)	0	0	6.317	9.866	9.9656	9.124	8.593	9.984	9.585	9.143	8.081

9.4.2 轨道维持实施

CE-5T1 地月 L_2 点飞行与返回月球的控制参数如表 9.11 所示，轨道控制的次序接表 9.8 排序，总飞行时间和总速度增量包括表 9.8 中的控制 1～5。飞行过程如图 9.18 所示，其中数字为表 9.11 中的轨道控制序号。

表 9.11　CE-5T1 地月 L_2 点飞行与返回月球的控制参数

序号	时间 /UTC	控制描述	速度增量/(m/s)
6	2014 年 11 月 28 日 09:00:20	地月 L_2 点入轨	2.2
7	2014 年 12 月 10 日 16:10:20	地月 L_2 点轨道维持 1	2.7
8	2014 年 12 月 26 日 08:30:20	地月 L_2 点轨道维持 2	9.6
9	2015 年 1 月 4 日 15:00:00	返回月球控制	41.3
10	2015 年 1 月 10 日 19:04:33	近月制动 1	219.7
11	2015 年 1 月 11 日 17:35:39	近月制动 2	171.9
12	2015 年 1 月 12 日 19:33:21	近月制动 3	231.2
总计*	72.6d		678.6

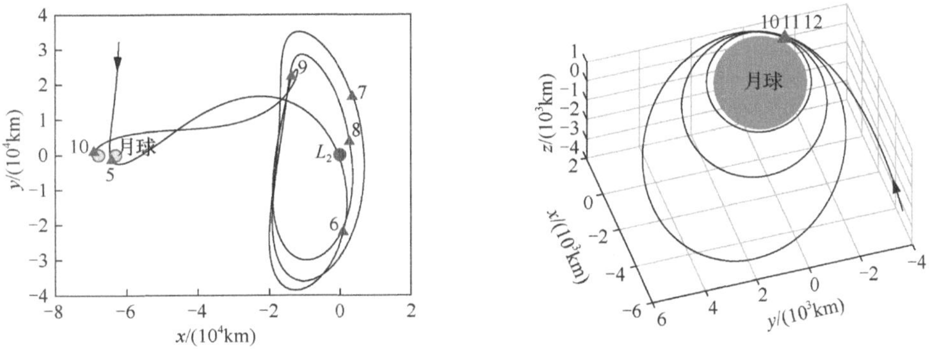

（a）地月L_2点飞行阶段　（b）返回月球

图 9.18　CE-5T1 地月 L_2 点飞行和返回月球的飞行过程

由表 9.11 可见，CE-5T1 拓展任务至返回月球的全过程约 72.6d，除规避机动外的总速度增量约 983.9m/s。考虑到测控误差，实际控制情况与表 9.6 中的设计轨道吻合较好，二者主要差别为轨道控制次数，实际控制为 12 次，比表 9.6 中的轨道 a 多了 6 次，原因在于实际任务中各种误差因素的影响。例如，序号为 4 的控制用于修正轨道偏差，序号 6～8 的控制用于控制服务舱进入 L_2 点轨道并维持 1 个月，这几次控制在设计轨道中并未考虑。此外，受推进器能力影响，实际近月制动分 3 次完成，即表 9.11 中序号 10～12 的控制。进一步，将实际轨道维持情况与 9.4.1 小节的分析结果比较，实际控制间隔与分析结果相差 1d，维持所需的总速度增量与分析结果相差 1.9m/s，考虑到实际测控误差影响，二者比较接近。

CE-5T1 地月平动点拓展任务的成功实施，使我国成为继美国之后唯一开展地月平动点飞行的国家，为未来地月平动点的实际开发利用验证了飞行测控技术，尤其是为紧随其后的 CE-4 月球背面探测任务规划开启了思路，为鹊桥地月平动点中继星任务发挥了宝贵的“先导星”作用。

参 考 文 献

[1] YANG M F, ZHANG W, PENG J, et al. Technical advancements and significance of circumlunar return and reentry spacecraft[J]. Science China Technological Sciences, 2015, 58(4): 738-745.

[2] 刘磊，周建亮，唐歌实，等. 我国嫦娥五号再入返回试验的后续任务设想[C]//第十一届深空探测学术年会，北京，2014.

[3] 刘磊，唐歌实，胡松杰，等. 月球探测再入返回试验后续飞行方案研究[J]. 宇航学报，2015，36（1）：9-17.

[4] LIU L, LI J S. CHANG'E-5T1 extended mission: The first lunar libration point flight via a lunar swing-by[J]. Advances in Space Research, 2016, 58(4):609-618.

[5] LIU L, HU C Y. Scheme design of the CHANG'E-5T1 extended mission[J]. Chinese Journal of Aeronautics, 2018, 31(7): 1559-1567.

[6] MENG Z F, GAO S, WANG Z S, et al. Trajectory design for extended mission of circumlunar return and reentry test[C]. 4th IAA Conference on Dynamics and Control of Space Systems (Dycoss2018). May 21-23, 2018.

[7] CANALIAS E, MASDEMONT J J. Computing natural transfers between Sun-Earth and Earth-Moon Lissajous libration point orbits[J]. Acta Astronautica, 2008, 63(1-4): 238-248.

[8] NORIYUKI N, TAKAHIRO I, KOJI M, et al. Farside gravity field of the Moon from four-way Doppler measurements of SELENE(Kaguya) [J]. Scienc, 2009(323):900-904.

[9] FARQUHAR R. The utilization of halo orbits in advanced lunar operations[R]. NASA TN D-6365, July, 1971.

[10] FARQUHAR R. Final report for lunar libration point flight dynamics study[R]. Contract NAS-5-11551, General Electric Company, 1969.

[11] 李明涛. 共线平动点任务节能轨道设计与优化[D]. 北京：中国科学院研究生院，2010.

[12] GORDON D P. Transfers to Earth-Moon L2 halo orbits using lunar proximity and invariant manifolds[D]. West Lafayette: Purdue University, 2008.

[13] KEETER T M. Station-keeping strategies for libration point orbits: Target point and Floquet mode approaches[D]. West Lafayette: Purdue University, 1994.

[14] KULKARNI J, CAMPBELL M. Asymptotic stabilization of motion about an unstable orbit: Application to spacecraft in halo orbit[C]//Proceeding of the 2004 American Control Conference. Boston, Massachusetts, 2004: 1025-1030.

[15] MOORE A, OBER-BLÖBAUM S, MARSDEN J E. Optimization of spacecraft trajectories: a method combining invariant manifold techniques and discrete mechanics and optimal control[C]//19th AAS/AIAA Spaceflight Mechanics Meeting. Savannah, Georgia, 2009.

[16] HOWELL K C, PERNICKA H J. Numerical determination of Lissajous trajectories in the restricted three-body

problem[J]. Celestial Mechanics, 1988(41):107-124.

[17] FOLTA D C, WOODARD M A, COSGROVE D. Stationkeeping of the first Earth-Moon libration orbiters: the ARTEMIS mission[C]//AAS/AIAA Astrodynamics Specialist Conference. Girdwood, Alaska, July 31-August 4, 2011.

[18] WOODARD M, FOLTA D, WOODFORK D. ARTEMIS: The first mission to the lunar libration orbits[C]//21st International Symposium on Space Flight Dynamics, France, September 28-October 2, 2009.

[19] ANGELOPOULOS V. The Artemis mission[J]. Space Science Reviews, 2011(165):3-25.

[20] LIU L, LIU Y. Orbit maintenance of CHANG'E-5T1 Earth-Moon libration mission[C]//4th IAA Conference on Dynamics and Control of Space Systems (Dycoss2018), May 21-23, 2018.

第 10 章　嫦娥四号地月平动点中继轨道

在 CE-3 圆满完成月球软着陆探测后，我国利用其备份星——CE-4 将着陆位置进一步拓展至月球背面，成功实现了人类首次月球背面软着陆探测，并借助地月平动点中继卫星实现月球车与地面的中继通信，成为月球探测史上新的里程碑。本章首先简要介绍 CE-4 任务及其中继星轨道设计约束，继而重点介绍 CE-4 地月平动点中继卫星——鹊桥（简称中继星）的任务轨道与任务实施等。

10.1　中继星任务概况

10.1.1　CE-4 任务

受月球运动影响，地面测站无法直接观测月球背面，因而此前月球软着陆探测和采样返回任务的着陆点均位于月球正面。然而，月球背面对于宇宙和空间科学研究具有重要应用价值。例如，月球屏蔽了来自地球的自然和人为电磁辐射，因而月球背面是开展低频射电天文观测的绝佳位置。此外，月球背面的古老月球岩层蕴含了月球早期演化的线索。因此，综合科学价值、社会效应、技术难度等多种因素，我国最终确定了 CE-4 着陆月球背面并开展巡视勘察[1-3]。

CE-4 任务的工程目标为实现人类首次月球背面软着陆和巡视勘察，以及首次地月 L_2 点中继星测控和数传，科学目标为月基低频射电天文观测与研究、月球背面巡视区形貌和矿物组分探测与研究、月球背面巡视区浅层结构探测与研究。CE-4 的月球背面着陆区为南极艾特肯盆地内的冯·卡门撞击坑，撞击坑直径约 186km，中心坐标（44.8° S，175.9° E）[2]。

作为 CE-3 的备份星，CE-4 的着陆器和巡视器仅作适应性改进即可满足月面着陆和巡视探测需求，任务难点在于着陆月球背面的着陆器和巡视器与地面测控网的通信问题。为了解决该问题，必须在月球附近布设中继通信卫星，待选轨道包括环月轨道和地月 L_2 点轨道，前者距离月球较近，后者则具备相对于地球和月球背面始终可见、同等月面覆盖所需卫星数少、光照时间长、卫星视运动慢而易于天线跟踪等优点[4]。因此，CE-4 中继星最终选择地月 L_2 点轨道。

根据任务规划，2018 年首先发射鹊桥中继星，其发射、转移和布设过程如图 10.1 所示。当中继星进入地月 L_2 点轨道稳定运行并完成各种在轨性能测试后，择机发射 CE-4 着陆器和巡视器组合体。在组合体成功软着陆冯·卡门撞击坑后，进行太阳翼展开并充电、定向天线展开并指向地球、推进剂钝化等一系列月面初始化工作。在着陆器配合下，巡视器完成解锁分离、转移释放、驶离等动作后到达月面。此后在中继星支持下，着陆器开展就位探测，巡视器开展科学探测并把探测数据传回地面[1]。

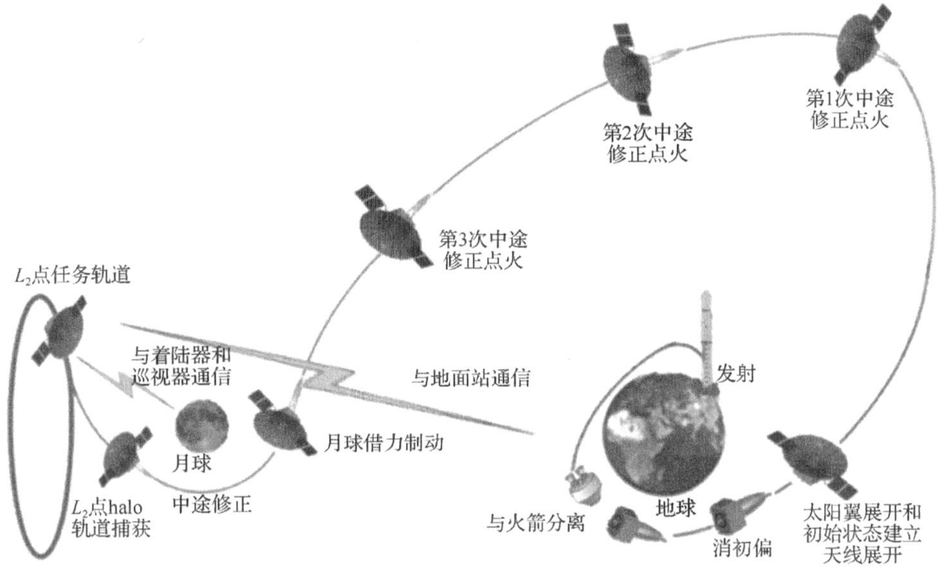

图 10.1 鹊桥中继星发射、转移和布设过程[1]

10.1.2 中继轨道设计约束

中继星是 CE-4 月球背面着陆任务成功实施的前提条件，其轨道设计是整个任务的关键环节。中继星轨道包括两个飞行阶段，即用于中继通信的地月 L_2 点使命轨道和由地面发射转移至使命轨道的转移轨道。轨道设计需要考虑发射时间、发射场、运载火箭、月面着陆区、轨道特征和测控条件等约束。其中，中继星发射时间为 2018 年 5～6 月，发射场为西昌卫星发射中心，轨道倾角约 28.5°；着陆器下降时间为 2019 年 1 月 3 日 0 时～5 日 12 时，首选着落区为月面东经 176°和南纬 45°；轨道特征段包括地月转移段、月球至 L_2 点转移段、L_2 点捕获段和 L_2 点使命轨道段；L_2 点使命轨道段需考虑的测控条件包括使命轨道段上地心、月心、中继星和着陆器之间的夹角，中继星与着陆器的距离及其覆盖时间。此外，还需考虑各个飞行阶段的光照条件等。

综合上述设计约束，可以确定鹊桥中继星的地月 L_2 点使命轨道及其转移轨道的设计范围，使命轨道可以采用常见的 halo 轨道或 Lissajous 轨道，分别称为 halo 使命轨道和 Lissajous 使命轨道。转移轨道则借鉴 CE-5T1 地月平动点任务经验，选用经由月球近旁转向的转移方式。该方式相对于流形转移轨道可以大幅缩短飞行时间，相对于非月球近旁转向的直接转移轨道又可以大幅降低转移所需能量，因而是较好的折中[5-15]。

10.2 halo 使命轨道

本节介绍中继星的地月 L_2 点 halo 使命轨道方案，包括使命轨道和转移轨道设计结果，高珊等对此进行了相关研究[16-17]。基于轨道设计结果，重点介绍转移轨道机动策略以确定轨道飞行的关键参数，以及使命轨道维持策略和轨道调整的影响[18]，为飞行任务的优化和实施提供支撑。

10.2.1 轨道设计

对于中继星使命轨道设计，由第 3 章可知地月 L_2 点 halo 轨道存在南北两族轨道，CE-4 着月点位置在月球南半球，因而应选择南族 halo 轨道作为使命轨道。进而，基于中继通信需求，分析不同幅值的南族 halo 轨道的设计约束满足情况，从而确定轨道幅值。基于 10.1.2 小节的设计约束，z 向幅值约 13000km 的 halo 轨道可以作为使命轨道[16-17]。

在使命轨道和转移方式确定的条件下，根据 10.1.2 小节的发射场、运载火箭等设计约束，搜索 2018 年 5 月和 6 月的日发射窗口和转移轨道，在各项设计要求满足的条件下重点优化轨道控制能量 ΔV，包括近月减速控制和月球至地月 L_2 点使命轨道的转移和捕获控制。其中，5 月 ΔV 较优的发射窗口及其转移轨道如表 10.1 所示，表中倾角均为 28.5°，平近点角均为 0°，25 日的轨道有约 1.2h 阴影时段，其余均为全光照条件。

表 10.1 发射窗口分析

序号	近地点时刻/UTC	a /km	e	Ω /(°)	ω /(°)	近月点时刻/UTC	ΔV /(m/s)
1	17, 20:51:59.819	213466	0.969184	184.358	180	24, 14:35:23.378	297.878
2	18, 20:58:49.066	205603	0.968006	187.101	180	24, 17:10:01.434	278.944
3	19, 21:09:09.022	200569	0.967203	190.518	180	24, 20:54:41.862	270.004
4	20, 23:12:54.654	204002	0.967754	222.602	164	26, 09:30:17.148	265.214
5	22, 01:11:45.144	207405	0.968284	253.478	150	27, 21:47:05.505	269.444
6	23, 01:42:56.142	204736	0.967870	262.310	148	28, 08:56:41.686	246.211
7	24, 02:29:39.295	204216	0.967788	275.184	144	29, 00:50:41.758	245.908
8	25, 02:44:23.914	208028	0.968379	279.745	144	29, 06:46:56.347	292.837

由表 10.1 可见，2018 年 5 月存在 8 个控制能量较优的日窗口，控制能量均优于 300m/s。6 月也存在 8 个控制能量较优的窗口，时间为 14～22 日。此外，各窗口附近存在飞行时间不同但是控制能量相近的窗口和转移轨道。

进一步分析发射窗口时刻变化的影响。结果表明，5 月 20～21 日的连续发射窗口约 4.5h，对应轨道控制能量为 257.699～326.147m/s。

2018 年 5 月和 6 月各 4 条控制能量较优的转移轨道和相应的中继星使命轨道如图 10.2 所示，其中包括 5 月 20 日窗口对应轨道，下文将之作为标称轨道。由图 10.2 可见，所有轨道均与图 9.11 中 Farquhar 提出的转移方式相同。为了便于分析，将 10.1.2 小节的地月转移段、月球至 L_2 点转移段、L_2 点捕获段合称为 L_2 点转移轨道，各段起始点依次为发射入轨、交会月球、首次穿越 L_2 点外侧会合坐标系 xz 平面、进入使命轨道。

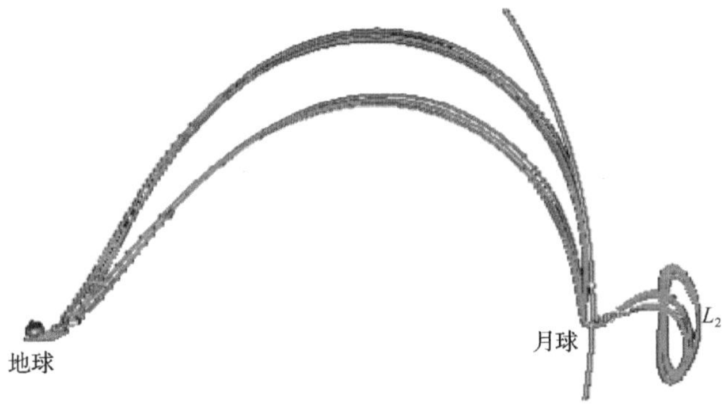

图 10.2　2018 年 5 月和 6 月控制能量较优的转移轨道和相应的中继星使命轨道

10.2.2　L_2 点转移轨道控制

转移轨道的测控误差有运载入轨误差、发射窗口误差、轨道预报误差、轨道控制误差等，如表 10.2 所示。这些误差直接影响中继星的地月转移中途修正速度增量、近月点高度和倾角、月球至 L_2 点转移和 L_2 点捕获过程控制、L_2 点使命轨道等，其中 3 次地月转移中途修正依次为器箭分离后第 17h、41h 和近月点前 24h，第 1 次修正后基于定轨结果预报第 3 次修正的控制量，若小于 10m/s 则取消第 2 次修正。

表 10.2 中继星 L_2 点转移轨道测控误差

序号	误差项	误差参数
1	运载入轨误差	半长轴 3500km，轨道倾角 0.1°，近地点幅角 0.4°，升交点赤经 0.28°，近地点高度 25km，远地点高度 7000km
2	发射窗口误差	每天两个发射窗口，宽度分别为±2min 和 1min
3	轨道预报误差	1）3 次地月转移中途修正的预报误差依次为（8.1km，1.5m/s）、（1.8km，0.18m/s）、（10km，0.1m/s）。 2）近月点预报误差（8km，2.5m/s）。 3）月球至 L_2 点转移和 L_2 点捕获的轨道预报误差（2.5km，0.04m/s）
4	轨道控制误差	1）幅值误差：速度增量小于 10m/s 时，不大于 0.1m/s；否则，不大于速度增量的 1%。 2）方向误差：变轨期间三轴姿控精度为 1°，方向倾斜不大于 1°

1. 地月转移中途修正

基于标称轨道进行 300 次蒙特卡洛仿真，分析测控误差对中途修正所需速度增量、近月点倾角 i 和高度 h 的影响，结果如表 10.3 所示。

表 10.3 中继星地月转移轨道修正与近月点参数统计

参数	最小值	最大值	平均值	标准差
ΔV_1 /(m/s)	0.483	13.218	4.864	2.349
ΔV_2 /(m/s)	8.193	10.162	9.514	0.462
ΔV_3 /(m/s)	0.105	6.287	1.645	1.231
$\sum(\Delta V)$ /(m/s)	1.012	21.695	7.174	3.831
i /(°)	14.716	15.185	14.992	0.088
h /km	92.580	107.408	99.873	2.177

由表 10.3 可见，3 次中途修正的总速度增量平均为 7.174m/s，最大为 21.695m/s，其中第 2 次修正的概率约为 7%，正常情况下或可取消。近月点倾角最大偏差为 0.3°，平均优于 0.01°，近月点高度最大偏差为 7.4km，平均优于 0.13km。

2. 月球至使命轨道转移控制

月球至使命轨道的转移过程包括月球至 L_2 点转移段和 L_2 点捕获段。中继星在近月点的减速控制速度增量约 200m/s，按照“控制误差最大为 1%”的假设，控制偏差可能较大，必须在近月点后 1 天内施加中途修正，以确保卫星顺利前往 L_2 点使命轨道。同样，在 L_2 点入轨控制后需要增加两次轨道修正控制，以确保卫星精确进入使命轨道。

于是，综合测控和光照需求，由月球至 L_2 点使命轨道入轨后 1 圈的飞行过程中，计划各次轨道控制如表 10.4 所示，将地月转移段 3 次中途修正序号设为 1～3，近月点减速控制编号为 4，各次控制如图 10.3 中的 Ctr$n$（n=4,5,…,11）所示。

表 10.4　月球至使命轨道入轨后 1 圈的轨道控制时刻

序号	控制绝对时刻/UTC	控制相对时刻/d	控制描述
4	2018-05-25 13:54:14.076	T_L	预定轨道控制（近月减速）
5	2018-05-26 15:00:00.000	T_L+1	增加轨道控制（中途修正）
6	2018-05-29 08:53:33.794	T_L+3.8	预定轨道控制（捕获控制 1）
7	2018-06-07 18:24:54.848	T_L+13.2	预定轨道控制（捕获控制 2）
8	2018-06-13 19:48:39.399	T_L+19.2	预定轨道控制（入轨控制）
9	2018-06-15 05:00:00.000	T_L+20.6	增加轨道控制（入轨修正）
10	2018-06-21 12:00:00.000	T_L+26.9	增加轨道控制（入轨修正）
11	2018-06-28 07:53:36.154	T_L+33.7	预定轨道控制（轨道维持）

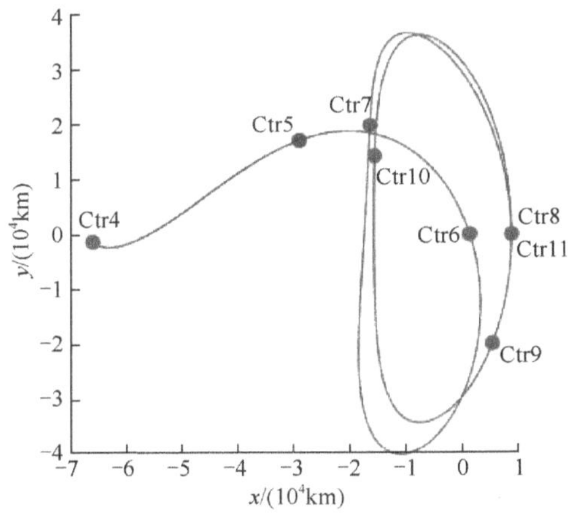

图 10.3　月球至 L_2 点使命轨道入轨后 1 圈的轨道控制

仿真计算表 10.4 中各次控制所需的速度增量以及对应的使命轨道幅值，结果表明，所需轨道控制总速度增量为 265.195～364.131m/s，平均约 288.427m/s。其中，近月减速控制为 194.096～206.222m/s，平均约 198.07m/s。使命轨道在会合坐标系 3 个方向幅值变化的标准差为 349km、738km 和 82km。

10.2.3　L_2 点使命轨道维持

采用 5.3.3 小节 Lissajous 控制方式的连续环绕控制法，分析测控误差下 L_2 点使命轨道维持情况，包括维持控制频度、能量、控后轨道的幅值和相位演化情况，为飞行控制方案制定和任务实施提供依据。

地月 L_2 点使命轨道段预报，在月心惯性系下的位置误差为 1.5km，速度误差为 1cm/s。控制误差为推力方向不大于 0.02m/s，姿控精度与表 10.2 相同。结合 10.2.2 小节的分析，采用蒙特卡洛仿真分析 L_2 点使命轨道维持情况，控制间隔固定为半圈，1 年的总控制次数约 50 次。

维持分析结果表明，1 年所需的总速度增量为 7.2～15.2m/s，平均约 10.7m/s。其中第 1 次控制的速度增量稍大（平均约 1.7m/s），其余控制量基本优于 1m/s，平均优于 0.3m/s，第 1 次控制量稍大的原因在于 L_2 点转移轨道的测控误差大于 L_2 点使命轨道。至于维持间隔，半圈维持间隔对应时间为 6.78～8d，平均为 7.39d。维持后的 halo 使命轨道如图 10.4 所示。此外，分析了维持时间间隔固定的情况，即将维持间隔设置为 9d 和 14d。结果表明，前者 1 年约需要速度增量 30m/s，后者不能满足任务需求。

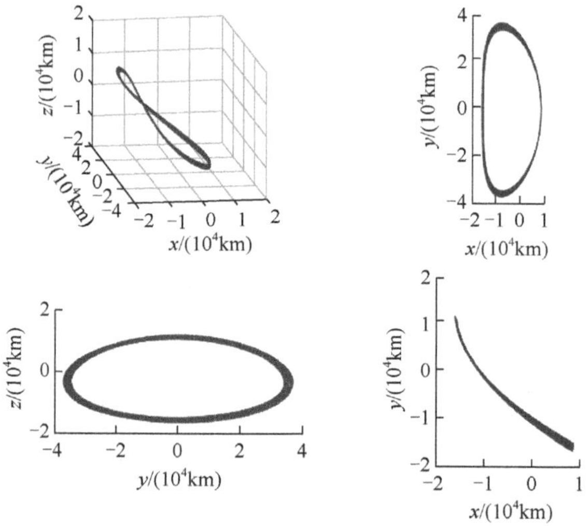

图 10.4 中继星 halo 使命轨道维持结果

维持控制对 L_2 点使命轨道的幅值和相位均有影响。首先，维持后的使命轨道幅值在一定范围内振荡，地月会合坐标系 3 个方向幅值变化的最大标准差分别为 312km、2416km 和 1218km。其次，给出两种平动点轨道相位定义，即位置相位和时间相位[19]，前者按中继星在会合坐标系 yz 平面的位置定义相位角，后者按使命轨道周期 T 定义平均运动角速度，将之与运动时间的乘积定义为相位角，分别称为位置相位角 θ_p 和时间相位角 θ_t，有

$$
\begin{cases}
\theta_p = \tan^{-1}\dfrac{-z}{y} \\
\theta_t = \dfrac{2\pi}{T}t
\end{cases}
\tag{10.1}
$$

θ_p 的定义和随时间的变化关系如图 10.5 所示，令卫星穿越 y 轴正向时 θ_p 为 0°，可见 θ_p 不随时间均匀变化，在穿越 y 轴时运动较慢，穿越 z 轴时运动较快。

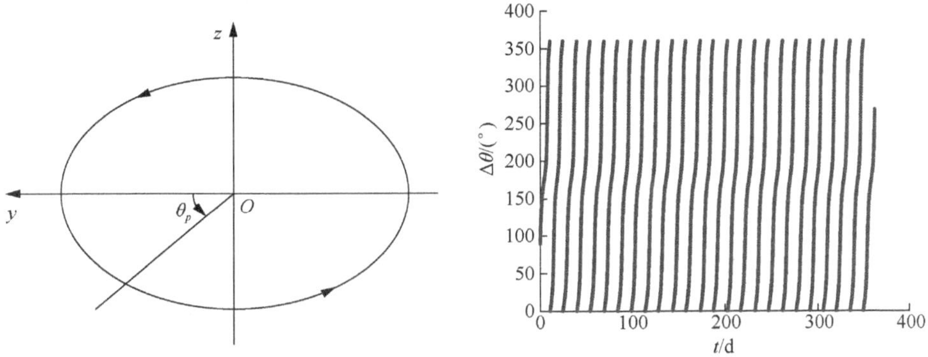

（a）平动点轨道位置相位角　　（b）位置相位角随时间的变化关系

图 10.5　平动点轨道位置相位角及其随时间的变化关系

θ_t 随时间的变化关系如图 10.6 所示，图中数字为 θ_t 值。可见，θ_t 可以清晰地反映出轨道运动随时间的不均匀性，且在 z 方向的最高点和最低点时运动最快。

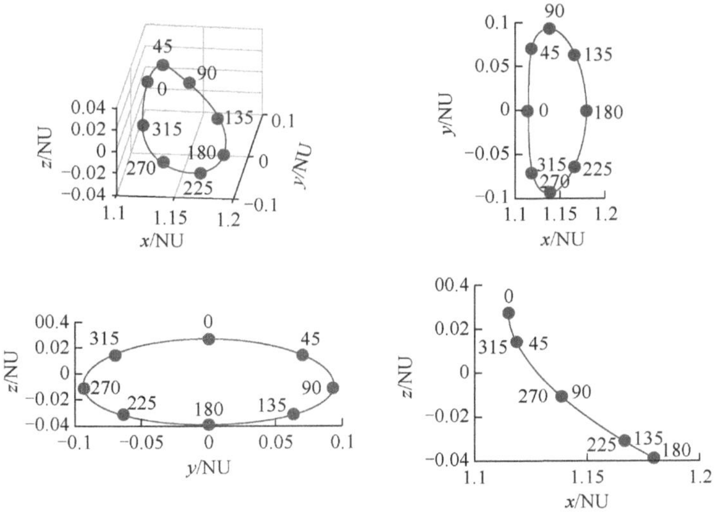

图 10.6　θ_t 随时间的变化关系

以上两种相位角对位置和时间各有侧重，可根据实际需要选用。在 L_2 点使命轨道维持控制的蒙特卡洛仿真中，选择位置相位角 θ_p ，总维持能耗最低和最高的使命轨道相对于标称设计轨道的相位差如图 10.7 所示。

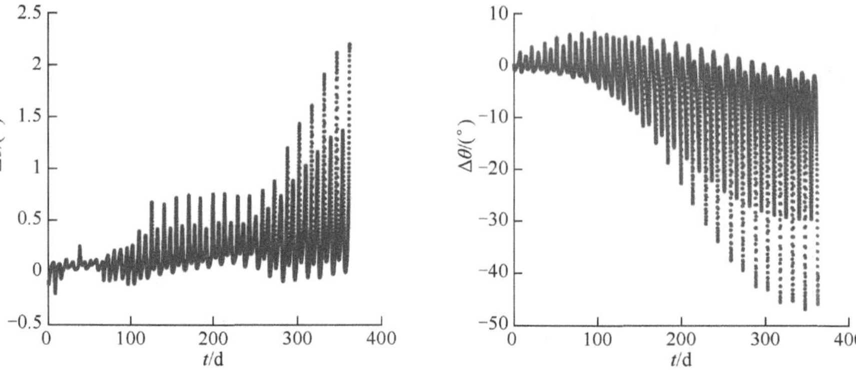

（a）总维持能耗最低的使命轨道相位差　（b）总维持能耗最高的使命轨道相位差

图 10.7 总维持能耗最低和最高的使命轨道相对于标称设计轨道的相位差

由图 10.7 可见，总维持能耗最低的使命轨道最大相位差不超过 2.3°，且 200d 内基本滞后于设计轨道，200d 后基本超前设计轨道。相比之下，总维持能耗最高的使命轨道与设计轨道的相位差随时间变化较快。

10.2.4 轨道调整影响

受诸多不确定因素的影响，实际任务时可能需要调整标称轨道。为此，需要深入分析轨道调整对控制能量、飞行时间和其他设计约束的影响。本小节分析近月点状态、L_2 点转移捕获控制、使命轨道幅值和相位等参数调整的影响。

1. 近月点状态

分析近月点状态包括高度、倾角和到达月球的升降轨方式调整的影响。由于近月点至 L_2 点使命轨道之间包含多次转移和捕获控制，因此近月点状态调整会对转移轨道产生直接影响，对最终使命轨道的影响相对较小。因此，基于标称轨道分析近月点状态调整对月球至 L_2 点转移轨道段的影响，包括转移控制能量、阴影时间和月掩时长等，结果如表 10.5 所示，飞行时间均为 19.25h。

表 10.5　近月点状态调整的影响

参数		近月点高度/km						近月点倾角/(°)					近月点幅角/(°)		
		50	150	300[a]	300[b]	500	1000	25	35[a]	35[b]	38[a]	38[b]	45	70	100
Δv_4 /(m/s)	197.4	199.0	195.8	191.8	191.4	186.4	177.2	198.6	432.6	197.5	424.2	197.2	199.0	361.1	356.4
Δv_6 /(m/s)	0.002	1.3	1.3	32.8	77.2	62.5	36.1	134.6	13.6	8.4	28.8	75.9	177.6	0.7	0.9
Δv_7 /(m/s)	10.9	10.9	10.9	33.6	—	—	—	—	10.9	—	33.6	—	—	10.9	10.6
Δv_8 /(m/s)	62.3	62.2	62.2	62.3	16.7	21.1	34.8	167.8	62.2	61.7	62.3	26.9	95.5	62.2	62.2
ΔV /(m/s)	270.6	273.4	270.2	320.5	285.3	270.0	248.1	501.0	519.3	267.6	548.9	300.0	472.1	434.9	430.1
Δt_s /h	4.11	4.11	4.11	4.11	12.8	17.8	16.6	0	4.11	4.11	4.11	4.11	4.11	4.11	4.11

表 10.5 中，Δv_4、Δv_6、Δv_7、Δv_8 和 ΔV 依次为表 10.4 中序号为 4 和 6～8 的轨道控制及总控制能量，Δt_s 为阴影时长，第 1 列为标称控制参数，标称轨道的近月点高度、倾角和幅角依次为 100km、36.6° 和 85.1°。

需要说明，近月点高度小于 300km 时，转移控制时刻与原设计轨道严格一致，300km 及以上时需调整月球至 L_2 点的转移和捕获策略，使中继星进入原设计使命轨道，分别如表 10.5 中的 300[a] 和 300[b] 所示。上标为 a 的倾角调整结果和近月点幅角调整结果均保持月球至 L_2 点的转移和捕获策略不变，其余则需进行调整。

由表 10.5 可见，在近月点高度增大至 300km 时，总控制能量增加。进一步增大近月点高度，则需调整月球至 L_2 点的转移和捕获策略，总控制能量有所减小，转移轨道阴影时长增加，不过转移过程无月掩。当近月点倾角变化约 2° 时，需调整月球至 L_2 点的转移和捕获策略，才可以保证转移控制能量变化较小，否则转移控制能量变化较大。当近月点幅角变化约 15° 时，控制能量变化约 160m/s。

需要注意，调整近月点状态会引起地月转移轨道变化，由此带来发射入轨点参数的调整，以及地月转移轨道段控制能量的变化。

2. L_2 点捕获控制策略

L_2 点捕获控制包括表 10.4 中序号为 6～8 的轨道控制，其中序号 6 的控制量较小，主要为修正由月球至 L_2 点的转移控制误差，使中继星进入 L_2 点捕获轨道段，因而理想情况下仅需序号 7 和 8 的控制。基于标称轨道，分析 L_2 点捕获控制方案调整，即调整轨道控制 7 和 8 的影响，寻求能量优化的轨道。

（1）捕获控制时刻

固定近月点状态包括近月点位置、速度、控制速度增量，以及 L_2 点使命轨道入轨点位置速度，在原捕获控制时刻附近局部递推捕获控制能量的变化情况，结果如图 10.8 所示。图 10.8 中，Δt 为捕获控制的调整时间，Δv_1、Δv_2 和 Δv 依次为捕获控制、使命轨道入轨控制和总速度增量。

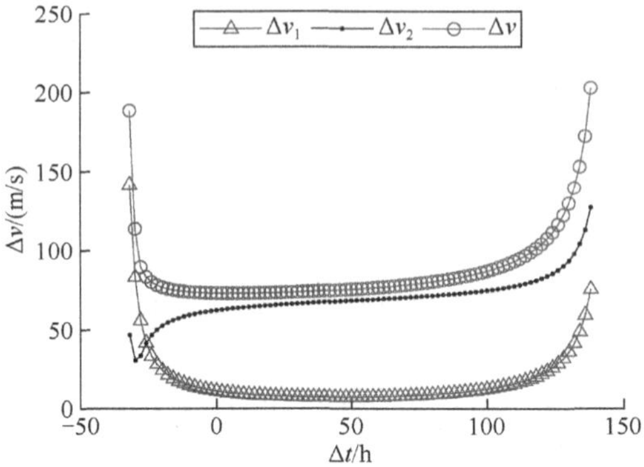

图 10.8　捕获控制能量与时刻的关系

由图 10.8 可见，在固定近月点和入轨点状态前提下，标称轨道的捕获控制能量基本最小。原捕获控制时刻前 26h 和后 90h 之间约 5d 时间内，总控制能量变化不大于 10m/s，前后约 4d 不大于 5m/s，说明捕获控制时刻有一定选择范围。

（2）捕获控制和入轨时刻

固定近月点状态和使命轨道状态，以捕获控制时刻 t_0 和入轨时刻 t_1 为变量，遍历求解捕获控制能量，结果如图 10.9 所示，其中 t_0 和 t_1 均为相对于近月点的时间。

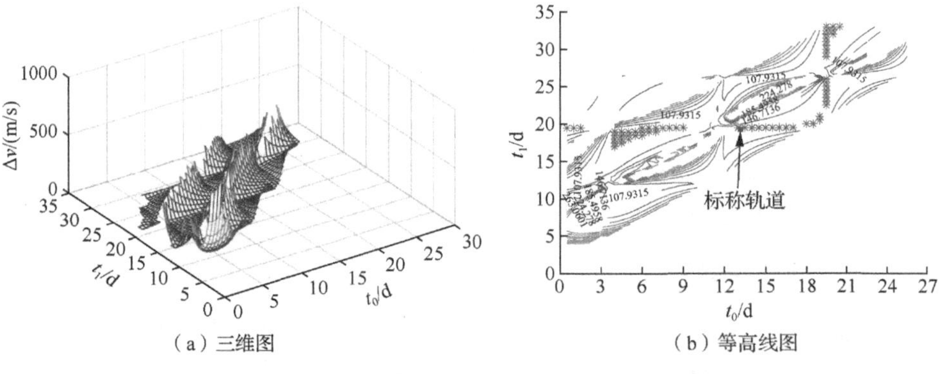

（a）三维图　　（b）等高线图

图 10.9　不同捕获控制时刻和使命轨道入轨时刻对应的捕获控制能量

由图 10.9 可见，捕获控制能量较小的 t_0 和 t_1 沿对角线两侧分布，其中“▪”为标称轨道对应的控制参数，即 t_0 和 t_1 分别为近月点后 13.2d 和 19.2d，位于图 10.9（b）的中间区域。低于标称轨道控制能量即 73.1m/s 的部分结果如图 10.9 中“*”所示，其中最小控制能量约 69.15m/s。

由以上分析可见，在初始地月转移轨道和最终使命轨道确定的前提下，L_2 点捕获控制能量的优化空间极其有限，不过控制时刻和方式可以有较大的调整范围，因而相应测控计划的制订相对灵活。

（3）捕获控制策略

调整捕获控制策略，即在首次到达地月 L_2 点附近时瞄准预定入轨点，然后在入轨点适当修正，可以在使命轨道大致不变情况下减少捕获控制次数和总控制能量，控制参数如表 10.6 所示，对应轨道如图 10.10 所示。求解过程中固定近月点状态，主要考虑近月点状态受地月转移轨道限制，避免改变近月点状态引起地月转移轨道变化较大，甚至打破发射条件约束。

表 10.6 调整捕获控制策略的 L_2 点转移轨道控制参数

序号	控制时刻/UTC	标称轨道/(m/s)	控制时刻/UTC	变策略轨道/(m/s)
1	5-25 13:54:14.076	197.35	5-25 13:54:14.076	197.3
2	5-29 08:53:33.794	0.002	5-29 08:53:32.794	39.6
3	6-07 18:24:54.848	10.94	—	0
4	6-13 19:48:39.399	62.25	6-13 18:07:12.776	25.3
总计		270.542		262.2

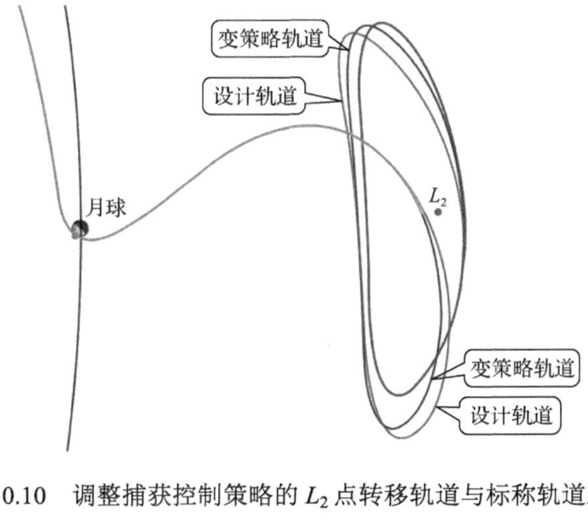

图 10.10 调整捕获控制策略的 L_2 点转移轨道与标称轨道对比

由于近月点状态固定，即近月点位置和轨道面固定，因此中继星进入地月 L_2 区域所需的近月点控制能量变化极小，一般不超过 2m/s，此时仅改变捕获控制时刻或者策略的影响不大。若希望总控制能量有较大变化，应进一步放宽对近月点状态和地月转移轨道的限制，进行全程轨道优化设计，如 10.2.1 小节。

（4）优化设计

放宽对地月转移轨道的约束，给出一个初步优化设计轨道，总控制能量相对于标称轨道降低约 26m/s，且在 L_2 点使命轨道入轨前无任何阴影，如表 10.7 所示，飞行轨迹如图 10.11 所示。

表 10.7　中继星优化设计轨道

序号	飞行描述	参数
1	地月转移入轨时刻/UTC	2018-05-20 21:12:04.989
2	近月点时刻/UTC	2018-05-25 17:21:59.474
3	地月转移飞行时间/h	116.2
4	近月减速控制量/(m/s)	205.2
5	向 L_2 点转移飞行时间/d	16.5
6	使命轨道入轨控制量/(m/s)	39.3
7	使命轨道入轨时刻/UTC	2018-06-11 05:43:12.775

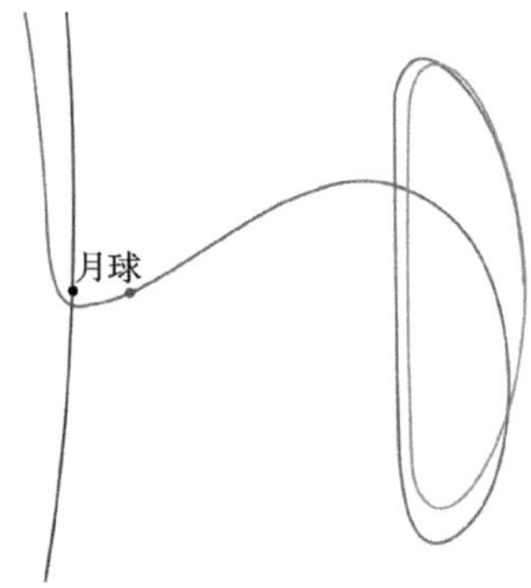

图 10.11　能量优化的中继星轨道

3. 使命轨道幅值

以 A_z 为 5000km 和 9000km 为例，分析小幅值 halo 轨道所需的转移控制能量、光照条件。

（1）控制能量

地月转移入轨点高度设为 300km，设计 A_z 为 5000km 和 9000km 的 halo 轨道及其转移轨道，参数如表 10.8 所示。

表 10.8　不同幅值 halo 轨道对应的转移轨道控制参数

序号	飞行描述	控制参数 A_z		
		$A_z=5000$km	$A_z=9000$km	$A_z=13000$km
1	地月转移入轨速度增量/(m/s)	3033.7	3024	3120.2
2	地月转移飞行时间/d	5.6	5.5	4.7
3	向 L_2 点转移飞行时间/d	22.4	23.6	19.2
4	近月减速控制量/(m/s)	244.2	189.7	197.3
5	近月减速后控制量/(m/s)	0.006	32.3	73.1
6	总控制量/(m/s)	244.206	222	270.4
7	近月点后控制次数	1	1	3

表 10.8 的转移轨道为基于 halo 轨道特定流形的设计结果。例如，A_z 为 5000km 的 halo 轨道的总速度增量可进一步优化至小于 210m/s。在高精度力模型下，初步设计结果表明 A_z 为 9000km 的 halo 轨道的总速度增量约 236m/s，相对于标称轨道可节省约 34m/s。

同时可见，小幅值 halo 轨道的不变流形容易到达月球并在控制后到达地球附近，即近月点后几乎不需要能量即可完成 halo 轨道捕获入轨，9000km 以上的大幅值 halo 轨道则难以得到类似转移轨道，往往需要增加控制次数和能量，且 halo 轨道捕获入轨控制能量较大，该结论与已有研究一致[5-7,14-15,20-21]。

（2）光照条件

分析使命轨道幅值与光照条件的关系。为了与标称轨道对比，使命轨道的入轨时刻与标称轨道完全相同，分析 1 年内的地球和月球阴影时段。结果表明，A_z 为5000km 的halo轨道总阴影时长为22.64h，共计8个连续阴影时段，时长为1.23～6.32h，包括 1 个 1.6h 的地球本影和 1 个 6.32h 的月球本影；A_z 为 9000km 的 halo 轨道总阴影时长为 11.09h，共计 5 个连续阴影时段，时长为 1.31～4.76h，包括 1 个 1.31h 的地球本影。综合标称轨道对比，A_z 为 9000km 的 halo 轨道的光照条件更优。

此外，结合光照条件分析，A_z 为 9000km 的 halo 轨道的地心、月心、中继星和着陆器之间的夹角、中继星对月面着陆区的距离和覆盖时间均满足设计约束。

4. 使命轨道相位调整

考虑到不确定因素，为了增加控制方案的灵活性，分析使命轨道相位调整对控制能量的影响。在幅值不变的约束下，可以通过直接瞄准特定相位，利用两点边值问题求解轨道机动控制量，借助两次轨道机动实现轨道相位调整，也可以借

助地月 L_1 点和 L_2 点轨道之间的同宿/异宿连接实现[22]。其中，前者调整时间较短，工程实现简单，因而这里采用该方法。

基于 10.2.3 小节的时间相位角，分析标称轨道的使命轨道相位调整-50°～+50°所需的速度增量，给出速度增量和调相所需时间，如图 10.12 所示。

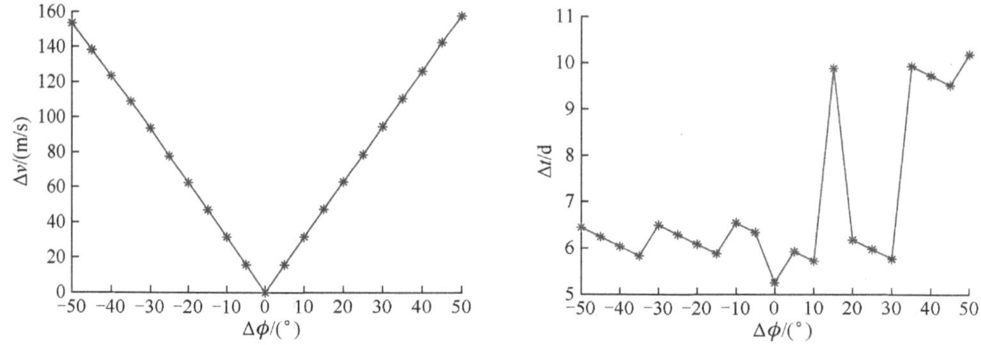

（a）速度增量与调整相位关系　　（b）调相所需时间与调整相位关系

图 10.12　使命轨道相位调整所需速度增量和飞行时间

由图 10.12 可见，使命轨道调相-50°～50°所需的速度增量为 0～158 m/s，曲线对称性说明速度增量仅与相位角大小有关，这符合定性分析结论。使命轨道调相所需时间为 5.3～10.2d，优于 1 个轨道周期。

由于相位调整所需速度增量与初始位置有关系，因此给出使命轨道相位调整的最优位置，如图 10.13 所示，可见最优位置分布在特定轨道段，且关于 *xz* 平面对称。

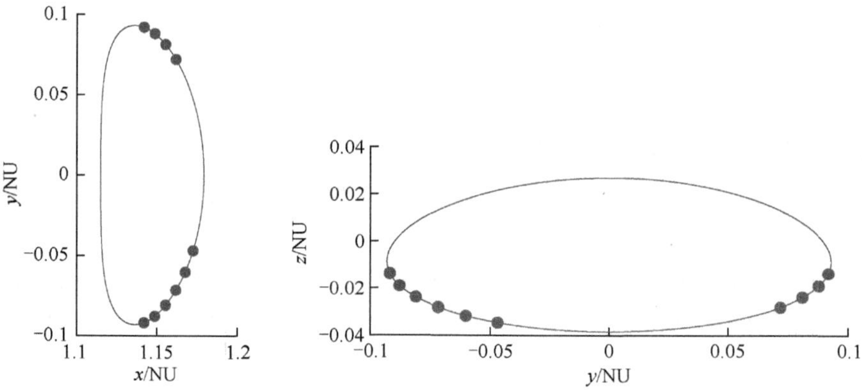

（a）*xy*平面投影　　（b）*yz*平面投影

图 10.13　使命轨道相位调整的最优位置

10.3　Lissajous 使命轨道

作为地月平动点中继通信轨道，Lissajous 轨道的主要缺点在于月掩，若该问题可以规避或发生在非任务时段，其也不失为一种可行方案。本节设计地月 L_2 点 Lissajous 使命轨道，分析 10.1.2 节的设计约束满足情况，包括测控条件、中继覆盖、中继星光照条件、轨道维持频率及速度增量、着陆点对中继星的指向条件等。

10.3.1　轨道设计

为了与 halo 使命轨道对比，基于 2018 年 5 月 20 日发射窗口和相应地月转移轨道，控制中继星进入地月 L_2 点 Lissajous 轨道飞行 1 年，使命轨道如图 10.14 所示。

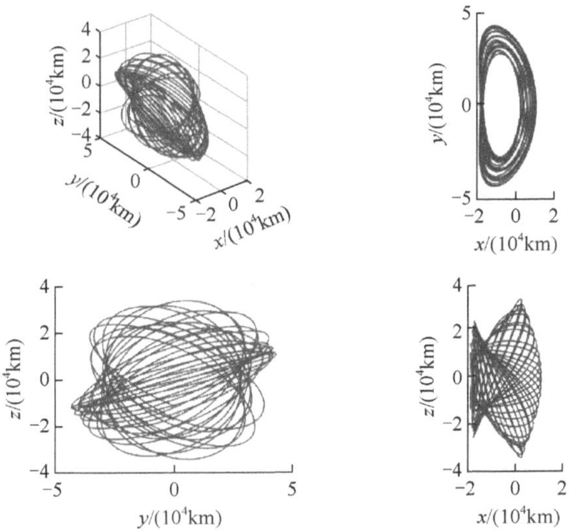

图 10.14　地月 L_2 点 Lissajous 使命轨道

由图 10.14 可见，Lissajous 使命轨道会在某些特定时段被月球遮挡，但是受遮挡的弧段占比几乎可以忽略，实际任务实施时避开这些有限时段即可，或者适当调相解决月球遮挡问题，类似于 DSCOVR 任务中避免日凌的轨道维持问题[23]。

10.3.2　轨道方案分析

1. 转移轨道

Lissajous 使命轨道的地月转移轨道与 halo 使命轨道完全相同，因而测控和光照等条件不变。此外，由近月点至 L_2 点转移过程无阴影，且无须转移控制，由此节省速度增量约 73.2m/s。

2. 中继覆盖

分析主/备着陆点当地太阳高度角大于 5° 时，着陆器/巡视器相对月面 5° 和 15° 仰角的中继星可见时间所占比例。

首先，L_2 点使命轨道期间，当地太阳高度角大于 5° 时，主/备着陆点的光照时间比例分别为 46.34%和 46.56%。其次，主着陆点相对月面 5° 和 15° 仰角的中继星可见时间比例分别为 100%和 94.93%，备着陆点则分别为 99.14%和 88.28%。因此，着陆点 5° 仰角的中继星可见情况较优，且月面仰角对备着陆点的影响大于主着陆点。最后，月面仰角对主/备着陆点的中继星连续覆盖时间存在一定影响，月面仰角较大时，连续覆盖时间变化较大，5° 仰角的平均连续覆盖时间分别约 13.58d 和 12.41d，15° 仰角的平均连续覆盖时间分别约 11.03d 和 10.98d。

此外，主/备着陆点对中继星平均连续不可见时间段为 14.28～16.28d，连续不可见时间段的变化范围为 0.48～19.19d。

3. 光照条件

进入使命轨道前，地月转移段和由月球至 L_2 点使命轨道的转移段均为全光照。L_2 点使命轨道期间存在 4 段连续阴影，总计 7.6h，阴影时长为 1.44～2.55h，包括 1 个 2.16h 的地球本影。与原 halo 轨道相比，其光照情况较优，且本影时间明显较低。

4. 使命轨道维持

采用 5.3 节 Lissajous 方式的连续环绕控制法维持使命轨道，维持间隔为半圈，轨道预报精度与控制误差均与 halo 轨道相同。采用蒙特卡洛仿真分析 1 年的维持控制情况，各次控制速度增量 ΔV_i 和总速度增量 ΔV 的最大值、平均值和最小值如表 10.9 所示，各次控制速度增量最大值基本优于 1.5m/s，平均值基本优于 0.5m/s，维持 1 年的总速度增量优于 18m/s。

表 10.9　L_2 点 Lissajous 使命轨道的维持速度增量

参数	最小值	最大值	平均值	标准差
ΔV_i /(m/s)	0.013	3.386	0.299	0.158
ΔV /(m/s)	13.988	17.929	15.778	0.933

此外，维持间隔为 6.6～8d，平均为 7.35d，这与 5.5 节相关结论大致相同，维持后的 Lissajous 轨道与设计轨道形状基本相同。与 halo 轨道相比，轨道维持能量略有增加，每年总能量增加约 5m/s，维持控制频率基本相当。

5. 指向约束

Lissajous 使命轨道对主/备着陆点的地心、中继星和着陆器夹角变化基本相同，分别为 0.49°～35.15° 和 0.33°～35.27°，且绝大多数时间小于 35°，基本满足设计约束。由月球至 L_2 点使命轨道段的中继星、地心和月心夹角为 0.22°～5.36°，与 halo 轨道完全相同，绝大部分时间大于 0.8°，仅在近月点后几小时内小于 0.8°；使命轨道段中继星、地心和月心夹角为 0.07°～5.68°，且大部分大于 1°，1 年时间内仅 11 个时段小于 1°，持续时间为 11.43～22.88h，累积时间约 7.47d，可通过合理选择使命轨道相位，以确保在动力下降时段避开这些时段。

10.4　中继星任务实施

本节主要从轨道角度介绍 CE-4 中继星任务各飞行阶段的控制实施情况，包括控制参数和控制实施效果等。

10.4.1　标称飞行过程

CE-4 中继星飞行过程分为 5 个阶段：发射段、地月转移段、月球至 L_2 点转移段、L_2 点捕获段和使命轨道段，如彩图 11 所示。

1）发射段是指从发射到星箭分离前，中继星由 CZ-4C 火箭直接送入近地点约 200km、远地点约 400000km、倾角 28.5° 的地月转移轨道。

2）地月转移段是指星箭分离到近月减速控制前，飞行时间约 112h，最终到达高度约 100km、倾角约 15° 的近月点。

3）月球至 L_2 点转移段是指从近月减速控制到地月 L_2 点附近，即首次到达 L_2 点外侧的地月连线位置，飞行时间 3～4d。

4）L_2 点捕获段是从月球至 L_2 点转移段终点到形成拟 halo 轨道，期间规划了 3 次捕获控制和 3 次捕获后修正控制。

5）使命轨道段是从 L_2 点捕获段结束后，中继星进入 A_z 约 1.3 万 km 的南族 halo 使命轨道，开展预期 3 年的中继通信工作。

10.4.2　转移飞行过程

2018 年 5 月 21 日 05:28:49.970（下文均为北京时间），CZ-4C 火箭携带 CE-4 中继星、微卫星 A/B 从西昌卫星发射中心起飞，约 25min 后星箭分离，中继星进入近地点高度约 203km、远地点高度约 388650km、倾角约 28.5° 的预定轨道。

地月转移过程中规划了 3 次中途修正，在 5 月 21 日 22:54:10.77 实施了唯一的中途修正控制，将预定近月点时刻提前约 15min，总速度增量约 3.13m/s。轨控标定结果表明达到了预期控制目的，中继星将交会月球。

5 月 25 日 21:32:10，实施近月减速控制，速度增量 203.2m/s，轨控结束后转入对日定向模式，正常建立对日三轴稳定姿态。轨控标定结果表明，中继星进入月球至地月 L_2 点转移轨道段，且后续光照和测控条件满足控制要求。

近月减速控制后，中继星进入月球至 L_2 点转移段。根据计算得到第 4 次中途修正轨控速度增量为 0.186m/s，符合中途修正取消策略，因而取消该次中途修正。

5 月 27 日 21:46:10，实施第 5 次中途修正控制，速度增量 0.35m/s，轨控结束后转入对日定向模式，正常建立对日三轴稳定姿态。

L_2 点第 1 次捕获轨控及其预定控后修正均不满足实施准则，因而均未实施。

6 月 8 日 8 时，实施地月 L_2 点第 2 次捕获控制，速度增量 0.99m/s。该次控制后，预定对该次控制进行修正的轨道控制不满足实施判据，因而未实施。

6 月 14 日 11 时，实施地月 L_2 点第 3 次捕获控制，速度增量 65.14m/s，控制结束后中继星顺利进入地月 L_2 点拟 halo 轨道。此后，预定对该次控制进行修正的控制不满足实施判据，因而未实施。

10.4.3 使命轨道维持

采用 5.3 节基于 Lissajous 方式的连续环绕轨道控制法维持中继星使命轨道。由于使命轨道维持控制次数较多，下面仅介绍 CE-4 任务期间的 4 次轨道维持，具体如表 10.10 所示，其中控制偏差为利用控后精密定轨结果评估的控制速度偏差。评估结果表明轨道维持控制均达到预期效果，如图 10.15 所示，图中从左至右、由上至下分别对应表 10.10 中的 1～4 次维持控制。

表 10.10 CE-4 任务期间的中继星使命轨道维持参数

轨道维持次数	轨控时刻/BJT	任务时间	速度增量/(m/s)
1	2018-12-07 10:30:00	发射前 1d	0.123
2	2018-12-13 17:00:00	近月减速后 1d	0.297
3	2018-12-31 08:10:00	动力下降前 3d	0.321
4	2019-01-08 14:30:00	巡视器午休	0.178

受摄动力影响，卫星动量轮角动量逐渐累积，最终会达到饱和状态，必须定期进行卸载。以 CE-4 任务期间为例，中继星保持对月指向姿态，动量轮角动量累积较快，其间共实施 11 次动量轮卸载，均为动量轮尚未饱和时地面发令实施的主动卸载，其中 3 次为调姿卸载、8 次为非调姿卸载，卸载时长范围为 14～87.8s，速度增量为 0.003～0.028m/s。由于动量轮卸载会产生较小的轨道扰动，因此可以在中继星轨道维持时加以利用，通过姿轨耦合控制方式实现控制能耗的节省和轨道维持控制间隔的有效延长。

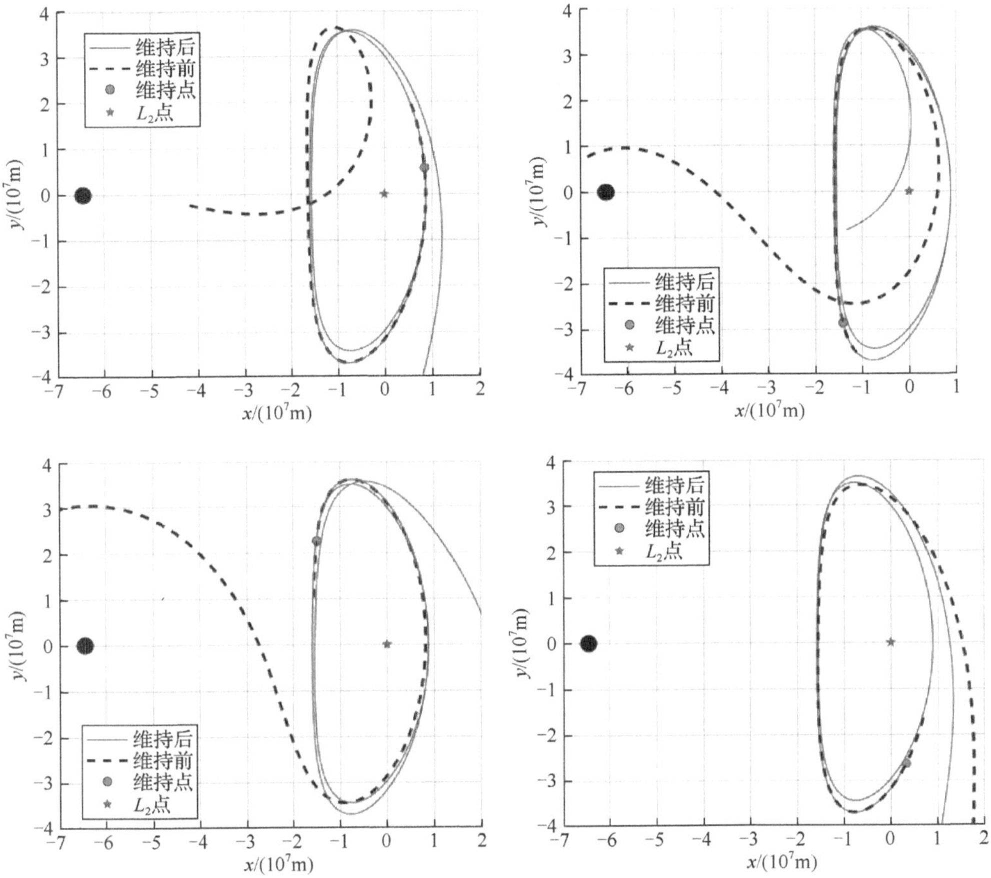

图 10.15　CE-4 任务期间中继星轨道维持控制效果

截至 2021 年 6 月，鹊桥中继星达到预定的 3 年设计寿命，飞行状态良好，目前已经超期服役 3 年，后续服务期限有望进一步延长。

参考文献

[1] 吴伟仁，王琼，唐玉华，等. “嫦娥 4 号”月球背面软着陆任务设计[J]. 深空探测学报，2017，4（2）：111-117.

[2] 吴伟仁，于登云，王赤，等. 嫦娥四号工程的技术突破与科学进展[J]. 中国科学（信息科学），2020，50（12）：1783-1797.

[3] WANG Q, LIU J. A Chang'E-4 mission concept and vision of future Chinese lunar exploration activities[J]. Acta Astronautica, 2016(127): 678-683.

[4] 刘磊，胡松杰，唐歌实，等. 月球中继通信与导航的研究进展与建议[C]. 第十届深空探测学术年会，太原，2013.

[5] 张景瑞，曾豪，李明涛. 不同月球借力约束下的地月 halo 轨道转移轨道设计[J]. 宇航学报，2016，37（2）：159-168.

[6] ZENG H, ZHANG J R. Design of impulsive Earth-Moon halo transfers: Lunar proximity and direct options[J]. Astrophysics & Space Science, 2016, 361(10): 1-17.

[7] 孙超，唐玉华，李翔宇，等. 地-月 L2 点中继星月球近旁转移轨道设计[J]. 深空探测学报，2017，4（3）：264-269.

[8] FARQUHAR R W. Lunar communications with libration-point satellites[J]. Journal of Spacecraft & Rockets, 1967, 4(10):1383-1384.

[9] FARQUHAR R, MUHONEN D, RICHARDSON D. Mission design for a halo orbiter of the Earth[J]. Journal of Spacecraft & Rockets, 1976, (14):170-177.

[10] HIDAY-JOHNSTON L A, HOWELL K C. Impulsive time-free transfers between halo orbits[J]. Celestial Mechanics & Dynamical Astronomy, 1996, 64(4):281-303.

[11] PARKER J S，BORN G H. Direct Lunar halo orbit transfers[J]. The Journal of the Astronautical Sciences, 2008, 56(4):441-476.

[12] HECHLER M. Launch Windows for libration point missions[J]. Acta Astronautica, 2009, 64(2-3):139-151.

[13] PARKER J S. Families of low-energy Lunar halo transfers[J]. Advances in the Astronautical Sciences, 2006(124):1-20.

[14] GORDON D. Transfers to Earth-Moon L2 halo orbits using Lunar proximity and invariant manifolds[D]. West Lafayette: Purdue University, 2008.

[15] 李明涛. 共线平动点任务节能轨道设计与优化[D]. 北京：中国科学院研究生院，2010.

[16] 高珊，周文艳，梁伟光，等. 地月拉格朗日 L2 点中继星轨道分析与设计[J]. 深空探测学报，2017，4（2）：122-129.

[17] 高珊，周文艳，张磊，等. 嫦娥四号中继星任务轨道设计与实践[J]. 中国科学：技术科学，2019，49（2）：156-165.

[18] LIU L, ZHAI H, GAO C. Optimization of transfer trajectory to lunar L2 libration point via a lunar swing-by[C]//Global Space Exploration Conference (GLEX 2021), St Petersburg, Russian Federation, 2021.

[19] LIU L, HU C Y, DUAN X, et al. Phasing control of relay satellite around Earth-Moon libration point[C]//Global Space Exploration Conference (GLEX 2021), St Petersburg, Russian Federation, 2021.

[20] LI M T, ZHENG J H. Impulsive lunar Halo transfers using the stable manifolds and lunar flybys[J]//Acta Astronautica, 2010(66): 1481-1492.

[21] RENK F, HECHLER M, MESSERSCHMID E. Exploration mission in the Sun-Earth-Moon system: A detailed view on selected transfer problems[J]. Acta Astronautica, 2010(67): 82-96.

[22] CHEN H, MENG Y, MA J. Phasing trajectories for a CubeSat Lunar far-side positioning mission[C]//Workshop on JAXA Astrodynamics and Flight Mechanics, Sagamihara, Japan, 2016.

[23] ROBERTS C, CASE S, REAGOSO J. Lissajous Orbit control for the deep space climate observatory Sun-Earth L1 libration point mission[C]//AIAA/AAS Astrodynamics Specialist Conference, Vail, CO., USA, August 9-13, 2015.

第 11 章　地月平动点任务处置轨道设计

如第 1 章所述，受动力学特性影响，平动点探测器在无控条件下不会长期稳定在平动点附近，其优点是不会给平动点区域造成空间垃圾；缺点是混沌运动特性可能造成探测器返回地球附近，威胁地球卫星安全，更为严重的是，若再入地球大气层，且未被大气层彻底烧毁而坠落在人口密集区域，将造成灾难性后果。近年来国际上开始关注该问题，不过多集中于日地平动点任务末期处置。相对而言，地月平动点探测器到达地球的时间更短，因而威胁更大，我国正运行于地月 L_2 点轨道的鹊桥中继星，后续或将面临该问题。为此，本章以鹊桥中继星为背景，介绍地月平动点任务的末期处置，借鉴相关研究[1-6]，给出返回地球、返回月球和星际空间等处置方案，相应的轨道设计与控制方法参见第 4 章，本章直接给出初步设计轨道。

11.1　返回地球处置轨道

在平动点任务末期的探测器状态良好、推进剂充足的条件下，可考虑返回地球处置方案，即控制平动点探测器返回地球，再入大气层后实现对探测器或重要载荷的回收，这对空间科学探测应用的平动点任务非常重要。

地月平动点任务末期返回地球处置，主要包括返回再入点选择和返回轨道设计。根据鹊桥中继星任务原定规划，在 2021 年 6 月进行返回地球处置。中继星任务末期轨道如表 11.1 所示，后续处置方案均采用该轨道且从轨道历元时刻开始控制。

表 11.1　中继星任务末期轨道（地心 J2000.0）

轨道历元/UTC	x/km	y/km	z/km	$\dot{x}$/(m/s)	$\dot{y}$/(m/s)	$\dot{z}$/(m/s)
2021-06-25 00:00:00	47956	−379816	−200255	1107	124	−49

11.1.1　返回再入区域选择

考虑到地球表面人口和城市的分布，返回再入区域应尽量避开陆地，首选海洋或两极，基于降落区域的人口密度，事故概率应小于 10^{-4}，选择如下 5 个着陆区域[3]：

1）南极区域：纬度 60°～90°。

2）北极区域：纬度 70°～90°。

3）南北太平洋区域，其中夏威夷群岛（157.7964°W，21.3114°N）、萨摩亚群岛（172.0428°W，13.7745°S）和法属波利尼西亚群岛（149.5667°W，17.5333°S）附近的着陆区域 5～40m²。

4）南北大西洋。

5）印度洋。

11.1.2　返回轨道设计

由地月 L_2 点轨道返回地球，可基于第 4 章流形轨道设计方法，控制卫星经由日地平动点附近返回[7-26]，其缺点是飞行时间较长。为了节省时间，可以经由月球和地月 L_1 点附近返回地球，即首先控制中继星由地月 L_2 点转移到地月 L_1 点附近，然后再次控制使之返回地球。作为初步方案，暂不考虑探测器再入大气层过程的轨道控制。

基于 11.1.1 小节的再入返回安全区域分析，分别选择太平洋、印度洋和大西洋作为中继星再入返回着陆区域，对应的转移轨道依次如图 11.1～图 11.3 所示。

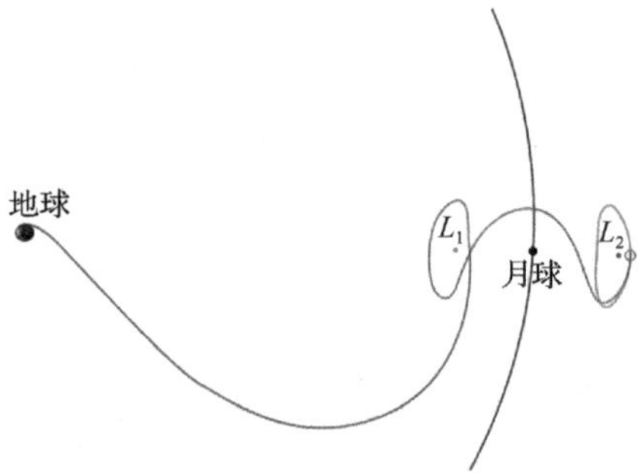

图 11.1　再入返回太平洋的转移轨道

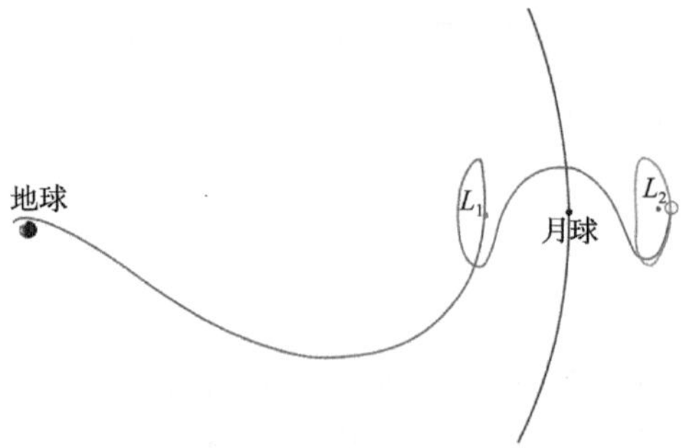

图 11.2　再入返回印度洋的转移轨道

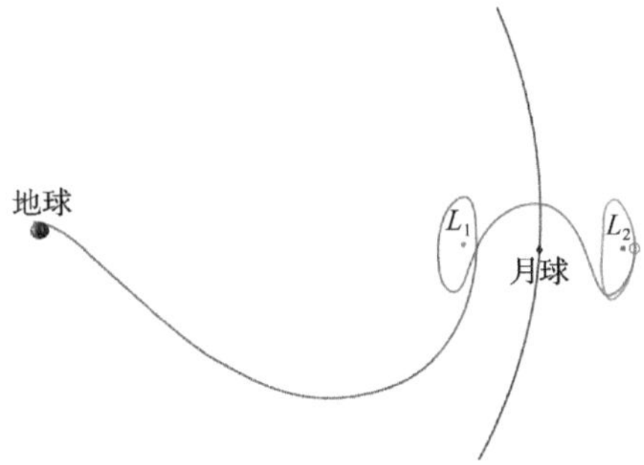

图 11.3　再入返回大西洋的转移轨道

以上方案的第 1 次控制时刻即表 11.1 中的轨道历元，飞行参数如表 11.2 所示。

表 11.2　中继星再入返回地球方案飞行参数

序号	参数项	参数值		
1	控制 1 速度增量/(m/s)	3.01	3.03	3.01
2	控制 2 时刻/UTC	2021-07-17 05:02:12.637	2021-07-14 14:51:00.209	2021-07-17 05:02:12.637
3	控制 2 速度增量/(m/s)	606.99	701.12	584.844
4	到达着陆点时刻/UTC	2021-07-21 15:25:01.512	2021-07-18 23:54:37.689	2021-07-21 07:23:40.821
5	飞行时间/h	639.4	575.9	631.4
6	着陆点地理经度/(°)	150 W	59.8 E	30 W
7	着陆点地理纬度/(°)	6.59 N	5.88 S	6.48 N
8	再入着陆速度/(m/s)	10629	10645	10631
9	着陆点区域	太平洋	印度洋	大西洋

由表 11.2 可见，相对于经由日地平动点轨道返回方式，该方式的飞行时间较短，最长飞行时间约 639h；缺点为控制速度增量较大，为 588～704m/s，明显超出中继星剩余推进剂可以提供的最大速度增量。为了减少推进剂消耗，可以放宽对控制时刻和飞行时间的约束，研究相应的低能量返回方案。同时可见，虽然着陆点区域不同，但是 3 个方案的着陆点纬度基本相同，均在赤道附近，再入着陆速度也基本相同，均约为 10.6km/s。

11.2　返回月球处置轨道

与距离较远的地球相比，月球明显是中继星较好的处置目的地，且借助地月 L_2 点使命轨道的流形可以较低能量到达月球。本节给出中继星返回月球的处置方案，即控制任务末期的中继星返回月球，包括形成环月轨道和直接撞击月球。

11.2.1　返回环月轨道

由第 4 章平动点转移轨道设计可知，地月 L_2 使命轨道存在可以直接到达月球的不变流形，因此可以借助这些不稳定流形返回月球并进入环月轨道。

设计中继星由使命轨道返回月球的转移轨道，返回月球后进入 200km 高的环月极圆轨道，初步设计结果如图 11.4 所示，轨道参数如表 11.3 所示。

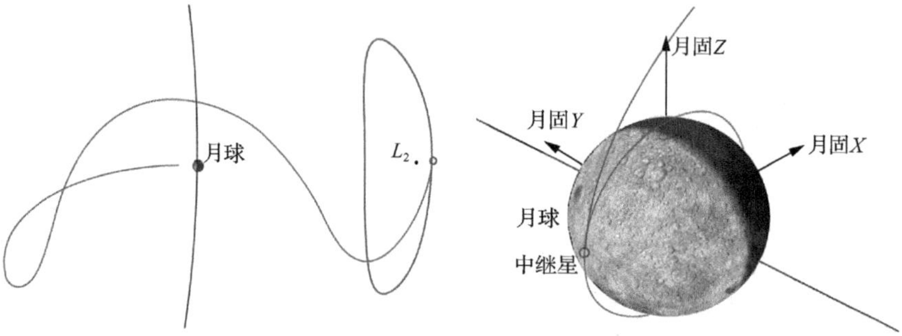

图 11.4　中继星返回环月轨道方案初步设计结果

表 11.3　中继星返回环月轨道方案轨道参数

序号	参数项	参数值
1	返回控制速度增量/(m/s)	55.9
2	近月点时刻/UTC	2021-07-08 22:49:30.253
3	近月点控制速度增量/(m/s)	611.2
4	近月点月理经度/(°)	178.066 W
5	近月点月理纬度/(°)	7.889 N
6	飞行时间/h	334.825
7	环月轨道倾角/(°)	90

由表 11.3 可见，中继星返回月球的飞行时间约为 335h，近月制动后进入月球极圆轨道。该方案限定了返回控制时刻，因而返回控制速度增量较大，若放宽对控制时刻和飞行时间的约束，可以进一步降低控制能量。

11.2.2　返回撞击月球

为了节省返回环月轨道所需的近月制动速度增量，可以控制中继星返回撞击月球，以彻底终结中继星寿命。月面撞击点选择应充分考虑对月球环境的保护，尤其是对以往人类探测遗迹的保护，如阿波罗月面着陆点和巡视区域、苏联月球车着陆点和巡视区域、我国月面着陆点和巡视区域、以往探测器的月面撞击点、月面反射镜等设施所在位置等。对此，NASA 建议应避免选择以往月面着陆点附近 2km 区域和以往撞击点附近 0.5km 区域作为撞击位置。

基于上述考虑，中继星的撞击位置可选择以下 4 个区域[3]，如图 11.5 所示。

1）月面北半球区域：40°～73°。

2）月面赤道以南区域：15°～32°。

3）月面南半球区域：43°～63°。

4）月球背面。

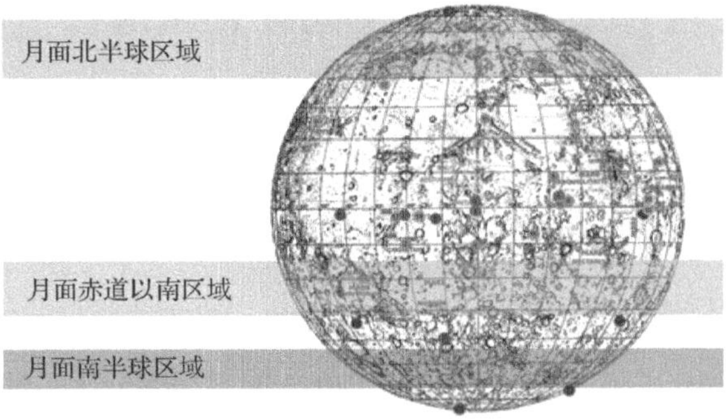

图 11.5　月面可撞击区域[3]

中继星撞击月球的转移轨道和撞击点位置如图 11.6 所示，轨道参数如表 11.4 所示。由表 11.4 可见，中继星返回月球的飞行时间约为 390h，尤其是返回控制速度增量仅为 1.6m/s，完全满足中继星剩余能量约束。同时，月面撞击点在月球背面区域，不会影响以往月球探测活动的遗迹。此外，撞击位置可根据任务需求进行调整，且不会对控制能量需求有较大影响。

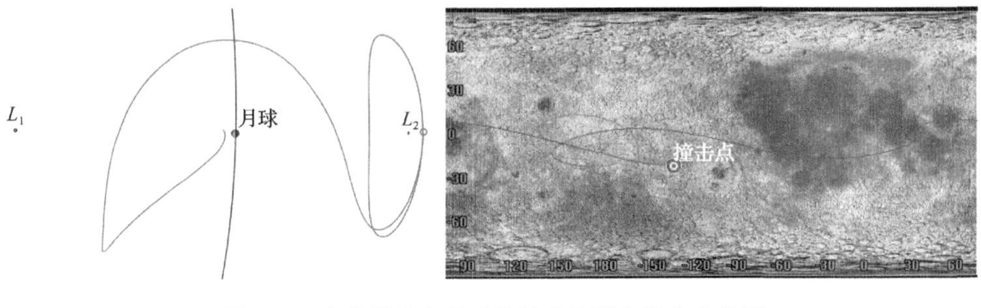

图 11.6　中继星撞击月球的转移轨道和撞击点位置

表 11.4 中继星返回撞击月球方案的轨道参数

序号	参数项	参数值
1	返回控制速度增量/(m/s)	1.6
2	撞击时刻/UTC	2021-07-11 06:40:31.246
3	撞击点月理经度/(°)	125.048 W
4	撞击点月理纬度/(°)	14.998 N
5	飞行时间/h	390.675

11.3 星际空间处置轨道

星际空间是深空探测器较好的处置地，本节介绍中继星任务末期的星际空间处置，即控制中继星从 L_2 点使命轨道进入星际空间，包括进入日心坟墓轨道或者开展小行星探测两种方案。

11.3.1 日心坟墓轨道

中继星任务末期若无理想拓展方案，可以考虑将之送入日心坟墓轨道，既可避免在失控状态下返回地球造成损害，还可以使卫星进入休眠状态，为将来应用提供潜在可能。在平动点轨道动力学特性作用下，仅利用较少能量即可控制中继星飞离地月 L_2 点使命轨道，进而飞离地月系，进入与地球公转周期接近的日心坟墓轨道。

设计中继星任务末期进入日心坟墓轨道的初步方案，中继星离开使命轨道阶段和相应的日心坟墓轨道如图 11.7 所示，图 11.7（b）对应时刻为 2050 年 1 月 1 日，轨道参数如表 11.5 所示，其中从安全角度分析截至 2050 年 1 月 1 日，中继星与地球的最近距离及其对应时刻。中继星日心坟墓轨道的地心距离变化如图 11.8 所示。

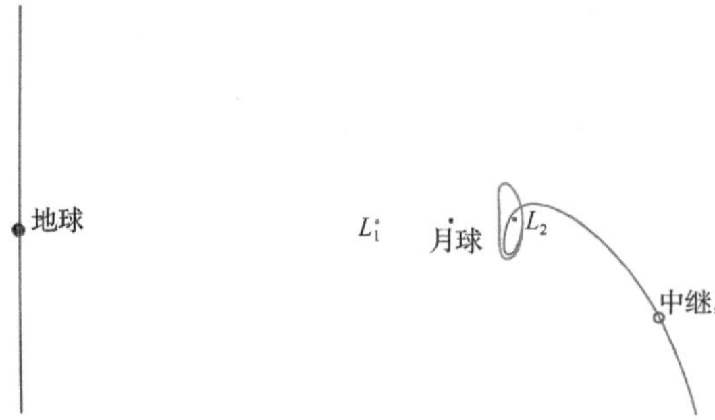

（a）离开地月 L_2 点使命轨道

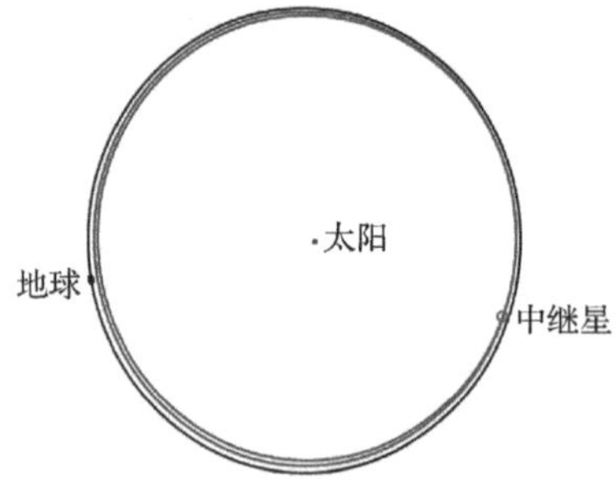

（b）日心坟墓轨道

图 11.7 中继星日心坟墓轨道处置方案

表 11.5　中继星日心坟墓轨道参数

序号	参数项	参数值
1	控制速度增量/(m/s)	20
2	坟墓轨道半长轴/AU	1.087774
3	坟墓轨道偏心率	0.062962
4	坟墓轨道倾角/(°)	0.179162
5	安全距离分析时间终点/UTC	2050-01-01 00:00:00.000
6	分析时间内距地最近时刻/UTC	2040-10-30 16:27:27.297
7	分析时间内距地最近距离/km	3028490

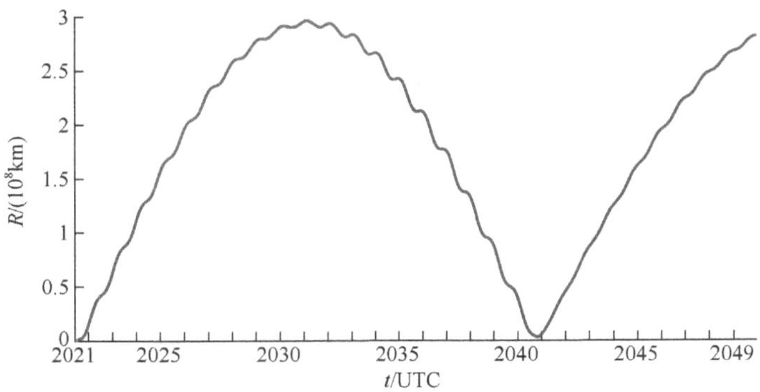

图 11.8　中继星日心坟墓轨道的地心距离变化

由图 11.8 可见，中继星在日心坟墓轨道上与地球的会合周期约为 19.3 年，30 年内的地心距变化范围为 3.0×10^{6}～3.0×10^{8}km，正常情况下不会返回地球。

11.3.2　小行星探测

除日心坟墓轨道外，还可以考虑利用中继星开展小行星探测，以最大限度地发挥卫星剩余价值。该方案的设计过程与第 7 章 CE-2 飞越探测 4179 小行星任务基本相同，主要包括小行星筛选和交会轨道设计等。

1. 小行星筛选

受限于能量和测控能力等约束，小行星筛选的首要条件为小行星与地球的最近距离；同时为了减小计算量，首先基于近日距和远日距筛选出地球轨道附近的小行星，用于精确计算交会轨道。由国际天文联合会下属的小行星中心获取更新后的小行星数据，选取近日距 R_p 不大于 1.2AU 的 1989 个小行星作为初选目标，远日距 R_a 为 0.80～5.74AU，如图 11.9 所示。

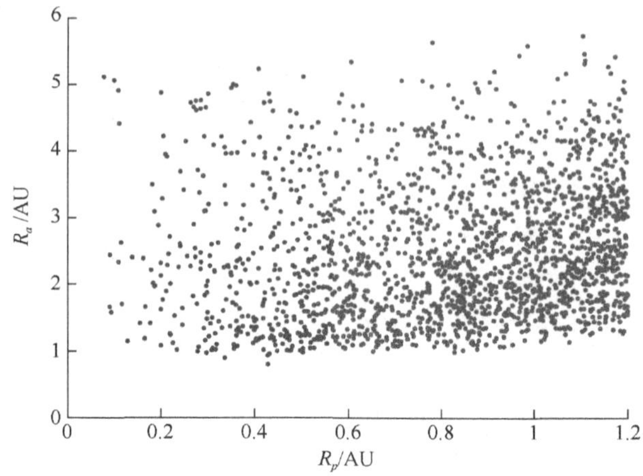

图 11.9　小行星初选目标的近日距和远日距

2. 交会轨道设计

基于 11.3.1 小节日心坟墓轨道处置方案，以小行星进入日心坟墓轨道时刻即 2021 年 9 月 23 日 22:30 为起点，该时刻中继星在日地 L_1 点附近，如图 11.10（a）所示。限定小行星探测任务为 2 年，即小行星交会时间范围在 2021 年 9 月 23 日 22:30～2023 年 9 月 23 日 22:30，采用高精度力模型计算中继星与小行星初选目标的最近距离，如图 11.10（b）所示，其中纵坐标为小行星与中继星的最近距离，横坐标为最近距离的时刻。

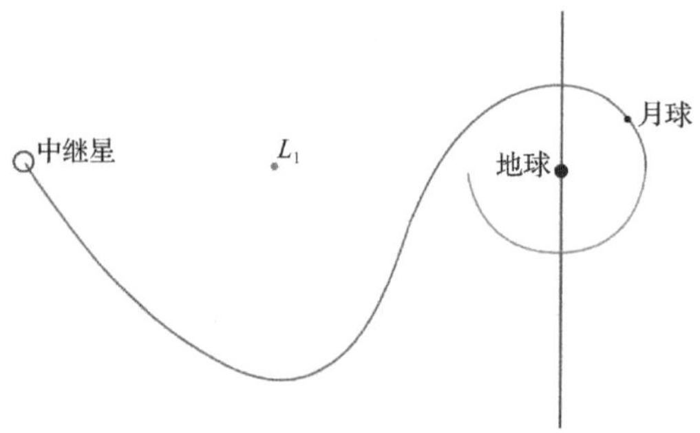

（a）中继星探测小行星的初始状态

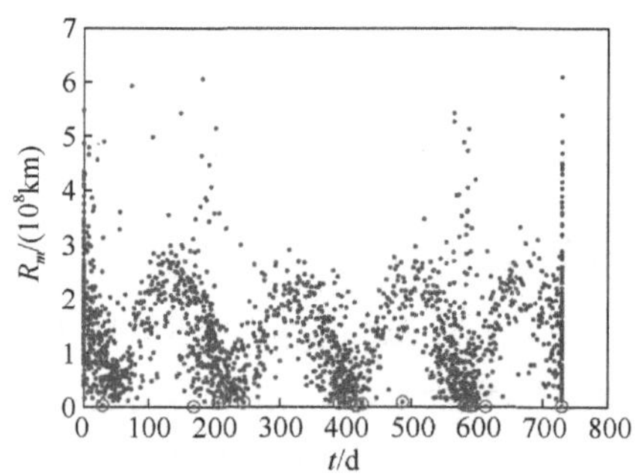

（b）小行星初选目标与中继星最近距离

图 11.10　中继星探测小行星的初步方案

分析结果表明，有 87 颗小行星与中继星最近距离小于 2000 万 km，19 颗小行星与中继星最近距离小于 1000 万 km，计算交会这些小行星需要的速度增量，其中小于 510m/s 的情况如表 11.6 所示，交会 475713 小行星的初步轨道方案如图 11.11 所示。

表 11.6　交会所需速度增量较小的小行星

序号	编号	绝对星等	相对星等	初始最近距离/km	初始最近时刻/UTC	速度增量/(m/s)
1	448188	18.90	0.15	1205972	2023-5-30 21:30	338.8
2	475713	19.90	0.15	1589441	2022-3-12 5:30	257.5
3	515299	18.00	0.15	1824388	2023-5-7 14:30	319.0
4	466213	20.30	0.15	2459155	2022-11-14 12:30	505.6
5	4660	18.20	0.15	2635186	2023-9-23 22:30	438.3

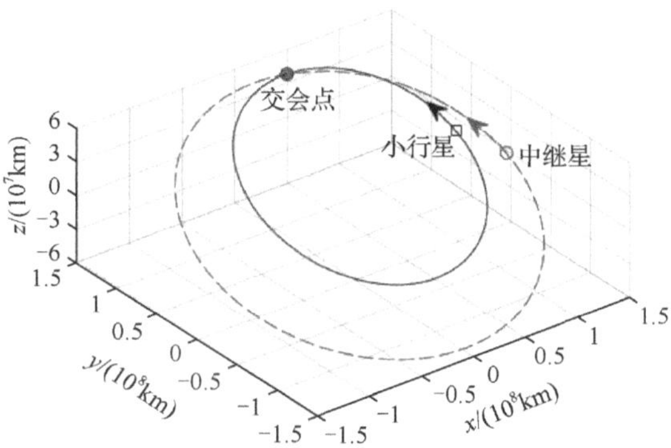

图 11.11　中继星交会 475713 小行星的初步轨道方案

由于该方案限定了中继星的初始状态，即由日心坟墓轨道出发，因此交会所需速度增量较大。为了降低速度增量，可以直接从使命轨道出发并借助流形进行转移，后续可根据实际状态和任务需求开展相关工作。

11.4　处置轨道比较

对比 11.1～11.3 节中不同处置方案的处置时间和能量，结果如表 11.7 所示。由表 11.7 可见，从处置时间和能量看，返回撞击月球是较好的选择，但是该方式将直接终结中继星寿命。从延长中继星寿命的角度来看，日心坟墓轨道是较好的处置选择。目前，鹊桥中继星运行于地月 L_2 点轨道已超过设计寿命，需尽早开展中继星任务末期处置方案研究，以确保任务结束后中继星的安全有效处置，在避免卫星失控等严重后果的同时，尽可能利用剩余资源实现更多有价值的探测目标。

表 11.7 中继星处置的初步方案比较

序号	处置方案	处置时间/d	处置能量/(m/s)
1	返回地球	24～26.6	588～704
2	返回环绕月球	13	667
3	返回撞击月球	16	1.6
4	日心坟墓轨道	>10950	20
5	小行星探测	>260	>257.5

此外，嫦娥系列拓展任务的成功实施经验表明，对于主任务明确且完成后仍有较大利用价值的深空探测器，在任务设计之初应兼顾相应的拓展和处置方案，这不仅有利于整体任务方案的规划与优化，还可以利用单个探测器探测多个高价值目标，从而实现对整体任务资源的最大利用。

参考文献

[1] ALESSI E M, COLOMBO C, LANDGRAF M. Re-entry disposal analysis for libration point orbit missions[C]//Proceedings of the 24th International Symposium on Space Flight Dynamics ISSFD 2014, 2014: 5-9.

[2] SOLDINI S, COLOMBO C, WALKER S J I, et al. Libration-Point Orbit missions disposal at the end-of-life through solar radiation pressure[C]//2nd International Academy of Astronautics Conference on Dynamics and Control of Space Systems(DYCOSS), Rome Italy, March 25-26. 2014.

[3] ARMELLIN R, DI LIZIA P, RASOTTO M, et al. Disposal strategies for spacecraft in lagrangian point orbits[C]//The 24th AAS/AIAA Space Flight Mechanics Meeting, 2014: 26-30.

[4] COLOMBO C, LEWIS H, LETIZIA F, et al. End-of-life disposal trajectories for libration point and highly elliptical orbit missions[C]//Proceedings of the 64th International Astronautical Congress, IAC-2013.A6.P.24, Beijing, China, 23-27 September, 2013.

[5] COLOMBO C, ALESSI E M, WEG W, et al. End-of-life disposal concepts for libration point orbit and highly elliptical orbit missions[J]. Acta Astronautica, 2015(110): 298-312.

[6] OLIKARA Z P, GÓMEZ G, MASDEMONT J J. Dynamic mechanisms for spacecraft disposal from Sun-Earth libration points[J]. Journal of Guidance, Control, and Dynamics, 2015, 38(10): 1976-1989.

[7] LO M W, WiLLIAMS B G, BOLLMAN W E, et al. Genesis mission design[C]//AIAA/AAS Astrodynamics Specialist Conference, Boston, Massachusetts, 1998.

[8] LO M W, ROSS S D. Low energy interplanetary transfers using invariant manifolds of L1, L2 and halo orbits[C]//AAS/AIAA Space Flight Mechanics Meeting, Monterey, California, 1998.

[9] KOON W S, LO M W, MARSDEN J E, et al. Constructing a low energy transfer between Jovian moons[C]//An International Conference on Celestial Mechanics, Evanston, IL, 1999.

[10] KOON W S, LO M W, ROSS S D, et al. The Genesis trajectory and heteroclinic connections[C]//AAS/AIAA Astrodynamics Specialist Conference, Girdwood, Alaska, 1999.

[11] KOON W S, LO M W, MARSDEN J E, et al. Heteroclinic connections between Lyapunov orbits and resonance transitions in celestial mechanics[J]. Chaos, 2000, 10(2):427-469.

[12] KOON W S, LO M W, MARSDEN J E, et al. Shoot the Moon[C]//AAS/AIAA Astrodynamics Conference,

Clear-Water, Florida, 2000.

[13] KOON W S, LO M W, MARSDEN J E, et al. Low energy transfer to the Moon[J]. Celestial Mechanics and Dynamical Astronomy, 2001(81): 63-73.

[14] KOON W S, LO M W, MARSDEN J E, et al. Resonance and capture of Jupiter comets[J]. Celestial Mechanics and Dynamical Astronomy, 2001(81):27-38.

[15] LO M W, ROSS S D. The lunar L1 gateway: Portal to the stars and beyond[C]//AIAA Aerospace 2001 Conference, Albuquerque New Mexico, 2001.

[16] LO M W, CHUNG M J. Lunar sample return via the interplanetary superhighway[C]//AIAA/AAS, Astrodynamics Specialist Conference and Exhibit, Monterey, California, 2002.

[17] LO M W. The interplanetary superhighway and the origins program[C]//IEEE Aerospace 2002 Conference, Big Sky, MT, 2002:3543-3562.

[18] ROSS S D, KOON W S, LO M W, et al. Design of a multi-moon orbiter[C]//13th AAS/AIAA Space Flight Mechanics Meeting, Ponce, Puerto Rico, 2003.

[19] LO M W, PARKER J S. Unstable resonant orbits near Earth and their applications in planetary missions[C]// AIAA/AAS Conference, Providence, RI, 2004.

[20] ROSS S D, KOON W S, LO M W, et al. Application of dynamical systems theory to a very low energy transfer[C]//14th AAS/AIAA Space Flight Mechanics Conference, Hawaii, 2004.

[21] PARKER J S, LO M W. Shoot the Moon 3D[C]// AIAA/AAS Conference, Number 383. Lake Tahoe, CA, 2005.

[22] LO M W, PARKER J S. Chaining simple periodic three-body orbits[C]//AIAA/AAS Conference, Number 380, Lake Tahoe, CA, 2005.

[23] GÓMEZ G, MASDEMONT J. Some zero cost transfers between libration point orbits[C]//AAS/AIAA Astrodynamics Specialist Conference, Florida, 2000.

[24] GÓMEZ G, KOON W S, LO M W, et al. Invariant manifolds, the spatial three-body problem and space mission design[J]. Advances in the Astronautical Sciences, 2001(109):3-22.

[25] GÓMEZ G, KOON W S, LO M W, et al. Invariant manifolds and material transport in the solar system[C]// AAS/AIAA Astrodynamics Specialist Conference, Quebec City, Canada, 2001.

[26] GÓMEZ G, KOON W S, LO M W, et al. Connecting orbits and invariant manifolds in the spatial restricted three-body problem[J]. Nonlinearity, 2004(17):1571-1606.

第 12 章　平动点轨道应用展望

作为空间动力系统中的典型问题，平动点轨道动力学理论研究已经持续了近 300 年，目前依然是广受关注的研究热点。从实际应用看，平动点轨道的首次空间任务距今不到 50 年，相关空间任务总数不到 20 项，平动点类型仅限于共线平动点 L_1 和 L_2，轨道类型也仅限于 Lissajous 和 halo。因此，无论从理论研究还是实际应用的角度，平动点轨道在空间任务领域都具有巨大的发展潜力。

本书从平动点轨道在我国空间任务中的应用角度，简要介绍了平动点轨道动力学基础，以及共线平动点 L_1 和 L_2 附近的 Lissajous、halo 和 Lyapunov 轨道，L_4 和 L_5 附近的短周期轨道。实际上，平动点附近还存在多种其他周期轨道族，如 Axial（轴向）、Vertical（垂直）、Butterfly（蝶形）、L_4/L_5 长周期轨道族，以及由平动点周期轨道分岔得到的周期轨道族。以地月空间为例，部分典型周期轨道族如图 12.1 所示。

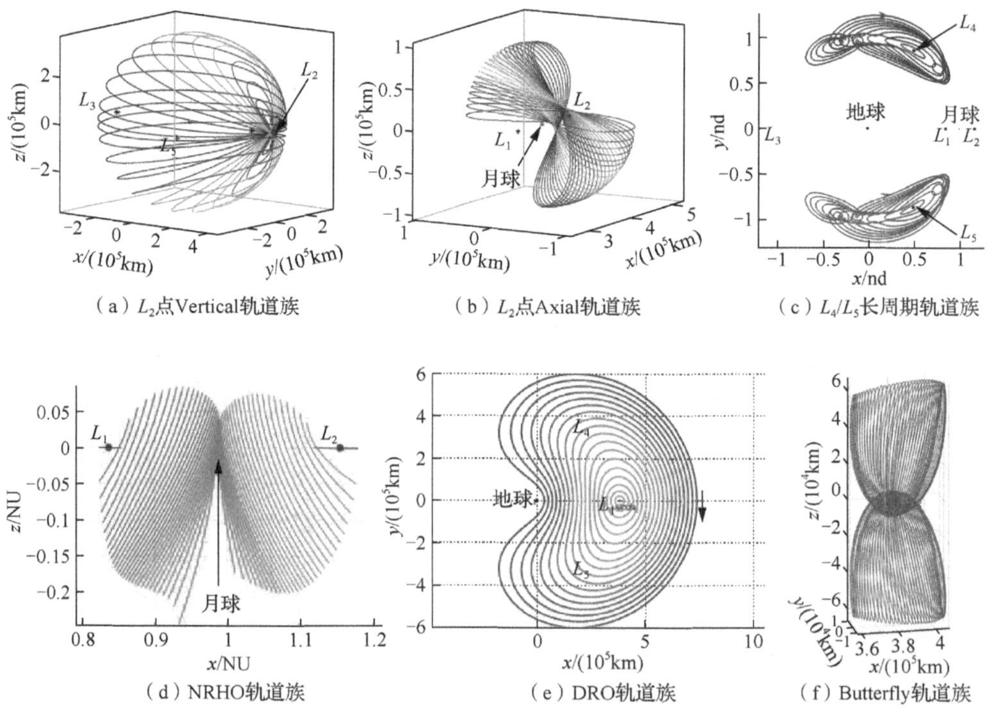

图 12.1　地月空间部分典型周期轨道族[1-3]

此外，三体动力学空间存在大量共振轨道。以地月空间为例，这些共振轨道在地月空间内穿梭巡游，周期性地接近地球和月球，如图 12.2 所示。

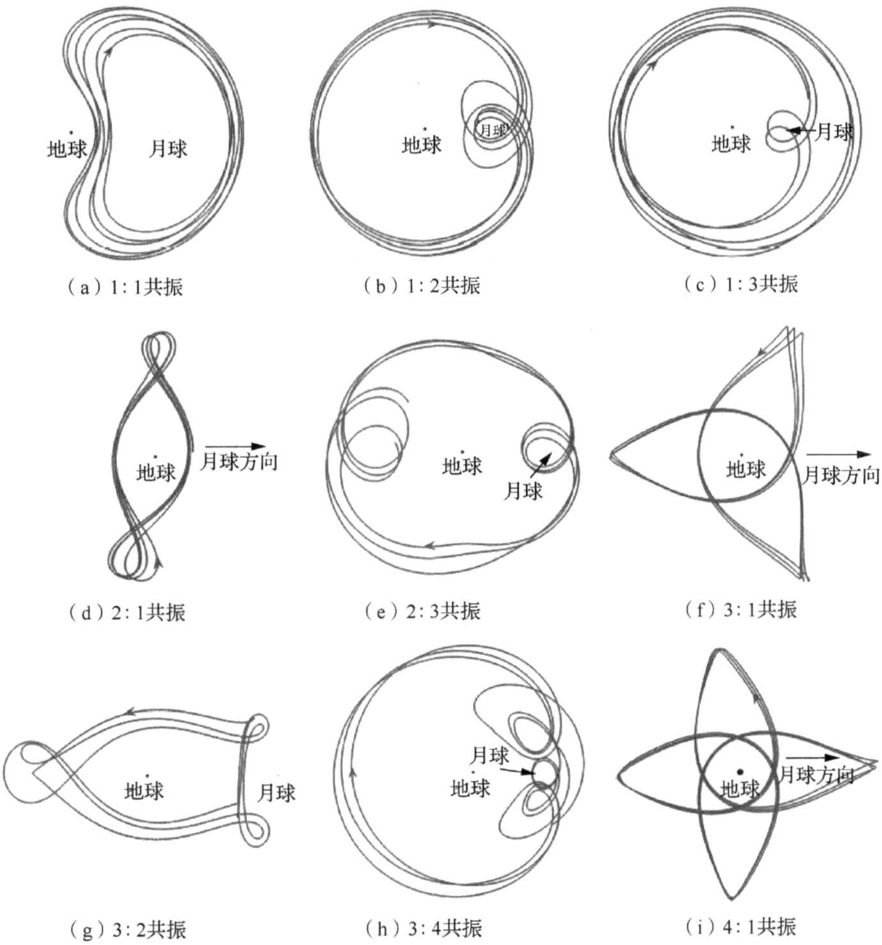

（a）1∶1共振　（b）1∶2共振　（c）1∶3共振

（d）2∶1共振　（e）2∶3共振　（f）3∶1共振

（g）3∶2共振　（h）3∶4共振　（i）4∶1共振

图 12.2　地月空间部分共振轨道[4]

随着计算手段和条件的发展，新发现的三体动力学空间周期轨道层出不穷，这些数量庞大、种类繁多的周期轨道以平动点为联结，共同组成三体动力学周期轨道族。以地月空间为例，如图 12.3 所示，图中每个编号均代表一类周期轨道族。

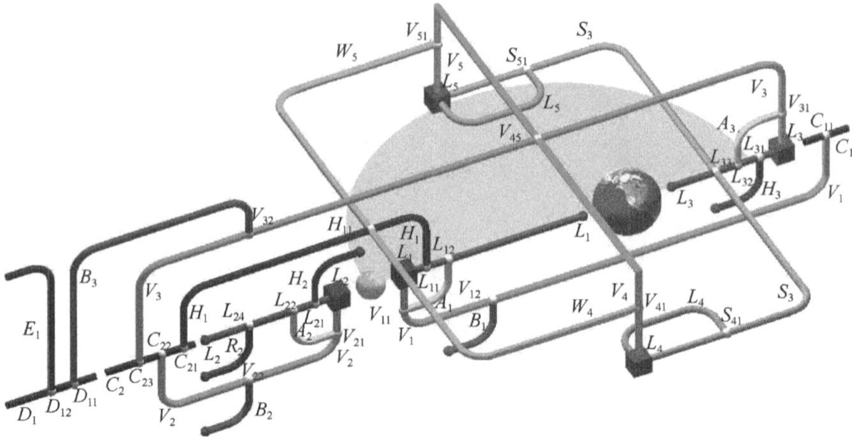

图 12.3 地月空间周期轨道分岔图[5]

对平动点轨道和三体动力学问题的这些深入研究源于平动点应用设想和任务规划的有力驱动。譬如，围绕地月平动点应用，国际上 20 世纪 60 年代提出利用地月 L_2 点的月球背面探测[6]，70 年代提出在地月 L_4 和 L_5 点建立太空港用于空间移民[7-8]，21 世纪初提出利用地月 L_1 和 L_2 点的月球采样探测[9]。2011 年 NASA 发布了包括平动点任务的“全局探测路线图”[10]，2012 年明确将地月 L_1 和 L_2 点作为未来载人空间任务的可能位置[11]，以及建立地月平动点导航星座为地月和日地空间甚至行星际空间探测任务提供通信和导航服务等。近年来，NASA 积极论证地月平动点的载人空间探测应用，提出了 ARTEMIS 任务，其中包括用于月球和火星等深空探测的地月 L_2 点“门户”空间站，其中具有可容纳 4 人的核心舱。第一阶段不载人发射进入 L_2 点，在 L_2 点构建完成后人员入驻；第二阶段使用扩充舱提供长期任务设施，将核心舱质量由 28.75t 增加到 45.57t，任务周期由 60d 延长至 500d[12]。值得说明的是，由于地月 NRHO 轨道具备较好的稳定性、月球极区覆盖性、光照条件，以及便于地月往返等特点，因此“门户”空间站将布设于该类型轨道[3]。目前，第一阶段试验验证飞行即将实施。

此外，为了利用某些特殊类型周期轨道的运动特性，还出现了一些新的平动点应用构想。例如，地月 DRO 轨道具备较好的稳定性且入轨能量相对较低，可以作为小行星捕获和开发利用的理想轨道[13]。地月共振轨道对于需要周期巡访地球和月球的空间任务具有重要应用价值，也可以作为地月空间任务和其他深空探测任务的转移轨道[4]。

或者，利用多个地月平动点卫星组网形成导航星座，或与地面测控网联合组成天地基测控系统，直接为月球探测器提供相应的中继通信、月面定位和各飞行阶段的自主导航等支持，为整个地月空间甚至月球以远空间提供中继通信和导航定位服务，从而在弥补地面测控不足、减轻地面测控压力、提供导航定位精度与自主能力等方面最大程度地发挥地月平动点价值。以地月 L_1 点和 L_2 点卫星组网为例的地月平动点星座初步构想如图 12.4 所示。

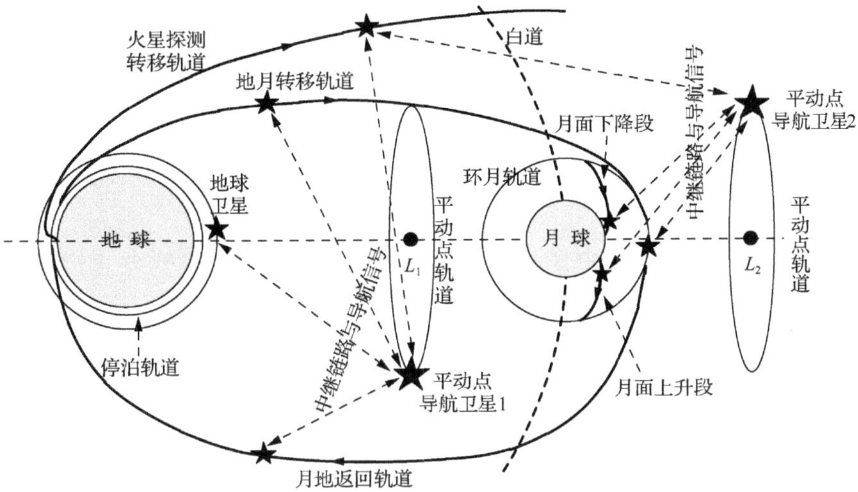

图 12.4 地月平动点星座初步构想[14]

又如，将地月平动点作为未来地外天体探测任务的转移中枢和开发利用场所。考虑利用地月平动点作为未来地外天体探测的低能量转移中枢，由之出发前往小行星等地外天体，实现伴随、环绕和着陆等多种形式探测。进一步，可以在着陆后施加推力，将小行星推进转移至地月平动点附近使之长期稳定驻留在地月空间，以便后续科学研究或者采集高价值矿产等开发利用。例如，考虑选择动力学特性稳定的地月三角平动点作为捕获驻留区域，如图 12.5 所示。

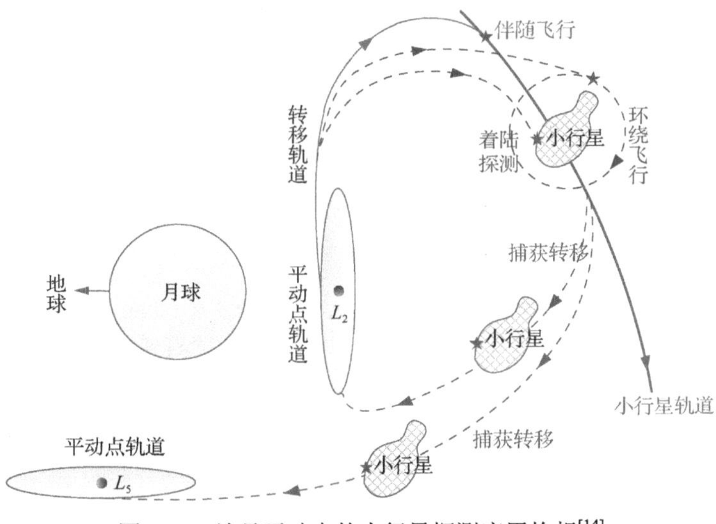

图 12.5 地月平动点的小行星探测应用构想[14]

目前我国航天活动范围正持续向深空推进，月球探测三期工程已圆满完成，成功实现月球采样返回，自主火星探测也已成功实施。当前正在实施月球探测四期工程，同时积极准备小行星探测任务，以及推进国际月球科研站建设、载人月球探测、小行星和木星等地外天体探测任务，平动点轨道可望在这些任务中发挥关键作用。

参考文献

[1] HAAPALA A F. Trajectory design in the spatial circular restricted three-body problem exploiting higher-dimensional poincaré maps[D]. West Lafayette: Purdue University, 2014.

[2] CAPDEVILA L R. A transfer network linking earth, moon, and the triangular libration point regions in the earth-moon system[D]. West Lafayette: Purdue University, 2016.

[3] LARA C, CUARTIELLES J. Near rectilinear orbits around the moon as operational orbit for the future deep space gateway[C]//Proceedings of the 7th International Conference on Astrodynamics Tools and Techniques (ICATT), 2018.

[4] VAQUERO M. Spacecraft transfer trajectory design exploiting resonant orbits in multi-body environments[D]. West Lafayette: Purdue University, 2016.

[5] DOEDEL E J, ROMANOV V A, PAFFENROTH R C, et al. Elemental periodic orbits associated with the libration points in the circular restricted 3-body problem[J]. International Journal of Bifurcation and Chaos, 2007, 17(8): 2625-2677.

[6] FARQUHAR R. Fifty years on the space frontier: Halo orbits, comets, asteroids, and more[M]. Denver: Outskirts Press, Inc., 2011.

[7] O'NEILL G K. The high frontier: Human colonies in space[M]. New York: William Morrow and Company, 1977.

[8] HEPPENHEIMER T A. Steps toward space colonization: Colony location and transfer trajectories[J]. Journal of Spacecraft and Rockets, 1978, 15(5):305-312.

[9] LO M W, CHUNG M J. Lunar sample return via the interplanetary superhighway[C]//AIAA/AAS, Astrodynamics Specialist Conference and Exhibit. Monterey, California, 2002.

[10] INTERNATIONAL SPACE EXPLORATION COORDINATION GROUP. The global exploration roadmap[R]. NASA Report, 2011.

[11] OLSON J, et al. Voyages: Charting the course for sustainable human space exploration[R]. NASA Report, 2012.

[12] SMITHERMAN D, RUSSELL T, BAYSINGER M, et al. Deep space habitat configurations based on international space station systems[EB/OL]. (2011-12-15)[2024-08-30]. https://ntrs.nasa.gov/api/citations/20120014530/downloads/20120014530.pdf. 2012.

[13] WELCH C M, PARKER J S, BUXTON C. Mission considerations for transfers to a distant retrograde orbit[J]. Journal of Astronaut Science, 2015, 62:101-124.

[14] 刘磊，陈明，张哲，等. 地月平动点轨道应用与研究进展[J]. 宇航学报，2019，40（8）：1-13.

彩　　图

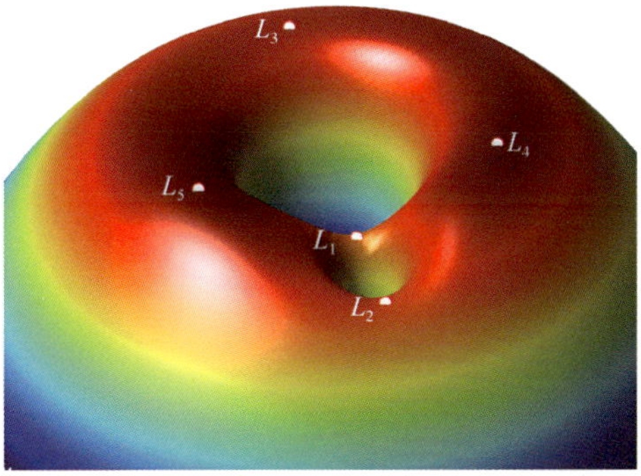

彩图 1　三体系统的等效势能（ μ =0.12）

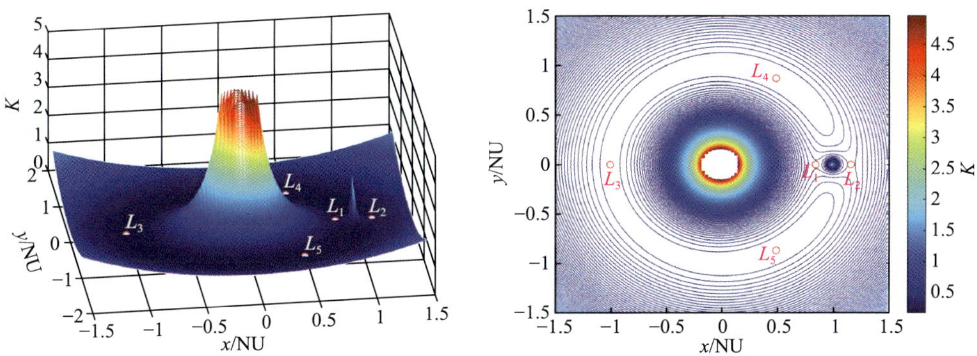

（a）K值　　（b）等高线

彩图 2　地月会合坐标系 xy 平面上的 K 值和等高线（ $C=2.7$ ）

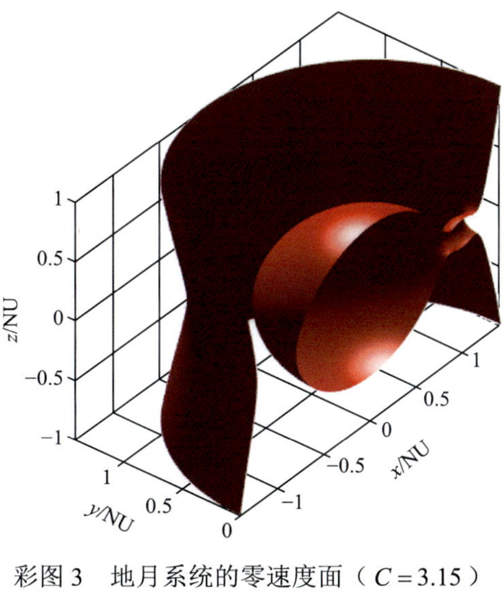

彩图 3　地月系统的零速度面（ $C=3.15$ ）

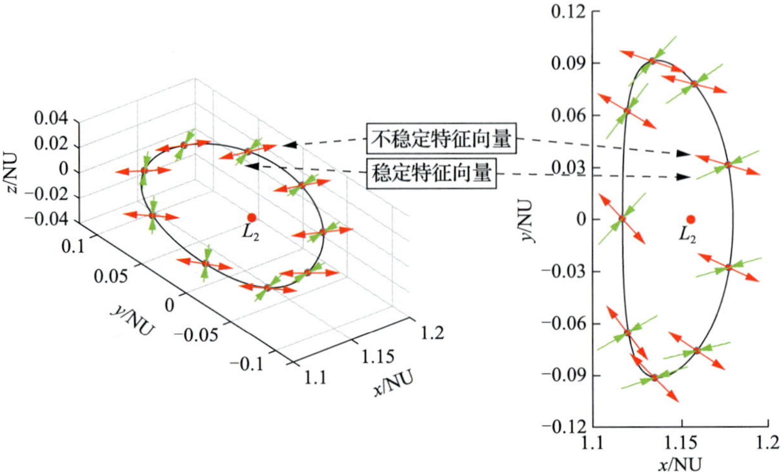

彩图 4　地月 L_2 点北族 halo 轨道单值矩阵的特征向量

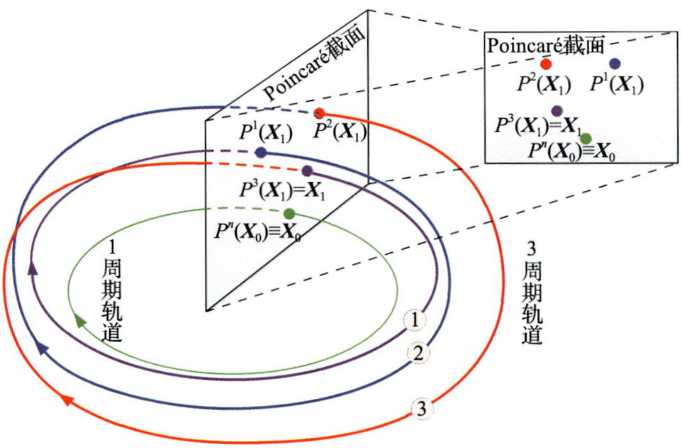

彩图 5　Poincaré 映射与周期轨道

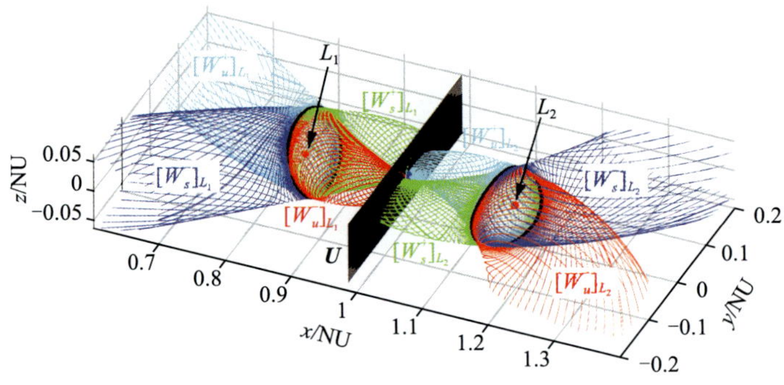

（a）三维空间内的流形

彩图 6　地月系 L_1 点和 L_2 点 halo 轨道的不变流形

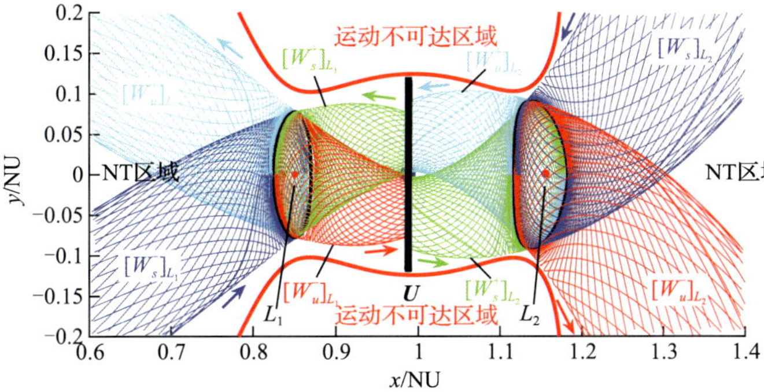

（b）流形在地月会合坐标系内xy平面内的投影

彩图 6（续）

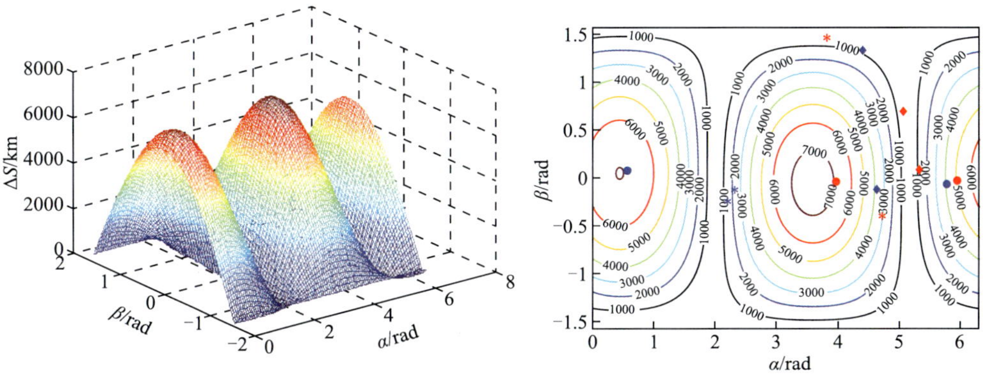

（a）位置偏差与初始状态偏差方向的关系　　（b）等高线

彩图 7　位置偏差与初始状态偏差方向的关系及其等高线

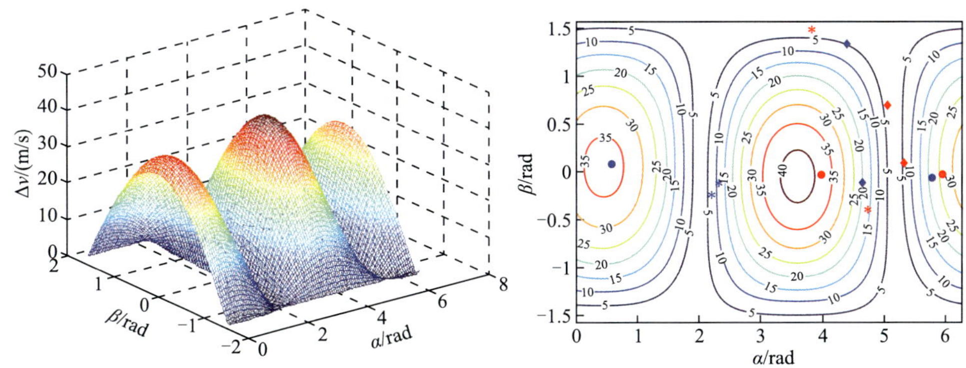

（a）速度偏差与初始状态偏差方向的关系　　（b）等高线

彩图 8　速度偏差与初始状态偏差方向的关系及其等高线图

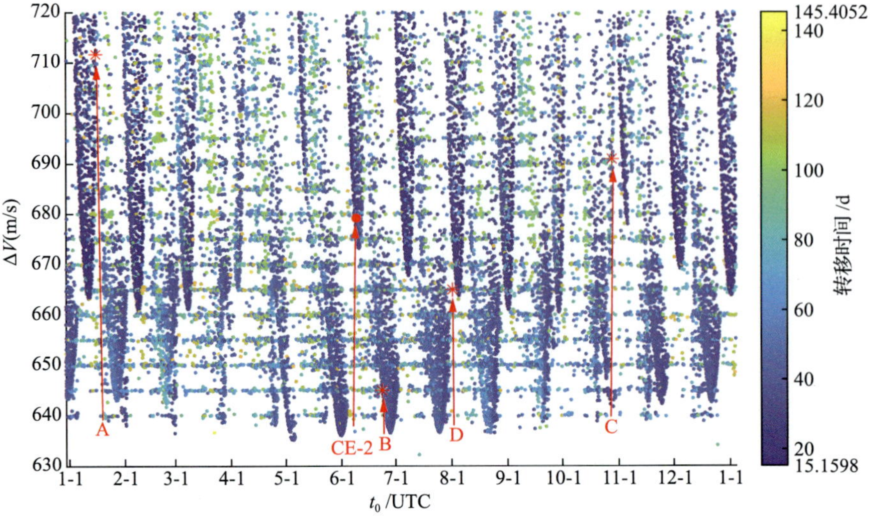

彩图 9　CE-2 平动点任务转移轨道设计

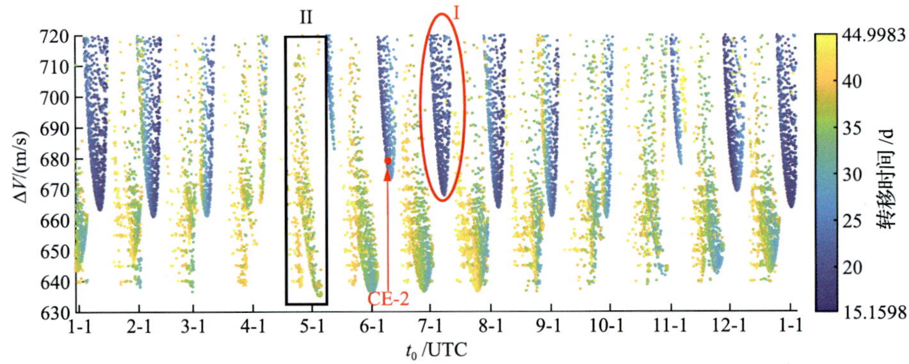

彩图 10　CE-2 平动点任务的转移时间低于 45d 的快转移轨道

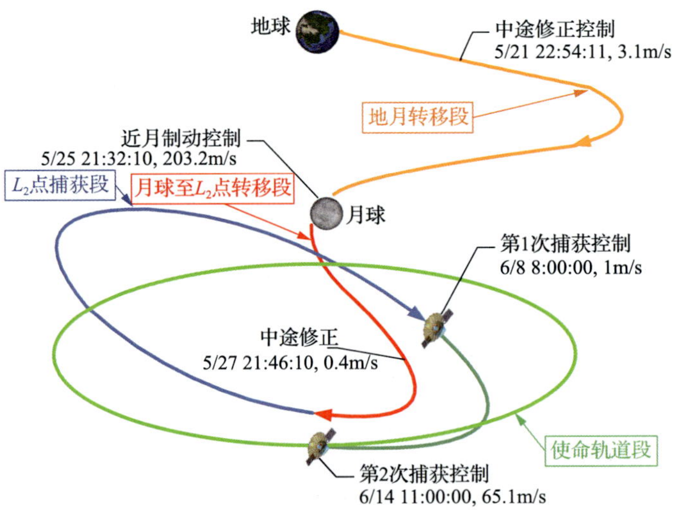

彩图 11　CE-4 中继星飞行过程

注：发射段太短，不足以显示。